各界推薦

「精心研究、精采呈現……該領域第一本以非專家也能理解的方式，整合如此多面向（的書籍），美妙地結合了動物生態學、實驗描述、未來主義、原住民知識的見證，就和該領域本身一樣跨科際。」——班傑明・葛茲曼（**Benjamin Gottseman**），《科學》（*Science*）期刊

「巴克使用精鍊簡短的語句將學術研究呈現給讀者，並形成一個全面的整體敘述，她深厚的知識舉重若輕貫穿全書，你永遠不會感到難以吸收。」——克里斯・史托克—沃克（**Chris Stokel-Walker**），《新科學人》（*New Scientist*）雜誌

「在這本文筆優美的著作中，凱倫・巴克將能夠揭露這類聲響的數位科技與顯微鏡為視覺帶來的效果比擬。透過拓展我們的聽力，這些科技讓我們能夠遇見『世界各地及遍布生命之樹上上下下的各種新音景』。」——安德魯・羅賓森（**Andrew Robinson**），《自然》（*Nature*）期刊

「文筆無懈可擊、研究紮實可靠、絕對引人入勝……在本書專業的科學敘述之間及周遭，作者編進了易於理解又溫暖的人文敘述，比如一名垂死男子在最後一趟出海時，才第一次發覺鯨群其實會彼此溝通的故事。因此，本書充滿了某種野性又精彩的魅力，使得讀者無論是

否擁有科學背景或興趣，都同樣能夠好好享受。」——「上癮讀者書評網」（Compulsive Reader）

「本書完美調和了有關生命之聲的古老智慧及當代研究，巴克以清晰又引人入勝的文筆，揭示原住民知識是如何與尖端的科學研究融合，以便深化我們對於生命韻律的理解。如果鯨魚、魚、蝙蝠、烏龜、植物、蜜蜂可以寫推薦文，那我覺得牠們一定也會高度推薦這本書。」——約翰・巴洛斯（John Borrows），維多利亞大學（University of Victoria）

「本書迷人又及時，充滿各種令人驚艷、大開眼界（以及耳界？）的發現與故事。」——希拉蕊・蘭姆（Hilary Lamb），《工程及科技》（*Engineering and Technology*）雜誌

「引人入勝的記錄，有關對聲學世界快速發展的理解，這顆星球上的所有生物，都在這個世界中緊密連結。」——葛雷姆・戈萊（Graeme Gourlay），《潛水雜誌》（*DIVE Magazine*）

「面對生物多樣性喪失的挑戰，我們能夠用數位科技來反擊嗎？本書帶給我們一份稀有的禮物：在環境陷入危急的時代，希望的存在。」——娜歐蜜・克萊恩（Naomi Klein），《天翻地覆》（*This Changes Everything*）作者

「文筆優美、研究透徹、真知灼見，擴展傾聽的美妙邀請。」——大衛・喬治・哈思克（David George Haskell），《傾聽地球之聲：生物學家帶你聽見生命的創意與斷裂，重拾人與

萬物的連結》（*Sounds Wild and Broken: Sonic Marvels, Evolution's Creativity, and the Crisis of Sensory Extinction*）作者

「整個世界都在溝通和歌唱，就連植物也是參與對話的一員，這本驚奇之書將永遠改變你傾聽世界的方式，更重要的是，會讓你變成一個更好的傾聽者。凱倫・巴克的文筆和說故事技巧非常適合這個主題，其學養也無懈可擊。」——卡爾・薩芬納（Carl Safina），《超越語言：動物的所思所感》（*Beyond Words: What Animals Think and Feel*，暫譯）、《成為野性》（*Becoming Wild*，暫譯）作者

「本書是首頌歌，致敬在我們腳下、藏在空中、潛在水下演奏的交響曲，以及穿過丘陵、山谷、森林朝我們而來的歌唱。來了解尖端科技如何傾聽我們的星球，並協助我們成為未來世代所需要的那種祖先。」——伊蓮・烏巴莉霍羅（Éliane Ubalijoro），加拿大「未來地球」（Future Earth）組織全球中心總監

「巴克經過紮實研究的故事，展示了鯨群、象群、烏龜、珊瑚、植物、蜜蜂引人遐想的溝通風格，並藉足夠在乎，願意去傾聽的科學家之口述說。這些科學突破出現的時機，可說再好不過了……」——克莉絲托・瓦斯奎茲（Krystal Vasquez），《山脈》（*Sierra*）雜誌

「自然愛好者會相當喜歡……記述新興科技如何讓我們進入一個非人聲響及對話的新世界。」——《環球郵報》（*The Globe and Mail*）

聽見生命之聲

用數位科技打開我們的耳朵與心，深度聆聽自然，重啟與大地的連結

The Sounds of Life

How Digital Technology Is Bringing Us Closer to the Worlds of Animals and Plants

凱倫・巴克 著
Karen Bakker

楊詠翔 譯

獻給 和平河（Peace River）

聆聽野地時，我們便是對話的聽眾，只不過對話並不是以我們的語言進行。

——羅賓・沃爾・基默爾（Robin Wall Kimmerer），

《編織聖草》（*Braiding Sweetgrass*）

目錄

前言

人類和我們在「生命之樹」上的表親相比，聽力可說頗為差勁[1]，在人類聽力的下限下方，還存在深度的次聲波：也就是雷鳴、龍捲風、象群、鯨群的領域。許多生物都能感應並利用次聲波，這種聲波可以輕易橫越綿長的距離，透過空氣、水、土壤、石頭傳遞，在動物王國最著名的求偶儀式之一中，雄孔雀便會使用抬起的尾羽發出強大的次聲波，人類所感知到的視覺表現，其實是一種聲波的召喚。[2]

最深層的次聲波是由我們的星球本身發出，如果你能夠對上地球次聲波的頻率，就能在世界另一頭聽見冰山崩裂的轟隆聲、火山爆發的怒吼、颱風的咆哮[3]，地球深處週期性發出的次聲波脈動，在我們的腳下和空氣之中迴響。當海浪拍擊大陸棚，以富有韻律的方式使地殼震動，那便是我們的星球撲通撲通的心跳聲。[4]當地震搖撼地表時，也會在空氣中產生次聲波震動，像靜靜的鈴聲一樣響徹在大氣層中。[5]

地球的次聲波持續在你周遭合唱，許多動物，包括鴿子、蛇、老虎、山狸都能夠聽見這類低頻聲響，但人類沒辦法。[6]我們的聽力一般僅限於一個相對狹窄的頻率範圍內，介於二十赫茲到兩萬赫茲之間，且還會隨著老化縮小，我們頂多只能偶爾透過胸口的震動或是煩人的不適感，察覺到次聲波的存在。[7]

而在聲譜的另一端，人類的聽力上限之上，則存在著超音波：也就是振動速度太快，我們無法聽見的高頻率聲響。令人驚訝的是，有五花八門的物種，包括老鼠、蛾、蝙蝠、甲蟲、玉米、珊瑚，都能發出人類無法察覺的超音波。[8]我們的祖先可能曾經可以聽見這類高頻聲響，而我們體型更小的靈長類表親，像是迷你的眼鏡猴及侏儒狐猴，仍能以超音波溝通[9]，但現代人類已經失去了這項能力。[10]

還有其他物種以超音波來描繪他們的世界：用來導航、尋找同類和追蹤獵物。蝙蝠和齒鯨便使用所謂的回音定位，透過發出超音波並分析回音，來建立周遭的影像。回音定位又稱生物聲納，原理有點像聲音手電筒，在演化的雕琢之下，和人類最精細的醫療儀器一樣準確。洞穴金絲燕和油鴟也會運用較簡易的回音定位，夜行性鼩鼱及老鼠同樣透過聲音觀看世界。[11]但是，即便其中某些聲音的音量是動物王國中曾記錄到最大聲的，我們仍然無法聽見[12]，耳朵靈敏的人偶爾可以聽見動物回音定位聲響邊緣的輕微尖聲，在罕見的情況下，盲人甚至也可以自行發展出回音定位的能力，不過對大多數人來說，就算是最大聲的超音波直直射向我們的耳朵，也只會感覺到一陣幽魂般的空虛微風而已。

如同黑腳族（Blackfoot）哲學家李羅伊・小熊（Leroy Little Bear）所說：「人類的大腦就像收音機刻度上的某個電台，只能停在定點，無法收聽其他所有電台……動物、岩石、樹木，同時在整個知覺的聲譜上放送。」[13]我們的生理構造，或許心靈也是吧，限制了我們傾聽非人類的聲音的能力，但是人類正開始擴展我們的聽力，經常被認為使我們與自然異化的數位科技，提供了我們以強大的方式傾聽人類以外的聲音，並恢復我們和自然界的連結。

近年來，科學家開始在地球上安裝數位收聽設備，遍及幾乎所有生態系統，從北極到亞馬遜都有，這些全自動麥克風以電腦系統操控，並和數位感測器、無人機、人造衛星連結，功能非常強大，甚至可以聽見海洋深處母鯨和幼鯨的細語。科學家也在蜜蜂和烏龜身上裝設迷你麥克風，並在珊瑚礁和樹木上設立收聽站，經過連結後，這些收聽網路就能夠橫跨整座大陸和海底盆地。[14]業餘人士也運用不算昂貴的收聽設備聆聽大自然的聲音，比如和智慧型手機差不多大的開源裝置AudioMoth，最便宜的DIY版本要價不到一百美元。[15]這些數位設備全部合起來就像個行星級的助聽器：讓人類能夠突破自身的感官限制，觀察並研究自然之聲。

本書講述了使用這些數位科技解密非人類聲響世界的科學家們的故事，以及他們所聽見的令人驚奇的聲音。近期的科學突破揭露了各式各樣的物種發出驚奇的聲音，但大多數都在人類聽力範圍之外，所以在此之前都未被察覺和欣賞。（撰寫本書期間，我閱讀了超過一千種物種的相關研究，而這在生物聲學的科學發現中還只是冰山一角，生物聲學便是傾聽非人生物聲音這門科學的專有名稱。）海豚、白鯨、老鼠、土撥鼠都會發出獨特的聲音（例如鯨魚的簽名哨音）來稱呼彼此，如同人類使用姓名。[16]幼蝠會和母蝠「撒嬌」，母蝠則會以「媽媽語」回應子代，就跟人類一樣。以往被認為是無聲的烏龜孵化過程，實際上幼龜會透過龜殼呼喚彼此，以協調出生的時刻。動物會使用聲音來警告、保護、引誘彼此，也會教導、娛樂、稱呼彼此。

仔細傾聽非人物種的世界，揭開了各式物種複雜的溝通，並挑戰了唯有人類擁有語言的說法。當討論的是靈長類或鳥類時，這類說法似乎很合理，但數位科技揭露的是自然界中大量的超音波溝通。科學家透過數位生物聲學，發現沒有耳朵，或是任何明顯聽力的物種，也擁有解讀並回應聲音中複雜資訊的能力。魚類和只有幾毫米大、沒有中樞神經系統的珊瑚幼蟲在寬闊的海中游散時，能夠在嘈雜的大海中分辨出自家珊瑚礁的聲音，然後游回家安頓。植物在脫水或遭遇危險時，會發出獨特的超音波聲響；聽到蜜蜂的嗡嗡聲時，花朵會分泌香甜的花蜜，彷彿期待著什麼。地球持續在進行對話，而現在，數位科技為人類提供了全新的方式，讓我們能夠傾聽四周生動的音景。打開耳朵，聆聽這響亮又神祕的生命之聲吧。

嘹亮的地球

本書解釋的科技突破主要發生在兩個領域：生物聲學及生態聲學，這兩個學科攜手讓人類能夠透過數位媒介，聽見自然界中正在發生的各種祕密對話，就算是在地球上最偏遠的角落也不例外。如同在之後的章節中所探討的，這大幅提升了我們監測生物、生態系統、環境變遷的能力，科學家也正在實驗如何透過生物聲學及生態聲學來保育生態系，他們已經發現，大自然的聲音可以用來恢復動植物的健康，其中也包括人類。他們的研究也發現，對自然界來說，環境噪音是急遽成長的嚴重破壞，也是汙染的主要來源，因此，降低人類的吵雜程度成了我們這個時代重要的環保挑戰之一。[17]

那麼生物聲學究竟是什麼呢？簡單來說，生物聲學是研究活體生物發出的聲音[18]，這個領域的科學家都十分擅長傾聽的藝術及科學，想像一名田野生物學家，受過聽力學家的訓練，擁有數據科學家的技能，還有著作曲家的感性，那麼你就了解現代生物聲學家擁有的半數專業了。[19]生物聲學為野外研究帶來了深入的視野，科學家透過這種方式發現全新的物種，甚至重新發現我們以為已經絕種的物種，畢竟相機只能拍到動物走下林間小徑，但數位錄音機卻能聽見躲在灌木叢中的動物所發出的動靜。

生態聲學，又稱聲音生態學或音景研究，牽涉到傾聽整個地景發出的環境聲響。[20]想像站在一片熱帶雨林中央：你可能會聽見樹葉的窸窣聲、鳥類的鳴叫聲、瀑布的轟鳴聲，這些聲音合起來便形成了所謂的音景[21]，可以讓我們得知有關生態系統運作狀態的許多資訊，凋亡中的生態系統和健康的聽起來便截然不同。如同聆聽心跳雜音的聽診器，生態聲學也能偵測出環境中是否存在健康的聲音，每片地景都擁有自身獨特的音景，就像一張結合了包括人類在內的動物、植物、甚至地理聲音的聲音名片[22]，生態聲學家僅僅是透過傾聽，就能告訴你人造林場和天然森林的差異，或是在看似完好無缺的生態系統中，發現初期凋亡的跡象。我們能在不親自踏足當地的情況下，運用生態聲學測繪野外。[23]生態聲學家傾聽地景就像放射科醫師檢視MRI掃描一樣，可以分辨出健康和生病之間最細微的跡象。

近年新一代的數位錄音科技，促使生物聲學和生態聲學轉型，讓人類能夠以全自動方式在遠處聆聽。[24]早期以類比技術錄製自然聲音，使用的科技頗為笨重、累贅且昂貴。如今，攜帶方便、輕量化、便宜且持久的數位錄音機，取代了過往一卷卷沉重的磁帶。數十年前，要到田野錄音所需的裝備可以塞滿一輛小型廂型車，現今的數位錄音機則是可以裝進背包，甚至是你褲子後方的口袋。這類數位收聽設備幾乎可以安裝在任何地方，並且可以持續運作，其蒐集到的各種聲音所涵蓋的地理範圍，比相機能拍到的還要更廣大，這讓科學家能夠聽見地球上最遙遠的角落，遍及「生命之樹」各個層面。世界各地的業餘人士及專家都在收聽自然之聲。

任何領域的數位化都會帶來數據海嘯，為了處理這波數據洪水，科學家採用源自人工智慧的新技術，來分析他們蒐集到的數位錄音。[25]原先是為人類用途開發的演算法，比如智慧型手機中的語音轉文字演算法，也被改良來分析轉譯其他物種的聲音。[26]過去幾年間，這類生物聲學演算法的性能急遽成長：能夠辨認物種，甚至是個別的動物，很類似語音辨識軟體[27]，但重要的是，不應過度誇大這類演算法目前的能力，其歸類能力依然不太好，且通常需要一定程度的人工校正。[28]此外，相關硬體設備在田野中使用時面臨的挑戰，例如感測器的電池限制等，也頗為重要。

但是假如可以克服這些挑戰，人類便可能已經來到發明動物版Google翻譯的邊緣了。[29]透過將這類數位收聽設備與人工智慧結合，科學家已開始解密及記錄非人物種的聲音，例如使用人工智慧來編纂東非象群、南澳海豚群、太平洋抹香鯨群的字典，甚至以機器人及人工智慧為媒介，成功和非人物種達成雙向溝通。現今的數位科技讓科學家能夠模擬特定生物獨特的溝通模式：雖然我們的聲帶無法發出海豚或蜜蜂的聲音，但電腦和機器人卻可以。人類在物聯網中所使用的科技，目前正如火如荼地發展，以讓我們使用全新的方式來和其他物種溝通。

這類科技帶來了顛覆性的科學發現，改變我們對自然界的理解。在接下來的章節中講述相關故事時，我會特別強調三點：可以發出和察覺聲音的非人物種數量比科學家先前知道的還要多非常多；許多物種擁有比我們先前理解更豐富也更複雜的溝通及社交行為；這些發現為環境保育及跨物種溝通創造了全新的可能性。這類科學發現中起初有某些受到質疑，許多科學家原先都不相信非人物種可以發出人類聽覺範圍之外的聲音，不過現在我們已經得知有許多物種都能發出這類聲音，甚至有更多物種可以聽見。很多科學家也會嘲笑非人物種可以發出承載複雜資訊精細聲響的概念，過往認為這類特質專屬於人類，但我們現在知道事實並非如此。我在書中提到的科學家，往往是透過認真又仔細的研究才克服來自同儕的阻礙，他們的成果是集體的成就，花了數十年才發現對於自然界來說，聲音同樣重要。

在這些見解之外，正視傳統傾聽方式的首要地位仍相當重要。深度傾聽是一門備受尊崇的古老藝術，目前仍在使用，是種揭露自然真相的強大方法。確實，本書提及的許多「發現」，事實上常常只是重新發現了舊形態的環境知識，如同波塔瓦托米族（Potawatomi）的植物生態學家羅賓・沃爾・基默爾（Robin Wall Kimmerer）所述：「當我同事說『我發現了某個東西時』，我總會露出微笑，這有點像是哥倫布表示他發現了美洲，實驗的目的並不在於發現，而是傾聽及翻譯其他生物的知識。」[30]基默爾提醒了我們，如果我們提出清楚的問題，保持開闊的心胸，並耐心地注意觀察，那麼自然就會為我們解答，用這種方式可以學到許多事，而傳統的生態知識在這方面可是有很多東西可以教導我們。深度傾聽也為這個數位生物聲學的新世界提供了亟需的指引，帶來深植於地方的倫理、責任、職責感，要是沒有這些，我們新穎的數位工具可能會導致人類進一步剝削及馴養其他物種，而非保護和與其連結。

蓋滿耳朵的星球

五十多年前，法國哲學家德日進（Pierre Teilhard de Chardin）以神祕的方式形容了電腦的未來，他對電腦網路逐漸普及的詩意比喻頗有先見之明：我們的星球「用一顆大腦蓋住自己」[31]，媒體理論大師麥克魯漢（Marshall McLuhan）之後在他的暢銷書《古騰堡星系》（The Gutenberg Galaxy）中，進一步延伸德日進的形容。[32]麥克魯漢在全球資訊網（World Wide Web）發明的數十年前，就看見了數位革命的前景，其中電腦網路的彼此連結，便類似遍布整顆星球的神經系統，他甚至還預測，這個數位網路的出現將導致新形態全球意識的崛起。根據麥克魯漢的說法，科技並不單純只是人類使用的工具而已，我們的發明反倒會回過頭改變我們的行為和意識，包括個人和集體都是，例如古騰堡於一四五〇年左右發明活版印刷術便是個重要的轉捩點，使人類透過包括書籍及報紙等大眾印刷媒體，發展出一個標準、統

一、最終自動化的文化知識產製過程。

麥克魯漢論述的重點便是科技和人類感官的互動，他認為活版印刷術的崛起改變了人類的感官習慣，以印刷科技取代口傳和抄寫文化後，我們視覺感官的重要性增強了，口述和聽覺感官的重要性則是衰退，資訊不再需要回想或記得，而是需要蒐集及管理。造就記憶的藝術、背誦長篇史詩的時代已逝，由碎片化的資訊取代，而這造就了知識專業化的藝術，書寫取代了口語，杜威十進位系統也取代了荷馬的《奧德賽》。

麥克魯漢也預測了口傳文化的復甦，即便印刷文化透過插入固定的文本，也就是書籍，將說故事者和聽眾分開，他仍預言數位溝通將會帶回口述的互動式故事：說故事者和聽眾之間的互動、對答的模式、以及模仿式的集體發展故事線。抖音這類網路現象及互動式電腦遊戲的崛起，在在證明了麥克魯漢的觀點，也包括他預測新形態的部落主義將會出現。然而，麥克魯漢和德日進沒有預料到的是，這些數位網路文化會擴展到包含非人物種，不知道他們對數位生物聲學，以及透過網路進行的跨物種溝通潛能，又會有什麼看法呢？

各種和動物對話的故事跟人類歷史一樣悠久。太平洋西北地區的原住民社群便曾提到「Txeemsim」，又稱為「烏鴉」，是個騙徒、換形者、搗蛋者和薩滿，教導人類生活在同時影響及支持我們的自然界中，如何維持平衡及和諧。[33]波斯史詩《列王紀》（*Shahnameh*）中，提及鳳凰神鳥西摩格（Simurgh）傳授遭遺棄的札爾王子（Prince Zal）智慧，讓他準備好重新回到人世。[34]在基督宗教傳統中，聖方濟各和狼群及鳥類談論懺悔及愛，而在中世紀的文獻及寓言中，也充滿會說話的動物，中世紀的動物寓言集便出現動物擬人化傳達人性道德，顯示人類的缺陷、美德和對待自然的虛偽方式。[35]這些故事提醒了我們，如果記得傾聽，那麼自然將教導我們許多事。

然而，仍有許多西方科學家和哲學家抱持相反的觀點，從亞里斯多德和聖奧古斯丁以降，一脈相承到阿奎那和笛卡兒，直至今日都有人捍衛，認為人類是「唯一擁有語言的動物」，因此唯獨人類擁有理性[36]，但這類觀點現在已經受到新一代的科學研究推翻。然而，人類對動物語言的矛盾心理仍舊存在，並和我們對自身狀態的不確定性連結：我們只是一種動物嗎？或是有什麼事物，比如語言、工具、理性，讓我們真正與眾不同？[37]針對動物語言的討論，可說是人類不確定自己在宇宙中扮演什麼角色的試金石。

這樣的不確定性，也使得我們與大自然的關係存在著矛盾心理。雖然我們和動物交談的能力出現在許多文化的起源故事中，但我們的神話卻也告訴我們，這些聲音是被忽視的。古希臘無所不能的神諭居住在神聖的森林中，向生氣蓬勃的大地神祇尋求建議，但這並沒有阻止濫伐的侵襲，當希臘人夷平島嶼上的樹木時，希臘詩人們寫下砍伐一棵樹如同犯下謀殺罪。[38]羅賓・沃爾・基默爾解釋道，人類和動物曾經說著同樣的語言，但是當殖民者到來時，如同阿尼西納貝族（Anishinaabe）的法律學者約翰・巴洛斯（John Borrows）所述，非人物種的聲音盡皆沉默。[39]想要恢復和其他物種溝通這項能力的渴望，激起了各種強大的情緒：從激烈的懷疑到渴望重新連結都有。本書講述的故事便探討了其中的張力，而透過記住聲音不僅僅是數位數據，我試著同時相信下列事實：聲音是數據和資訊；聲音是音樂和意義；聲音是語言、是地方和非人物種的真正心聲。傾聽既是科學實踐，也是見證形式，承認我們是以客人的身分在這顆星球上存在，並擁抱我們和「生命之樹」上其他物種的親緣關係。

數位科技加上科學，常被描繪成一種讓我們和其他物種漸行漸遠的方法和思維。本書中的故事提供了另一種觀點：科學的潛力經過數位科技加強，並和深度傾聽交織，可以帶我們踏上一場重新發現自然界的旅程。如此一來，我們就能培養出共榮及親密感，而非宰制及擁有地球。

我們會從探討因紐皮亞特人（Iñupiat）怎麼和西方科學家分享他們的傳統知識開始，科學家們運用數位科技重新發現了北極居民早已知道的事：繚繞在過往曾被認為是寂靜海洋中那活力充沛的鯨歌。

註釋

1. 「生命之樹」是我使用的一個專有名詞，相當類似達爾文和當代科學家的用法，指的是即便不甚完美，仍可以用一棵演化之樹，當成不同物種之間親緣關係的視覺比喻，並描述地球上不同生物族群共享共同起源的概念。
2. Dakin et al. (2016); Freeman (2012); Freeman and Hare (2015)，也可參見Yorzinski et al. (2013, 2015, 2017)。
3. 例子可參見Talandier et al. (2002, 2006)。
4. Nishida et al. (2000); Suda et al. (1998); Webb (2007).
5. 某些類型的地震會擾動空氣，並影響地球大氣層外層，即電離層中帶電分子的分布，這個現象可以透過追蹤衛星地面站和人造衛星之間無線電訊號的異常來測量，科學家則將這個地球岩石圈，即地函與地殼，及大氣層之間的聯動關係，稱為震波電離層擾動（coseismic ionospheric disturbance, CID），參見：Heki (2011); J. Liu et al. (2011); H. Liu et al. (2021)。
6. Feder (2018); Narins et al. (2016); NOAA Infrasonics Program (2020).
7. 參見French et al. (2009)，也可參見Bedard and George (2000)，某些用來收聽地球發出次聲波的麥克風，是屬於國際監測系統（International Monitoring System, IEM）的一部分，該

系統遍布全球，是為了監測各國是否遵守《全面禁止核子試驗條約》（Comprehensive Nuclear Test-Ban Treaty）而建立，IMS的主要目標是要偵測核子試驗，但也會偵測各式氣候及地理現象的數據。

8. Bakker et al. (2014); Gagliano (2013a, 2013b); Gagliano, Mancuso, et al. (2012); Gagliano, Renton, et al. (2012); Ibanez and Hawker (2021); Surlykke and Miller (1985).

9. Masterton et al. (1969); Sales (2012).

10. 近年有關靈長類超音波溝通的研究，可參見Arch and Narins (2008); Gursky (2015, 2019); Geerah et al. (2019); Klenova et al. (2021); Ramsier et al. (2012); Sales (2010); Zimmerman (2018)，早期針對蝙蝠、老鼠、蛾、鼠海豚的超音波溝通研究，則可參見Griffin (1958); Kellogg et al. (1953); Noirot (1966); Pierce (1948); Roeder (1966)。

11. Jones (2005).

12. 蝙蝠回音定位叫聲的音量偵測為一百三十分貝，這是導致人類聽力不舒服的極限，參見：Jones (2005)。

13. D. Hill (2008).

14. 例如澳洲大陸就設立了一座大陸級的生物聲學觀測站，提供「橫跨連續生態區的陸地音景長期的直接記錄，包括那些定期受火災和水災侵襲，人為研究極度危險或者不可能進行的區域。」（Roe et al. 2021）美國也設立了大型的生物聲學觀測系統，包括內華達山脈由超過兩千座觀測站組成的觀測網路（Reid et al. 2021、Wood, Gutiérrez, et al. 2019、Wood,

Popescu, et al. 2019、Wood, Klinck, et al. 2021、Wood, Kryshak, et al. 2021）。

15. Gibb et al. (2019); Hill et al. (2018); Whytock and Christie (2017).

16. Hoffmann et al. (2012); King and Janik (2013); King et al. (2013); Marconi et al. (2020); Melotti et al. (2021); Slobodchikoff et al. (1991); Slobodchikoff, Paseka, et al. (2009); Slobodchikoff, Perla, et al. (2009); Vergara and Mikus (2019).

17. 有關用字的說明：本書將使用「聲音」、「聲響」等詞彙，而非「噪音」，因為「噪音」一詞過去雖常用於指涉非人類的聲響，其詞源的涵義卻也包括干擾及不和諧，該詞的拉丁字根也出現在暈船（nausea）、傷害（nocere）、討人厭（noxia）等詞彙中，但我在此保留噪音一詞，指的是環境汙染。

18. 生物聲學技術委員會（Technical Committee on Bioacoustics）網站可參見：https://tcabasa.org/。

19. 精確來說，生物聲學專門研究動物的溝通與相關行為、動物的聽力與聽覺機制、動物的發聲結構與神經生理學、還有生物聲納。

20. Truax and Barrett (2011).

21. 城市也擁有音景，發明「音景」（soundscape）一詞的麥克・索斯渥茲（Michael Southworth）一開始的研究便是著重在都市噪音上，參見Southworth (1967,1969)。

22. Farina (2018); Farina and Gage (2017); Ritts and Bakker (2021); Sueur and Farina (2015); Xie et al. (2020).

23. Carruthers-Jones et al. (2019).

24. Benson (2010).

25. Farley et al. (2018).

26. 機器學習屬於人工智慧的分支，因而也屬於電腦科學的分支，其透過開發演算法，以分析及推導數據集的模式，來追求趕上人類的智慧。在某些情況下，演算法可以不用遵循特定的指示自行學習，並且能以比人類還快上非常多的速度執行某些任務，例如模式辨認。機器學習分為數種不同類型，詳細的討論已超出本書的範圍，針對ＡＩ的入門簡介及相關限制的評論，可參見Marcus and Davis (2019)。

27. 例子可參見Bijsterveld (2019); Darras et al. (2019); Mustafa et al. (2019)。

28. 長期的環境錄音可以持續錄製數周或數個月，因而會產生數以ＴＢ計的數據，使用傳統方式分析相當困難。聲學監聽擁有數項優勢，包括和依賴觀察者的傳統人為觀測相比，時間和空間涵蓋範圍較佳，還有持久，可以儲存長期的錄音，以進行縱向時間跨度的比較。機器學習可以是個強大的分析方法，但準備起來經常需要耗費大量時間，監督式機器學習會需要經過標記的高品質數據，當成演算法的數據集，而準備這些標記過的數據集相當費時費力，成本也很高。主動學習便是其中一個可以減輕這類負擔的方法，在原始數據豐富但標記數據稀少的情況下，會由能夠辨識發出聲音的是哪種特定動物，甚至還能將該聲響和相關行為連結的人類專家，在每一輪機器學習訓練成果中，挑選出最有可能含有所需資訊的模式，並進行人工標記。參見Kahl et al. (2021); Kholghi et al. (2018); Oliver et al. (2018);

Shiu et al. (2020); Zeppelzauer et al. (2015)。

29. 參見Kholghi et al. (2018)，機器學習可以減輕冗長人工分類的負擔，而且至少可以使尋找聲音模式的費力過程部分自動化。機器學習演算法讓科學家不僅能夠解密經過充分研究的物種中，聲音和複雜社會行為之間的連結，比如鳥類，也能應用在更難研究的物種上，像是蝙蝠，其發出的聲響在人類的聽力範圍之外，且在擁擠的棲地中每分鐘可以發出數百次，參見Kershenbaum et al. (2016)。

30. Kimmerer (2015, 158).

31. De Chardin (1964)，轉引自Fleissner and Hofkirchner (1998, 205); Kreisberg (1995); Steinhart (2008); Yeo et al. (2012); Yin and McCowan (2004)。

32. McLuhan (1964).

33. Archibald (2008); Clutesi (1967); Parent (2018).

34. Zadeh and Akbari (2016).

35. Langdon (2018).

36. Gera (2003).

37. 參見Crane (2013)，哲學上和動物研究中針對動物語言的廣博討論，已超出本書的範圍，更多資訊可參考Derrida (2008)。

38. Dillon (1997); Hughes (1983); Wertime (1983).

39. Borrows (2022); Watts (2013, 2020).

1

生命之聲

Sounds of Life

赫伯特・L・艾德里奇（Herbert L. Aldrich）是在臨終前發現鯨歌的，當時肺結核已布滿他的身體，他只剩不到一年可活，於是作出衝動的決定：陪同新英格蘭的捕鯨隊一同前往極區追尋弓頭鯨。艾德里奇是《新貝德福晚報》（*New Bedford Evening Standard*）的記者，從未登船出海過，那年是一八八七年，他二十七歲。[1]

二十年前，《紐約時報》（*New York Times*）曾形容美洲捕鯨業重鎮新貝德福在美國「很可能是最富有的地方」[2]，鯨油為工業化提供燃料、點亮街燈，還能用來潤滑手槍、織布機與滾珠軸承；鯨脂能軟化肥皂、人造奶油與口紅；鯨鬚則可做成洋裝下的束腰，舊世界及新世界皆然。[3]早在掏金熱使礦工蜂擁至育空地區的山區之前，「掏鯨熱」就已讓船隻如潮水般湧向北極海[4]，以今日的幣值換算，一頭鯨魚的價值可以高達超過一百萬美金，成功的捕鯨人只要出去探險幾趟，就能賺飽飽退休。[5]

但是艾德里奇航向他的旅程之時，捕鯨業的輝煌年代早已結束，北極東部的鯨群已遭捕獵到瀕臨絕種，西部的情況也相差無幾[6]，捕鯨隊只能再撐幾年而已，新貝德福當地的仕紳也是基於紀念意義資助這名年輕人的旅程：一名將死之人記錄一個凋零的產業。

北極捕鯨不適合膽小的人[7]，每年都會有船隻因浮冰折損，碎冰很快就會堆積到超過船隻桅杆的高度，把木造船殼壓成碎片，艾德里奇便提到那種全然的脆弱感，只能依賴一艘木船，「在成堆浮冰中就跟蛋殼一樣脆弱」。[8]僅僅十年之前，一批四十艘船隻組成的船隊遭到寒冰吞噬，超過一千名男子、女子、孩童只好搭乘小艇逃生[9]，一如《白鯨記》（*Moby Dick*）中的水手以實瑪利所說：「捕鯨這行充斥死亡，無法形容的快速混亂，匆匆將人送往永恆。」[10]

即便風險重重，鯨群仍是令人無法抗拒的獵物，隨著鯨群數量銳減，捕鯨人也將他們的旅程擴展至最遙遠又最危險的大海深處，就連最厲害的獵人因紐特人（Inuit）和因紐皮亞特人在此也必須和死亡共舞。因圖剛特・阿札約克（Ittuangat Aksaarjuk）便曾提及在加拿大巴芬島（Baffin Island，因紐特語稱Qikiqtaaluk）漂離陸地的浮冰邊緣上捕鯨的經驗[11]，男人會沿著開放海域變幻莫測的邊緣航行，他們會將沒有遮蔽的露天小艇拖上浮冰，並在風暴來襲時直接倒扣過來當成避難所，同時祈禱浮冰不會碎裂，能夠安然將他們帶離陸地。

艾德里奇三月初登上「小鳳凰號」（Young Phoenix）出航時，阿拉斯加海岸外的浮冰仍然厚實，太陽在地平線上徐徐移動，超過三十艘船隻組成的船隊穿越濃霧，沿著浮冰中的狹小裂縫前進，這些裂縫往往會在他們身後迅速封閉。如果出現另一道裂縫，船隻就會向前航行，要是沒有，他們就得等待，看著浮冰逼近。在這一座座水上監牢間移動，就像在和一名瞬息萬變的敵手下一場凶險的棋局。艾德里奇的船長艾德慕・凱利（Edmund Kelley）幾年前才剛失去他的船「塞內卡號」（Seneca），而小鳳凰號最終也將會在一場摧毀了好幾艘船隻的風暴中，命殞阿拉斯加海岸。[12]

為了排遣等待浮冰出現裂縫的時間，水手會忙於獵捕海象及海豹、賭博、說故事，艾德里奇在不同船隻之間來去，從「伊萊莎號」（Eliza）、「獵人號」（Hunter）、「弓頭鯨號」（Baleana）到「鞭笞者號」（Thrasher），用他的史考佛牌（Scovill）微型相機拍攝整段旅程。[13]不過他大多數時間都頗為煩躁，某天晚上，凱利船長曾試著透過講述「歌唱」鯨群的故事來安撫他，艾德里奇起初以為這是個針對他本人的玩笑，畢竟他是個好騙的外行人，也是第一個陪同捕鯨隊深入北極西部的作家。直到某天，他也在船隻追蹤獵物的過程中聽見了鯨歌。

根據艾德里奇的描述，凱利第一次分享他的鯨歌發現時也遭到嘲笑，但是他高超的狩獵本事最終平息了這些冷言冷語。凱利會催促船隊跟隨哪怕是最微弱的一絲聲響，他宣稱能夠從船殼的震動中聽見這些聲音，艾德里奇寫道：「凱利船長拿起船錨出航時，每艘船都會追隨他。」[14]其他船隻的船長也注意到了，並開始站崗，日夜留意鯨魚的歌聲。

鯨魚遭到魚叉攻擊後，凱利也會把耳朵貼上繃緊的拖繩留神傾聽，艾德里奇後來是這麼描述的：

凱利聽見他攻擊的鯨魚發出一聲深沉、沉重且痛苦的呻吟，彷彿痛苦之人。弓頭鯨的哀號聽起來像是貓頭鷹的「呼嗚嗚」聲，不過拖得更長，也比較像是哼唱聲，而非短促的叫聲。聲音從F調開始，可能會升到G、A、B，有時候還會到C，接著又再降回F。座頭鯨的音調則更為細緻，聽起來常常像是小提琴的E弦。[15]

隨著鯨群穿越通往廣闊蒲福海（Beaufort Sea）的狹窄水道白令海峽，牠們發出的聲響也讓凱利能夠在後頭追捕。那年船隊的收穫相當豐碩，總共帶回超過六十萬磅的鯨鬚，破了數十年來的記錄。[16]

對捕鯨人來說，鯨歌是獵捕過程中洩漏鯨群蹤跡的線索，但艾德里奇思考的是鯨歌的目的[17]，鯨歌會不會是「鯨群通過白令海時的某種呼喚或信號，以通知彼此牠們要往北去，或許也指出白令海峽已經解凍，可供通行？」[18]從船隻桅頂觀察的水手也回報，只要有鯨魚遭到魚叉攻擊，附近的其他鯨魚會因其痛苦的哀號而感到害怕。兩年前，凱利的船曾攻擊過一頭抹香鯨，而「一整群距離五公里左右或更遠的鯨群，瞬間開始游向牠們受傷的同伴，並緊靠在牠身旁徘徊不去，彷彿在問『發生什麼事了？』」[19]艾德里奇也有詢問他的同伴鯨歌的意義，但是水手都迷戀於追逐的「生動刺激」中，對於他有關鯨魚溝通方式的想法不予理會。

八月最後一天，小鳳凰號抵達美國最北端的貝羅角（Point Barrow），位於北極圈北方超過四百八十公里處。在這一戰略要地，最窄處只有四・八公里寬的白令海峽呈扇形通往蒲福海。艾德里奇上岸時發現海灘還覆蓋著冰，他舉目眺望北極，描寫了這幅景象：「目光所至的北邊和東邊全都是冰，澄藍硬實，就跟花崗岩一樣無法穿透。」[20]當地的因紐皮亞特人將此地稱為「Utqiaġvik」，意為採集野菜（utqiq）的好地方，不過他們主要的食物來源其實是弓頭鯨，他們會搭乘海豹皮所造的「unitat」前往獵捕，這種船隻能夠鑽進南方人的船隻無法穿越的狹小冰縫。雖然這時還沒看見任何鯨群，因紐皮亞特人也表示他們會繼續跟隨鯨群往更北邊去，但是捕鯨隊無法再往前進，他們向南朝家的方向去，浮冰之路在他們身後關上。

小鳳凰號的旅程是捕鯨隊最後幾次出航之一。弓頭鯨群已瀕臨絕種，艾德里奇對這樣的破壞表示：「在捕鯨人出現之前，當地人在家門前就可以捕到大量的鯨魚、海豹、海象，現在獵人則必須長途跋涉，且很少成功。鯨群逐年縮減，這對當地人和捕鯨人來說，都不是件好事。」[21]

艾德里奇後來從肺結核中康復，並活到八十八歲高齡，他回到家後出版了一本記錄這趟旅程的著作並四處講學，主題便是捕鯨及北極，但他對鯨歌的記述沒有引起太多關注，很快就被遺忘。[22]如同人類學家史岱芬・海姆里奇（Stefan Helmreich）注意到的，大眾文化將海洋描繪為寂靜無聲：從「水肺潛水之父」雅克・庫斯托（Jacques Cousteau）的著作《寂靜的世界》（*The Silent World*），到諾貝爾文學獎得主魯德亞德・吉卜林（Rudyard Kipling）對大海詩意的詮釋「在深海的沙漠中，不存在聲音，亦無回聲」，皆認為大海是聲音的禁區，和墓地一樣安靜。[23]到了十九、二十世紀之交，船員便再也聽不見鯨歌了，因為螺旋槳和引擎的噪音蓋過了一切，但是凱利船長的技巧後來被證實為先見之明，他無意間成為了海洋生物聲學的先驅，這門科學研究的就是海洋生物發出的聲音。[24]

煩人的生物

自麥克風這項發明問世以來，便開始無意間蒐集到各類生物發出的叫聲及聲響，但是卻很少人注意到這件事。生物聲學有大量的研究其實是由古怪的科學家進行，比如斯洛維尼亞的生物學家伊凡・瑞根（Ivan Regen），他曾將昆蟲叫聲錄下來後播放給其他昆蟲聽，並仔細觀察其反應，而在他其中一項最為著名的實驗中，瑞根還安排一隻雄昆蟲用當時最新穎的科技呼喚同類的雌昆蟲：電話。

當時，除了軍方，沒什麼人對這類奇怪的實驗有興趣。[25]二戰後，世界各地的軍隊開始針對海洋聲音進行機密實驗，作為反潛艦作戰的基礎，並很快就意識到水下的聲響提供大量珍貴資訊。美國海軍的實驗便著重在特定深度的海洋，稱為「深海聲學通道」（deep sound channel）[26]，聲波透過這個位於中緯度海面下大約八百公尺處的通道，能夠傳遞遠達數千公里。該通道在一九四〇年代發現，正式名稱為「聲音定位及傳播通道」（sound fixing and ranging channel），簡稱SOFAR通道，隨即成為軍方密切關注的焦點，因為它可以用來偵測船隻聲納的聲響，相當於海洋版雷達。[27]軍方發現他們只要在SOFAR通道設置水下麥克風，就能聽見在數百公里外移動的潛水艇。

冷戰期間，開發SOFAR通道可說是國防要務，美國海軍為應對蘇聯潛艇艦隊的快速發展，因而打造出了機密的固定式海床監聽站全球網路，稱為「聲波監測系統」（Sound Surveillance System），簡稱SOSUS。該系統後來也證明其價值：能夠追蹤在大洋間移動的蘇聯潛艦，使用的儀器也極度靈敏，可以偵測到魚雷發射甚至是螺旋槳的聲響。[28]

SOSUS成為美軍反潛艦作戰的「祕密武器」，然而，負責操作的海軍技師卻時常抱怨聽見低沉的呻吟聲及隆隆的背景噪音，干擾了他們的錄音，海軍科學家百思不得其解：這些噪音是來自深海熱泉嗎？還是地震呢？而且其中某些聲響很容易就會和潛水艇或其他軍用設備的聲響混淆，在緊張的冷戰年代提升了誤觸警報的風險。

海軍懷疑某些聲響是由海洋生物發出，所以他們招募了幾名生物聲學家，其中一名便是瑪麗・波蘭・費許（Marie Poland Fish）博士。費許博士受聘於美國海軍研究辦公室（Office of Naval Research）超過二十年，運用類似電子趕牛棒的設備，在捕獲的海洋生物身上戳刺進行實驗，並記錄發出的聲音，如此海軍的反潛艦設施操作員便能接受訓練，辨別海洋活物和潛水艇發出的聲音。[29]費許博士研究了超過三百種物種，從哺乳類到貝類等，並發現非常多的海洋物種都能發出聲音，但如同生物學家後來所理解，這其中有許多聲音都是由劇烈的肌肉收縮產生，無法代表該種生物在正常環境下發出的聲音[30]，或許是因為如此，也可能是因為費許博士的實驗類似虐待動物，她的實驗並未受到廣泛複製或重視。[31]

盡管進行了這些實驗，海軍技師仍然無法解釋一些最奇特的聲音。這些聲音來自海洋深處，包括咯噠聲、嚎叫聲、呻吟聲、悶哼聲、呼號聲，令人費解的是，某些聲響可以同時被多個不同的監聽站偵測到，甚至是位於不同大洋間的監聽站。技師以機器及虛構野獸的名稱標示這些神祕的聲音：「A列車」、「耶洗別或耶洗怪獸」、「逗號」、「穀倉合聲」，最終，海軍科學家終於發覺這些怪物般的哭號其實是鯨魚獨特的聲音[32]，潛入水中的鯨魚透過SOFAR通道彼此溝通，鯨歌在其中可以不受干擾傳遞數百甚至數千公里遠。鯨魚許久以前便早已將軍方才剛發現的技巧打磨至完美。

即便海軍對鯨歌的知識在二戰之後便開始蓬勃發展，第一篇公開發表的相關科學論文卻直到一九五七年才發表，這些作者便是受到從軍時遇上鯨群的經驗啟發。比爾・薛維（Bill

Schevill）原先在哈佛大學修讀古生物學，戰時和美國海軍合作，替SOSUS開發水下收聽技術時發現了鯨歌，由於海軍的監聽站通常是無窗的水下房間，導致軍方的觀察人員將這種聲音視為區區的「魚類噪音」。[33]想要一探究竟的薛維因而拋下古生物學，想辦法在鱈魚角（Cape Cod）聲譽卓著的伍茲霍爾海洋研究所（Woods Hole Oceanographic Institution）弄到一份工作，加入他行列的還有威廉・瓦金斯（William Watkins），他出身非洲傳教士家庭，在家自學，後來發明了世界上第一台用來在海中錄製海洋哺乳類聲音的錄音機。瓦金斯本來是受聘擔任技師，卻對語言學擁有濃厚的興趣，後來他在五十五歲時，精通超過三十種非洲方言後，從京都大學獲得博士學位，並選擇用日文進行博士論文口試。[34]瓦金斯和薛維周遊世界海洋四十年，使用比快艇還安靜的汽艇悄悄接近鯨群，在其身上植入無線電標籤以方便追蹤[35]，兩名科學家也和薛維的妻子芭芭拉合作，發表了數百篇水下麥克風研究。此外，瓦金斯的海洋聲學資料庫收錄了超過兩萬條聲音，來自七十種不同的海洋哺乳類，至今仍被軍方用來訓練聲納技師。[36]

瓦金斯和薛維的成果，為科學家對鯨群的全新理解打下了紮實的基礎，科學家現在將鯨魚視為極度聽覺導向的生物，和其他海洋生物一樣，都是透過聲音觀看世界。超過七千萬年前，今日水生哺乳類的陸生祖先重新回到孕育生命的海洋，重新適應水下世界。在水面下，聽覺勝過視覺，因為光在水下傳遞的效果不如在空氣中，而且只要超過三十公尺，物體就很難被清楚看見。相較之下，聲波在水中傳遞的速度大約是在空氣中的四倍，因此水生動物在水面下的聽力範圍比視力範圍還要大上非常多。在演化的過程中，鯨魚和海洋的聲學環境完美調和，聲音也成了牠們狩獵、社交、逃離掠食者的主要方式。某些物種演化出在低沉次聲波環境中的聽力，其他則能聽見高頻率的超音波，而鯨魚的聽覺神經細胞密度也是一般陸生哺乳類的兩倍，神經纖維細胞的數量特別高，代表鯨魚天生就比包括人類在內的大多數陸生哺乳類，更擅於複雜的訊號處理。[37] 如同康乃爾大學（Cornell University）的生物聲學家克里斯・克拉克（Chris Clark）所說：「鯨魚是高度聲音導向的生物，牠們的意識和自我概念是建立在聽覺上，而非視覺。」[38]

大致上來說，包含鯨魚、海豚、鼠海豚等水生哺乳類在內的鯨目（cetacean）生物，會使用三種不同的聲音進行溝通[39]。第一種聲音是所謂的社交呼喚，涵蓋各種大部分落在人類聽力範圍內的聲響，對我們來說，這些聲音聽起來大都像是口哨聲、震動的嘎吱聲、尖叫聲、模式五花八門。例如，殺人鯨出生時會牙牙學語，並在幾個月大時開始模仿家庭成員發出的聲音。殺人鯨跟人類一樣，會運用聲音辨識個體、交換資訊、協調社交關係，每個鯨群都擁有自身獨特的方言，幼鯨會花好幾年的時間和母鯨學習，可說是動物世界中最為複雜的文化交流方式之一。[40]由於鯨群成員一生都會待在一塊，其方言成為牠們身分的一部分，並象徵強烈的文化連結；擁有不同方言的殺人鯨群通常也都不會交流太久[41]。這些方言非常獨特，連科學家甚至受過訓練的業餘人士，只需聆聽就能區分不同的鯨群。此外，有些鯨類的呼喚也很大聲：世界上最巨大的動物抹香鯨，就能發出超過兩百分貝的聲音，比火箭發射或噴射機引擎發動時還大聲，如果你剛好游過附近，聲量足以震破你的耳膜。

第二種聲音則是由包含海豚、殺人鯨、鼠海豚、抹香鯨在內，超過七十種物種的齒鯨類使用的回音定位，又稱生物聲納。當動物使用我們聽起來像是一系列快速喀噠聲的生物聲納時，能透過發射高頻率的聲波並依據產生的回音辨識物體的距離和方向，來視覺化周遭的景象，非常類似醫生診療室中的超音波機器。回音定位讓齒鯨以及蝙蝠等其他動物能夠「看見」並導航周遭的環境、尋找獵物、甚至是掃描其他動物的身體內部。殺人鯨使用聲音持續掃描周遭環境，就像我們使用眼睛一樣，牠們靠著聽見生物聲納從快速移動的魚群或逼近的船隻的回音生存[42]，就像克拉克所說：「牠們的心眼其實是牠們的心耳。」[43]

鯨目生物會發出的第三種聲音，則是由鬚鯨發出的悠長低沉韻律，也就是所謂的鯨歌，一般認為只會由雄鯨發出，可能是和求偶有關，可說是動物王國中最為複雜的聲波表現之一。某些鯨歌的頻率位於次聲波，有些則位於人類的聽力範圍之間。人類對座頭鯨的鯨歌了解最多，不過其他鯨類也擁有獨特的鯨歌，發聲模式的差異，反映出不同棲地之間的精細演化平衡，聲音的屬性則代表不同鯨類棲息的海洋深度。對生活在深海的鯨類來說，聲音必須要相當簡單，甚至稀疏，以便穩定地在長距離傳遞，但對生活在淺海的鯨類而言，由於海水的聲學屬性使聲音無法傳遞那麼遠，反倒是更為多樣化的模式和頻率，能夠協助促進溝通和導航。某些鯨歌持續時間較長，某些則較短，如果說座頭鯨和弓頭鯨歌詠的是十四行詩，那麼藍鯨和長鬚鯨就是海洋的禪宗大師。[44]

由於必須面對侵蝕性的海水、風暴和潮汐等挑戰，除了海軍，很少人有時間、金錢或相關知識去記錄鯨群之聲，而跟小型手提箱一樣大、且出了名不防水的笨重盤帶錄音機，也讓這個任務變得更加艱難。即便一九九一年後，原始的SOSUS錄音已有部分解密，較新的版本仍然保密[45]，鯨魚生物聲學因而依舊鮮為人知，直到一場出乎意料的相遇，向世界介紹了鯨歌。

成為白金唱片的鯨歌

一九六七年，科學家羅傑・潘恩（Roger Payne）和凱蒂・潘恩（Katy Payne）到百慕達賞鯨，這是趟源自一次悲劇相遇的奇異追尋。凱蒂是古典音樂家，羅傑則是個研究蝙蝠和貓頭鷹的聲學生物學家。羅傑・潘恩在哈佛大學部的老師，正是發現蝙蝠會在人耳無法聽到的頻率進行回聲定位的唐納・葛瑞芬（Donald Griffin），他稍後也跟隨老師的腳步，在康乃爾大學拿到博士學位，並走上受人敬重的科學家生涯，但他因為研究缺乏立即的影響力而頗為困擾，如同他日後回憶：「我當時在研究我有興趣的事，也有一些其他人有興趣，但卻無法達到保護大自然這個目的。」47

潘恩某天在塔夫斯大學（Tufts University）的實驗室工作到深夜時，聽到收音機報導有頭死去的鯨魚屍體沖到了當地的海灘上，但等他趕到現場時，鯨魚已遭到肢解，尾鰭也被砍斷，很可能是當成紀念品了。有兩個人把他們的姓名縮寫深深刻在鯨魚身側，還有個人把菸屁股塞在鯨魚的噴氣孔裡。潘恩後來寫道：「我把菸屁股拔出來，站在那裡好長一段時間，心懷我無法形容的感受，每個人都有過這種影響他們一生的經驗，很可能還有好幾次，而那晚就是我的其中一次。雖然在那個時代鯨魚和人類相遇往往會發生這樣的事，但那次經驗卻是壓垮我的最後一根稻草，我決定去學習足夠的鯨魚知識，這樣我才能多少影響牠們的命運。」48

潘恩的頓悟發生在一個商業捕鯨仍未受到限制的時代，隨著工業化的漁船在二戰後散布到全球各地的海域，南極等先前無法前往地區的鯨魚數量也開始銳減，然而人類卻還是不知道鯨群究竟都在哪裡生活。潘恩從未見過活鯨，也不知道要去哪裡找一頭，幸運的是，紐約動物學會（New York Zoological Society）的其中一名理事、百萬富翁暨內科醫師亨利・克雷・佛瑞克二世（Henry Clay Frick II）給了他一個提示，在學會的某次會議中，佛瑞克不經意提到他的家人在位於百慕達的靠海私人莊園，時常會看見座頭鯨游過岸邊。[49]

潘恩夫婦於是搭機前往百慕達島，並在佛瑞克的朋友介紹下認識了海軍工程師法蘭克・瓦靈頓（Frank Watlington）。瓦靈頓二十年前奉命到百慕達南端南安普敦（Southampton）的海軍水下系統中心管理海軍的其中一座監聽站，他在該處設立了監聽陣列，勤勞蒐集數據數十年，空閒時間則熱愛水上活動。他的祖先在十七世紀至百慕達定居，是補鯨人[50]。

某天，瓦靈頓乘著他的船出海，比平常去的更遠一點，水下麥克風放下的深度也比平常更深，結果他在水面下超過五百公尺處蒐集到怪異的鬼魅聲響，一頭霧水的他把錄音拿給當地的漁夫聽，漁夫說這是鯨魚發出的聲音。瓦靈頓就此著迷，年復一年地錄製聲音。[51]這其實並非易事。起初，他用的是一系列的滾筒，將聲音化成實體的紙張記錄，整個系統使用的是燒紅的筆尖，可以把海中的聲音燒到紙張的蠟質表面上，這種聲音蝕刻方式需要相當妥善的保存。後來，他開始使用一卷又一卷的半吋磁帶錄製，錄製二十四小時就要用掉一整卷Ampex牌磁帶。[52]有時候，他會把錄音放給他信任的人聽，不過大多數時候，他都暗中進行，因為擔心上級會知道他的收藏，以及商業捕鯨人會濫用他錄製的鯨歌去尋找及獵殺鯨群。[53]

認識潘恩夫婦不久後，瓦靈頓讓這兩人聽他的祕密錄音。在瓦靈頓船上的引擎室聆聽磁帶時，凱蒂回憶說他們「從未聽過這樣的東西，淚水從我們的臉頰滑下，我們被深深吸引且大受震撼，因為這些聲音是如此美妙、如此有力、如此多變。這些聲音，如同我們後來得知的，僅出自一種動物啊。」[54]他們懂得夠多，猜得到聲音的來源是座頭鯨，而且身為科學家，他們也擁有證明的工具，瓦靈頓最後給了他們數百小時的錄音拷貝，兩人將東西帶回家，而這份禮物還伴隨一個請求：「去拯救鯨魚吧！」

在照顧四名年幼子女的空檔間，凱蒂花了無數小時聽這些錄音帶。在不斷重播多次後，凱蒂發覺其中存有模式，並花了非常多功夫記錄下來。她發現鯨歌就跟精細的樂曲一樣複雜，羅傑本來還存疑，後來也迅速被說服，鯨歌確實擁有能夠用來分析的內部結構。但是，該如何處理這數百個小時陌生的聲響呢？為了完成這個艱鉅的任務，潘恩夫婦向普林斯頓大學的友人史考特・麥克維（Scott McVay）求助，麥克維有一台能夠製作簡易光譜圖的儀器，可以將錄音分成三秒的片段，並印出顯示頻率及時間對應關係的圖表。凱蒂學會如何使用儀器後，很快地，客廳的地板及牆上布滿了印出來的紙張。最終，整個研究涵蓋了為期三十一年的錄音，凱蒂剪下光譜圖吐出的樂句，仔細聆聽鯨歌，直到她能辨識出個別的聲響以及重疊的模式。[55]每個鯨歌的持續時間從六分鐘到超過半小時都有，鯨群會不斷重複吟唱，有時候一次就唱上好幾個小時，而就像所有美妙的樂曲，鯨歌也有形式：樂句、主題、高潮、結尾、漸強、漸弱。凱蒂也開始記下長篇鯨歌，她栩栩如生的演唱有時會讓訪客為之驚嘆：美妙而陌生的聲響，從一名美國郊區媽媽的身體中發出。

潘恩和麥克維在《科學》（*Science*）期刊發表的一篇重要論文中，大膽認為鯨魚並不是隨便呻吟及哀號的，這些精細的聲響其實擁有複雜的結構及韻律，跟音樂一樣。[56]他們還刻意使用爭議的術語「歌曲」（songs）來描述這種「以極度精確方式重複」的「美妙多變聲音」。他們的分析暗指鯨魚擁有複雜的溝通能力，掀起了科學家之間激烈的討論。[57]

早期的科學研究確實有提到鯨魚複雜的聲音，但很少使用音樂的類比，因為這帶有人類中心主義的味道，主流科學家大都會迴避。對許多科學家來說，認定鯨目生物能夠創造「美妙的音樂」是一個太過誇張的說法。不過科學家仍發現在描述鯨魚聲音時，實在很難避開音樂的比喻，在有史以來第一篇有關加拿大北部白鯨聲音的論文中，科學家就提到口哨聲、尖叫聲、喵喵聲、啁啾聲、尖銳的拍打聲、滴答聲、咯咯聲，從類似鈴鐺到管弦樂團調音或「一群小孩在遠方大叫」的聲音都有。[58]雖然白鯨因為熱愛發出聲音而有「海中金絲雀」的綽號，科學家仍相當謹慎，只提供聲音的描述，而非將其形容為音樂，遑論去推斷聲音的溝通功能了。

潘恩夫婦並沒有因為科學界的緘默就打退堂鼓，他們和四名年幼的子女搬到阿根廷的巴塔哥尼亞（Patagonia）海岸，花了十五年時間研究鯨魚之聲。他們也開始蒐集到證據，顯示鯨歌代表的是複雜的社會組織，以及鯨群內部與鯨群之間的文化傳遞。凱蒂還找到了最驚人的發現：特定海域的雄座頭鯨在繁殖季節唱的是一樣的鯨歌。此外，這些鯨歌每年還會出現精細的變化，所以幾年之後，就找不到五或十年前錄下的鯨歌的蹤跡。[59]她也發現較長的鯨歌擁有內部結構，並將其和按照特定間隔或在段落結束及開始時重複的詩節和韻律比擬，這種類似韻律的重複深層結構，提出了一種可能性，認為鯨魚就像人類一樣，會運用幫助記憶的技巧來記憶較長的鯨歌。[60]在凱蒂的發現後數十年，座頭鯨群間的鯨歌傳遞被證實確實是全球座頭鯨群間社交互動、聲音學習、文化演化的證據[61]：一首源自太平洋某海域的鯨歌，可以逐漸穿過整座海底盆地，傳播給其他海域的座頭鯨群。科學家目前仍無法完全了解這類「鯨歌革命」確切的機制，但很可能是源自個別鯨魚在不同鯨群間遷徙，或是在共同或地理位置相近的遷徙路線上進行聲音學習所致。[62]

潘恩夫婦憂心當時氾濫的商業捕鯨，因而熱切想喚起更多大眾對鯨群困境的關注，於是想出了一個特別的方法——將他們的錄音錄製成專輯。一九七〇年推出的《座頭鯨之歌》

（*Songs of the Humpback Whale*）在多國榮獲白金唱片殊榮，目前仍是史上銷售量最高的自然史唱片[63]，唱片封套上不僅以「生氣蓬勃、源源不絕的聲音之河」的字句將鯨魚之聲形容為音樂，專輯也附贈了瓦靈頓原始的錄音，曲名就叫作〈孤鯨〉（Solo Whale）。這張唱片成了歷史性的事件，改變了人類對動物世界的想法，世界上最巨大的生物從深海歌唱的聲音，襲捲了大眾的關注[64]，隨之而來的討論，更是加深了對於捕鯨以及使用鯨油製作口紅和引擎變速箱的擔憂，並激發大眾支持禁止商業捕鯨。[65]

一九七一年，羅傑・潘恩離開他在洛克斐勒大學（Rockefeller University）的教職，成立了「海洋聯盟」（Ocean Alliance），致力於保育鯨群及其棲息環境，並開始環遊世界，向所有有興趣的人講述鯨歌的故事。他後來回憶道：「我認為如果你可以讓這些聲音深植到人類文化中，或許就能掀起一股拯救鯨魚的浪潮。」[66]潘恩的努力確實掀起了一場全球運動，綠色和平組織在專輯推出不久後，便發起了他們第一場「拯救鯨魚」遊行，而一九七二年在瑞典斯德哥爾摩舉辦的聯合國人類環境大會（UN Conference on the Human Environment）上，與會國家也正式通過了呼籲暫停商業捕鯨十年的提案。一九七三年，美國的瀕臨絕種物種名單和新通過的《瀕臨絕種野生動植物國際貿易公約》（Convention on International Trade in Endangered Species），也將數種鯨魚列入瀕危物種。[67]而在來自科學家和大眾的壓力之下，原先為管理商業捕鯨創立的國際捕鯨委員會（International Whaling Commission, IWC），也在一九八二年實施暫停商業捕鯨。IWC的禁令可說來得正是時候，許多種鯨魚僥倖和徹底絕種的命運擦身而過。[68]

幾年後，羅傑・潘恩進一步提出了更讓人難以置信的主張：某些鯨魚，例如比座頭鯨還大聲的長鬚鯨和藍鯨，其發出的鯨歌在適當的海洋條件下，能夠在SOFAR通道傳遞數百甚至是數千公里遠。[69]潘恩和海洋學家道格拉斯・韋伯（Douglas Webb）合作，根據聲音的響度和頻率，計算出鯨歌在水下能夠傳遞多遠的距離。鯨魚為什麼會需要隔著這麼遠的距離溝通呢？潘恩猜測這樣的能力會演化出來，會不會是因為特定鯨魚缺乏交配地點，因為可以相隔千里的溝通能力將減少對指定會合點的需求。他還想，也有可能是因為遠距離的呼喚在狩獵時非常有用：磷蝦群繁殖的地方無法預測，在不同海域都有可能，或許遠距離的呼喚能夠協助鯨群分享這些地點的資訊。

多數科學家對遠距離溝通的主張存疑，只有少數幾人，比如知名生物學家彼得・馬勒（Peter Marler），有膽順著潘恩的主張繼續推測，如同馬勒的評論：「潘恩認為鯨群透過使用非常低頻率，人耳幾乎聽不見的聲音，並讓自身位於適中的水深，能夠聽見彼此從數百公里的遠處傳來的聲音，這個現象幾乎可說是不可思議，直到我們發覺這就是世界各國海軍使用他們的水下聲納系統所達成的事。」[70]不過其他許多科學家仍將潘恩斥為過於偏頗的激進份子，而就像他自己後來所說：「和我做過的其他事相比，這件事幾乎摧毀了我整個學術生涯。」[71]

然而，數十年後，克里斯・克拉克透過最近解密的海軍錄音，實驗性地證實了潘恩的理論，克拉克表示：「我在聽一頭愛爾蘭的鯨魚唱歌，然後又在百慕達聽到一次，每當想起我當時心想『幹，羅傑是對的』時，頸背仍會寒毛直豎。」[72]海軍的數據為潘恩的主張提供了無可辯駁的證據：長鬚鯨和藍鯨確實能夠隔著數百公里的開放海域和彼此溝通。

盡管公眾意識逐漸提高，加上一九七二年通過的《海洋哺乳類保育法案》（Marine Mammal Protection Act）條文，美國海軍多數的錄音仍屬機密。科學家開始研究其他鯨目生物，探索海豚等齒鯨和鬚鯨之間的差異，並且努力將其發出的聲音歸類到不同的種類中，例如溝通呼喚、鯨歌、回聲定位。許多成果都涉及尚未受到系統性記錄的個別鯨魚物種研究，比如史上第一次錄製到小鬚鯨發出的聲音，便是來自一九七二年時南極洲冰層某個呼吸孔中的個體。[73]而科學家也開始探討這些聲響和社交行為之間的關係，比如在一九八〇年代某次歷史性的錄音重播實驗中，克拉克和他的研究夥伴就發現南露脊鯨（*Eubalaena australis*）會回應同類的聲音，如果水下麥克風發出的是另一頭南露脊鯨的聲音，那麼其他南露脊鯨就會接近，但要是播放的是座頭鯨的聲音或白噪音，南露脊鯨就不會接近。[74]

對科學家來說，有關海洋聲音的知識，加深了他們對全球的海域這個地球最罕為人知生態系統的理解。但對軍事單位而言，相同的知識卻是種戰略資產，水下生物發出的聲音會妨礙海軍正確辨識敵方目標的能力，並增加他們的船艦意外攻擊到倒霉魚群，進而丟臉的風險。在某次事件中，生物聲學的錄音便成功阻止了冷戰時的衝突：美軍在聽見低頻率的嗶嗶聲後進入警戒狀態，他們以為這是蘇聯用來定位美國潛艦的聲音，不過科學家後來證實，這種聲音其實是鬚鯨在捕食時所發出。[75]

即便這類知識的實用性相當明顯，美國海軍仍直到一九九二年才終於贊助了相關研究計畫，目的為確實記錄海洋哺乳類發出的聲音。[76]然而，在大多數情況下，平民科學家無法接觸到海軍的水下監聽站。一些科學家在世界上鯨群仍會逗留的偏遠地區設置監聽站，但卻沒有大量的資金可以運用，少數的例外之一便是在北極西部，也就是艾德里奇當年將弓頭鯨逼入絕境之地。

艾德里奇造訪此地一個世紀之後，科學家和因紐皮亞特人合作，在貝羅角展開新的研究，結果將會在全球引發巨大爭議，後續的討論也會一路延燒到白宮。比起使用聲音獵殺鯨群，科學家開始運用這些聲音試圖去了解牠們。

註釋

1. New Bedford Whaling Museum (2020a, 2020b). 2. Heller (2020).
2. Heller (2020).
3. Shoemaker (2005, 2014, 2015).
4. Bockstoce (1986).
5. Webb (2011).
6. Demuth (2017, 2019a, 2019b, 2019c); Jones (2015).
7. Bockstoce (1986).
8. Aldrich (1889, 61).
9. Barr (2020); Barr et al. (2017).
10. Melville (2010).
11. Aksaarjuk (1987).
12. Wright (1895, 41).
13. 參見：https://www.whalingmuseum.org/collections/highlights/photography/finding-aids/#aldrich-collection。

14. Aldrich (1889, 33).
15. Aldrich (1889).
16. 參見：https://www.whalingmuseum.org/collections/highlights/photography/finding-aids/#aldrich-collection。
17. Aldrich (1889, 33).
18. Aldrich (1889, 33).
19. Aldrich (1889, 34).
20. Aldrich (1889, 116).
21. Aldrich (1889, 49).
22. 我認為本書此處是當代第一次討論到艾德里奇的故事，至少在鯨魚生物聲學的領域中是如此。
23. Helmreich (2016).
24. Eber (1996).
25. Gogala (2014); Weber and Thorson (2019).
26. Godin (2017); Munk and Day (2008); Munk et al. (1995); Worzel (2000).
27. SOFAR 通道之所以存在，是因為聲速、溫度、壓力之間的關係：深度越深、水溫就越低、聲速也越慢，但是壓力也會隨著深度增加，隨著你潛下海中，會抵達一個水溫趨於穩定的深度，在這之後就只有壓力會增加，而在這樣的深度下，聲音在水中的速度會最慢，稱為「最低聲速」。SOFAR通道便是在此深度發現，但具體深度可能會因為海域的情況出現差異，有點像是光在光纖電纜中傳輸，這個相當深的水平通道不只能傳遞聲波，和其他深度相比，也能讓聲波保存更長的距離，聲波會折射到通道的中軸，最低聲速便是在此出現，通過這條通道的低頻率聲響因而可以傳遞相當長的距離，高頻率的聲響則是會更快遭到吸收，只能在較短的距離中偵測到。

28. 參見Evans (1994); Whitman (2005)，海軍當年的某些錄音至今仍未解密，不久後便發明出另一個被動監聽系統DIFAR，可以直接透過飛機或潛水艇投放聲納浮標，接著在一九七〇年代，又發明了另一個主動監聽系統「拖曳陣列監聽聲納系統」（Surveillance Towed Array Sensor System，簡稱SURTASS），可以發出強大的脈衝及收聽回音，DIFAR的全名則是「定位型低頻率分析及錄製」（directional lower-frequency analysis and recording）系統，參見D’Spain et al. (1991)。

29. Fish (1954); Fish et al. (1952); Tavolga (2012). 30. Tavolga (2012).

30. Tavolga (2012).

31. *New York Times* (1989).

32. Erskine (2013); Nishimura (1994).

33. Schevill (1962).

34. Lubofsky (2019).

35. Negri (2004).

36. Ibid.
37. Ketten (1997).
38. Bentley (2005).
39. Tyack and Clark (2000)，也可參見Schevill and Lawrence (1949)。
40. Deecke et al. (2000, 2010); Filatova et al. (2012, 2013); Foote et al. (2006); Janik (2014); Kremers et al. (2012); Weiß et al. (2011).
41. Brown (2019); Ivkovich et al. (2010).
42. Holt et al. (2019).
43. Schiffman (2016).
44. Clark (1998); D' Spain et al. (1991); Ketten (1997); Mourlam and Orliac (2017).
45. Whitman (2005).
46. Watlington (1980); Yandell (2017).
47. Kwon (2019).
48. Payne (2021).
49. Kwon (2019).
50. Watlington (1982).
51. CBS Interactive Inc. (2014).
52. Allchin (2015)、Rothenberg (2008)，也可參見Johnston-Barnes (2013)。

53. McQuay and Joyce (2015).
54. Ibid.
55. Brody (1993).
56. Payne and McVay (1971); Negri (2004).
57. Payne and McVay (1971, 597); Van Cise et al. (2018).
58. 參見Schevill and Lawrence (1949)，也可參見Schevill (1962)及Gertz (2016)，若要收聽錄音，可前往瓦金斯海洋哺乳類聲學資料庫（Watkins Marine Mammal Sound Database）。
59. Payne (2000).
60. Cummings and Philippi (1970); Guinee and Payne (1988); Payne and Payne (1985);Payne and McVay (1971); Payne and Webb (1971).
61. Garland et al. (2011, 2017).
62. Darling et al. (2014); Garland et al. (2011, 2013, 2017).
63. Ocean Alliance (2019).
64. Payne and Webb (1971).
65. Brody (1993).
66. Kwon (2019).
67. Schneider and Pearce (2004).
68. World Wildlife Fund (2013).

69. Payne and Webb (1971).
70. Marler (1974, 35).
71. Kwon (2019).
72. Kwon (2019)、Mellinger and Clark (2003)、Stafford et al. (1998)，也可參見Brand (2005)。
73. Schevill and Watkins (1972).
74. Clark and Clark (1980).
75. Rolfe (2012).
76. Nishimura (1994).

2

歌唱之海

The Singing Ocean

艾德里奇遠征的一個世紀後，南方人再度回到貝羅角追尋鯨群，他們抵達時，國際間關於北極弓頭鯨的未來的爭論正逐漸升溫。[1]一九七八年，國際捕鯨委員會單方面禁止北極地區的維生捕鯨活動，委員會認為執行這項禁令是為了拯救為數不多的弓頭鯨，但因紐皮亞特人反對，表示鯨群的數量相當健康且正在回升。他們認為南方的科學家和政客自己犯下商業捕鯨的罪行，懲罰的卻是原住民，且南方科學家和政客犯下最嚴重的錯誤，是沒有傾聽鯨魚的心聲。

對因紐皮亞特人來說，捍衛維生狩獵權非常重要，否則他們的生活將危在旦夕。一頭弓頭鯨就能確保一整座村莊一年的生計[2]，弓頭鯨肉和因紐皮亞特語稱為「maktaaq」的鯨脂，富含蛋白質及維生素C等營養素，在這個極度不適合發展農業的地區維持了因紐皮亞特人的健康，替換這個食物來源可能要花上數千萬甚至數億美元，因紐皮亞特人根本負擔不起。而且鯨魚提供的不只是食物，鯨油可以用來取暖及照明，加熱後能夠塑形的鯨鬚可以製成皮帶、獨木舟骨架、魚叉繩和雪橇，鯨魚皮也可以用來製鼓和做衣服[3]，肋骨及下巴骨則能支撐屋頂和當成柱子，脊椎和其他部分的骨頭也能做成工具及護身符。在某些社群中，最大根的肋骨會深深插進地面，形成拱形結構，用來區分住家或共有空間的入口[4]，如同貝羅角的居民瑞克斯・奧卡克一世（Rex Okakok Sr.）所說：「我們的祖先透過我們和鯨魚的正式關係，和鯨魚及其棲地培養出親密感……鯨魚是我們的食物及音樂，鯨魚就是我們。」[5]

音樂、儀式、食物、工具、穿著、避難所、取暖、照明：因紐皮亞特人的生活是由弓頭鯨維持的，透過狩獵儀式和共同分配鯨肉的方式，弓頭鯨可說是因紐皮亞特社會的重心[6]，捕鯨船長之妻梅・阿吉克（Mae Ahgeak）便表示：「在我們的社會中，總是鯨魚讓我們團結一心。」[7]準備出發捕鯨，以及回程處理鯨魚屍體的儀式，是掌控社群季節活動的架構。因紐皮亞特片語「kiavallakkikput agviq」（意指「進入捕鯨生活週期」），便體現了文化地理學家榊原千絵所謂的「鯨性」（cetaceousness），也就是深深影響因紐皮亞特社會方方面面的鯨魚意識形態，上一代的人類學家則帶著殖民的眼光，將其視為掌控北極西部生活的「鯨魚崇拜」。[8]

因紐皮亞特人認為，由於他們已經和鯨魚緊密生活了數千年，因而比外人更了解鯨群的數量，即便委員會的科學家估計只剩下不到六百頭鯨魚，他們卻堅稱鯨魚的數量是這個數字的好幾倍。族中長者還記得一個世紀前捕鯨人大量獵捕弓頭鯨群後所帶來的飢荒，但他們仍堅稱，鯨群的數量已經回升。

政府科學家透過來訪生物學家站在海岸邊的零星目視統計，搭配航空測量輔助，來統計鯨群的數量。科學家認為，鯨群害怕危險的浮冰，只會在稱為「通道」的狹窄開放水道活動，使得目視和航空測量在估計鯨群的規模時，是個相當準確的方法。當地的獵人卻有不同的見解：他們堅持，每年都會有數百頭甚至數千頭弓頭鯨經過當地稱為「Utqiaġvik」的貝羅，且其中許多都是在冰面下移動，而非經過水道。假如因紐皮亞特人對鯨群在冰面下移動的主張是正確的，那麼政府科學家提供的數目就是大幅低估了弓頭鯨族群的規模。

因紐皮亞特人和委員會之間的爭辯在全球點燃了一股燎原之火，到了一九七〇年代中期，逐漸升溫的反捕鯨運動迫使國際捕鯨委員會對維生捕鯨，也就是當地社群為了獲取維生的食物進行的捕鯨活動，設立更嚴格的額度。壓力團體則開始呼籲開放北極西部獵捕弓頭鯨的額度，並公開示威反對委員會。一九七七年，在沒有與因紐皮亞特人協商的情況下，委員會又取消了先前在法規中保障原住民族的維生捕鯨權，隔年，委員會更將北極西部的弓頭鯨獵捕額度設置為零。委員會在只剩下幾百頭弓頭鯨，還有北極地區持續的維生捕鯨很有可能會導致弓頭鯨絕種的評估下做了這個決定，在位於英格蘭的總部宣布禁止捕鯨。因紐皮亞特人感到驚慌又憤怒，他們認為弓頭鯨數量比西方科學家認為的還多，並堅稱他們應該擁有權利，維持數千年的傳統繼續捕鯨[9]，但委員會拒絕讓步，捕鯨額度仍然維持零。

這樁爭議的中心存在兩種世界觀：傳統的整體知識和西方的化約論科學。[10]因紐皮亞特人認為，統計鯨群數量的最佳方式，應該是花數年進行系統性的生物聲學測量，但這種方法之前從來沒人試過，科學家和立法機關對其可行性存疑，因而提出使用航空測量及聲納測繪替代。因紐皮亞特人拒絕這個提議，認為飛機和聲納會嚇跑鯨群。[11]他們堅稱生物聲學會得出更準確的數據，但委員會拒絕考慮使用生物聲學方法來研究鯨群的想法。

不屈不撓的因紐皮亞特人於是創辦了自己的組織：阿拉斯加愛斯基摩捕鯨委員會（Alaska Eskimo Whaling Commission），名稱顯然就是要和總部位在英國的國際捕鯨委員會打對台。根據因紐皮亞特人管理捕鯨的傳統方式，每個海岸村莊的捕鯨船長都能擔任委員，愛斯基摩捕鯨委員會接著運用周邊石油產業蓬勃發展徵得的稅收，展開一項野心勃勃，北極地區首見的研究計畫：迄今規模最大的多年期弓頭鯨生物聲學研究。[12]貝羅角的美國海軍北極研究實驗室（Naval Arctic Research Laboratory）原先設立的功用是支援冷戰時代遍布北極地區、用於搜尋蘇聯炸彈蹤跡的監聽站，也就是所謂的偏遠地帶早期警告線（Distant Early Warning line），此時則轉為民用的科學研究設施。由因紐皮特人運作，新成立的北坡區（North Slope Borough）市政府聘請了兩名科學家來監督這項計畫，來自賓州的獸醫湯姆・艾伯特（Tom Albert）負責管理野生動物管理部（Department of Wildlife Management），綽號「克雷格」（Craig）的生物學家約翰・克雷格海德・喬治（John Craighead George）則是來自科羅拉多州著名博物學家族的登山愛好者，負責帶領田野工作。

在一個大眾文化將海洋視為寂靜無聲的世界，科學家聆聽海洋的追尋看似荒誕不羈[13]，但是湯姆・艾伯特和他的同儕相比，心胸更為開闊，他將當地獵人有關鯨魚及其他物種發出聲音的故事，視為科學假設，並設計出新穎的實驗和設備來驗證這些故事。當地的因紐皮亞特獵人也是關鍵的合作夥伴：他們是監測弓頭鯨的專家，擁有敏銳的觀察力、準確的記憶力、滿溢的熱情、以及精雕細琢，能夠判讀大地、風、水、天空狀況的能力。族名「Kupaaq」的因紐皮亞特長老哈利・布勞爾一世（Harry Brower Sr）負責設計及帶領大部分研究，即便某些當地獵人抱持疑慮，布勞爾仍堅持鯨群數量統計必須在西方科學家、當地獵人和擁有傳統知識者的密切合作下進行[14]，如同艾伯特後來所述：

一九七八年，我開始研究弓頭鯨時，哈利「將我納入他的羽翼」，花了很多個小時教導我弓頭鯨的知識，他對鯨群如何在浮冰間移動的觀察，以及他耐心解釋鯨群在春季遷徙離開貝羅的行為，對於我們統計鯨群數量的工作可說相當重要。我們的統計研究設計，有很大一部分是根據哈利提供的資訊，我們花了好幾年和很多錢，用科學的方式去證實他的基礎田野觀察。[15]

這項研究的首席生物聲學家便是康乃爾大學的克里斯・克拉克，潘恩夫婦曾邀請他一起到巴塔哥尼亞展開一場鯨魚錄音遠征，此後他就受到啟發，從原本的工程學術生涯轉向，到了因紐皮亞特人邀請他時，克拉克已依靠自身的能力躋身鯨魚學者之列，他一口答應下來，前往北極進行研究。克拉克知道貝羅附近的海域對鯨魚來說是理想的棲地，村落正好坐落於世界上最大海洋生物遷徙潮之一的樞紐：白令海峽的北端開口，西伯利亞和阿拉斯加西部幾乎相交之處。在這個極北之地，一年中大多時間都沒有陽光，被冰雪遮蔽，但是隨著陽光在春天回歸，浮冰也會開始朝北方撤退，北太平洋的海水在接近海岸時會劇烈翻攪，將來自南方的溫暖海水和富含營養的較冷北極湧升流混合，結果便孕育了地球上規模最為巨大的生物族群之一：餵養數以百萬計微小浮游動物的大量浮游植物。這類現象有許多都集中在貝羅海底峽谷（Barrow Canyon），也就是弓頭鯨年度遷徙之旅的目的地，牠們會用長長的鯨鬚過濾這些細小的生物，世界上最大的動物之一，竟是以世界上最小的為食。[16]這些浮游動物也是甲殼類及魚類的食物，吸引了白鯨、海象、海豹、北極熊，以及數百萬隻潛鳥、北極燕鷗、三趾鷗遷徙。[17]此地生物多樣性的豐富程度，可與非洲莽原比擬。

由於食物相當豐富，克拉克認為弓頭鯨出現在此可說頗為合理，而且還可能數量眾多，但他需要能夠驗證這個假設的方法。因紐皮亞特鯨群統計團隊野心勃勃又大膽的目標，是要進行多年期的實驗，以證明比起傳統的視覺統計法，結合生物聲學和傳統知識的新穎觀察法，在計算弓頭鯨數量上是個更為準確的方法。在因紐皮亞特人的帶路下，科學家將會前進冰面，設置多座監聽站，傾聽鯨群之聲，並根據不同地點在數個月期間錄到的錄音進行三角測量，最終希望達成的結果便是準確的鯨群數量統計。

理論上這聽起來很容易，但實際上前進冰面時常像是在和大海「打仗」，而科學家多數時候都是戰敗的那方。[18]鯨群年度往北遷徙的時機，表示錄音必須從四月就展開，那時白天的氣溫仍低於零下非常多。笨重的錄音器材則是裝在密封的小屋中，並固定在雪橇上，由因紐皮亞特嚮導帶領的科學家，會用雪上摩托車拖著雪橇，穿過層巒疊嶂的地景，而隨著他們試圖跟隨鯨魚的蹤跡，他們也會持續受到海冰堆成、不斷漂移的山丘阻礙。[19]

前進冰面只不過是戰爭的中場而已，真正的挑戰其實在於蒐集到足夠的聲學和視覺數據，要先證明生物聲學的方式是準確的，之後才能開始統計鯨群的數量。視覺觀察團隊會坐在動來動去的「雪橇小屋」中，身下便是高壓形成的冰脊，負責連續四個月每日二十四小時輪班觀察的任務，一絲不苟地記下所有鯨魚的目擊。聲音監聽團隊則是會前往海冰陡峭的邊緣設置水下麥克風，或是將其設置在更厚、更安全的冰面上鑽出的洞中，麥克風蒐集到的訊號會經由無線電頻率傳遞到團隊手中。器材也時常需要在短時間內搬運，因為危險的冰面前端會無預警襲來。在零下的條件下，雪上摩托車、發電機、和衛星連結的GPS裝置、精密的水下麥克風、用來測量垂直和水平平面上可視點間角度的精準測量儀器經緯儀，也全都需要細心呵護。

因紐皮亞特人了解他們家園的各種情況，從平靜到凶險。隨著浮冰融化漂移，觀察團隊和他們的小屋及雪橇持續處在滅頂的威脅中，那些在午夜太陽下輪值的人也幾乎睡不著覺[20]，如同某個研究人員所回憶：「設置好器材、搭好休息處，接著『碰！』一聲，海冰就直接撞上來了，我們瞬間失去所有裝備，什麼都不剩，就像在打仗一樣。我們用的是鉛酸蓄電池，重達二十幾公斤，結果硫酸流出來，毀掉我們所有衣物。」整個小屋都沒救了，電池也因為低溫變得易碎裂開。[21]需要幾十個人才能設置器材、維護營地、坐在小屋裡並持續注意北極熊和變幻莫測的冰面，冰面只要一有動靜，幾分鐘內就能摧毀整個營地，或是形成浮冰，使上面的人員漂流到開放海域中。一整年的努力只要幾秒就會化為烏有。而假如歷經重重險阻之後，他們真的成功蒐集到數據，後續的工作也相當費力：將錄音轉換成視覺化圖表，顯示頻率隨時間變化的聲譜圖，也必須按照實際的視覺觀測調整，這個過程需要人工交叉檢查，可能要花上好幾個月。[22]

對許多科學家而言，海洋歌唱的聲音讓這一切努力都值得。依賴因紐皮亞特人挑選安全監聽地點的研究人員，開始用截然不同的方式觀看這片地景。一開始，冰面似乎充滿威脅，但是在外面坐上好幾天、好幾個禮拜、好幾個月後，有什麼東西改變了。因紐皮亞特長老衛斯理・埃肯（Wesley Aiken）便曾說過，海冰就像是座美麗的花園，可以在其中蒐集食物、悠遊、感覺舒適自在，是個在物質上、情感上、精神上都非常重要之地。[23]克拉克後來也回憶道：

> 當你把水下麥克風伸入海中時，會聽見來自各類歌者的各種刺耳聲音，就像是……某種過渡區，是個截然不同的世界，由白鯨、弓頭鯨、髯海豹和冰組成，然後你感覺就像是：「噢，我的天啊，冰面下有一整座叢林呢！」[24]

克拉克並不是第一個聽見水下鯨魚之聲的人，他把耳機交給因紐皮亞特嚮導時，男人早已知道特定聲音是來自哪些動物，克拉克提到：「在他們的文化中，會把船槳末端頂在下巴上，然後把槳伸入水中，留神傾聽。」[25]水下麥克風則提供了不同於船槳的傾聽方式：麥克風會測量聲音的數位數值，船槳則是能察覺到聲音的類比屬性。正確設置的水下麥克風陣列可以定位出精準的鯨群位置，而因紐皮亞特人也能從他們的傾聽技巧中獲得類似的資訊，他們對鯨群複雜的聲音早已相當熟悉，呼嚕聲、拍打聲、悶哼聲、呻吟聲、點綴旋律的斷續爆裂聲。[26]克拉克開始理解因紐皮亞特人早已知道的事：弓頭鯨的歌唱和其鯨歌，在複雜度上堪與人類了解更多的座頭鯨匹敵。

海洋的背景噪音使得科學家的工作更具挑戰性，多樣的聲音使任何簡單的分析都難以進行：來自冰和風，以及海豹、海象、其他動物的噪音，都非常難解碼。在第一個水下麥克風陣列成功偵測到發聲鯨群的確切位置之前，已經嘗試了不少次，接著，一九八四年時，團隊出現了第一個重要的突破。[27]那年的冰層相當厚，代表沒有開放的區域讓鯨群呼吸，視覺觀察只有看到三頭鯨魚而已，但是錄音偵測到至少有一百三十頭鯨魚從冰面下經過。[28]兩年後，團隊又發現類似的結果，即便視覺觀察團隊沒看見幾頭鯨魚，他們卻偵測到五萬〇五百五十二次弓頭鯨叫聲。[29]用來分析錄音數據的方法足夠準確，可以跟隨鯨群在水下移動的「軌跡」，這確保了團隊不會重複計算。[30]因此，科學家們獨立驗證了因紐皮亞特人的假設：聲學數據可以準確計算遷徙的弓頭鯨群的數量，而西方科學家的視覺統計法則是不準確的低估。[31]

對西方科學家和國際捕鯨委員會來說，這在邏輯上根本是不可能的事：海面覆蓋著幾十公分厚的冰層時，鯨群究竟要怎麼往北游？因紐皮亞特人知道答案。獵人帶領科學家前往可以觀察鯨群破冰而出的地點，牠們會使用巨大的弓形頭顱在好幾公分厚的紮實冰面上撞出洞

貝羅角的弓頭鯨族群規模真的比西方科學家先前估計的還要大上數倍。在數年的科學研究後，因為極低的捕鯨額度而長年承受食物短缺與擔心遭到逮捕及監禁之苦的因紐皮亞特人，終於證明他們是對的。[40]

即便國際捕鯨委員會一開始仍存疑，但在大量證據累積下逐漸接受這個事實。鯨群規模擴大的好消息，表示因紐皮亞特人能夠恢復他們的傳統維生捕鯨，而對於傳統知識重新發現的尊重，也開啟了和西方科學家持續合作的大門，並與美國政府共同管理捕鯨配額，同時促使聯邦法律修法，承認因紐皮亞特人為了維生獵捕弓頭鯨的合法性。此外，數十年來蒐集到的聲學數據，也讓科學家能夠全面性追蹤弓頭鯨群的恢復情況，這些數據至今仍有助於確定弓頭鯨群的數量，確保捕鯨能夠永續發展。[41]因紐皮亞特人也持續追求他們的主權，遊說國際捕鯨委員會修改法規，最終在二〇一八年承認原住民的維生捕鯨權，但前提是鯨群的健全程度。同樣重要的，還有國際捕鯨委員會也承認捕鯨是因紐皮亞特文化的重要基礎，在超過四十年的努力後，委員會終於承認「捕鯨超越一切其他活動，從根本上構成了這些社群整體生活方式的基礎。」[42]

雖然因紐皮亞特人在和國際捕鯨委員會的戰役中獲勝，卻有新的威脅襲向弓頭鯨，船隻造成的海洋噪音汙染每過十年就會加倍[43]，這類噪音每次加倍，都會使鯨群的溝通半徑縮小兩倍：舉例來說，原先一千六百公里的聲音傳播半徑，二十年後就會縮水為四百公里，限制了鯨群導航、覓食和尋找潛在配偶的範圍。[44]除了船隻噪音之外，其他許多人為活動，比如用於石油和天然氣探勘的水下空氣震波槍所發出的巨響，也會更進一步汙染海洋的音景[45]，鯨群可以作用的聲音範圍因而劇烈縮小。克里斯・克拉克的研究重點也逐漸轉移，試圖加入環境噪音汙染造成的影響，他又將其稱為「聲霧」[46]，隨著北極地區日漸融冰，更多船隻可以通過該區，環境噪音汙染也將越發嚴重，克拉克擔心噪音的程度將會讓鯨群無法承受。[47]

北極地區的居民同樣對氣候變遷感到擔憂。北極是地球上變遷最快速的地區之一[48]，隨著海洋溫度上升，冰層逐漸減少，剩下的冰層也變得難以預測，對獵人和遊客造成威脅。[49]日益融冰的北極也意味著更多船隻通行，穿越白令海峽的船隻數量在過去十年間急遽成長[50]，這些船對鯨群帶來新的威脅：噪音、垃圾、纏在漁網中以及直接撞上船隻。[51]科學家認為，隨著海水逐漸變暖，殺人鯨也會往更北方前進，捕食弓頭鯨並干擾其行為。一些研究人員也提出有幾分爭議的主張，認為融冰的北極會為弓頭鯨創造出全新的「恐懼地景」。[52]二〇一九年，出現歷史上最炎熱的夏天，冰層厚度也破了最低記錄，沒有半隻弓頭鯨經過貝羅角。鯨群遠離海岸，或者根本不再往北遷徙。[53]雖然牠們曾逃進冰中躲避商業捕鯨船，氣候變遷卻使牠們無路可逃。

數位鯨群

哈利・布勞爾一世和阿拉斯加愛斯基摩捕鯨委員會的主席喬治・挪伍克（George Noongwook）這些長者，用一輩子親身監督了因紐皮亞特人帶領的聲學研究進行數位轉型，布勞爾每年都會持續用小海豹皮艇帶獵人前往野外，並教導他們傳統的傾聽及觀察鯨群方式。而阿拉斯加愛斯基摩捕鯨委員會則負責監督愈發數位化的研究計畫，運用先進的衛星遙測、立體的移動標記、無人機和被動式監聽來全年追蹤鯨群，也涵蓋更大範圍的北極海。[54] 北極鯨群研究的這個數位創新新階段，有部分是受冷戰結束和美國政府願意開放某些軍事資產兼具雙重用途所推動。[55] 美國海軍也開始准許平民科學家使用他們的水下麥克風網路SOSUS，來追蹤鯨群並記錄鯨歌，這賦予了科學家前所未有的能力，可以在世界各地的海洋追蹤大型鯨群。[56] SOSUS的成功，也激起了開發更靈敏、成本更低的民用網路的興趣，科學家便開發出自動化的錄音設備，能夠連續錄音長達一年，並可以施放到全球各地的海洋中。

成果便是史無前例的鯨歌數據集浪潮，超越人類科學家能夠分析的極限，因而開發出自動化軟體演算法，來分析這波數據洪水，同時也降低或消除了人工驗證的需求。到了二十、二十一世紀之交，當年貝羅角科學家英雄般的努力已變得相當不必要，電腦已經使他們很大一部分的工作自動化了。[57] 如今，科學家開發出新型的機器學習演算法，以深度神經網路為基礎，用於自動分類海洋哺乳類的聲音，這類新方式使偽正確率大幅降低，同時也大幅提升了辨識聲音的能力，而且就算是以規模相對小的數據集進行訓練也能達成，在單一地區錄製數天的錄音便已足夠。[58]其他創新還包括運用深度學習，透過去除錄音的噪音來提升自動化演算法的精準度，基本上就是過濾掉被動式錄音時常捕捉到的大量噪音汙染。[59]

海洋生物聲學研究的範圍也持續擴張中，科學家已開始使用錄音去記錄鯨魚一整年的行為，而不只是一季，並且研究鯨群、其棲地和人類威脅之間的交互關係。許多用來追蹤這類地景演變的數位生物聲學技術規模都頗大，但一些最深刻的見解卻來自微型數位科技，又稱「聲響及方位感測器」的數位錄音標籤DTAG便是一例。[60]DTAG配有小型水下麥克風、加速度感測器、磁力儀和大型固態記憶體，使用非侵入性的吸盤優雅裝設在鯨魚的背上，能夠承受深海的高壓。一個小小的DTAG可以待在鯨魚背上一起潛到海面下一・六公里處，並能錄下鯨魚發出的所有聲音，同時追蹤其一舉一動，包括深度、溫度、方向、速度、「翻滾」，甚至是鯨魚尾部的每一次拍打。DTAG同時也能錄下周遭環境的聲音，使科學家能夠研究海洋哺乳類是如何回應外部的人為噪音。[61]標籤蒐集到的數據會和來自被動式監聽及衛星追蹤的數據整合，並經由能夠定位鯨魚精確至數十公尺的自動化演算法分析[62]，在某些案例中，演算法甚至可以只根據獨特的聲音特徵，辨識出個別的鯨魚，儼然就是個鯨魚專用聲音辨識系統。

DTAG揭露了就連資深科學家都沒有預料到會存在的全新行為，比如直到最近，科學家都只知道鯨群用來溝通、音量相對更大的聲音，這些低頻率的聲音可以傳遞非常遠的距離，在水下很容易便能聽見。但是帶領雪城大學（Syracuse University）生物聲學及行為生態學實驗室（Bioacoustics and Behavioral Ecology Lab）的蘇珊・帕克斯（Susan Parks），開始思考鯨群會不會發出其他更小聲的聲音，她決定研究北大西洋露脊鯨，這種鯨魚屬於露脊鯨的一員，和弓頭鯨是親緣相當接近的表親，也和弓頭鯨一樣，移動緩慢且死去後會浮上海面。牠們傳統上棲息在美國東海岸的波士頓和佛羅里達之間，使其成為相當容易獵捕的目標。

帕克斯假設，成露脊鯨沒什麼必要保持安靜，因為牠們沒有什麼天敵，但幼露脊鯨容易受到殺人鯨和鯊魚的威脅，在露脊鯨一般棲息和覓食的近岸濁水中，殺人鯨和鯊魚最有可能透過偷聽幼露脊鯨的聲音來尋找牠們。[63]帕克斯在想的是，幼鯨會不會發出非常小聲的聲音，以避免被掠食者發現呢？

在其中一項實驗中，帕克斯和她的團隊連續好幾年前往鯨群在佛羅里達和喬治亞海岸生產幼鯨的地點，大白鯊和殺人鯨也都會聚集在這個地區。團隊在鯨魚母子身上裝設DTAG，附近沒有子代的鯨群也有裝。他們分析完數百個小時的錄音後，發現鯨魚母子會發出科學上全然未知的聲響，照顧幼鯨的母鯨會發出非常短促、輕柔、類似喉音的悶哼聲，只有在很近的距離才聽得見[64]，帕克斯表示：「這類聲音可以想像成近乎人類的耳語，能讓母鯨和幼鯨保持聯絡，而不會向該區潛在的掠食者暴露它們的行蹤。」[65]

對弓頭鯨進行的類似研究，也發現牠們同樣會發出融合在鯨歌中的高音，且鯨歌也會演化，類似人類更瞭解的座頭鯨。[66]特別的是，弓頭鯨在一年間會唱好幾首不同的鯨歌，而這些鯨歌都極度複雜，包含同時發出的多個旋律上毫無關聯的聲響。[67]如果說座頭鯨是大海中的歌劇明星，那麼弓頭鯨就是爵士歌手。頻繁且富含變化的弓頭鯨歌，讓科學家不僅能夠計算鯨群的數量及追蹤鯨群，也能了解牠們的社會結構、健全程度、行為，如同雀形目鳥類的多樣性是族群生存率的著名指標，弓頭鯨歌的豐富程度和複雜性也能當作指標，讓我們了解北極地區快速惡化的發展對其造成什麼影響。[68]

之所以能夠得到這些深入瞭解，都拜數位錄音設備之賜，並結合以人工智慧為基礎的強大自動化運算技術。當代的鯨魚研究，可說是將超級電腦和生態學結合的典範。鯨目生物絕大多數時間都待在海底深處，追蹤起來特別棘手。[69]動物學家在陸地上可以花好幾年觀察大猩猩、紅毛猩猩、獅子的行為，包括暗中觀察，或是讓動物熟悉他們的存在。海洋研究則更具挑戰性：船隻沒辦法藏起來，而且科學家也無法跟著鯨魚潛入可能深達一千八百公尺的深海。這類挑戰直到最近都十分棘手，但DTAG這類設備打開了鯨魚行為的隱藏世界，並提供了有關生態系統情況的寶貴資訊，讓人類可以理解幾乎無法涉足的深海。如同學者珍妮佛・蓋布莉斯（Jennifer Gabrys）所觀察，動物的身體正融合到感測器網路之中，她寫道：「生物變得電腦化，除了是感測器的攜帶者，同時也能透過其感知生態學獲得有關環境狀態的數據及資訊。」[70]現在，我們能夠像鯨魚一樣，透過耳朵而不是眼睛，感知海洋。生物聲學設備的功能就像是數位翻譯機，讓我們能夠認識音景，並解釋那些居住在海洋深處生物的歌聲。

鯨夢

數位生物聲學是有用的工具，但只能在遠方觀察，透過數位媒介和鯨群建立的關係有點類似間諜或偷窺，要真正認識一頭鯨魚，你必須親自靠近，就像因紐皮亞特人那樣。[71]因紐皮亞特人持續使用小艇狩獵，包括覆蓋海豹皮的「umiat」或是鋁製船，體積比鯨魚還要小上非常多，而用來攻擊鯨魚的魚叉，對牠們來說，就像是人類之於一把小螺絲起子一樣（雖然現今的魚叉都會配備有爆炸性的尖端）。因紐皮亞特人狩獵時，會花很長時間觀察鯨群，並常常會在鯨魚盯著他們時，緩慢靠近。有時候，鯨魚會選擇擺出能夠受到安全獵捕的姿勢，其他時候則會游走，因紐皮亞特人說，鯨魚啊，就跟人類觀察牠們一樣，也在觀察著我們。[72]

因紐皮亞特人了解鯨群擁有複雜的社會結構、溝通方式、甚至是情感，這種將鯨魚視為和人類相似社會性生物的理解，主宰了整個狩獵行為，因紐皮亞特長老哈利．布勞爾一世便解釋，是鯨魚選擇把自己獻給人類的，但前提是人類值得的時候。當獵人搭乘小船接近鯨魚時，便展開了和鯨魚的對話。因紐皮亞特人認為，鯨魚會判斷前來的人類是否足夠尊重牠們，並思考要不要把自己獻給人類。因紐皮亞特人知道鯨魚會傾聽，如果獵人不尊重或是自私，鯨魚就會避開他們。為了滿載而歸，整艘船必須呈現出寧靜及和諧的氛圍，就連縫製海豹皮船隻的女性說話都必須輕聲細語，獵人和他的妻子也必須抱持慷慨的精神，和社群中所有人分享鯨肉。[73]打獵既是種平淡又麻煩的必要事項，同時也是種儀式性行為。

布勞爾知道水下世界住滿鯨魚的靈魂，他相信鯨魚擁有和人類相同的生理能力及智力，會向願意傾聽的人類傳達牠們的需求及願望。數位科技雖產生了大量數據驗證了因紐皮亞特人的說法，但他們的知識來源，其實是來自他們世世代代以來和鯨群形成的有形連結，這是種超越人類自身的宇宙觀，在這之中，鯨魚被視為同類。

哈利．布勞爾一世臨終前分享了一個故事。當他躺在阿拉斯加安克拉治（Anchorage）某間醫院的病床上時，夢見一頭幼弓頭鯨來拜訪他。盡管布勞爾的軀體仍待在醫院裡，這隻小鯨魚卻陪伴他回到了遠在千里之外的家鄉貝羅。布勞爾和鯨魚一起來到冰面邊緣，潛入水下，他在那裡看見了因紐皮亞特獵人和他的兒子，坐在一艘海豹船上。獵人接近幼鯨和母鯨時，布勞爾看見了男人的臉龐，並感覺到魚叉進入母鯨的身體。他在恍惚的狀態下述說了一個捕鯨的故事，詳細描述鯨魚如何死亡、哪個獵人負責獵殺、鯨肉又是存放在哪個冰窖。當他康復回家後，他驚訝地發現他的夢境竟然準確無誤。他究竟是怎麼知道的？布勞爾在他的著作《獻出自己的鯨群》（*The Whales, They Give Themselves*）中提到，幼鯨「和我說話，他告訴我所有故事，有關他們在冰面上遭遇的各種麻煩。」[74]鯨魚和他分享故事是有目的的，布勞爾和捕鯨船長討論了這個夢境，從而衍生出新的規則，禁止獵捕帶著幼鯨的母鯨。

根據因紐皮亞特人的說法，鯨群會和人類分享意識，因而「鯨性」這個概念指的不只是人類對鯨群的認識，也是鯨群對我們的認識，而數位生物聲學在這個宇宙觀中，又扮演什麼角色呢？被動式監聽現在讓因紐皮亞特人和科學家能夠待在舒服的實驗室中，持續追蹤世界各地的鯨群[75]，凱利船長過去曾運用鯨歌隨意獵殺鯨群，科學家現在則運用同樣的聲音去研究、追蹤、理解、保護牠們，這樣才能以謹慎、尊重、感激的態度捕鯨。貝羅角的研究也激起了科學界對於鯨群是種社會性生物的興趣，生物聲學這門科學，提供了一個新穎的方式，讓我們能夠去探討因紐皮亞特人和其他傳統捕鯨文化長久以來一直在述說的事：人類之外的生物也有進行複雜溝通的能力，並擁有豐富的社交行為，而選擇去關心的人類，也能理解牠們。

如同在本書之後章節所提，這些突破性的鯨魚生物聲學研究，開啟了研究其他物種的大門，其中便包括許多人們先前以為是無聲的物種。生物聲學領域的先驅打開了他們的耳朵和心胸，朝向我們周身世界生氣蓬勃又飽含意義的聲音，科學家也開始意識到，或許世界到頭來其實並不是這麼寂靜，也許他們只是需要學會如何傾聽罷了。生物聲學領域下一個驚人突破，並不是來自海洋，而是源自陸地，發現了先前從未設想過的大象之聲的力量。

註釋

1. Albert (2001).
2. Royal Geographical Society (2018). 3. Sakakibara (2009).
3. Sakakibara (2009).
4. Demuth (2019c).
5. Sakakibara (2009, 292).
6. Brewster (2004); Sakakibara (2008, 2009, 2010); Turner (1993); Zumwalt (1988).
7. Cited in Sakakibara (2010, 1007).
8. Lantis (1938).
9. Adams (1979).
10. Blackman (1992); Bodenhorn (1990); Brower (1942); Hess (2003); Kruse et al. (1982); Sakakibara (2017).
11. Brewster (2004).
12. Brewster (1997).
13. Baker and Vincent (2019).
14. Blackman (1992); Brewster (2004); Huntington et al. (2001).
15. Albert (1992, 25).

16. Citta et al. (2015).

17. Ashjian et al. (2010); Grebmeier et al. (2006); Moore and Laidre (2006); Moore et al. (2010); Watanabe et al. (2012).

18. Wohlforth (2005).

19. Albert (2001).

20. Burns et al. (1993); George et al. (2004); Noongwook et al. (2007); Wohlforth (2005). 21. Wohlforth (2005).

21. Wohlforth (2005).

22. Kelman (2010).

23. Huntington et al. (2017).

24. Joyce and McQuay (2015).

25. Joyce and McQuay (2015). See also Hess (2003) and Wohlforth (2005).

26. Clark and Johnson (1984).

27. Clark et al. (1986).

28. Ko et al. (1986).

29. Clark and Ellison (1989); Zeh et al. (1988).

30. 逐漸改進的追蹤演算法，也成了同時分析視覺和聲學數據的架構中不可或缺的一部分，參見 Clark (1998); Clark et al. (1996); Clark and Ellison (1989); Greene et al. (2004); Sonntag et al.

(1988)。

31. Ko et al. (1986).

32. Ellison et al. (1987); George et al. (1989).

33. Brower (1942); Tyrrell (2007); George et al. (1989); Schell (2015).

34. Tyrrell (2007).

35. Erbe (2002); Greene (1987); Koski and Johnson (1987); LGL/Greeneridge Sciences (1995); Matthews et al. (2020); Patenaude et al. (2002); Richardson et al. (1985, 1986, 1990); Richardson and Greene (1993); Streever et al. (2008); Wartzok et al. (1989).

36. George et al. (1999); Wohlforth (2005).

37. Erbs et al. (2021); Johnson et al. (2011); Stafford et al. (2018); Würsig and Clark(1993). 38. George et al. (2004).

39. Albert (2001); Clark et al. (1996); Clark and Ellison (1989); George et al. (1989, 2004).

40. 參見https://iwc.int/alaska的"Description of the USA Aboriginal Subsistence Hunt: Alaska"一文。

41. Suydam and George (2021).

42. IWC (1982, 44)，也可參見Ikuta (2021)及https://iwc.int/alaska的"Description of the USA Aboriginal Subsistence Hunt: Alaska"一文。

43. Duarte et al. (2021).

44. Clark et al. (2009)

45. Blackwell et al. (2013); Charif et al. (2013); Ljungblad et al. (1988); Richardson et al. (1999).
46. 也可參見Weilgart (2007)。
47. Weilgart (2007).
48. Eisner et al. (2013).
49. Comiso et al. (2008); Druckenmiller et al. (2018); Gearheard et al. (2006, 2010, 2013); Stroeve et al. (2008, 2011).
50. George et al. (2017); Hartsig et al. (2012); Hauser et al. (2018).
51. Berkman et al. (2016); Parks et al. (2019).
52. Matthews et al. (2020)、Willoughby et al. (2020)，也可參見NWMB et al. (2000) 及Ferguson et al. (2012)。
53. Herz (2019).
54. Clark et al. (2015); George et al. (2004); George and Thewissen (2020); Stafford and Clark (2021).
55. Nishimura (1994).
56. Clark (1995); Stafford et al. (2001); Watkins et al. (2000, 2004).
57. George et al. (2018)，也可參見Fox et al. (2001)、Wiggins (2003)。
58. Shiu et al. (2020).
59. Vickers et al. (2021).
60. Johnson and Tyack (2003).

61. Green et al. (1994); Johnson and Tyack (2003); Miller et al. (2000); Parks, Clark, and Tyack (2007).
62. Thode et al. (2012).
63. Parks et al. (2007).
64. Parks et al. (2007).
65. Syracuse University (2019).
66. Johnson et al. (2015); Stafford et al. (2008, 2012); Tervo et al. (2011); Würsig and Clark (1993).
67. Clark and Johnson (1984); Cumming and Holliday (1987); Delarue, Laurinolli, et al. (2009); Delarue, Todd, et al. (2009); Ljungblad et al. (1980, 1982); Stafford and Clark (2021); Tervo et al. (2011); Würsig and Clark (1993).
68. Johnson et al. (2015)，針對使用雀形目鳥類多樣性預測族群健全程度的問題，參見Laiolo et al. (2008)。
69. NOAA Fisheries (2020a, 2020b).
70. Gabrys (2016b, 90). See also Gabrys (2016a).
71. Brewster (2004)、Huntington et al. (2021). 也可參見https://iwc.int/alaska的“Description of the USA Aboriginal Subsistence Hunt: Alaska”一文。
72. Brewster (2004); Wohlforth (2005).
73. Bodenhorn (1990).
74. Brewster (2004, 156).
75. Gillespie et al. (2020); Hastie et al. (2019).

3

靜雷

Quiet Thunder

一九八〇年代中期，凱蒂・潘恩來到非洲時，正好處在一場象群大滅絕之中。兩個世紀前，象群還統治著非洲大陸，人類就像是生活在象群之海中的島嶼[1]，但不到一個世紀後，情況就逆轉了。受到象牙貿易催化，大象盜獵在一九八〇年代達到高峰，十年內就有一半的大象遭到屠殺[2]，在肯亞，估計到了一九九〇年，將有百分之九十的大象遭到屠殺。[3]象群屍橫遍野，數目多到科學家開始統計屍體數量，以估計剩餘的活象數量，他們也發明了一個駭人的標準，用來評估族群的健全程度：屍體率，也就是用屍體數除以活象和死象的總和。[4]新聞媒體則簡單扼要將其稱為「象群大屠殺」。[5]

潘恩心懷遠大的目標來到非洲，想要編纂史上第一部大象辭典，但是隨著情況越發明顯，潘恩意識到她研究的意義比原先還要寬廣。她到非洲本來是為了記錄大象複雜的聲音及其中的創意，後來卻變成錄下瀕臨絕種物種的聲音。

她展開工作時，環保人士也開始記錄大象非凡的智慧以及極度複雜的社交生活，這種動物最為不可思議的能力之一，便是牠們即便隔著相當遠的距離，仍能默默組織起來的神祕能力。環保人士伊恩・道格拉斯—漢彌爾頓（Iain Douglas-Hamilton）在坦尚尼亞便讚嘆於大象不需依靠視覺或聽覺信號，即可協調彼此行為的能力，科學家辛西亞・摩斯（Cynthia Moss）及喬伊絲・普爾（Joyce Poole）在肯亞則是觀察到分開生活，有時還相隔甚遠的公象及母象，可以在母象準備好生育那短暫又無法預測的空檔，用令人咋舌的速度找到彼此。羅溫・馬汀（Rowan Martin）在辛巴威追蹤來自不同家庭的母象好幾年，使用無線電項圈來測繪牠們的移動，發現即使從未見過面，不同的大象家族仍可以隔著很遠的距離與崎嶇的地形協調彼此的活動好幾個禮拜，且不需任何視覺或嗅覺信號。[6] 來自南亞，已馴化大象成為馱獸好幾千年的民族，也充滿各種描述大象超自然能力的故事。[7] 道格拉斯—漢彌爾頓開玩笑說，或許大象擁有超感官知覺。

潘恩的假設則沒那麼超自然，是她在美國的波特蘭動物園（Portland Zoo）研究大象時發展出來的。這間動物園二十年前因為西半球四十四年來第一頭大象帕奇（Packy）的誕生而上了頭條，帕奇很快便長成美國境內最高的亞洲象，並成為動物園的著名招牌。潘恩一九八四年拜訪動物園時，園內已發展出世界上最成功的馴養象生育計畫，她希望能和美洲大陸上最大群的馴養大象共處一段時間，以便更深入了解大象發出的聲音。

她第一次到動物園時，一頭名叫陽光的年輕幼象接近，將象鼻伸出柵欄碰她，陽光的母親站在一旁，看起來頗為緊張，潘恩則感到一股微弱的顫動：「就像被雷打到一樣，但是根本沒有打雷。」[8] 這股感覺勾起了她的回憶：還是年輕女孩的她，在康乃爾大學的賽吉教堂（Sage Chapel）唱合唱時，曾讚嘆管風琴的張力，隨著曲調降到重低音時，整座教堂似乎也為之顫動，「這就是我坐在象籠旁感受到的嗎？頻率太低，我無法聽見的聲音，但卻如此有力，導致空氣顫動？大象是不是在用次聲波彼此溝通呢？」[9]由於她先前的鯨群研究，潘恩知道海洋中最大的哺乳類長鬚鯨和藍鯨會發出次聲波聲響，而從她接受的聲學訓練，她也知道這類聲響可以透過水、岩石、空氣，傳遞非常遠的距離。次聲波會不會就是象群神祕溝通能力之謎的解答呢？

幾個月後，潘恩帶著能夠偵測到深度次聲波，也就是低於人類聽力範圍聲音的錄音器材回到波特蘭，她還帶了兩名同事同行，生物學家威廉・蘭鮑爾（William Langbauer）及作家伊莉莎白・馬歇爾・湯瑪斯（Elizabeth Marshall Thomas）。潘恩計畫錄下大象的聲音，並在回家後用更高速重播，提高頻率，這個方法將使任何隱藏的次聲波無所遁形，就像紫外線燈下的隱形墨水。三名研究人員在動物園某座骯髒的倉庫中設置好器材，展開冗長的每日觀察過程：一個人負責檢查錄音機、一個人仔細紀錄大象的行為、一個人謹慎記下人耳能夠聽見的聲音出現的時機。某些夜晚，團隊不眠不休工作，輪流錄音、觀察、休息，凱蒂偶爾會感覺到與她第一次拜訪時相同的悸動感，伊莉莎白也感覺到了，但是威廉什麼都沒聽到，也沒感覺到，凱蒂於是下定決心，就算錄音只錄到人耳已經聽得見的聲音，除此之外一無所有，她也不會灰心沮喪。

回到康乃爾後，凱蒂請另一名聲學科學家卡爾・霍普金斯（Carl Hopkins）和她一起聽錄音，她挑的是一段她待在動物園時便特別注意到的片段：兩頭完全長大的成象，中間有一道巨大的牆壁，隔著厚重的水泥卻能面對面站著。原先沒有任何人耳聽得見的聲音，但是當錄音以接近正常速度的十幾倍時，高出三個八度的壓縮聲音終於出現，在人類的聽力範圍之下，兩頭大象進行了長時間的對話，以渾厚的聲音交流，聽起來有點像是牛隻的哞哞聲。

凱蒂聽得入迷，抬頭時卻看見卡爾臉上淒涼的表情，他碎念道：「他媽的次聲波。」[10]這些年來，相關研究人員教導和研究自然界的聲音這麼多年，竟然沒人想到加速播放錄音帶這招，而是由受過古典樂訓練的音樂家潘恩找到了這個歷史性的發現。接下來幾個月，系統性分析數百個小時的錄音後，潘恩發現了各式各樣大量的大象聲響，其中某些是位於次聲波範圍，似乎能夠傳遞相當遠的距離。在許多不同情境下，也會出現獨特的聲響，例如安撫沮喪的同伴、把迷路的幼象趕回母象身旁、發出警告，或者帶領象群遷徙。

潘恩的發現在環保界引起巨大關注，《紐約時報》還以抒情筆法描寫她的研究：「這是首次出現證據，顯示陸生哺乳類可以發出這類次聲波聲響，並使低音的象群部加入了野生動物合唱團的行列中，其他成員還包括蝙蝠的高頻率尖嘯、鼠海豚的女高音、狼和郊狼的低音哭號、次中音到低音範圍的座頭鯨歌。」[11]世界野生動物基金會（World Wildlife Fund）的副主席湯瑪斯・洛夫喬伊（Thomas Lovejoy），也將這項發現形容為一種啟示：「這個發現就像是突然間找到了一種……前所未聞的未知語言。」[12]

潘恩錄下的大象隔牆對話，顯示了次聲波的力量，和人類能夠聽見的「一般」聲音有三種差異。首先，次聲波的頻率太低，人類無法聽見，因而必須使用特殊的科技才能觀察。第二，次聲波擁有非常長的波長，由於聲波和實心物體互動的方式，這對象群來說相當重要，波長較短的聲響，例如蝙蝠用於回聲定位的高音，就算碰到非常微小的物體也會產生強烈反射，而且只能傳遞很短的距離，相較之下，波長較長的聲響則能夠穿透及繞過多數物體。第三，空氣會大幅吸收高頻率的聲響，但低頻率的聲響幾乎不會遭到吸收，次聲波因而能夠用於遠距離溝通，也可以穿透牆壁這類物體，或是透過地面振動[13]，所以象群能夠隔著遠距離進行有效對話，甚至能穿過建築物，而人類在過程中聽不見半點聲音。

一九八六年，潘恩公布她的發現僅僅幾個月後，便在世界野生動物基金會及國家地理學會（National Geographic Society）的支持下前往肯亞，她希望透過研究大象的溝通，可以協助扭轉大象在非洲幾乎絕種的局面。潘恩先在肯亞和喬伊絲・普爾及辛西亞・摩斯進行研究。摩斯先前辭掉她在《新聞週刊》（*Newsweek*）的工作，成為一名自學的大象生物學家，她針對吉力馬札羅山腳安波色利國家公園（Amboseli National Park）中象群的研究，最終將會成為世界上針對非洲莽原象持續最久的研究。[14]普爾則是在新聞上讀到摩斯的研究後，年僅十九歲就加入安波色利象群研究計畫（Amboseli Elephant Research Project）擔任志工，之後也在劍橋大學取得博士學位。[15]摩斯和普爾對非洲莽原象擁有嫻熟的知識，她們可以認出數百頭大象，協助相關的象群社交行為研究達成不少重要突破，而最重要的或許是，她們能夠記錄遠遠延伸出核心家庭群體之外精細複雜的社會網路，其中包含數十頭橫跨不同世代的大象。[16]她們的發現讓我們了解到年長象的重要性，特別是母象族長，身為族群中的知識擁有者，會負責維繫象群的個性。年長的母象會照料及教導幼象，而幼象要花上二十年才能長大成象。[17]年長象悠久的記憶，也在需要的時候提供象群寶貴的資訊，例如旱災時能夠短暫解渴的水源地點、食物的時令，或著極少使用的遷徙路線的存在等等。普爾的研究揭露，盜獵者通常會因較長的象牙鎖定年長象，這個行為不僅會殺死大象，也會摧毀象群的社會結構。這些發現非常有幫助，最終促使國際社群在一九八九年禁止全球象牙貿易。

以潘恩的發現為基礎，三名研究人員開始探討非洲莽原象發出低頻率聲響的社會情境，他們的發現證實象群會使用次聲波進行遠距離溝通、協調彼此的活動和尋找同伴。[18]潘恩深厚的鯨魚知識背景，也帶來了另一項見解：對於會發出次聲波呼喚的動物來說，遠距離溝通會帶來繁殖優勢，就像會遠距離遷徙到生產地點的某些鯨魚。成年的公象和母象雖分開生活，卻必須在母象罕見且短暫的發情期間找到彼此進行交配，這段時間平均僅持續四天，且每四年只會發生一次。[19]潘恩仔細傾聽處於發情期的非洲莽原母象獨特的低頻率呼喚，在錄音重播實驗中，公象會走好幾公里接近播放錄音的擴音器[20]，摩斯和普爾也繼續記錄非洲莽原象龐大的聲音辨認網路、能夠遠距離傳遞的精確聲響信號，並證實大象能夠教導及學習聲音。[21]這項研究加深了科學界對大象社會性的認識，也回頭使科學家先前存疑的各類主題，出現更進一步的見解，例如大象能夠展現同理心的概念。[22]

潘恩也知道，對於在茂密的灌木層或蓊鬱的樹林中傳遞信號，次聲波可說是相當有用，頻率越低，聲音在稠密樹林中減弱的速度就越慢，這使得非洲森林象和可以透過徒步、飛機、甚至衛星進行視覺觀察的非洲莽原象相比，更加難找到[23]，牠們居住在地球上第二大的熱帶雨林中非雨林深處，對科學家來說仍是個未解之謎。由於在蓊鬱的熱帶雨林中視覺觀察受限，潘恩推測非洲森林象很有可能更為依賴低頻率的聲音，就算在近距離也是如此。[24]因此，生物聲學可能是研究及保育非洲森林象的關鍵。

潘恩和康乃爾大學鳥類實驗室生物聲學研究中心的科學家合作，決定在雨林中央新成立的贊咯—桑哈國家公園（Dzanga-Sangha National Park）中的剛果河支流旁，展開收聽大象計畫[25]，該計畫的目標便是要編纂「大象辭典」：一部收錄大象呼喚及其社交行為和互動相關聲響的辭典。[26]潘恩的團隊和發起世界上為期最長非洲森林象研究的安卓雅・特卡羅（Andrea Turkalo）合作，先在他們認為大象可能藏匿的森林中安裝自動錄音裝置（autonomous recording units, ARU），費力地校準好大象的呼喚頻率，接著再把他們錄到的呼喚次數和發出呼喚的大象數目比對。

從二〇〇六年起，潘恩的團隊發明的各類科技，成為人類有史以來打造出最厲害的生物聲學網路，目前收聽大象計畫是由康乃爾大學的聲學家彼得・瑞吉（Peter Wrege）帶領，他將整片雨林分成五十個網格，每個網格大約二十五平方公里大，並在每個網點上設置一部量身訂做的ARU，大概位在樹頂上九公尺處，剛好比大象用後腳站立伸出象鼻能勾到的距離還高出一點。第一批ARU是在康乃爾大學設計，放在PVC製的水管中，裡面有一顆用來儲存數據的筆電硬碟，還有以二進位形式記錄聲音檔案的電路板；在加彭進行的第一次大規模安裝中，每個ARU都需要將近二十公斤的電池才能運作三個月[27]，設備也和遠端攝影機同步，讓科學家可以在聆聽錄音時一邊觀看影片，將聲音和個體及行為比對。研究人員每三個月會巡視每一部錄音機，更換音效卡及電池，然後再重來一遍。位於康乃爾大學的實驗室，由研究生組成的團隊則會想盡辦法譯解大象的信號，經過數十年的研究之後，團隊已了解如何詮釋各種大象信號，也知道大象發出的特定聲響，能夠提供棲地、土地利用、族群規模、人為干擾影響的相關資訊。[28]

這些年間，康乃爾大學的團隊累積了數十萬小時的錄音及觀察，讓他們能夠記錄個別大象從出生、成年到死亡的完整一生，團隊將這類生物聲學數據和罕見的視覺觀察結合，便能了解非洲森林象生命週期各種重要的方方面面：大象家族的規模及組成、族群在不同地點間的遷徙、交配情況、母象照顧幼象的行為。令人痛心的是，這些錄音也錄下盜獵者的槍聲、盜伐者的電鋸聲與受到驚嚇而倉皇逃離的大象的聲音。[29]根據這些數據，團隊率先發現非洲森林象的數量正急遽減少，而他們也開始擔心自己捕捉到的是一個可能即將滅絕物種的聲音。[30]

即便某項早期研究曾記錄到中非幾個重要棲地的非洲森林象數量遽減，當時卻不太清楚全非洲的大象總數共有多少。[31]近期有關其莽原表親的研究也並不樂觀，二〇一六年，史上首次全非洲的非洲莽原象數量統計完成後，結果震驚了保育界。[32]由無國界大象組織（Elephants Without Borders）監督的觀察團隊派出輕型小飛機飛越整座大陸，飛行距離長達四十六萬四千公里，甚至超過地球到月球的距離，但他們的發現可說相當令人絕望，根據估計，每年約有兩萬七千頭大象遭盜獵者殘殺，非洲莽原象族群的數目在七年間減少了三分之一。喀麥隆的研究人員只發現一百四十八頭活象，大象的屍體卻超過六百具，屍體率超過百分之八十，大象可說面臨即刻的絕種風險，即便是在獵遊（safari）旅遊業相當興盛的坦尚尼亞，非洲莽原象群的數量也在過去五年間減少了百分之六十。不幸的還有，這次統計並不包含非洲森林象，所以科學家無法得知其族群縮小的程度是否和表親類似。潘恩和同事持續大力推動進行非洲森林象統計，二〇二一年初，國際自然保育聯盟（International Union for the Conservation of Nature）公布相關數據，表示過去一個世紀間，非洲森林象的數量已減少百分之九十，並更新其「紅皮書」評估，重新將非洲森林象列為極度瀕危物種，距離在野外絕種僅一步之遙。[33]

早在這項數據公布之前，康乃爾大學團隊的研究重心便已轉向，由於盜獵對非洲森林象的威脅激增，收聽大象計畫的重心已轉往研發聲學方法，以達成實際的保育目標，畢竟如果沒有剩下半頭大象，那麼編纂大象辭典只是個空洞的願景。錄製大象的聲音感覺就像在偷窺：尤其是屠殺尚未停止，每次錄音都像是個聲學化石。除了在大象絕種前錄下牠們的聲音，潘恩在想還能做些什麼，來避免牠們絕種。二〇〇三年時，她就曾建議應該有辦法設計出一種監聽系統，同時兼具統計設備及自動警報的功能[34]，這種系統需要盜獵者不會發現的自動錄音機，以及一個能夠同時辨識大象呼喚及盜獵相關噪音，例如槍聲、引擎聲、電鋸聲的準確方式。由於近年數位聲學設備的進步，要達成第一個需求相當容易，但第二個需求就更有挑戰性，因為叢林是個嘈雜的所在。

在電腦科學領域，這個問題在人類語音研究中有個著名的比喻，有時又稱為「雞尾酒派對問題」：必須聚焦在特定個體的聲音，並過濾掉背景噪音及其他聲響。二〇一五年，人工智慧領域的科學家針對雞尾酒派對問題，提出了一個新穎的解決方式，他們戲稱為「深度卡拉OK」。為了教導電腦演算法分辨人聲和音樂，他們從一個歌曲資料庫開始，其中含有所有曲目的伴奏版、純人聲版與完整版，每一首曲目都會轉換成一系列的聲譜圖，代表每個樂器或人聲的獨特聲紋，完整版的歌曲也會轉換成聲譜圖，基本上就是把其他聲譜圖疊在一起。科學家將這個資料庫餵給一個神經網路模型：也就是某種人工智慧，設計為能夠透過比較樣本及偵測模式，隨著每一輪演進學習，就像人腦一樣。只要有夠大的資料庫和足夠的運算能力，神經網路在辨識上的表現就會非常棒，而且事實上還常常會比人類更好。在此處的案例中，神經網路會跑過整個資料庫一百次，然後團隊再餵給神經網路陌生的新歌，請電腦挑出人聲曲目，而電腦也確實成功了，該演算法設計的目的，便是要辨識出人聲，並將其從背景噪音中抽取出來，就像人類在做的事一樣。35

康乃爾大學的團隊在想的是：類似的方法可以用來把大象的聲音從嘈雜的熱帶雨林背景中分離出來嗎？瑞吉聯繫了康乃爾大學的電腦科學家，包括永續運算領域的其中一名創始者卡拉・戈梅斯（Carla Gomes），這個新興領域便是將電腦科學運用在環保及社會問題上。他們下定決心，為了要從錄音中抽取出有用的數據，必須開發出一種新的自動化方式，戈梅斯和瑞吉接著聯絡了總部位在加州的保育標準公司（Conservation Metrics），開發一種客製化的神經網路：一個可以自動辨識特定大象聲響的人工智慧演算法。瑞吉一開始交出錄音時，請保育標準公司專注在兩項任務上：將大象的聲音從叢林的背景噪音抽取出來，以及分辨不同類型的大象呼喚，特別是要把警告和哀傷的呼喚與其他聲響區分。收聽大象計畫已經累積了數十萬小時的音檔，這提供了足夠龐大的訓練資料庫，不過瑞吉仍然不確定這個未經測試的想法是否可行，但結果比預期更棒：神經網路不僅能準確辨識大象的聲音，也能挑出槍聲，而且是在根本沒有要求的情況下。為了再次檢驗神經網路的準確度，工程師開發了另一版神經網路，這一次聚焦在槍聲及電鋸聲等聲響，還有大象的警告呼喚，結果第二版演算法甚至比第一版更準確。團隊成功發明出潘恩將近二十年前提出的建議：供大象使用的人為威脅即時監聽系統，終於能夠阻止盜獵者的行徑了。[36]

如同瑞吉、戈梅斯與他們的同事後來在重要著作中所解釋的，即時威脅偵測和族群數量監控，需要達成兩項艱鉅的任務：首先，必須快速又準確地偵測出相關的動物，以及對這些動物的潛在威脅，例如盜伐者、獵人、盜獵者；第二，必須使用有效率的方式，只傳遞必要的數據給系統，以免導致無線網路有限的頻寬過載。第一個問題可說是分類及分割音訊檔案的經典問題，該如何分辨槍聲和樹枝爆裂聲呢？這點他們透過量身打造的神經網路解決了，但是要把音檔轉換成可以餵給神經網路使用的格式，就必須解決第二個問題，這需要團隊拋棄傳統的聲學演算法，這類演算法通常會忽視甚至排除多數大象溝通所使用的低頻率聲響。為了解決這個問題，他們發明了一個新的音訊壓縮方法，專供神經網路使用，也就是說，是供數位形式收聽，而非人類聽眾。

康乃爾大學的團隊發覺，這個系統也可以供非洲大陸各地的國家公園管理員使用，當成預警信號的基礎[37]，團隊因而以本研究的成果為基礎，推出一套能夠自動分析生態系統發出的聲音，也就是「音景」的開源系統。透過開發能夠辨識各類生態系統中音景「聲紋」的神經網路，將快速又大規模的生態監控化為可能，可以讓未來的科學家準確預測棲地的性質及生物多樣性，還能自動辨識不和諧的聲響，比如電鋸聲和槍聲等。[38]這個一開始使用類比聲學科技傾聽大象的計畫，轉向另一個使命邁進，即使用以人工智慧驅動的數位聲學來拯救大象。

雖然這類數位聲學工具在技術上來說是相當大的進步，但它們並非拯救非洲象免於絕種的仙丹妙藥，工具本身還不夠精確，無法大範圍偵測盜獵，而且就算盜獵成功受到控制，大象還面臨另一個也許更嚴重的威脅：人為活動導致的棲地破壞。人類砍伐森林，將林地邊緣轉作農業，在非洲大陸各地造成人象衝突，而生物聲學在此也可以提供解決方式，同時揭露其他有關大象溝通的驚喜知識。

蜜蜂柵欄

潘恩初次前往非洲後的下個世代，露西・金（Lucy King）開始在吉力馬札羅山腳傾聽大象。金在非洲長大，曾親自見證大象數量快速減少，她的指導教授伊恩・道格拉斯—漢彌頓創辦了非營利組織「拯救大象」（Save the Elephants），推動全球禁止象牙貿易，經過數十年的遊說後，禁令終於在一九八九年的《瀕臨絕種野生動植物國際貿易公約》下實施，然而三十年後，大象面臨新的威脅，也就是當地農民。金開始讀大學時，決定一生致力於解決大象與農民之間的衝突。金選擇的是保育活動中最棘手的挑戰之一。隨著非洲人口不斷成長，人類開始侵占迅速縮減的大象棲地，由於灌木的食物來源遭到剝奪，大象越來越常侵入農田覓食。光是一頭大象就可以在極短的時間內摧毀好幾英畝的農作物，因為大象連根拔起和踩爛的數量，跟牠們吃掉的一樣多，每天都會消耗好幾百公斤的食物。有時大象還會殺死擋路的人類。[39]農場離野生動物棲地越近，遭其劫掠的機率就越高。

要嚇阻大象並非易事，石牆和荊棘叢可以擋住羚羊，但無法阻擋大象，所以農家會二十四小時輪班看守作物，父親、母親、兒女全都會輪流，試著透過敲打鍋碗瓢盆、點鞭炮、丟石頭，甚至以焚燒辣椒所產生的煙霧來驅趕大象[40]，但這些方法並不總是有用，所以農人有時也會報復性殺害大象。當國家公園管理員被迫揪出「問題大象」時，象群存活的成員常常會對人類變得更有攻擊性[41]，盜獵者也學會濫用這類衝突：他們會招募憤怒的農民協助獵殺大象，或是農民可能會對盜獵者的行徑睜一隻眼閉一隻眼。此外，即便嚇阻真的有用，也需要付出社會成本：比如孩童就可能必須留在家裡幫忙看守作物，沒辦法去上學。[42]

從大象的角度來看，農民可說是人為問題的前鋒：會破壞傳統屬於大象的土地及遷徙路線。象牙貿易被禁止後，大象數量開始緩慢回升，但是亞洲和非洲剩下的大象，因為農業和人類聚落擴張，被迫到更狹小的區域生活[43]，而隨著棲地持續縮小，迫使大象和人類更密切接觸，導致更多衝突。[44]

為了解決大象與農民的衝突，環保人士和科學家曾嘗試過各種策略，效果卻都有限。大象可以不費吹灰之力就穿越帶電柵欄，農民對損失的金錢補償也不怎麼滿意[45]，大聲播放野生貓科動物咆嘯聲和人類叫喊聲等威脅聲響，以及來自其他大象的呼喚，也只在短期內有效，大象很快就學會忽視這些聲音，而且這類系統對農民來說往往太昂貴，無法負擔。[46]金在想是不是還有其他比較不暴力的方式，可以讓大象不要接近農民的田地。在非洲長大的金，前往牛津大學修習動物行為學，接著回家鄉創辦了「人象共存」計畫，她的目標就是找到可以減少農民與大象衝突的環保方式，這可不是什麼很好搞定的任務。

她的靈感來自馬賽（Maasai）養蜂人和採蜜人的小技巧，其傳統知識認為大象害怕蜜蜂，而馬賽人也有提到親眼看見蜂群追逐象群好幾公里。[47]東非蜂（*Apis mellifera scutellata*）和其歐洲表親相比，可說更為兇猛：牠們對威脅反應更快、會派出三到四倍的蜂群、並追逐入侵者到離蜂巢更遠的距離，某些記錄中甚至遠達一・六公里。[48]東非蜂侵略性強、攻擊速度快，幾百隻就可以螫死成年男子，馬賽人還認為，這種蜜蜂甚至可以讓一整群大象逃之夭夭，這似乎頗為出乎意料，因為厚皮的大象在面對更大型的掠食者時，常常可以堅守陣地，但東非蜂習於瞄準大象腹部、鼻子、耳朵、眼睛處較薄的皮膚，馬賽人表示，這種小蜜蜂啊，是少數幾種能夠嚇跑巨大非洲象的生物。

金的指導教授伊恩・道格拉斯—漢彌爾頓開始探討大象的行為後，發覺馬賽人是對的，在其中一項實驗中，他把空的蜂巢掛在相思樹上，一個月後，附近超過百分之九十樹木的葉子都被大象吃個精光，然而，擁有活蜂巢的樹卻完全沒有受到染指，而且掛著空蜂巢的樹和沒有蜂巢的樹相比，受到的損害也較小。他認為大象是如此害怕蜜蜂，怕到只要樹上有蜂巢牠們就不會去吃，即便相思樹是牠們最愛的食物之一。道格拉斯─漢彌爾頓於是提出一個相當聳動的建議：比起其他昂貴的柵欄，農夫可以興建「蜜蜂柵欄」，運用特別布置過的蜂巢來驅趕大象。[49]

為了測試這個假設，金的工作從簡單的實驗開始：用喇叭播放蜜蜂的錄音，看看大象會有什麼反應[50]，結果大象後退了，而且邊搖頭邊掃身體，這種反應很顯然是為了避免被蜜蜂螫。金也播放了其他聲響作為控制組，但大象忽略了這些聲響。單單是蜜蜂的聲音，就算真正的蜜蜂都沒有出現，便是讓大象不敢越雷池一步的關鍵。[51]

金證明了聲學蜜蜂柵欄可以嚇阻大象，但要在小型農場複製這種柵欄是艱難的挑戰，畢竟對非洲絕大多數的小型農家來說，電子設備都太過昂貴，也很難維護，所以金的下一步就是要打造活蜂柵欄。金為了她的第一個活蜂「守衛柵欄」，挑選了東非大裂谷東北方賴基皮亞高原（**Laikipia Plateau**）的某座農場，這座兩英畝的小農場不斷受到大象侵襲，金在農場兩側安裝兩道三十公尺長，連有九個蜂巢的柵欄後，大象便撤退了，轉而侵襲另一座鄰近的農場。[52]受到鼓舞的她擴大實驗的規模，將十七座農場用活蜂柵欄圍住，其他十七座則是僅用荊棘叢柵欄防護。在兩年的期間內，蜂巢柵欄只有因為一頭鍥而不捨的公象損壞過一次，荊棘叢柵欄則是輕易就被摧毀，次數還很頻繁。低科技的活蜂柵欄奏效了，農民也因為他們額外收成的一百一十公斤蜂蜜相當開心，其價值已遠遠超過興建柵欄的成本。[53]

金的團隊接著和肯亞野生動物服務處（Kenyan Wildlife Service）合作，在東沙沃國家公園（Tsavo East National Park）附近測試蜂巢柵欄，這裡是人象衝突發生頻率最高的地區之一[54]，結果超級成功，連鄰近的農夫都來要蜂巢，而且開始種植大象不喜歡吃的新的蜜蜂授粉作物，比如向日葵。[55]從加彭、莫三比克，到印度及泰國等十七個國家中的各式農場，均證明蜂巢柵欄對驅趕大象有效，雖然在某些案例中，大象似乎會隨著時間適應蜂巢就是了。[56]如同金一開始所設想的，將蜂巢柵欄和長期的作物種植調整結合，應該才是更有效的長期解決方法。[57]隨著蜂巢柵欄傳播到全世界，金這個簡單的發明有可能會改變遊戲規則：一個以生物聲學為基礎，可以讓人象和平共存成真的裝置。[58]

大象語的「蜜蜂」怎麼說？

在研究蜜蜂柵欄時，金注意到大象某個不尋常的行為，在遭遇蜜蜂，甚至只是聽見蜜蜂的聲音時，大象會發出獨特的「轟隆」聲，和牠們對白噪音的聲音的反應截然不同，而且其他大象也會迅速趕來，有的還是從相當遠的地方來和發出警告的同伴會合。這些大象在說什麼？其他大象又是如何得知的？

金知道大象會固定發出次聲波聲響，頻率遠低於正常人類聽力範圍。[59]如同我在本章稍早所討論，這些聲響可以傳遞相當遠的距離，還有證據證明每頭大象都擁有獨特的聲紋，這個觀察協助科學家理解大象是如何協調彼此的移動模式，就算間隔好幾公里遠也可以[60]，此外，象群也能使用震波振動來偵測遠方的水源。[61]

為了找出大象究竟是如何溝通，又在說些什麼，金和美國佛州迪士尼動物王國（Disney's Animal Kingdom）的生物聲學家約瑟夫・索提斯（Joseph Soltis）合作。索提斯花了多年時間研究大象的溝通，探討牠們在進行對話時，聲響中的細微差異，是如何反映出個體的身分、發聲方的情緒狀態和社交互動。[62]索提斯和金合作設計出一系列實驗，測試大象對蜜蜂和人類錄音的反應，這些實驗得到一個驚人的發現：大象對人類發出的警告聲響，和對蜜蜂的不同。[63]此外，也只有在警告是關於蜜蜂時，大象才會集結並迅速撤退，面對其他類型的警告時，大象其實會散開。金還不確定大象為什麼會出現這種行為，但她最初的假設是聚在一塊，能夠降低單一大象遭到蜜蜂圍攻的機率：面對盛怒的蜂群時，聚在一起是個合理的策略，但如果遇上的是人類盜獵者，那麼散開來會更好。

這些獨特的轟隆聲是不是大象表達蜜蜂出現的某種信號呢？索提斯和金把這這類轟隆聲的錄音重播給大象聽，結果引發了類似的行為，大象會搖頭然後退得更快更遠，就算沒看見任何蜜蜂，也沒聽見蜜蜂的聲音，依然如此。如同金所記錄的：「這表示這類轟隆聲的功能，可能是指涉信號，透過（特定）頻率變換來警告周遭大象……蜜蜂的威脅。」金取得了一項突破性發現：大象對於「蜜蜂」有一個特定的「詞彙」。[64]

為了進一步驗證大象對不同威脅擁有不同警告信號的假設，索提斯和金設計了一個全新的生物聲學實驗，他們錄下桑布盧族（Samburu）成年男性的聲音，該族是肯亞北部的遊牧民族，會定期經過非洲象群之間，有時還會和其競爭水坑等生存資源。索提斯隨後把錄音播給大象聽，結果大象出現典型的警戒行為、逃跑行為和發出聲響，但是牠們回應的轟隆聲，和遭遇蜜蜂時不同。索提斯分析錄音後，發現「桑布盧警告轟隆聲」和「蜜蜂警告轟隆聲」的模式有明顯差異，後者的最高音較高。而團隊向大象播放桑布盧族的警告聲響時，牠們雖會離開，卻不會出現蜜蜂警告聲響誘發的搖頭行為。簡而言之，大象在發出警告聲響時，會區分這兩類不同的威脅，且牠們的呼喚也反映出相對的危險程度。[65]因此，金和索提斯記錄到了象群使用的兩種指涉信號：對蜜蜂的以及對人類的。另外，金又進一步發現大象會辨識不同的人類，不過這其實並不獨特，其他野生物種，例如喜鵲，也懂得分辨熟悉和陌生的人類。[66]在一項類似的實驗中，大象生物學家凱倫・麥康（Karen McComb）也在肯亞的安波色利國家公園對大象播放人聲的錄音，播放馬賽男性獵人的錄音時，大象迅速撤退，但當錄音換成馬賽女人和兒童，或是另一個不會獵殺大象的坎巴族（Kamba）男性聲音時，大象就顯得相對鎮定。麥康的研究提供了進一步的證據，證明大象不僅能透過人聲中的信號分辨出不同種族，也能分辨性別及年齡。[67]

科學家先前便曾記錄過大象能夠分辨其他大象發出的熟悉及陌生警告信號，其廣大的聲音辨識網路可說相當著名。[68]科學家推測這類呼喚在大象複雜的社會系統中非常重要，因此能夠傳遞個別大象或其家庭的相關資訊。[69]但是金和索提斯記錄到的，是指涉非大象生物的特定聲音信號，這可是個大突破。此外，他們也指出這類聲音的功能就像文字一樣，雖然科學家比較喜歡將其稱為「指涉信號」，因為「詞彙」只能單獨指人類的語言。

研究大象的科學家目前正在探索如何將這項新知識應用於大象的早期預警及監控系統。大象能夠學會新的信號嗎？我們可以教牠們特定的威脅「詞彙」，以讓牠們遠離傷害嗎？某些證據顯示大象可以從人類身上學會聲音，某頭居住在肯亞奈洛比—蒙巴薩高速公路（Nairobi-Mombasa Highway）附近的半馴化孤象馬萊卡，在傍晚左右就會發出類似卡車的聲音，這個時間是最適合在非洲莽原傳遞低頻率聲音的時間。[70]在另一個案例中，一頭在瑞士巴塞爾動物園（Basel Zoo）和兩頭亞洲象一同長大的公非洲象，也學會模仿同伴的重複高音聲響，非洲象通常不會發出這種聲音。[71]這些都是複雜聲音學習的例子：也就是學習並複製在環境中所聽見聲音的能力，而非與生俱來的聲音。[72]

如果大象可以學會怎麼模仿車輛的噪音及其他物種的聲音，那牠們就也有可能學會辨識請牠們不要前往農民田地的聲音。科學家目前正在測試特定的信號，以警告大象遠離不同危險，而這帶來了一系列複雜的技術問題：要不要自動化分析聽覺或視覺數據，還是兩者都要？如何從環境噪音中過濾出大象的聲音（例如卡車引擎的聲音，就可能干擾大象用來進行遠距離溝通的低頻率信號）？如何將這類數位系統，和目前各保育區廣泛使用、越發複雜的數位盜獵偵測系統整合？[73]比如斯里蘭卡開發的「長牙象警報系統」（Tusker Alert），觸發後就會亮起警示燈，並發出人造蜜蜂聲，同時也會透過手機簡訊和應用程式通知野生動物部門、鐵路單位和警察局[74]。這個系統對聲音和電腦的視覺都同樣依賴：其人工智慧演算法設計為會從照片中辨識出大象，進而降低警報誤觸率。這類系統在大象和人類共存的人口密集區域，可以提高大眾對漫遊的大象的接受度，而其中某些在田野測試時，還達到超過百分之九十五的大象辨識率。[75]

科學家正在實驗將這些聽覺及視覺早期預警系統與雷射、無人機、蜜蜂費洛蒙結合，用於嚇阻[76]，但多數科學家都同意調整當地的作物，以及訓練當地農民的衝突緩和技巧，也相當關鍵。可以重新恢復傳統的粗放、輪作、永續農業活動，這種方式會在森林內留下可供大象覓食的收成後區域，減少直接衝突。[77]如果農民和象群建立更和平的共存狀態，那麼數位保育工具就更有可能成功，而隨著數位生物聲學持續協助我們準確譯解動物信號，我們也能進一步將這類信號加入數位嚇阻措施中。

Google大象？

現今的數位聲學嚇阻大多會播送無差別的聲響，目的是透過威嚇大象這類的動物來阻止牠們靠近，但是未來的裝置又會怎麼做呢？思考一下你智慧型手機的翻譯能力，可以瞬間翻譯數百種語言，會不會某天也有人替大象發明出類似的翻譯裝置呢？

研究大象四十年後，喬伊絲・普爾和她的同事開發出世界上第一部數位大象辭典：大象行為譜（Elephant Ethogram）。行為譜指的是每個物種獨一無二、對該物種本身具備意義的行為列表，而在這個例子中，特別是指聲音。普爾和其他大象科學家透過一同合作的「大象之聲」（Elephant Voices）計畫，記錄及保存大象的語言，他們希望可以藉此提升大眾的關注，以及促進有關大象認知、溝通與社會行為的研究。[78]

普爾的資料庫是個單向工具：訪客可以看見不同的大象溝通呼喚及行為。另一個保育團體則是開發了「哈囉大象」（Hello in Elephant）手機應用程式，可以將人類的文字、表達方式、片語，翻譯成大象的語言。應用程式的開發者表示，其目的是要「使人類能將簡單的文字及情緒，翻譯為代表類似情緒或意圖的大象呼喚」。[79]不過這些初步嘗試比較偏分類性，而非詮釋性的，也就是比較像一部辭典，而不是真正的數位字典，要開發出數位字典，會需要對大象的神經生物學、行為、認知、生態學、甚至美學，擁有更深入的理解，我們需要學習從大象的角度思考。[80]也許有一天，這些方向的創新將能演變成雙向的溝通裝置，那麼在不久的將來，就能使聲學嚇阻涵蓋更複雜且更有效率的信號。

回想起來，大象的次聲波溝通之所以會存在，可說是不言而喻，不然這種高度社會性的物種，要怎麼跨越廣闊浩瀚的雨林及莽原，溝通協調牠們的行為呢？但是潘恩的發現就像丟下一顆震撼彈，揭露了我們對世界的科學理解其實充滿深深的人類偏見，在聽不到聲音的情況下，科學家就只是假設動物不會發出聲音，在缺少動物能夠使用聲音傳遞複雜資訊的證據之下，科學家也只是假設牠們沒在溝通。數位科技協助填補了這個技術差距，但是真正的躍進是發生在認知上，因為我們學會放下自身的偏見。

而更大的躍進，則是把這樣的見解拓展到自然界的其他部分。由於巨型動物的大腦較大，所以要接受這些充滿魅力的動物能夠使用聲音溝通來傳遞複雜的資訊，可說較為容易。但是，要認為大腦較小的物種，或是甚至根本沒有腦的物種，也同樣能傾聽及溝通，就需要再更進一步的躍進。如同本書之後的章節中所探討的，科學家對鯨群及象群的深入理解，將科學界帶上了一條全新的道路：使用生物聲學來破譯生命之樹上各式非人物種的溝通。科學家正逐漸了解，許多物種其實是透過我們尚未完全理解的方式在傾聽和發聲。

註釋

1. Parker and Graham (1989).
2. 統計雖略有差異，但皆指出一九七九年時超過一百三十萬的非洲大象數目，到了一九八九年時降到只剩不到一半，參見：Douglas-Hamilton (1987, 2009); Poole and Thomsen (1989); Roth and Douglas-Hamilton (1991)。
3. King (2019).
4. Douglas-Hamilton and Burrill (1991).
5. Poole and Thomsen (1989).
6. Martin (1978)，也可參見Larom et al. (1997)。
7. Krishnan (1972).
8. Payne (1998, 20).
9. Payne (1998, 21).
10. Payne (1998, 21).
11. Payne et al. (1986)，也可參見Webster (1986)。
12. 參見Webster (1986)。

13. Pye and Langbauer (1998).

14. Moss et al. (2011).

15. 喬伊絲・普爾現在則是負責管理非營利組織「大象之聲」（Elephant Voices），可參見：https://elephantvoices.org/。

16. 例子可參見 McComb et al. (2001)。

17. 例子可參見 Lee and Moss (1986)。

18. Langbauer et al. (1991); Poole et al. (1988).

19. Moss (1983).

20. Langbauer et al. (1991).

21. McComb et al. (2000, 2003); Poole et al. (2005).

22. Byrne et al. (2008); Poole and Moss (2008).

23. Roca et al. (2001).

24. Hedwig et al. (2018).

25. Payne (2004).

26. Fox (2004); Payne (2004); Wrege et al. (2012).

27. Cornell Lab (2021).

28. Wrege et al. (2017).

29. Wrege et al. (2010, 2017).

30. Thompson et al. (2010)、Turkalo et al. (2017, 2018)，也可參見 Maisels et al. (2013)。
31. Maisels et al. (2013).
32. Chase et al. (2016).
33. Gobush et al. (2021).
34. Payne et al. (2003).
35. Simpson et al. (2015).
36. Bjorck et al. (2019).
37. Bjorck et al. (2019)、Keen et al. (2017)，也可參見 Temple-Raston (2019)。
38. Sethi et al. (2020).
39. Nath et al. (2015).
40. Davies et al. (2011); Fernando et al. (2005); Hedges and Gunaryadi (2010); Guynup et al. (2020); Nyhus and Sumianto (2000).
41. Vollrath and Douglas-Hamilton (2002).
42. Barua et al. (2013); Jadhav and Barua (2012); Nath et al. (2009).
43. Calabrese et al. (2017); Thouless et al. (2016).
44. Shaffer et al. (2019).
45. Hoare (2015); Liu et al. (2017).
46. Thuppil and Coss (2016); Wijayagunawardane et al. (2016).

47. Vollrath and Douglas-Hamilton (2002).
48. Ellis and Ellis (2009); França et al. (1994); Pereira et al. (2005).
49. Ibid.
50. King (2010).
51. King et al. (2007).
52. King et al. (2009).
53. King et al. (2011).
54. King et al. (2017).
55. King (2019).
56. King et al. (2017); King et al. (2011).
57. Branco et al. (2020); Dror et al. (2020); King et al. (2018); Ngama et al. (2016); Van de Water et al. (2020); Virtanen et al. (2020).
58. 可參見https://elephantsandbees.com/。
59. Herbst et al. (2012).
60. King (2019); McComb et al. (2003). 61. Arnason et al. (2002).
62. Leighty et al. (2008); Soltis (2010); Soltis et al. (2005).
63. King (2019); King et al. (2010).
64. Cheney and Seyfarth (1981)、Seyfarth et al. (1980)，科學家也曾發現其他物種的不同警告信

號，包括許多鳥類以及黑長尾猴，這種猴子對不同的威脅，例如獵豹、老鷹、蛇等，會發出不同的警告。

65. Soltis et al. (2014).
66. Dutour et al. (2021).
67. McComb et al. (2014).
68. McComb et al. (2000, 2003); O' Connell-Rodwell et al. (2007).
69. de Silva and Wittemyer (2012); de Silva et al. (2011); McComb et al. (2001); Stoeger and Baotic (2016).
70. Poole et al. (2005).
71. Poole et al. (2005).
72. Brainard and Fitch (2014).
73. Kamminga et al. (2018); Zeppelzauer et al. (2015).
74. Premarathna et al. (2020).
75. Chalmers et al. (2019); Dhanaraj et al. (2017); Mangai et al. (2018); Ramesh et al. (2017); Premarathna et al. (2020).
76. Firdhous (2020); Hahn et al. (2017); Shaffer et al. (2019); Wright et al. (2018); Zeppel-zauer and Stoeger (2015); Zeppelzauer et al. (2013).
77. Fernando et al. (2005); Lorimer (2010).

78. 參見https://www.elephantvoices.org/about-elephantvoices/mission.html。

79. Corbley (2017)，也可參見https://helloinelephant.com/。

80. French et al. (2020); Mumby and Plotnik (2018); Stoeger (2021).

4

龜聲

Voice of the Turtle

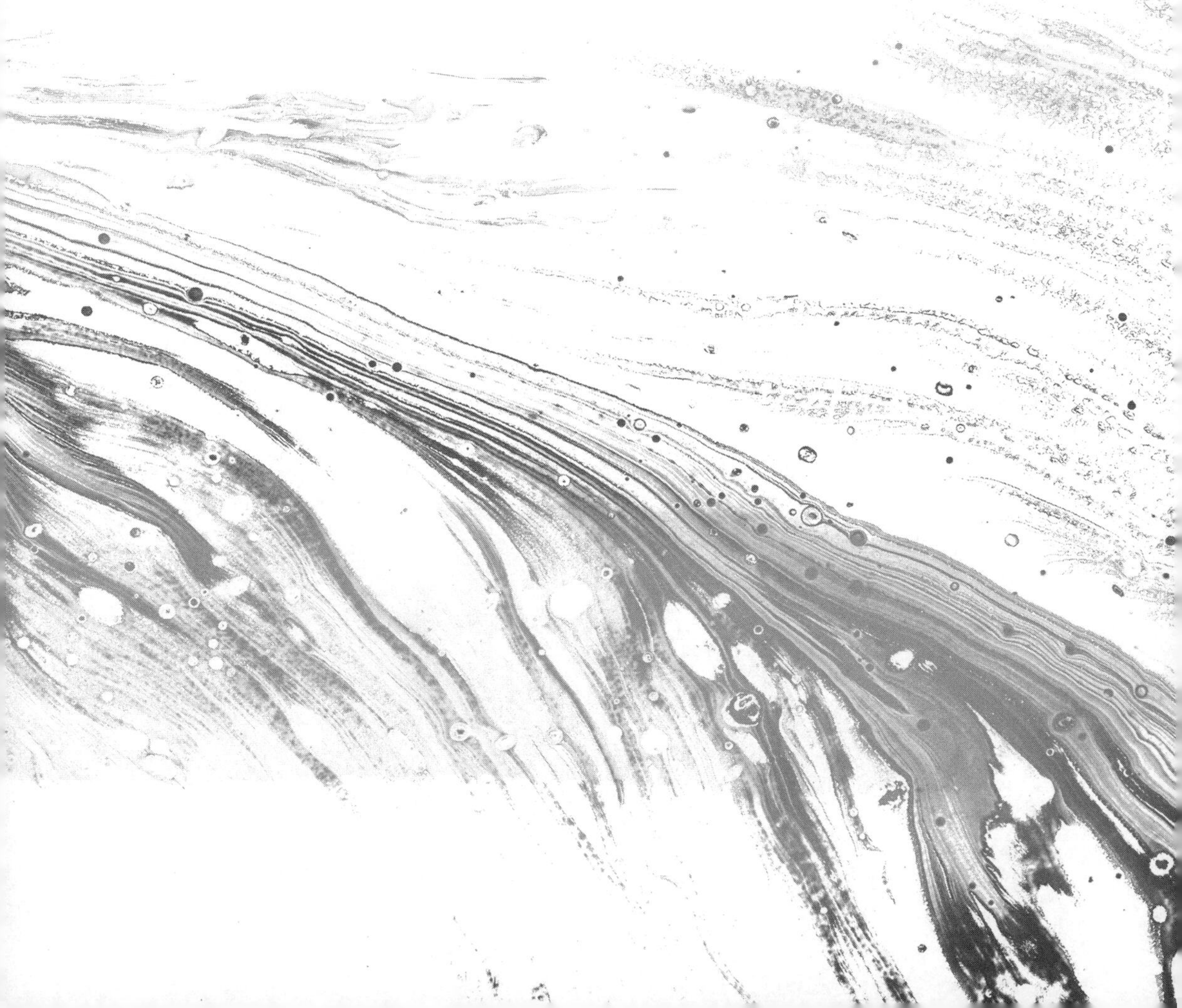

卡蜜拉・費拉拉（Camila Ferrara）宣布她博士論文研究預定的主題時，她的教授都大笑出聲，她想研究的是巨型側頸龜的聲音，她的指導教授表示：「妳瘋了！妳這樣拿不到博士學位啦。」另一名教授告訴她：「我已經研究烏龜二十年了，從來都沒聽過牠們發出聲音。」[1]但費拉拉並沒有因此打退堂鼓，和她同領域的研究生賈桂琳・吉爾斯（Jacqueline Giles）最近剛到訪她在巴西的大學，分享有關澳洲淡水烏龜聲音的研究。費拉拉負責擔任吉爾斯的嚮導，帶她前往童貝塔斯河（Rio Trombetas），這是亞馬遜河的某條隔絕支流，位在一個主要幹道無法到達的地區，吉爾斯在此錄製了河流的聲響，其中便包括瀕臨絕種側頸龜類的聲音。即便費拉拉的指導教授不怎麼認同吉爾斯的發現，她自己卻覺得頗有興趣，費拉拉心想，如果澳洲的烏龜會發出聲音，那牠們在亞馬遜的表親又怎麼會保持沉默呢？費拉拉堅決不肯放棄她的題目，但她的博士學位之路確實充滿重重險阻。

除了指導教授，費拉拉也遭到廣大的科學社群的質疑，烏龜生物學家一直以來都認為烏龜並不會發聲音。[2]加拿大的烏龜科學家克莉絲蒂娜・戴維（Christina Davy）便提到她在職涯早期，拿起某隻烏龜，烏龜卻在她手中發出聲音時她的反應，她大叫：「烏龜在叫欸！」[3]一名站在她旁邊的資深同事馬上打發她，覺得這是哪門子無稽之談。戴維對此感到驚訝，她確定烏龜真的叫了，但她再度提起這件事時，其他人有禮貌地暗示她別再提了。

如同戴維所指出的，烏龜和鳥類及鱷魚擁有共同的祖先，那既然鳥類及鱷魚能夠發出聲音[4]，為什麼科學家認為烏龜不會發出聲音呢？主流的水生烏龜教科書認為牠們是啞巴，而且很有可能也聾了。[5]雖然的確有極少數的研究表示陸龜偶爾會發出聲音，但研究人員認為就算烏龜真的發出聲音，那也只會是在極度痛苦的情況下、交配時或快死掉的時候。有些人認為水生烏龜的生理構造導致牠們無法發聲，也限制了其聽力，由於頭部較小，烏龜察覺雙耳時間差，也就是聲音抵達兩隻耳朵時間差異的能力相當差勁。科學家也認為，烏龜阻絕聲音的狹小中耳空間，也限制了牠們的聽力範圍，使其只能朝大致的聲源方向接近或離開而已，其他相關事項都做不到。[6]然而，事實證明，科學家才是聽力不好的那位。

大約在費拉拉和她的指導教授開始爭辯的同一時間，吉爾斯也在為她研究澳洲西南長頸龜（*Chelodina colliei*）聲音的博士論文進行口試[7]，她是在一次不期而遇之後決定將研究重點放在烏龜的聲音。她曾在某個濕地進行一項研究，採用「捉放法」來探討道路對烏龜的影響。她在那裡設置陷阱捕捉烏龜，然後划著獨木舟穿過濕地，檢查每一個陷阱並標記捕捉到的烏龜，總數將近七百隻。吉爾斯會小心翼翼地將每個陷阱拖到她的獨木舟上，對捉到的烏龜秤重、測量和標記，然後輕輕地將牠們放在船尾。在檢查完數個陷阱、累積一定的數量後，她再原路返回，划回她捉到烏龜的地方將牠們放回去。視她在每個陷阱中抓到的烏龜數量而定，烏龜可能會在她的獨木舟船尾待上很長一段時間。

吉爾斯記得，有天「某隻烏龜顯然對於被測量標記再放到船尾感到焦慮，牠發出像恐龍一樣的吼叫聲！我真是不敢相信，牠當然沒有發出像三角龍那樣的咆嘯，但確實是一聲小小的烏龜怒吼」，吉爾斯大吃一驚：「我都不知道烏龜會發出聲音，我真是太無知了！」她出現的下個想法是種驚奇的感覺：「就像是來自數百萬年前的聲音。」據信，澳洲的長頸淡水龜源自岡瓦納古大陸（**Gondwanan**），這些烏龜的叫聲在白堊紀的古代沼澤中聽起來可能也很像。[8]

回到學校後，吉爾斯驚訝地發現從來沒有人對烏龜的聲音進行過系統性研究，她不顧指導教授的建議，決定潛心研究烏龜的聲音，吉爾斯讚嘆道：「我整個博士學位的基礎，都是建立在一隻在我的獨木舟船底怒吼的小烏龜上。」當她和指導教授表示她想研究烏龜的水下聲音時，教授告訴她這是在「浪費她的時間」，而且「很可能只會聽見幾次悶哼而已」。[9]

由於沒有現成的守則引導，吉爾斯花了好幾個月準備田野調查並雕琢她的研究設計，她的系所沒半個人知道該怎麼為她的特殊需求調整水下麥克風，但她最後找到了一個來自澳洲海軍的研究員願意教她。為了將研究設備運到烏龜棲息的沼澤濕地，吉爾斯一開始試的是有輪子的手推車，結果馬上卡在泥巴裡，她接著把手推車裝到她稱為「全地形突擊車」的交通工具上，並加上手推車的輪子和焊接的支架，以協助搬運所有所需器材。全副武裝的吉爾斯成功地把她的東拼西湊版水下麥克風錄音機拖過沙地、長草、小徑和泥濘地。

而這還只是序曲而已：真正的工作在野外才正要展開，她必須在蚊蟲肆虐的澳洲沼澤邊緣走來走去及坐上好幾個星期，傾聽多數科學家根本不相信存在的聲音。吉爾斯最後在田野待了兩百三十天，加上五百個小時的錄音，才證明傳統的科學知識是錯誤的。她回憶道：「穿著超重的涉水裝備，在將近攝氏三十八度的高溫下，拖著器材走上八公里，然後從黎明、中午、黃昏到半夜，都坐著等待錄音，這幾乎使我崩潰。」[10]但是吉爾斯透過她的水下麥克風聽見的聲音，讓一切都值得，烏龜不僅會發出聲音，還日夜都會發出很多聲音，除了牠們在水面上的叫聲外，烏龜還會使用由各種複雜曲目組成的水下溝通系統。吉爾斯錄到了劈啪聲、喀噠聲、嘎嘎聲、短的唧唧聲、長的唧唧聲、高音、哭號或哀號、嗚咽聲、悶哼聲、咆嘯聲、爆裂聲、斷續聲、野性的嚎叫、鼓聲和充滿節奏感的求偶歌曲。二〇〇九年，她的研究成果發表在《美國聲學學會學報》（*Journal of the Acoustical Society of America*）上，是史上第一篇有關野生烏龜水下聲音的學術記錄[11]，原先對她存疑的博班指導教授，也告訴她這是他指導過最有趣的博士論文之一。

科學家忽略烏龜的聲音，或許是可以被原諒的，因為烏龜的聲音是動物王國中最為細微的聲音之一，烏龜很安靜，牠們不會發出巨響。吉爾斯研究的烏龜發出的聲音是在人類可以聽見的範圍內，多數介於一千至三千赫茲，加上位於更高頻率範圍的喀噠聲，但牠們的音量並不特別大聲，還可能會被其他聲音蓋過。烏龜並非聲音專家，也不會發出很多聲音，聲音之間常常會留下相對漫長的停頓，而且可能要等上好幾分鐘甚至好幾個小時才會回應彼此。[12] 有時候，吉爾斯要等上好幾個小時，才會聽見一聲烏龜的呼喚，而在她的許多錄音中，也都只有錄到兩或三聲而已。如果說鯨魚是地球的歌劇演唱家，鳥類是管弦樂團，那麼烏龜就更像是安靜的馬林巴木琴或是迷你的拇指鋼琴：只會發出低頻率、持續時間相對短的安靜聲響，只有敏銳的耳朵以及靜止的身軀才會注意到。

吉爾斯精細的研究是第一個對烏龜聲音的系統性科學研究，這為費拉拉開啟了大門，提出一個大膽的假設：巨型側頸龜會發出聲音，並利用聲音交換資訊和協調社交行為。對懷疑者來說，這句話的後半部比前半部還要荒唐，但是費拉拉希望，如果她的研究證實是正確的話，便能成功解開亞馬遜河流域中最為神祕的動物行為之一這個謎團。

每年，葡萄牙語中又稱「tartarugas」的巨型側頸龜（*Podocnemis expansa*），都會暫時離水，來到廣大亞馬遜雨林的沙灘上[13]，分開移動數百公里後，牠們會在特定沙灘上集結、產卵，接著再次散開進入無盡的大河中。這些烏龜是怎麼知道什麼時候要集合的？牠們是怎麼在浩瀚的亞馬遜雨林中找到彼此，並準時來到完全相同的地點集合？牠們有沒有可能是透過聲波溝通來協調彼此的行為呢？這些便是費拉拉希望解答的謎團。

認為烏龜不會發出聲音的概念，從殖民時代便已存在，葡萄牙人抵達南美洲時，亞馬遜河充滿大量烏龜，數量多到會對航行造成危險。在秋季的築巢季節，數以百萬計的母龜會離開水中，歐洲人對於目力所及的範圍內，無數烏龜擠滿大河及其支流邊沙岸的景象，感到相當震驚。[14]原先奉派前往巴西協助殖民地邊界測定的義大利天文學家喬凡尼・安傑羅・布魯內利（Giovanni Angelo Brunelli）寫了一本和亞馬遜有關的書《亞馬遜河》（*De Flumine Amazonum*），他在書中讚嘆烏龜聚集的綿延河岸，並記錄下龜殼「使好幾里格的大片陸地變成深色」。而根據著名博物學家亨利・華特・貝茲（Henry Walter Bates）的文字，烏龜數量甚至比蚊蚋還多。[15]在殖民者的眼中，與珍稀的亞馬遜蝴蝶或鮮豔的鳥兒相比，烏龜可說黯淡無光，而且數量還很多，因此價值不高。在貝茲一八六四年出版，達爾文讚譽為「英格蘭史上最佳自然史遊記」[16]的暢銷書《亞馬遜河的博物學家》（*Naturalist on the River Amazon*）中，他對昆蟲的精細描寫，和對烏龜的平淡敘述，可說是驚人的對比。貝茲對烏龜最令人印象深刻的評論，或許是他的美食評鑑：

龜肉非常鮮嫩、美味、健康，但也很容易膩：所有人遲早都會因為太膩而不吃。在過去的兩年裡，我真的是受夠了龜肉，甚至連聞都不想聞，雖然現在也只有龜肉能吃就是了。[17]

貝茲的觀點可說是典型的殖民者思維：烏龜代表肉和錢。初來乍到的歐洲人相當飢餓，殖民者和士兵需要食物支持擴張中的帝國，但是進口的牲畜無法適應環境，甚至連甘藍類等強韌的植物，也死於神祕的真菌，因而需要營養豐富的當地食物來源，而某個特定的物種便不幸成為完美的資源。巨型側頸龜不僅數量豐富，體型也相當巨大：成龜體重可重達超過九十公斤，龜殼也超過九十公分長、六十公分寬。[18]而且，牠們很好捕捉，烏龜獵人只要划船到其築巢的沙灘，把母龜翻過來就好了，因為牠們只要一四腳朝天，就無法翻回原來的位子，獵人接著便將活龜裝到等待的獨木舟中。一名獵人光是一天就能輕輕鬆鬆抓到上百隻烏龜，足以餵飽上千名士兵。[19]

獵人堆好烏龜後，還有另一項獎品在等待：富含脂肪因而相當珍貴的烏龜蛋。奶油無法撐過從歐洲到南美洲的航程，總是會壞掉，而在缺少植物油、蜂蠟、奶油的情況下，殖民者根本沒辦法煎食物或點燈[20]，龜脂於是成為非常棒的替代品，運往瑪瑙斯（Manaus）、里約，甚至運回歐洲。某個殖民者便認為烏龜蛋奶油是「這塊大地的救贖」。[21]

回到殖民村落後，被捕獲的母龜會被關在巨大的柵欄中，確保殖民者有足夠的肉可吃。他們通常一天會吃兩次龜肉，自然主義哲學家亞歷山大・費雷拉（Alexandre Ferreira）便觀察到，當地人稱為「每日牛肉」的烏龜，在潮濕季節特別受到重視，因為在淹水的叢林中更難捕捉到魚和獵物，貝茲則稱其為「飢荒季節」。[22]烏龜對傳教士也很重要，耶穌會將龜肉視為魚肉，讓天主教徒在四旬期（Lent）間仍能繼續享受「河牛」。龜殼可以拿來當成煮食、吃飯、洗滌的容器，或是切割後做成餐具及梳子，龜頸皮則可以風乾縫成包包和袋子，或是攤開做成鼓皮和鈴鼓。[23]據說教士也會把龜殼當成洗禮盆，多餘的龜殼甚至可以當成雨季時濕滑泥濘街上的踏腳石。烏龜及龜殼做成的物品充斥著巴西殖民者的生活，就像當代社會到處都充滿塑膠。

歐洲人到來後，大規模的商業開發也取代了當地的維生經濟。[24]雖然原住民長期以來都仰賴烏龜作為蛋白質來源，利用木製的圍欄來為河邊的大型聚落提供鮮肉，但他們也維持著一套規則和禁忌的系統，以避免過度捕獵。[25]原住民社群謹慎限制對巨型側頸龜的獵捕，比如普馬利人（Paumari）就會直接游到水下，徒手抓取烏龜，但殖民者展開了一場滅絕烏龜的狂歡，[26]烏龜數量最豐富的地點遭到葡萄牙政府霸佔，並在擴張中的殖民地徵用烏龜蛋奶油生產稅。[27]烏龜死亡數量的系統性統計並沒有留下記錄，但是根據可靠的估計，在十八世紀到二十世紀間，約有兩億顆龜蛋遭到採收、數千萬隻烏龜遭到屠殺，實際的數目可能還更高。[28]

殖民者如潮水般湧入雨林，博物學家也沒有把快速消逝的烏龜放在心上，而是將他們的注意力放在各式各樣的鳥類和昆蟲上，例如貝茲就花了十一年追尋亞馬遜蝴蝶。他相當著迷於不同蝴蝶身上重複出現的斑點圖樣，並意識到這是種擬態。至今我們會使用「貝氏擬態」（Batesian mimicry）一詞來形容某種通常無害的物種，會模仿擁有同種天敵的有毒物種身上的警告信號，來逃避追捕。諷刺的是，貝茲雖發現了動物身上的一種重要信號形式，卻完全忽略了另一種：龜聲。

烏龜的故事

到了二十世紀，巨型側頸龜稀疏散布在亞馬遜雨林中，牠們的消失相當值得注意，因為烏龜出現在地球上的時間，約莫和恐龍同期，身為地球上最古老的物種之一，牠們在民族神話及起源故事之中，代表的是耐心、睿智、生育力和好運。[29]對西非的伊博族（Igbo）來說，烏龜能言善道：就算是在最危險也最棘手的狀況中，也能找出一條生路。對古希臘人而言，烏龜是生育力的象徵，在許多雕塑中，美神阿芙蘿黛蒂（Aphrodite）都把腳放在烏龜上；而在古埃及，烏龜則是驅邪的象徵；中國最早期的某些文字，也是保存在龜殼上，其形狀便代表了古代中國宇宙觀中穹形的天與平坦的地。對北美原住民阿尼西納貝族來說，地球的起源是馱在龜背上的，這也代表阿尼西納貝族和土地之間的社會及靈性關係；而在亞馬遜地區，塔帕霍人（Tapajó）也會以烏龜的形象製作陶燈，通帕薩人（Tumpasa）的故事則提到一隻巨大的母靈龜會保護牠的同類，在生產過程中照看各母親，確保沒有人會打擾分娩。[30]相較之下，歐洲殖民者僅僅是將烏龜視為食物來源，博物學家還認為烏龜又聾又啞，在殖民之下，人龜關係也縮減成一道簡單粗暴的等式：入侵的掠食者和絕種的獵物。

由於巨型側頸龜的棲息地夾在雨林深處更為危險的地形及快速擴張的人類聚落之間，其數量因而快速銳減，曾經擁有巴西境內最大巨型側頸龜族群之一的童貝塔斯河生態保留區，現在的母龜數量也只剩不到六百隻。亞馬遜河保育沙灘目前約有三萬隻各類淡水龜，但巨型側頸龜在亞馬遜河上游早已絕跡。[31]牠們和人類共存了數千年，卻如同歷史學家暨地理學家奈吉爾・史密斯（Nigel Smith）所觀察的：「但在（殖民）文明三百年來帶來的密集壓力下，已經瀕臨絕種邊緣。」[32]

隨著族群數量減少，烏龜開始尋找雨林更深處的沙灘，但這些地點卻更加危險。產卵的母龜會大量聚集，以便用數量對抗美洲豹等陸生掠食者，寬闊的沙岸也能提供更多保護，相較之下，雨林深處的狹窄沙灘較不安全。母龜在產卵之前，必須先加快牠們的新陳代謝速度，所以每天都會曬太陽取暖，讓鈣和鎂等營養素透過輸卵管來到正在成長的蛋殼，產卵時機來臨時，牠們會在夜間登上沙灘，以避開白天的熱氣及掠食者。每隻母龜會瘋狂工作好幾個小時，挖出深坑在裡面安頓下來，並生下大約一百顆蛋，體型較大的母龜則可以生下兩倍的數量。但是，需要長時間離開水，讓母龜成為易受攻擊的目標，夠幸運的話，牠們能逃過一劫，不幸的話，夜行性的美洲豹可能會找到牠們。

種種情況為費拉拉的計畫帶來極大挑戰：如何找到夠多的烏龜進行研究。在此之前，她的指導教授要求她先證明烏龜真的會發出聲音，於是她為馴養的烏龜錄音錄了四個月，才捕捉到第一次聲響，但是這樣就夠了。希望野生烏龜更吵鬧的費拉拉，於是動身前往亞馬遜河，至少馴養烏龜的錄音，協助她界定了聲音的頻率範圍，這在對田野錄音有所幫助。

花了好幾個月尋找烏龜產卵的沙灘後，費拉拉終於找到適合的研究地點，她在審慎的距離之外架設了水下麥克風開始傾聽，然後真正的工作開始了。如同上文所討論，烏龜發出的聲響往往輕微又罕見，而且是位在人類聽力範圍邊緣或以下的低頻率，費拉拉有時會花上六個小時錄音，卻半點聲響都沒聽到。她需要花費數月、甚至數年的時間，才能蒐集到足夠的數據。最後，她終於錄下足夠的聲響，發表了她的第一篇研究。費拉拉錄製了野生及馴養的烏龜，總共記錄到兩千一百二十二個獨特的烏龜聲響樣本，明確證實了烏龜不管在水中或是離開水面，都會發出聲音。費拉拉費盡心思將這些聲響分為十一個種類，並以人工方式在視覺化的聲譜圖中檢查每一道聲波，而她也找到證據證明烏龜會使用聲音來協調牠們的行為，例如離開水面作日光浴等。她成功解答了她心中的謎團。[33]

面對科學社群最初的質疑，費拉拉和吉爾斯指出：

> 你必須知道這些聲音頻率非常低，接近人類聽覺的下限……此外，聲音通常也都很短，通常只會維持不到一秒，音量也非常小。所以如果你在水下，光是用腳打水，或是用呼吸管呼吸，產生的噪音就足以蓋過烏龜發出的聲響。[34]

由於學界普遍誤以為烏龜不會發出聲音，早期並沒有出現任何相關的生物聲學研究，不過也如同費拉拉和吉爾斯指出的，多數科學家只是沒有用心去傾聽而已。

費拉拉很快回到她的亞馬遜實驗地點，又進行了兩年的田野工作，尋找新問題的答案：烏龜究竟從多小就會開始溝通？在她之前的研究中，出現了一個耐人尋味的模式：她錄到河中的母龜會接近並回應擁有類似聲音模式的幼龜聲音。費拉拉認為，這代表成龜會和幼龜溝通，但她的假設卻直接牴觸公認的科學知識，也就是認為母龜在產卵之後便會丟下龜蛋置之不理。

費拉拉心想，要是這個知識是錯誤的呢？為了驗證她的假說，她在水中及龜巢附近都設置了麥克風，而為了要設下基準，龜巢內也有裝設。她告訴自己，幼龜在破殼而出之前不太可能會發出聲音，收聽龜巢只是要當成控制組而已，她自己也承認，「我覺得這樣有點蠢」。[35]為了不要打擾到孵化過程，她獨自帶著一組超小的靈敏麥克風躡手躡腳走在沙灘上，慢慢地把麥克風安裝到每個龜巢中，麥克風只要裝設好，就連沙粒滑落或是蚊蟲的嗡嗡聲都收得到。

費拉拉原本預期在幼龜孵化後才會聽到聲音，但她驚訝地發現，幼龜其實在孵化之前就會發出聲音了，而且牠們也相對吵鬧：在一萬隻幼龜之中，費拉拉平均每三十秒就會聽到一次聲音。這使她能夠建立和先前錄音相比，更為廣大的資料庫，在其中一項有關幼龜的研究中，費拉拉和她的團隊便發現了一百八十九種聲響，並將其分為七類[36]，其中某些聲響只會在巢中出現，其他聲響則和成龜會使用的同一類聲音重疊，還沒孵化的幼龜到底在說些什麼呢？科學家還沒辦法提供確定的答案，但最有可能的解答，是還沒孵化的幼龜在分享牠們破殼而出的準備，以便協調孵化的時間。[37]透過同步孵化，幼龜也能一起破沙而出，兄弟姐妹協力來到沙土表層，離開巢穴。[38]聲學上的協調似乎是種生存機制：同步離開巢穴的時間，可以讓每個剛孵化的幼龜更能抵禦掠食者。[39]

費拉拉同時也在收聽母龜，母龜會在產卵沙灘附近的水中耐心等待孵化，費拉拉解釋，幼龜甚至早在孵化之前就會呼喚母龜了，而母龜也會在幼龜孵化時發出特別的聲響。幼龜前往水中時，水中的母龜也會持續呼喚牠們。最終，費拉拉追蹤到母龜和幼龜會一起游向下游，抵達淹水亞馬遜雨林中的安全地帶，牠們會在此度過冬季。[40]她發現配戴發訊器的幼龜和母龜，在這兩個禮拜期間，會親密地一同遷徙超過八十公里。[41]

費拉拉的發現挑戰了多數兩棲爬蟲類學家的觀念，他們對烏龜的聽力存疑，並對烏龜竟然會照顧子代這個發現到驚訝。但其他科學家進行的後續研究也指出，在某些情況下，幼龜的聽力範圍會精細配合其棲息環境，比如最近的研究表明，革龜幼龜最敏感的聽力範圍介於五十至四百赫茲之間，這和沙灘邊的海浪聲音範圍五十至一千赫茲相符，可以協助牠們在孵化後立即找到通往海浪的方向。[42]

費拉拉和吉爾斯有關烏龜聲音的發現，促使她們提出另一個頗具爭議的主張：烏龜在聲音溝通中展現的廣泛曲目，強烈支持牠們擁有複雜的社會結構。[43]這個假設也和主流的觀點牴觸，如同學者茱莉亞・萊利（Julia Riley）所解釋，烏龜的社會性在過往遭到忽略，是因為烏龜並不會表現出人類這類哺乳類視為天生社會性的行為，比如彼此理毛或哺育子代，爬蟲類的社會特質截然不同：分享裂隙等生存資源、彼此緊挨著做日光浴、孵化後和子代聯繫，以及一同游向彼此同意的目的地。這類社會行為對幼龜而言，很可能確實擁有重大的生存優勢，用演化論的專有名詞來說就是「適應度」，特別是在母龜的陪伴及引導下。這項研究不僅協助我們理解烏龜，也可以幫助我們了解自己，我們對烏龜聲響和溝通模式的深入知識，可能也能讓我們對羊膜動物的發聲演化擁有更多新的了解。羊膜動物在演化樹上和哺乳類、爬蟲類、恐龍共享同一分支，因而屬於人類遠祖。

數位烏龜，數位雙胞胎

研究烏龜的聲音溝通需要極大的耐心，極少研究者能夠且願意花多年時間在野外錄製烏龜之聲，而且人類在場也很可能會干擾烏龜的行為，所以烏龜科學家也開始將數位生物聲學當成一種方法，以連結烏龜的聲音和行為。雖然這個研究領域仍處在初始階段，成果卻已相當耐人尋味，比如科學家已開始探討烏龜如何使用聲音引導狩獵，斐濟的某項研究便發現，在魚群和甲殼類發出最大量聲響的地點，能找到更多的綠蠵龜，而不是在擁有最多海草或魚群的地點，這表示海龜和其他掠食者相同，會跟隨聲音尋找牠們的獵物，或許也會通知其他烏龜牠們的意圖。[44]

傳統上，用來在淡水生態系統中評估生物多樣性的方法有可能是侵入性的，有時會干擾或造成脆弱的生物受傷，但被動式數位監聽卻不會打擾到生物和其棲地，被動式的監聽設備將遠端監控化為可能，可以得知特定地點的烏龜數量，並錄下牠們發出的聲音。科學家目前也正在開發機器學習演算法，以分析被動式監聽烏龜和其他爬蟲類聲響所產生的數據集，這類演算法光是透過蒐集聲音的基礎，就能辨識出個別的物種。在一項最近的研究中，便使用了兩種機器學習演算法「K近鄰演算法」（K-Nearest Neighbors）及「支援向量機」（Support Vector Machine），來辨識及分辨二十七種爬蟲類，且平均分類準確率高達百分之九十八。[45]

其他科學家也在開發新方法，以使用數位聲學監控來研究烏龜棲息的水域。以生態聲學指標為基礎的機器學習演算法，便能監控水體和生態系統的健康度[46]，比如透過收聽某座池塘音景中的所有聲響，我們就能分辨來自不同物種以及其棲息地景的聲音，這為生態系統的功能和狀況帶來了全新的認識。[47]數位收聽可以記錄及分析大量的聲音：昆蟲、鳥類、魚群、烏龜，同時也能夠聚焦在對烏龜來說最重要的特定聲響和頻率上。

這代表我們不僅能聽見烏龜，也能用烏龜的方式傾聽。數位生物聲學可以揭露可能逃過人類聽力範圍的細微聲響，例如食人魚的進食聲。[48]我們也許也能聽見「*Triops cancriformis*」及「*Lepidurus lubbocki*」等蝌蚪蝦的輕聲細語，牠們會快速發出細微的聲響，細微到人類無法察覺，卻不偏不倚落在烏龜的聽力範圍之內。[49]我們也可以聆聽水面拍打在岸邊或池塘邊緣的聲響，引導我們來到蚊蚋最容易產卵之處，蚊蟲的幼蟲對烏龜來說可是一項美味大餐。[50]數位生態聲學也能提供資訊，讓我們知道烏龜很可能會在鄰近的雨林中覓食，原來雨林的聲響、植被和生態結構，其實擁有緊密的關係。[51]雖然許多聲響人耳聽不到，但電腦可以代替我們去聽，然後再告訴我們聽到什麼。

即便這類新穎的數位技術相當迷人，但也不應高估數位傾聽的潛能，這點非常重要。亞馬遜雨林中有著豐富且歷史悠久的深度傾聽，在稠密的森林中，聽覺提供的資訊比視覺更多，對許多原住民社群而言，聲音溝通是由人類和非人物種共享。亞馬遜雨林中有很多儀式性音樂，都是源自動物、植物、石頭和河流等「無生命」存在，且也受其形塑。居住在森林中的非人物種和人類雖形式各異，卻共享相同的特質：所有物種都會說某種語言，並透過音樂和舞蹈參與儀式。例如巴西自稱「Kĩsêdjê」的蘇雅人（Suyá），就了解森林裡的動物和魚群也會彼此溝通，他們會在自己的儀式中唱歌，並以類似音樂的聲響和其他物種溝通。[52]對某些薩滿傳統來說，聲音也相當重要，獨自在森林中待上一段時間以學習森林的語言，是必要的成年禮儀式。[53]巴西學者拉斐爾・荷塞・德・門席斯・貝斯托斯（Rafael José de Menezes Bastos）便認為，這類結合西方科學的精準，以及靈性調和習俗的聲音暨音樂「世界聆聽」，在某些美洲原住民文化中相當重要，例如辛瓜諾人（Xinguano）及卡瑪尤拉人（Kamayurá），傾聽非人物種的聲響及歌曲是一種神聖生態學的形式。[54]

根據貝斯托斯所述，他的卡瑪尤拉族友人和合作伙伴常常會耐心鼓勵他學習傾聽[55]，某天晚上，他們划獨木舟橫越巴西東北部的依帕芙湖（Ipavu Lake）時，他的朋友伊克瓦（Ekwa）突然停下動作，安靜了下來，當貝斯托斯問為什麼要停下來時，伊克瓦回答：「你沒聽見魚群在歌唱嗎？」但貝斯托斯什麼也沒聽見。儘管伊克瓦堅持他必須訓練自己的聽力，貝斯托斯後來寫道：「回到村莊後，我的結論是伊克瓦應該是出現了某種幻覺，某種詩意的啟發或神聖的狂喜，整起事件只是想像力的作用罷了。」直到好幾年後，貝斯托斯前去參加科學家在聖塔卡塔琳娜大學（University of Santa Catarina）舉辦的生物聲學工作坊時，他才真的聽見魚群歌唱的聲音，並發覺伊克瓦宣稱自己聽見金色的歌聲時，並不只是在幻想而已。貝斯托斯驚覺伊克瓦「感覺起來更像是個勤奮的魚類學家，而非受到啟發的詩人，或是幻覺和神聖狂喜的受害者」，貝斯托斯充耳不聞，但伊克瓦的耳朵是開啟的，貝斯托斯寫道，就連卡瑪尤拉孩童，都能比他還更早聽見飛機及船隻到來的聲音。

在卡瑪尤拉語中，代表傾聽的「anup」一詞，也擁有「領悟」的意涵，且比起指涉範圍較為狹隘，只在分析層次上擁有「理解」意涵，代表看見的「tsak」一詞，意義還要更為深遠。

在該文化中，視力太好會和反社會行為連結，聽力好則是與整體的、完整的認知及知識形式連結，而優秀的傾聽者，通常也會是擁有精湛音樂及口傳藝術技藝的人。像伊克瓦這樣，有能力察覺、記憶、複製、欣賞其他森林生物聲音的人，將獲得代表音樂大師的特別稱號「maraka'up」，卡瑪尤拉人認為，要擁有這種堪與最高級錄音設備匹敵的能力，不僅需要天生的天賦，還需要在後天用一輩子的時間透過大量的訓練培養。

卡瑪尤拉人詮釋聲音的能力，時常超越西方的科學知識：他們能夠精確推斷出是哪個物種或物體發出的聲音，並連結到聲音可能是在何處，又是為什麼而發出的相關知識。這種詮釋能力也是相當親密的：身為優秀的傾聽者，人類也是持續在和非人物種對話，卡瑪尤拉人經過叢林時，不僅是在傾聽，也是在和動物、植物、靈魂溝通，告訴對方自己沒有惡意，並請對方也不要傷害自己。深度傾聽是種對話的形式，相較之下，西方科學家傳統上運用的數位傾聽，只不過是加強版的偷聽罷了。

烏龜和獨木舟

西方科學對於烏龜聲音的發現，始於一隻烏龜在賈桂琳・吉爾斯的獨木舟船尾吼出牠的焦慮，早幾代的西方人也曾處理過獨木舟裡的烏龜，但可沒這麼溫柔。殖民者的勢力在亞馬遜雨林邊界擴張，烏龜獵人將母龜放進獨木舟時，還留了幾艘空船，母龜邊無助地四腳朝天等待，人類會挖出牠們的蛋然後砸碎，空的獨木舟便成了烹煮的鍋子：用水混合死去的幼龜、蛋黃、蛋白，並在烈日下曝曬。等到蛋黃的脂肪浮到表層，就會被刮下並煮沸，存放在稱為「camotins」的陶罐中[56]，等待脂肪形成時，人類還會活活烤熟存活的幼龜。母龜無助地聽著自己的孩子遭到屠殺的聲音，牠們可能會大聲呼喚孩子，或許孩子也會回應。也許獵人沒有聽見牠們，也可能他們聽見了，但是並不在乎，也許我們不只是選擇在生理上充耳不聞，在心理上及精神上也是如此，以便犯下殖民和環境破壞的罪行。每個世代都有自身的沉默，而後人只能猜想。

在亞馬遜地區，對烏龜的態度已開始改變，大家開始意識到，從環境的角度來看，烏龜是生態系統中重要的一員，牠們會維持水質、傳播植被、協助促進營養素從水中到陸地的循環、讓能量在生態系統之內及之間流動。保育計畫已開始進行，但成效相當有限，曾廣泛分布於奧利諾科河（Orinoco）及亞馬遜盆地，蹤跡遍布八個國家的巨型側頸龜，現已瀕臨絕種，在先前棲地的數量已剩下不到百分之二。而即便到了現在，烏龜盜獵也仍因食用、醫療、寵物、裝飾等用途尚未停歇[57]，根據估計，巴西人口不到兩萬人的塔帕瓦鎮（Tapauá），光是一年就會吃掉超過三十五公噸的烏龜[58]，沿海主打海龜的生態旅遊公園雖在保育海龜上獲得些許成效，但對於分布在亞馬遜河流域數百公里範圍內的淡水龜來說，可沒有這種庇護。巴西政府要在亞馬遜盆地另外興建數百座水壩的計畫，也會導致巨型側頸龜剩下的棲地大多遭到淹沒，現在還不清楚牠們在越發支離破碎的亞馬遜究竟能否存活。

為了拯救剩下的巨型側頸龜，費拉拉認為我們應該開始運用生物聲學，在烏龜產卵及游泳遷徙期間建立水中靜音區，特別是當牠們引導幼龜安全回到淹水的樹林中時。雖然尚未證明，但來自船隻的噪音汙染似乎很有可能會跟影響鯨魚一樣，干擾烏龜的社會性。未來我們可能可以使用生物聲學保育烏龜、預測烏龜蛋何時孵化，並在適當的距離外傾聽幼龜和母龜一同游向亞馬遜深處。

我們才剛開始傾聽烏龜，還有很多要學習的地方，但目前為止，牠們已經教會我們重要的一課：科學家曾認為是沉默無聲的動物，其實聽得見聲音，也能發出聲音及交換資訊。生物聲學開了一扇窗，讓我們得以一窺牠們的社交行為世界，而這比科學家先前以為的還更複雜，誰知道幼龜會對彼此歌唱，以協調孵化時間呢？誰知道母龜會從水中呼喚幼龜，並引領牠們前往安全之地呢？回頭看來，我們應該問問自己為什麼會感到驚訝，烏龜擁有讓牠們能夠發出及聽見聲音的生理構造，而假設照顧子代的行為是哺乳類獨有，似乎也有些狹隘。生物聲學才剛開始顛覆既有的概念，確實，如同我在下一章所探討的，近期甚至出現了更為驚人的發現：在連耳朵都沒有的物種上，發現了擁有聽力的證據。

註釋

1. Giles與作者之通信，二〇二一年四月。
2. 即便科學家現已接受烏龜確實會發出聲音，牠們如何做到的仍是個未解之謎，諷刺的是，即便過去幾個世紀有許多烏龜都被剁碎當成食物，我們仍然尚未完全理解其生理構造。生物學家先前假設烏龜在水下無法發出聲音，因為他們假定的是一種需要空氣循環的發聲構造基礎，但是烏龜體內的空氣流動及循環，並非依賴以肋骨為基礎的呼吸方式，不過這樣的話，牠們有可能發出聲音嗎？烏龜有可能是藉由一種稱為喉部呼吸的過程發聲，透過擴張和收縮喉嚨產生空氣，就跟人類使用橫膈膜一樣。然而，這種說法現階段僅僅只是猜測，雖然我們對烏龜在水下能夠聽見聲音的特殊耳朵已擁有更深入的了解，但科學家在解釋烏龜長時間潛入水下時，究竟是如何發聲的問題上，仍然吃鱉，參見Russell and Bauer (2020)。
3. Giles與作者之通信，二〇二一年四月。
4. Vergne et al. (2009). See also Britton (2001) and Garrick and Lang (1977).
5. Pope (1955)，有用的文獻回顧參見Liu et al. (2013)，雖然有少數科學家提及烏龜發出的聲音，卻不受重視或遭到遺忘，也可參見Campbell and Evans (1972) 及Walter (1950)。

6. Russell and Bauer (2020); Willis and Carr (2017).
7. Giles (2005); Giles et al. (2009).
8. 這類烏龜只棲息在巴布亞紐幾內亞、澳洲、南美洲，參見：Giles與作者之通信，二〇二一年四月。
9. Giles與作者之通信，二〇二一年四月。
10. 同上。
11. Giles et al. (2009).
12. Capshaw et al. (2021)，也可參見Pika et al. (2018)。
13. 後文針對巨型側頸龜的討論，是根據以下來源的資料：Alves (2007a, 2007b); Alves and Santana (2008); Bates (1864); Brunelli (2011); Cleary (2001); Coutinho (1868); dos Santos et al. (2020); Forero-Medina et al. (2019); Gilmore (1986); Johns (1987); Klemens and Thorbjarnarson (1995); Mittermeier (1975); Papavero et al. (2010); Pezzuti et al. (2010); Smith (1974, 1979); Stanford et al. (2020); Vogt (2008)。
14. Coutinho (1868)，轉引自Smith (1974)。
15. Bates (1864).
16. Darwin (1999, 326–27)，轉引自Egerton (2012)。
17. Bates (1864, 322)，轉引自(2012)。
18. Vogt (2008).

19. dos Santos et al. (2020).

20. Ferreira (1972a, 1972b)，轉引自dos Santos et al. (2020)。

21. Landi (2002)、轉引自dos Santos et al. (2020)。

22. Ferreira (1972a, 1972b)，轉引自dos Santos et al. (2020)。

23. Ferreira (1972a, 1972b)，轉引自Smith (1974)。

24. Bates (1864); Smith (1974); Vogt (2008).

25. Pezzuti et al. (2010); Salera et al. (2006).

26. Smith (1974).

27. Bates (1864); Coutinho (1868).

28. 根據Smith（1979）的估計，約有兩億顆烏龜蛋遭到採收，而dos Santos等人（2020）估計的數字則是更高，貝茲則估計伊加（Ega）鎮的鎮民每年就採收四千八百萬顆烏龜蛋，某些村莊據說每年也可以生產多達十萬桶龜油。

29. 例子可參見：Allan (1991)、Benton-Banai (1988)、Bevan (1988)、Fischer (1966)、Johnston (1990)、McGregor (2009)、Mohawk (1994)、Peacock and Wisuri (2009)、Umeasiegbu (1982)。

30. Smith (1974).

31. dos Santos (2020).

32. Smith (1974).

33. Ferrara et al. (2013, 2014a, 2014b, 2017).

34. Ferrara et al. (2014c, 266).

35. Ferrara與作者之訪談，二〇二〇年十一月。

36. Ferrara et al. (2019)，有關幼龜聲響的另一項研究，可參見Monteiro et al. (2019)。

37. Warkentin (2011).

38. 並非所有烏龜都會協調孵化時間，而且就算真的這麼做，主要的溝通方式也不一定總是透過聲音，因為振動有可能會促使共同孵化，參見：Doody et al. (2012); Field (2020); McKenna et al. (2019); Nishizawa et al. (2021); Riley et al. (2020)。

39. Monteiro et al. (2019); Nuwer (2014); Rusli et al. (2016).

40. Crockford et al. (2017); Ferrara et al. (2013, 2014a, 2014b).

41. Ferrara et al. (2013).

42. Holtz et al. (2021); Nelms et al. (2016); Piniak (2012); Piniak et al. (2012, 2016). 43. Giles (2005); Giles et al. (2009).

44. Papale et al. (2020).

45. Noda et al. (2017, 2018).

46. Abrahams et al. (2021); Greenhalgh et al. (2020, 2021).

47. Abrahams et al. (2021).

48. Rountree and Juanes (2018).

49. Buscaino et al. (2021).

50. Chang et al. (2021).

51. 機器學習演算法可以透過火災和伐木發現森林破壞，也就是能夠從隨之而來的貧瘠音景推論出實質的破壞，而目前正在開發中的數位聲學架構，也可以將亞馬遜雨林化為一片充滿數位聲學資訊的音景模型：換句話說，亞馬遜雨林有天可能會有個數位聲學雙胞胎，參見：Colonna et al. (2020); Do Nascimento et al. (2020); Rappaport et al. (2021); Rappaport and Morton (2017)。

52. Seeger (2015).

53. Brabec de Mori (2015); Brabec de Mori and Seeger (2013); Lima (1996, 2005); Pucci (2019); Thalji and Yakushko (2018); Viveiros de Castro (1996, 2012).

54. de Menezes Bastos (1999, 87).

55. de Menezes Bastos (2013, 287–88).

56. Ferreira (1972a, 27)，轉引自Smith (1974)。

57. Cantarelli et al. (2014); Páez et al. (2015); Pantoja-Lima et al. (2014); Rhodin et al. (2017). 58. Pantoja-Lima et al. (2014).

58. Pantoja-Lima et al. (2014).

59. Castello et al. (2013).

5

珊瑚搖籃曲

Reef Lullaby

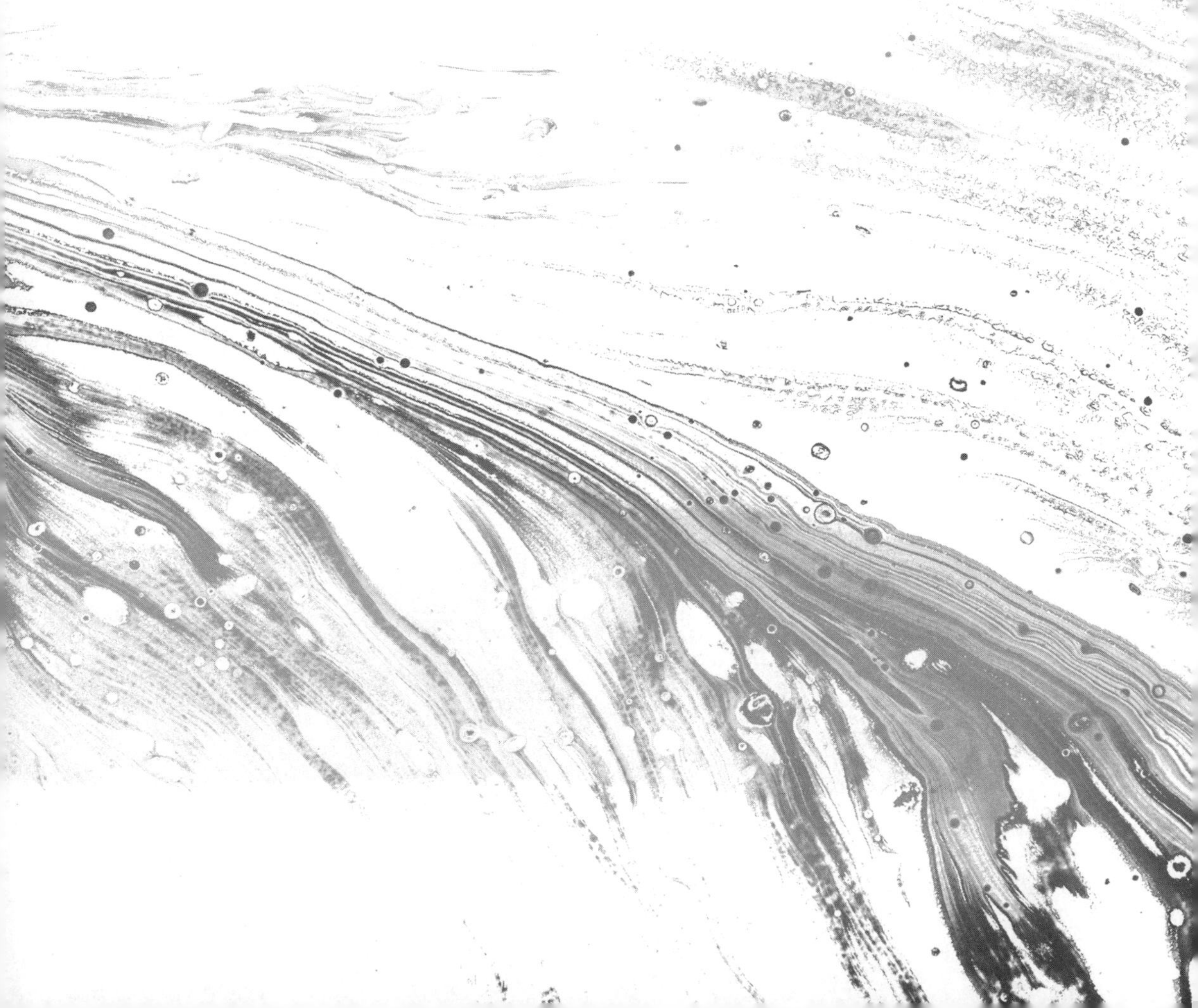

氣候變遷正緩慢毒害海洋，隨著海洋溫度升高，海水的含氧量也會變低，使生物窒息，而當二氧化碳在大氣層中聚集，也會和海水反應，產生碳酸，這回過頭來將造成海洋的酸度提高，自工業化前的時代至今，已升高了大約百分之三十。[1]可以把氣候變遷想像成一台行星級的氣泡水機，使海洋中的二氧化碳濃度越來越高，某些海生植物，例如海帶，在碳含量升高的情況下，可能會生長得更快，但是其他更敏感的海洋生物型態，像是珊瑚，在這類情況中就無法蓬勃發展。即便在最好的情況下，海洋酸化也會破壞珊瑚礁，因為酸性海水的碳酸鈣含量較低，珊瑚便是以此生成其骨骼，而就算珊瑚真的活下來，也會變得奇形怪狀[2]，只不過很多珊瑚就只是這麼死去了。[3]

海洋酸化在不知不覺間對珊瑚帶來的潛在危害，比起巨型火災和海平面上升更罕為人知，但後果其實一樣嚴重，地球上絕大多數的珊瑚礁都因海洋暖化和酸化的共同影響而快速滅絕。根據科學家的預測，如果我們繼續按照目前的全球暖化軌跡，珊瑚礁在三十年內就會徹底從海洋中消失，進而威脅仰賴珊瑚供給食物、醫療和海岸保護的十多億人的生活。[4]

對許多其他物種來說，珊瑚的消失也為牠們敲響了喪鐘，珊瑚就像是海洋世界的雨林：雖然珊瑚礁的面積只佔全球海床不到百分之十，卻支持著三分之一已知的海洋物種。[5]最容易受到氣候變遷影響的那類珊瑚往往是樹枝狀的品種，提供魚群游泳、狩獵、養育後代和躲避掠食者的空間，能夠撐過氣候變遷的堅強珊瑚，形狀通常則是較為低調、類似穹頂，這使得魚群和其他海洋生物較難棲息在其中。[6]

這種危害實在難以想像，只能透過類比的方式。如果說氣候變遷對紐約市產生了跟海洋珊瑚礁一樣的影響，那麼破記錄的熱浪將會殺死數百萬名居民，街道將詭異地寂靜無聲，城市的建築物也會崩毀，並覆蓋著有毒的粉塵，同時也沒有新的材料可以重建。預測在二〇五〇年以前，這座城市將徹底毀滅，這便是珊瑚礁在暖化世界中的命運：成為海中寂靜的鬼城。

死於氣候變遷

提姆・戈登（Tim Gordon）親眼見證大規模珊瑚死亡時，還只是個研究生，他原先想要研究的是觀光客的汽艇會對澳洲大堡礁的魚群帶來什麼影響。大堡礁涵蓋範圍超過三十三萬平方公里，巨大到從太空中都看得見，擁有一千五百種魚類、兩百種鳥類、三十種鯨豚，也是世界上最大的烏龜生育區。大堡礁是迄今世界上最大的珊瑚結構，且由於珊瑚是透過無性生殖繁殖，大堡礁因此也是地球上最古老的生命體之一。

澳洲北部海岸原住民社群講述了一個三百多世代以前故事，當時海平面比現在還低上一百二十公尺，他們的祖先便在現今覆滿海水及珊瑚的土地上生活和行走。原住民歌行

（songlines）也傳唱著大堡礁的誕生，地景的歷史以歌謠和探路敘述的方式唱頌，就像是音樂形式的地圖，複雜又古老的歌行便是先人的教誨：祖先的解釋、儀式的指導、文化記憶。歌行也包含來自深度時間（deep time）的社會環境歷史：有關地景、植物、動物的知識、祖先形成、以傳命（Dreaming）形式體現的指示和律法，以及帕黎古族（Palyku）法律學者安布林・奎姆琳娜（Ambelin Kwaymullina）形容為「萬事萬物持續發生的創造……不斷變遷的關係之網……從所有生命形式都能找到家族關係」的原住民宇宙觀。[7]大堡礁附近的海岸歌行便述說發生可怕的洪水，接著是幾千年後形成的珊瑚礁，西方人類學家已證實了歌行中包含的資訊，將大堡礁的歷史追溯至進入全新世時的全球暖化及後續的海平面上升時期。[8]

在大堡礁北端，歌行和觀光路線同時在丁格人（Dingaal）稱為「Dyiigurra」的蜥蜴島（Lizard Island）匯聚，這座島曾為澳洲大陸的一部分，是丁格人的聖地，他們在傳命中提到島嶼的起源：島嶼形成了魟魚的身體，珊瑚礁則是尾部。對丁格人來說，「Dyiigurra」是個神聖之地，用來進行成年禮儀典；對觀光客而言，蜥蜴島則是世界上最棒的水肺潛水勝地之一，提供遊輪旅遊及生態觀光，賣點便是其令人稱羨的位置，就在世界上生物多樣性最豐富的珊瑚礁之中。[9]

戈登進行田野研究的位置便在島嶼的海岸邊，是研究觀光業對珊瑚影響的完美地點。蜥蜴島附近擁有世界上最複雜又多樣的珊瑚生態區之一，貝類、烏龜、儒艮、魚類都相當豐富，但是二〇一六年，就在他正要展開研究之際，一波毀滅性的熱浪襲捲澳洲北部。[10]

珊瑚受到海洋溫度的改變刺激時，會出現大規模的自殺行為。健康的珊瑚是迷你的半透明軟體動物，和水母及海葵類似，以共生的藻類蟲黃藻（zooxanthellae）維生，就住在其組織中，這種微小的鮮豔藻類，會提供珊瑚氧氣及其他重要營養素，珊瑚則以能夠進行光合作用的安全環境回報。這種共生關係，讓珊瑚礁能夠茁壯及繁殖，藻類這種植物和珊瑚這種動物之間的關係如此親密，使有些人甚至會將珊瑚礁稱為「植動物」（**planimals**）。海洋溫度穩定時，珊瑚礁可以活上數百甚至數千年[11]，但是較暖的海水會干擾精密的共生關係，藻類會開始產生危害珊瑚的化學物質，導致珊瑚將這鮮豔的共生植物逐出體外，但是沒有了藻類，珊瑚也會失去色澤，開始挨餓，這個現象就稱為「白化」。當底下的碳酸鈣骨骼露出來時，就代表珊瑚已經死亡，死去珊瑚的顏色是黯淡的黃白色[12]。

隨著海水表面在二〇一六年達到前所未有的高溫，大規模的白化事件也殺死了大堡礁北端超過半數的淺水珊瑚，珊瑚已經受到接連的氣旋摧殘，熱浪更是將其逼入絕境：蒼白、脆弱、奄奄一息。戈登剛好及時抵達澳洲，見證地球上最古老也最巨大的其中一種生物死亡，在蜥蜴島附近的潛點潛水就像是「在墓園中游泳」。[13]

坐在滿目瘡痍的海岸邊，戈登很想就這麼一走了之，反正世界上其他地方有健康的珊瑚可以讓他研究，但他卻莫名產生了一股應該要見證這一切的使命感，於是他沒有更改研究地點，而是改變博士論文的主題：他將透過錄製因為魚群開始隨著珊瑚一同死亡，進而改變的音景，來記錄垂死大堡礁的消亡。

在發想他的新研究主題時，戈登從魚類聲學長期以來樹立的研究傳統中汲取靈感，這門研究是在威廉・特沃加（William Tavolga）等先驅的努力下，於二十世紀中葉首次出現。特沃加在佛羅里達州的「Marineland」海洋公園展開他的職涯，公園的海豚秀由世界上第一位海豚訓練師阿道夫・佛朗（Adolf Frohn）演出，每年吸引五十萬名觀光客。不過特沃加和他的妻子，魚類行為學家瑪格麗特・特沃加（Margaret Tavolga），卻對更為平凡的事物產生興趣：點綴海洋公園造景池中的蝦虎魚（*Bathygobius soporator*）。[14]一九五〇年代初某天，特沃加結識了來自伍茲霍爾海洋研究所的泰德・貝勒（Ted Baylor）博士，他是來公園錄製海豚聲響的，兩人停下來觀察某些蝦虎魚，公魚會快速又劇烈地變換顏色來追求母魚，貝勒漫不經心思考著蝦虎魚會不會發出聲音，不過他的問題其實頗為怪異，因為當時普遍的科學知識都認為魚類並不會發出聲音。[15]其實特沃加長期以來也有著類似的疑問，並聽說過某些魚類，例如姑魚在產卵時會發出聲音的故事，他也聽說過受到訓練的鯰魚，會回應諾貝爾生醫獎得主卡爾・馮・弗里希（Karl von Frisch）哨音的故事[16]，但由於科學界普遍認為魚類既不能發出聲音，也無法聽見聲音，所以無法說服金主贊助購買錄音設備。[17]

特沃加檢視了貝勒的錄音設備：一部麥克風、一部喇叭、一組破舊的二手威廉森牌（Williamson）擴音器，沒一樣能防水，所以特沃加用保險套包住麥克風，將其安裝在公蝦虎魚的家，一個空的蝸牛殼附近。[18]當兩人將一條母魚放進水缸時，聽見了細小的悶哼聲：和公魚頭部擺動完美同步的聲波振動。這隻蝦虎魚的求偶之舞成為西方科學家最早記錄到的魚類聲響案例之一，而特沃加也是到後來才發覺，他的時機有多麼幸運：公蝦虎魚只有在求偶季節才會發出聲音。[19]

其他魚類生物學家受到特沃加的研究啟發，很快也開始進行類似的實驗，他們的發現讓自己大吃一驚：發出啪噠聲的蝦子、發出喀噠聲的海豚、透過磨牙或振動魚鰾發出幾公里外都能聽見聲音的歌唱魚群。[20]結果海洋生物其實是相當吵鬧的野獸，而且牠們還能同時聽見及發出頻率範圍廣大的聲響，常常大幅超出人類的聽力。針對海洋聲響及相關聲學溝通的科學研究，在後續幾十年蓬勃發展，不過仍是相對冷僻的活動，只有最不屈不撓的科學家，才會願意把笨重的類比錄音設備拖到足夠安靜的地點，以錄製有用的錄音。然而，就在提姆・戈登展開研究的前幾年，新一代不那麼昂貴的自動錄音裝置出現，使得成為一名海洋生物聲學家變得相對便宜及容易，在相對低的成本下，戈登能使用這些設備來監控更大範圍的區域，且比起傳統的類比方式，也更不具侵入性。[21]

戈登知道，健康的珊瑚礁充滿生氣蓬勃的聲音，聲波浪潮就像水下的管絃樂團或是爵士樂隊永無止盡的即興演奏。[22]在大堡礁中，女高音部的旋律由座頭鯨群負責演唱[23]，魚類則負責合聲：嗚嗚叫的小丑魚、悶哼的鱈魚、嘎吱叫的鸚哥魚[24]，海膽發出的刮擦聲像低音號的共鳴，打擊樂則是發出喀噠聲的海豚以及蝦子的領域，蝦子會用螯製作泡泡，發出巨大的砰砰聲，龍蝦摩擦甲殼上的觸鬚，如同敲擊板，雨水、風聲、海浪則提供背景的節拍。[25]為了佔到最好的座位，你會需要在滿月的半夜參加這場音樂會，此時魚群的合唱通常會來到高潮[26]，但你不一定需要坐在前排：大型魚群的合唱在八十公里外都聽得見，鯨歌則可以穿越數百公里。[27]這便是珊瑚礁成為水下音景最普遍研究對象的原因之一：純粹又愉快的豐富海洋大合唱，含有大量的珍貴資訊，可以從層層聲響中進行解密。[28]

對科學家來說，監聽珊瑚礁的聲響還有其他優點，安裝水下麥克風長期監控敏感的棲地，比視覺測繪的效果更好，也更不具侵入性。傳統用來蒐集珊瑚礁數據的方式，涉及人類潛水夫親自前往地點，這個過程不僅在後勤方面相當複雜、昂貴且費時，在珊瑚礁進行人工數據蒐集，也會造成採樣偏見：只要人類出現，魚群就會躲避或逃離。相較之下，在珊瑚礁中謹慎設置的數位錄音機，讓科學家能夠在不會干擾環境的情況下進行監控，只要不到幾個小時的珊瑚礁錄音，就能提供足夠的數據，來評估生態系統的重要功能：科學家可以解譯聲譜圖，來偵測現場情況，並估計草食動物和以浮游生物為食的生物數量，甚至辨別出珊瑚礁中的不同種珊瑚。而特別的事件，例如魚群突然之間倉皇逃離掠食者，也會擁有獨特的聲紋，讓科學家可以透過聲學的方式，追蹤珊瑚礁的情況。[29]由於比起光線，聲波在水下傳遞的狀況更棒，距離也更遠，數位生物聲學因而成為一種強大、可靠、非侵入性的方式，讓我們能夠一窺複雜水下世界的面貌。[30]

海洋音景的錄音，也能當成評估珊瑚礁健康的指標，凋亡生態系統的音景，通常會缺少能夠在健康生態系統中找到的聲音，聲譜圖看起來會像是少了好幾塊的拼圖，或是如果入侵種存在，就會像是多了一塊來自另一幅拼圖的怪異碎片。這很像放射科醫生透過檢視Ｘ光片來評估你的健康，受過訓練的科學家，也能透過檢視不同期間的聲譜圖，來評估珊瑚礁以及任何生態系統的健康。[31]珊瑚礁的凋亡，在人類肉眼可見之前，就會先透過聲音顯現。[32]

科學家已經錄製大堡礁的音景多年，以評估其生物多樣性的變化，目前已經存在珊瑚水下音景錄音的數據集[33]，戈登推論，珊瑚在白化後應該會擁有凋零的音景，為了驗證這個假設，他設立了一組被動式監聽陣列，錄製白化珊瑚的聲音。戈登將他的錄音與珊瑚白化前的同一地點錄音進行系統性比對後，確實發現聲響的數量以及多樣性都大幅減少[34]，和先前尚未白化的錄音相比，凋零的珊瑚出奇地安靜。即便科學家通常都會試圖保持客觀，但很少有人在拜訪完垂死的珊瑚後不深感失落。戈登的錄音記錄了珊瑚逐漸消亡的聲音[35]，而到了最後，一些錄音完全沒有聲音。

魚群探路

戈登了解大堡礁不太可能重生，早期研究指出魚群會避開垂死及死亡的珊瑚，就連魚苗也不會棲息在其上，戈登的指導教授史提夫・辛普森（Steve Simpson）便證明生物聲學在這樣的衰亡中扮演重要角色，因為魚群和魚苗是出於聽見厭惡的聲音，才避開垂死珊瑚的。

這個發現是由辛普森對某個科學謎團的好奇所激發[36]，幾乎每種珊瑚礁魚類的魚苗，都會先出去海中生活幾天至幾星期，再回來珊瑚礁居住，「定居」成為幼魚。一九九〇年代末期以前，科學家都偏向認為海生魚苗是被動的，只是隨著水流四處漂浮，但是這個理解遭到實驗推翻，實驗顯示微小的魚苗會選擇往特定方向前進，換句話說，牠們會刻意挑選之後將成為家園的地方。[37]在一項田野研究中，科學家標記並追蹤了一千萬隻魚苗，接著跟隨牠們的蹤跡，直到定居下來，而比起無助地隨波逐流，魚苗展現了精準的導航能力及強大的游泳能力，在開放海域和強勁的水流搏鬥，一路回到特定的珊瑚礁。[38]要強調這些發現有多驚人，就請考慮一下以下事項：魚苗出生時大小可能不到〇・一公分，就算定居下來後，體型仍然小於二・五公分，魚苗沒有耳朵、沒有尾巴、也沒有魚鰭。實驗室的研究也顯示成長速度相當快的海生魚苗，在出生後一或兩周內，便已頗為活躍，游泳能力也相對優秀[39]，但這依然無法解釋牠們是怎麼知道要往什麼方向前進的，辛普森猜想，魚苗有沒有可能是跟隨聲音信號，找到返回出生地的路呢？

辛普森了解聲波在水下所有方向傳遞的狀況都非常好，和水流方向無關，他也知道健康的珊瑚礁會發出在好幾公里外都能聽見的聲響，大約在他展開研究的同一時間，美國海軍有關珊瑚礁聲音的一系列報告也揭露來自珊瑚礁的聲響，在平穩的環境下能夠傳播將近九十公里遠。[40]珊瑚聲音的強度也會受到天象影響：在黃昏及夜間達到高峰，並根據月象變化，在新月時來到高峰，此時魚苗會擁有更好的機會在夜色掩蔽下避開掠食者，此外也會受到季節影響，在春末及夏季時最強[41]。有趣的是，辛普森也觀察到這些天象會反映出珊瑚礁魚類展開定居周期的時機。在實驗室內進行的早期錄音重播實驗顯示，魚苗可以聽見珊瑚礁的聲音，並偵測出聲音來源的方向，但是這足以解釋魚群從驚滔駭浪、狂風暴雨的開放海域導航回家的能力嗎？

為了解答這個問題，辛普森設計了一項野心勃勃的大規模錄音重播實驗[42]，他在夏季高峰期的新月階段錄製了黃昏時分的珊瑚合唱，從魚苗渴望回家的角度來看，這是最誘人的音景，接著他把實驗器材安裝在繫泊用具上，並固定在開放海域的沙質海床，離珊瑚礁非常遙遠。繫泊用具的一半裝有燈光陷阱，並搭載循環播放珊瑚聲響的擴音器；另一半則是當成控制組，同樣有燈光陷阱和擴音器，但是寂靜無聲。魚苗究竟是會選擇擁有健康珊瑚礁聲音的陷阱，還是牠們會隨機受到燈光吸引呢（這樣的話就代表兩個陷阱中的魚苗數量會是相同的）？接連三個月的每一天晚上，研究人員都會布置陷阱，最終捕捉到超過三十萬隻無脊椎動物及四萬五千隻已來到定居階段的魚苗，接著再比較兩種陷阱中出現的魚苗數量，他們發現明顯有更大量的魚苗受到珊瑚合唱吸引，比例為百分之六十七，魚苗的種類也更多元，團隊在連接珊瑚聲響擴音器的陷阱中，找到了八十一種不同魚苗，這代表偵測並跟隨健康珊瑚礁聲響的能力，在不同魚類之間相當普遍。靠著這項研究，辛普森提出了決定性的證據，證明海生魚苗會透過聲響的方式，受到珊瑚礁吸引，非常類似蛾會受到光線吸引。[43]

在後續的研究中，辛普森改成研究年紀稍微大一點的幼魚，和他早先的研究結果相同，幼魚也會跟隨錄製的珊瑚礁聲響回到聲音來源，但是這一次，辛普森同時也證明了不同的魚類擁有不同的偏好[44]，例如金線魚便喜歡環礁和堡礁的聲響，小丑魚等雀鯛科魚類則偏好外圍裙礁的聲響。辛普森的實驗證明了，魚類有辦法透過聲音信號來決定想要前往的方向，同時也能解讀珊瑚的聲音，來了解相關的棲地資訊，如此便能協助牠們決定究竟想要住在哪個地方，這個現象用科學術語來說，稱為「微型棲地挑選」。

辛普森的論文首次發表時，揭示了集體產生的珊瑚礁聲響對於珊瑚礁魚類方向導航及棲地選擇的重要性，但學界對此意見不一，對某些人來說，這似乎太超過了，不過後續的研究仍證實了辛普森的發現，並將其延伸到其他物種上。具有最多魚類和甲殼類發出聲響的健康珊瑚礁，也能吸引更多魚類、螃蟹和幼龍蝦等甲殼類、甚至是海龜[45]，其他研究也顯示某些魚苗會游離汽艇的噪音。[46]在接近珊瑚礁處，魚苗和其他海洋生物可能會對化學訊號產生反應，但是在開放海域中，佔主導地位的似乎是聲學信號，比起隨機漂向某座珊瑚礁，許多無脊椎動物和魚苗都會運用聲學資訊，來偵測並在適合的珊瑚礁棲地定居，或避開不適合的珊瑚礁。另一方面，某些一生完全浮游的甲殼類，也會透過游離來避開充滿掠食者的珊瑚礁。[47]

科學界對於這些有關魚苗的發現相當震驚，如同某個資深海洋生物學家所說：「迄今幾乎所有針對魚苗行為方方面面的檢視，都帶來了驚人的證據，讓我們了解魚苗的複雜性以及各種能力，大大革新了我們對魚苗能力的觀點。」[48]但是所謂帶來科學革命的新穎觀點，在旁觀者看來時常是當局者迷，如果科學家有想到去問當地的漁夫，那他們可能會更早發現自己的盲點。音樂家暨資訊科學家愛麗絲・愛德里奇（Alice Eldridge）就曾提到，大堡礁北方群島的印尼漁夫跟她分享過一個故事，他們把耳朵靠在伸進海中的木槳上，便能聽見健康珊瑚礁獨特的音景，其最高頻率約介於四千至六千赫茲之間，位於人類聽力範圍的底端：魚群的呼喚和悶哼，以及蝦子的啪噠聲，結合成一道「劈啪」聲，漁人會跟著聲響尋找獵物。[49]

一九八〇年代中期，聯合國教科文組織（UNESCO）出版了一本有關太平洋各地海岸系統原住民知識的著作[50]，講述早一輩的科學家花時間研究傳統捕魚活動的故事，其中一名科學家鮑伯・約翰尼斯（Bob Johannes）便在大堡礁北方，屬於密克羅尼西亞群島之一的帛琉，待了數十年之久。他在此和當地的原住民漁夫合作，在一個工業化漁業大量捕撈世界各大洋魚群的時代，他們對特定捕魚活動的精細禁忌提供了一種永續漁業管理的模式。帛琉漁夫告訴約翰尼斯，珊瑚礁魚苗確實會在開放海域待上好幾個星期到好幾個月，這相當接近西方科學家的認知，這些魚苗以小型浮游生物的型態生存，離牠們出生的珊瑚礁非常遙遠，但是漁夫還告訴他，等到發育足夠後，至少有五種魚苗能夠在超過一・六公里的距離外偵測到珊瑚礁，並朝其游去。

帛琉漁夫不僅了解魚苗可以導航穿越海洋，他們還積極利用了這項知識，他們會使用木棒及繩索圍出人工漁場，並在水中撒下特定的藻類和植物，如此便能吸引魚苗聚集，並在特定位置定居，漁夫之後再回來捕撈即可。萬那杜（Vanuatu）等其他地區的漁夫，也會在魚群產卵期間設下禁捕令，有時一次就等上數個月，以防止過度捕撈，並維護健康的魚群數量。透過在魚群產卵期間及結束之後，按照魚苗行為安排他們的捕魚活動來達到共生，帛琉漁夫儼然如同海中牧羊人，而其他太平洋的捕魚社會，比如馬紹爾群島（Marshall Islands），也會將他們對海洋聲音的知識融入複雜的歌謠中，富有節奏的韻律充滿有關海洋潮水、天氣、生物、環境聲響的層層知識，這既是文化習俗，同時也是準確的航海輔助。[51]

一九八一年，約翰尼斯發表這些發現，卻受到來自主流魚類生物學家的反對及冷眼看待。帛琉漁夫的主張意味著珊瑚礁魚苗可以挑選牠們定居之地，換句話說，就是牠們會挑選成為家園的珊瑚。這似乎極為不可能，甚至可笑，所以沒什麼科學家選擇深入研究這類主張。而除了因為成果獲頒一座古根漢獎（Guggenheim award）之外，約翰尼斯的觀察也沒有受到證實，直到將近二十年後，才由史提夫・辛普森和他的同事證明。在那之前，主流的魚類學家都認為珊瑚礁魚苗是種倒楣的生物，只能隨波逐流，但這個觀念不僅是錯誤的，也同時造成傷害，在某些案例中，導致評估珊瑚礁魚類數量時出現重大錯誤，進而造成不當管理。[52]

珊瑚合唱團

二〇一〇年以前，辛普森的研究主要都是專注在魚類，他之所以會轉向研究珊瑚幼蟲，是因為一封來自古拉索（Curaçao）荷蘭研究團隊的電子郵件，對方在電郵中解釋，他們正在研究大規模的珊瑚產卵，在大堡礁，大規模產卵一年只會在滿月時發生一次：整座大堡礁的所有珊瑚受到某種不明信號刺激，在同一時間同步把卵和精子釋放到水中。結果便是海洋版的煙火秀：數百萬顆卵和精子組成的雲霧在水中翻騰起伏，將海洋染成紅色、白色、橘色、黃色。[53]這個同步的時間點相當重要，因為精子和卵只能存活數小時，大規模產卵因而大幅提升了受精成功的機率，水下的表演也催生了一場饗宴，吸引烏賊、魚類、鯊魚、甚至鯨魚前來。經過受精、存活下來的珊瑚幼蟲，接著便會漂流到海中，待上數星期或數個月，邊躲避掠食者邊成長得更大，最後再回到珊瑚礁定居，度過餘生。

在荷蘭研究團隊聯繫辛普森之前，主流科學家皆認為珊瑚幼蟲在大規模產卵後就只是無助地隨波逐流，直到隨機抵達某座珊瑚礁定居，但荷蘭科學家想問的是，如果珊瑚幼蟲跟魚苗一樣會對聲音產生反應呢？要是牠們同樣也能聽見珊瑚音景，朝特定的珊瑚礁導航，並選擇要在哪裡定居呢？辛普森頗為懷疑：「你們一定是發瘋了，我是說，這些東西看起來就像漂浮的水滴，大概只有一毫米長，形狀跟卵子一樣，包在這些用來游泳和覓食的迷你毛細胞中。」[54]辛普森知道，珊瑚幼蟲是相當簡單的生物：牠們沒有耳朵及聽覺器官，沒有大腦，也沒有中樞神經系統，看起來根本不可能有辦法偵測到聲音，更別說是回應了。但是荷蘭科學家提出一項巧妙的實驗設計，他們在特製的珊瑚飼養槽中繁殖數十萬隻珊瑚幼蟲，將飼養槽布置成「選擇室」：等同水中版的迷宮，會有一組管子圍繞著中央的珊瑚區，就像輪子的輪輻。某些管子中會放置播放健康珊瑚礁聲響的喇叭，有些會放播白噪音的，剩下的管子則沒有聲音。如果微小的珊瑚幼蟲偏好特定的聲響，那牠們在特定管中的數量應該會增加，其他管子則不會。

也想一探究竟的辛普森同意合作，雖然他頗懷疑會觀察到什麼結果就是了。但令他驚訝的是，珊瑚幼蟲竟然朝著播放牠們偏好的珊瑚聲響的喇叭游去，並聚集在一塊。[55]團隊了解他們的成果很可能會受到質疑，於是重複了整個實驗好幾次以確認他們的發現，並控制了潮汐、月相、水流等變因。主張魚類可以選擇定居的地點是一回事，因為其擁有聽覺和嗅覺，但珊瑚幼蟲並沒有，所以科學界得知發生同樣的狀況時，仍是相當震驚。[56]

珊瑚幼蟲究竟是怎麼做到的呢？辛普森後來推論，幼蟲一定是使用身體傾聽，珊瑚幼蟲是包在纖毛之中：也就是功能類似簡單受器系統的迷你毛細胞。和其他海生無脊椎動物相同，珊瑚幼蟲也依賴纖毛感測水流和動靜，這是有關環境的重要資訊來源[57]，也是其察覺聲音的方式。以人類來說，我們的內耳也覆滿一層細細的毛細胞，這些細胞接收到聲音時會產生振動，並透過耳膜放大，珊瑚幼蟲也擁有細小的纖毛，不過是位在身體外側，而不是在耳朵裡，辛普森解釋道，可以把珊瑚幼蟲想成「四處游來游去的翻面小耳朵」。[58]聲波在水中會擾動粒子，珊瑚幼蟲的毛細胞能夠感覺到，細胞會透過逐漸移動來偵測聲音的梯度，使牠們可以聽見並找出聲音的方向。此外，珊瑚幼蟲也會划動纖毛，就像縮小版的船槳，以產生細小的水流，將牠們推往想去的地點。辛普森的解釋可說優雅又簡潔：纖毛對珊瑚幼蟲來說，具備耳朵、眼睛、手臂、雙腳的功能。這使得牠們即便體積極度渺小，仍然可以聽見聲音，並游往選定的方向：回家。[59]

辛普森證明了珊瑚幼蟲可以回應珊瑚礁的聲音，但沒有人知道珊瑚本身究竟會不會發出聲音。二〇二一年，南佛羅里達州大（South Florida State College）的科研團隊發現細菊珊瑚（*Cyphastrea*）擁有和接受及發出聲音相關的基因，在後續的研究中，科學家也錄製到活珊瑚發出的超音波頻率，這類聲音多數是在夜間發出，似乎與魚苗和珊瑚幼蟲前來定居的時程一致。[60]不過這些發現還有很多謎團尚未解答，雖然我們知道珊瑚會和共生的藻類用生化方式溝通，但牠們也會用超音波彼此溝通嗎？珊瑚在夜間會發出更多超音波聲響，而這也是魚苗定居通常會發生的時刻，只是個巧合嗎？在海中漂流的珊瑚幼蟲，能夠聽見並辨認家鄉珊瑚礁上的同類所發出的特定超音波聲響嗎？

珊瑚礁DJ

辛普森的研究為提姆・戈登帶來了一線希望，他的博士論文顯示氣候變遷導致大堡礁進入凋亡的惡性循環，白化珊瑚由於海洋生物多樣性降低，產生的音景也更為貧瘠及單調[61]，而這類凋亡的音景對幼魚和珊瑚幼蟲來說，都更不具吸引力，牠們會避開垂死的珊瑚礁，進而加速其消亡。[62]當鑽探、震波探勘、汽艇等人為噪音蓋過自然的海洋聲響時，魚苗和珊瑚幼蟲尋找家園的能力也會遭到進一步危害，但是即便過度捕撈和海洋噪音汙染受到控制，似乎也沒有辦法逆轉升高的海洋溫度及越發嚴重的海洋酸化所帶來的影響。

大堡礁會在他有生之年消失的想法，一直縈繞在戈登心中，他的研究能不能有什麼實際的產出，可以幫忙拯救珊瑚礁呢？戈登在想，要是他試著使用健康珊瑚礁的錄音，來恢復凋亡珊瑚礁的健康呢？他知道，聲學復育實驗已證明在其他物種上有效，包括人類和動物園中的動物，但是把這種技術應用在魚類上，似乎也是頗大膽的嘗試[63]，而他諮詢的海洋科學家確實也對此存疑。但是無論如何，戈登都決定將他下一階段的研究專注在聲學復育上：比起錄製垂死珊瑚的聲音，他要設計出能夠協助珊瑚復育的數位音景。

由於面對許多質疑，戈登起初的研究設計中規中矩。二〇一七年十一月底，魚苗到珊瑚礁定居的季節開始時，他在蜥蜴島海岸邊找到一區荒蕪的地點，並在此處開放的沙岸上建造了三十三座人造珊瑚礁，每座都距離最近的天然珊瑚礁剛好二十五公尺遠，由三十公斤左右的死去珊瑚骨骸組成，排列方式相同：枝狀、平坦、球形的骨骸以精準的模式排列，就像座座珊瑚石堆。在三分之一的人造珊瑚礁中，戈登什麼也沒放，另外三分之一放置了在實驗期間都會保持安靜的擴音器，最後三分之一則是安裝了播放健康珊瑚礁聲響的擴音器，這些錄音是在二〇一五年十一月大規模白化事件發生前錄製的。此外，由於魚苗定居主要都是發生在夜間，他也決定只在晚間打開擴音器，接下來四十天間的每個晚上，擴音器都會在傍晚時開啟，並在黎明時關閉。

戈登頗有信心，認為他的擴音器在短時間內可以吸引魚苗，但是聲學復育實驗真正的結果，只有在實驗結束時才會知道：魚苗會留下來並建立穩定的社群嗎？還是牠們會發覺自己被耍了，然後游走？戈登完全沒有料到，聲學復育實驗大獲成功，在安靜的人造珊瑚礁上沒有出現什麼魚苗，但是在播放健康珊瑚礁聲響的地點，魚群的成長越發蓬勃，生態系統整體的多樣性加倍外，還多出了百分之五十的其他物種。魚苗不僅前來拜訪，也待下來了，這也證實了早前的發現：即便在開放海域漂流了好幾個星期，魚苗不僅能夠聽見並回應珊瑚礁的聲響，也可以游向健康的珊瑚礁[64]，聲學復育就像自證的預言，能夠協助復育死去的珊瑚礁。最新的研究也證實，成功的珊瑚礁復育也能在音景中偵測到，印尼復原珊瑚的錄音中，甚至還包含科學上全然未知的聲音，讓科學家費解的嗚呼聲、悶哼聲、咆嘯聲。[65]其他科學家也支持這類見解，呼籲進行系統性的海洋復育，透過在海中安裝擴音器，並運用生物聲學錄音重播來創造出「聲學高速公路」，向魚類和其他海洋生物傳遞導航資訊。[66]聲學復育將成為廣泛應用的工具，能夠引導海洋生物尋找食物、庇護所與安全。

但如同戈登謹慎指出，聲學復育並非一體適用的解決方法，因為個別物種的反應截然不同，健康珊瑚礁的聲響會吸引某些魚類，但對某些甲殼類來說卻是嚇阻，牠們會遠離充滿掠食者的珊瑚礁。而且雖然某些珊瑚礁魚類可能會受到聲響吸引，但生活在開放海域的遠洋魚類則會忽略。錄音重播也只會在相對近的距離內有效，且受到海洋狀況高度影響。[67]此外，理論上來說，海洋噪音汙染也會將魚苗吸引至不適合居住的地點，或完全蓋過健康的聲響，使得魚苗失去慣常的指引，在海中隨波逐流，就連生態觀光的船隻噪音，也可能導致珊瑚幼蟲迷航。[68]話雖如此，只要能好好注意這些因素，生物聲學仍可以當成工具，不僅能被動監聽珊瑚礁，也能主動復育及管理生態系統。[69]

當然，在氣候變遷面前拯救全球珊瑚礁的這場戰爭中，水下珊瑚礁交響曲可能還不足以扭轉局面[70]，但結合其他技術，例如珊瑚移植和珊瑚栽培之後，便能提升適宜棲地的遷入率，而如果船隻噪音也跟著下降，聲學復育的效用也會提高，戈登和辛普森希望生物聲學在全球各地，至少可以用來支持少數幾座珊瑚礁的健康。

科學家目前也正積極推動全球珊瑚檢傷活動，將各式努力集中至最有可能存活的強健珊瑚礁上，用於嘗試拯救大堡礁的創新科技清單，聽起來就像科幻小說大雜燴：珊瑚體外受精、綽號「LarvalBots」的自動化珊瑚繁殖系統、充氣式珊瑚繁殖區、低溫保育等。[71]「50 Reefs」倡議組織也在全球挑選出五十座有潛力能夠撐過氣候變遷影響的珊瑚礁，就像未來海洋的種子銀行[72]，海洋生物學家席薇亞・厄爾（Sylvia Earle）則將這些地方稱為「希望之地」：充滿生物多樣性的島嶼，能夠抵抗人類的戕害。[73]聲學復育可以用來當成額外的策略，協助這些受難珊瑚礁存活，而為了加速聲學復育計畫進行，戈登和其他科學家也運用各式機器學習技術，將即時生物聲學監控化為可能，能夠快速偵測物種和生態系統的改變，進而加速為全球各地的珊瑚礁設計出量身訂做的聲學復育播放清單。[74]

辛普森和戈登現在正在世界上最大的珊瑚礁保育計畫測試這類技術：位於受到爆破漁業摧殘的印尼海外，五公頃大的珊瑚礁保育區。[75]該計畫涉及在凋亡的珊瑚礁區域安裝彼此相連的星形鋼製構造，稱為珊瑚星。珊瑚星為珊瑚移植提供基礎（類似植物扦插），將珊瑚移植到沙質構造上，希望能夠使其重新恢復生氣，而某些區域中的珊瑚數量確實也已顯著增加。[76]但是珊瑚的復育，特別是在成長初期，其實相當仰賴幼魚，這些草食動物會吃掉鋼製構造上快速生長的藻類，否則藻類會使珊瑚窒息，在沒有魚類的情況下，就必須以人工方式花好幾個月用刷子清理構造，以防藻類大量生長。在初期的實驗中，戈登的「音景復育」實驗已出現類似大堡礁時的成果：播放健康音景的錄音，能夠提高魚群的多樣性以及除藻率。[77]戈登扮演聲音行銷的角色：他的工作是向魚群行銷珊瑚棲地，測試不同的珊瑚播放清單，以決定哪些聲音能夠更快吸引吃藻類的魚類。這些魚類受到戈登透過水下擴音器放送的健康珊瑚礁聲響吸引，能夠協助人造珊瑚礁成長得更快也更健康，戈登承認，他展開學術生涯時，從沒想過自己會變成一名數位珊瑚礁DJ，但要是這樣能拯救珊瑚，就非常值得去嘗試。

回家之路

珊瑚幼蟲最耐人尋味的其中一項能力，便是在開放海域隨波逐流數週之後，仍有辦法找到回到家鄉珊瑚礁的路[78]，而魚苗同樣也能找到回家的路，大大超乎了其棲地是隨機選擇的假設[79]，魚苗和珊瑚幼蟲似乎都能認出並且也比較偏好出生地的聲音。

渺小的珊瑚幼蟲現在加入了擁有驚人能力，能夠往家的方向遷徙的物種萬神殿：鮭魚在還是小魚時便會離開牠們出生的河流，之後卻會橫渡數千公里遠的大海，並逆流而上數百公尺，回到洛磯山脈的出生地產卵；信鴿即便是在離家超過千里之處被釋放，最終也會歸巢；北極燕鷗生於北極，會飛越四萬公里前往南極海岸過冬，再回家成為父母。科學家已多多少少了解動物找到回家之路的機制：能夠察覺地球磁場或電場的能力、感知太陽偏振光的能力、即便遭到大幅稀釋，仍能聞出母河味道的嗅覺。但是不像鳥類和魚類，我們目前仍然尚未了解地球上最微小也最簡單生物之一的珊瑚幼蟲，究竟是使用哪種感官機制來導航。

辛普森推測魚苗和珊瑚幼蟲出生時可能就內建家鄉珊瑚礁的聲響，珊瑚礁的聲音通常在滿月時最大聲，而這也是其產卵之時，在大規模產卵發生的那幾個小時中，新生的珊瑚幼蟲以某種方式理解了出生地珊瑚礁的獨特音景，在成長過程中記住了這個音景，並且有辦法在幾周甚至幾個月後，將其和其他非常類似的音景區分出來。在繁殖的那一刻，每座珊瑚都會對子代歌唱獨特的搖籃曲，而之後每一晚，也會對大海歌唱，引領子代回家。

或許我們不該驚訝珊瑚礁會對子代歌唱，而珊瑚幼蟲也會跟隨這些搖籃曲橫渡海洋的這項發現。人類口傳歷史最古老記錄形式之一的原住民歌行，便同時流傳過土地以及大堡礁所在的「海鄉」。或許每個物種都擁有自身的歌行，現在就正在吟唱，只要我們能聽見牠們的聲音。

雖然人類曾經認為海洋是寂靜無聲的，但現在我們已經知道海中其實充滿聲音，甚至連最渺小的海洋生物都經過精細調音，聲音的世界遠比我們想像的更為遼闊及複雜。不過即便珊瑚是非常簡單的生物，仍是屬於動物王國的一員，我們可能需要花點力氣才能相信牠們會對聲音產生反應，但是其動物性本質至少在潛意識上，能夠消除我們的疑慮。然而，如同我將在下一章中所探討的，非人物種聲音的未解之謎遠不止於動物王國，連植物也具有聲音感知能力。

註釋

1. Doney et al. (2009); Gattuso and Hansson (2011); Hoegh-Guldberg et al. (2007); Raven et al. (2005); Watson et al. (2017).
2. Doney et al. (2009); Gattuso and Hansson (2011); Hoegh-Guldberg et al. (2007); Raven et al. (2005); Watson et al. (2017).
3. Doney et al. (2009); Gattuso and Hansson (2011); Guo et al. (2020); Hoegh-Guldberg et al. (2007, 2017); Mongin et al. (2016); Raven et al. (2005); Wei et al. (2009).
4. Hoegh-Guldberg et al. (2017).
5. Plaisance et al. (2011).
6. Guo et al. (2020); Hughes et al. (2018); Hoegh-Guldberg et al. (2007); Mongin et al. (2016); Wei et al. (2009).
7. Kwaymullina (2018, 198–99).
8. Nunn and Reid (2016)，也可參見Reid and Nunn (2015)。
9. Fitzpatrick et al. (2018); Lambrides et al. (2020); Waterson et al. (2013).
10. Cheng et al. (2020); Cressey (2016); Hughes et al. (2018).

11. 每隻珊瑚蟲的底部都擁有保護性的石灰岩骨骼，稱為杯狀體（calicle），珊瑚蟲會將自己黏上岩石或海床，接著自體繁殖出數千隻，杯狀體都彼此相連，此時便稱為珊瑚礁，珊瑚礁也會再彼此連成一片。科學家曾使用遺傳方法來估計珊瑚的年齡，並發現某些珊瑚的年齡高達五千歲，參見NOAA (2021a)。
12. Nielsen et al. (2018); Oakley and Davy (2018).
13. Preston (2021).
14. Burnett (2012); Gillaspy et al. (2014); Ruggieri (2012); St. Augustine Record (2014)，也可參見Taylor (n.d.)。
15. Tavolga (2002).
16. Coates (2005)、Hawkins (1981)，也可參見Hase (1923)。
17. Tavolga (2012).
18. Tavolga (1981).
19. Tavolga (2012).
20. Tavolga (2012).
21. Aguzzi et al. (2019); Carriço et al. (2020); Dimoff et al. (2021); Lindseth and Lobel (2018); Lin et al. (2021); Lyon et al. (2019); Mooney et al. (2020); Popper et al. (2003); Roca and Van Opzeeland (2020); Tyack (1997).
22. 例子可參見McCauley and Cato (2000)。

23. Barlow et al. (2019).
24. Erisman and Rowell (2017).
25. Glowacki (2015); Talandier et al. (2002, 2006).
26. Rice et al. (2017); Ruppé et al. (2015).
27. 參見 https://dosits.org/science/movement/sofar-channel/sound-travel-in-the-sofar-channel/。
28. Radford et al. (2011); Simpson et al. (2004, 2005).
29. Elise et al. (2019).
30. Lin et al. (2019); Mooney et al. (2020).
31. Bohnenstiehl et al. (2018).
32. Bohnenstiehl et al. (2018); Linke et al. (2018).
33. Lin et al. (2021).
34. Gordon et al. (2018).
35. 二〇一六年災難性的大規模白化後，二〇一七年又發生了第二次同樣嚴重的大規模白化事件，使得珊瑚礁已經不太可能復原，參見：Gordon et al. (2018)。
36. Simpson et al. (2004); Simpson et al. (2005).
37. Leis (2006); Leis et al. (2011); Jones et al. (2009); Swearer et al. (1999).
38. Jones et al. (1999).
39. Neme (2010).

40. Lillis et al. (2013, 2016)，Raick et al. (2021)，也可參見Neme (2010)。
41. Staaterman et al. (2014).
42. Simpson et al. (2004).
43. Simpson et al. (2004, 2005).
44. Radford et al. (2011).
45. Papale et al. (2020); Stanley et al. (2010).
46. Simpson et al. (2016).
47. Simpson et al. (2011)，也可參見Lindseth and Lobel (2018)。
48. Leis et al. (2011, 826).
49. Eldridge (2021).
50. Haggan et al. (2007).
51. Schwartz (2019).
52. Haggan et al. (2007); Hair et al. (2002); Johannes (1981); Johannes and Ogburn (1999); Leis et al. (1996); Leis and Carson-Ewart (2000); Poepoe et al. (2007); Stobutzki and Bellwood (1998).
53. NOAA (2021b).
54. Neme (2010).
55. Vermeij et al. (2010).
56. Vermeij et al. (2010)，也可參見Simpson (2013)。

57. Budelmann (1989).
58. Neme (2010)、Simpson與作者之訪談，二〇二一年三月。
59. 也可參見Madl and Witzany (2014)。
60. 科學家使用相當可靠的基因分析方法PCR，分析了細菊珊瑚DNA中的FOLH1及TRPV基因，這兩類基因先前曾在和珊瑚頗為類似的生物海葵及淡水水螅身上發現，TRPV在其他物種，例如果蠅（*Drosophila*）身上，便和聽力有關，參見：Ibanez and Hawker (2021)，也可參見Peng et al. (2015)。
61. Gordon et al. (2018).
62. Simpson et al. (2004); Gordon et al. (2018); Radford et al. (2011).
63. Karageorghis and Priest (2012); Koelsch (2009); Terry et al. (2020).
64. Gordon et al. (2019); Parmentier et al. (2015); Tolimieri et al. (2004).
65. Lamont et al. (2021).
66. Williams et al. (2021).
67. Suca et al. (2020).
68. Ferrier-Pagès (2021); Simpson et al. (2011, 2016).
69. Gordon (2020); Mars et al. (2020). See also Ladd et al. (2019).
70. Lecchini et al. (2018).
71. Great Barrier Reef Foundation (2020).

72. 參見https://www.50reefs.org/。
73. Mission Blue (2020).
74. Gordon et al. (2018).
75. Mars (n.d.)，也可參見Mars Coral Reef Restoration (2021)。
76. Gordon et al. (2018).
77. Mars (n.d.).
78. Simpson et al. (2004, 2005).
79. Jones et al. (1999); Swearer et al. (1999).

6

多聲部植物

Plant Polyphonies

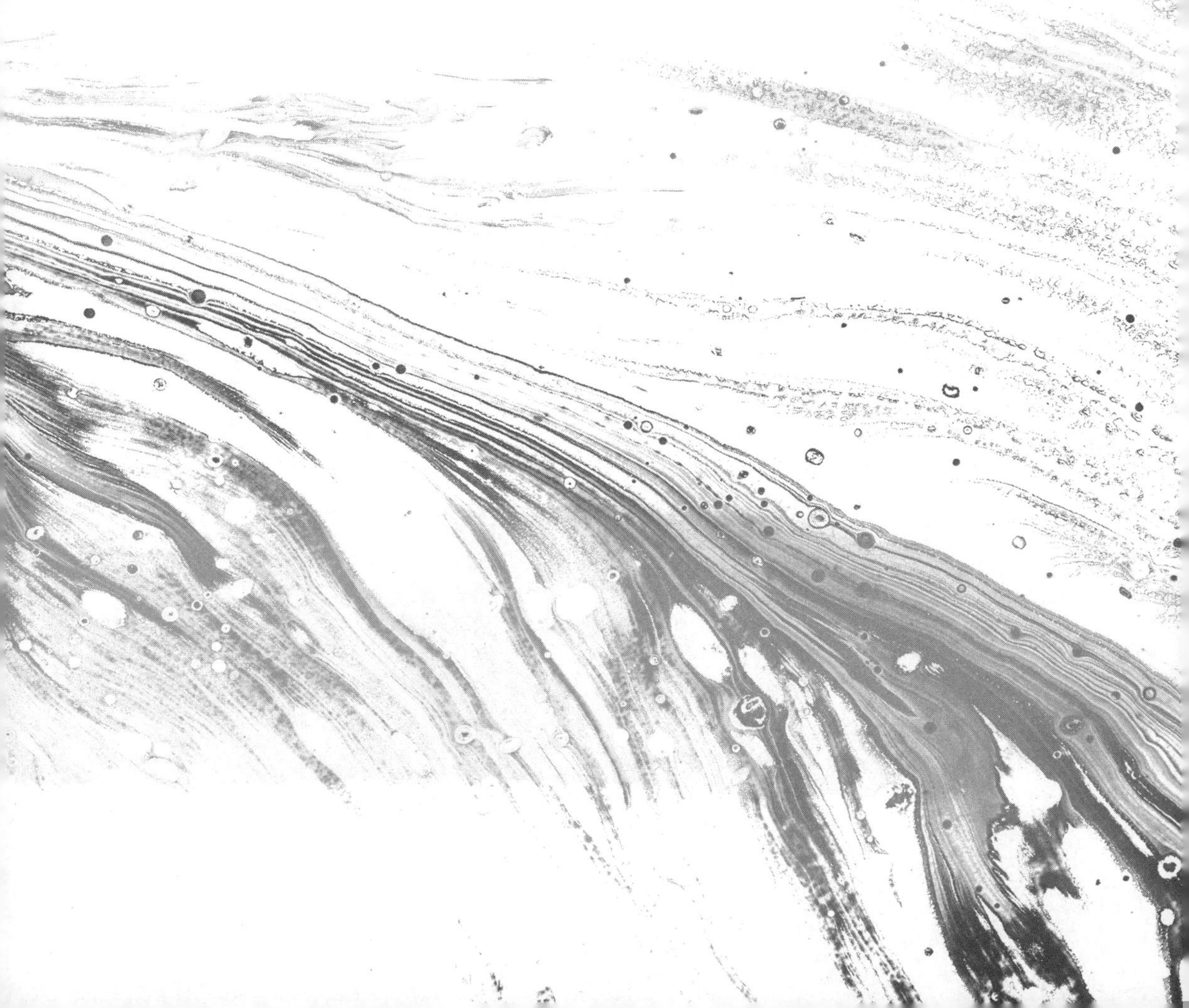

二〇二〇年二月，微軟的推特帳號上張貼了一段不尋常的訊息：「如果我們能跟植物說話會怎麼樣呢？這正是佛羅倫斯計畫（Project Florence）在探討的事。」訊息還附上了一段微軟設計師暨自稱融合主義者艾絲塔・羅斯威（Asta Roseway）的影片[1]，羅斯威在片中面露微笑，身穿風格活潑的混搭衣著，手拿一小盆植物，詢問觀眾：

如果我們能跟我們的植物說話會怎麼樣呢？這將如何改變我們跟自然界的關係？植物會說什麼？會對我們有什麼回應？[2]

隨著影片進行，觀眾也得知這盆叫作佛羅倫斯的植物其實是羅斯威的發明之一，跟佛羅倫斯講話很簡單：她可以接收和傳送訊息。你們的對話可能會以稀鬆平常的「早安，今天如何？」展開，自然語言處理演算法接著會推論出你話中的意思，然後將其轉化為照在植物上的光線，正面的情緒會化為紅光，負面的則是藍光，兩者都會在佛羅倫斯身上引發電化學反應，由感測器偵測其水分及溫度相對狀況得知。演算法接著會整合及分析數據，最後將回應轉回文字傳給你，經過這樣的數位升級後，佛羅倫斯便能使用基本方式溝通。問她：「妳口渴嗎？」，她可能會回答：「我想來一杯，謝謝。」如同羅斯威所解釋的：「這不是魔法，而是科學。」影片最後以羅斯威思考未來作結：一個農作物及盆栽更快樂、更健康的美麗新世界[3]。

但推特宇宙對羅斯威影片的回應，可能並不如微軟預期的那麼正面，網友@MidnightWildspirit便開玩笑地回應道：「希望我們不會有片會說話的草皮，想像一下你在割草時聽見草皮尖叫會有多可怕。」[4]其他人則想起Google鬱金香的影片：這是二〇一九年愚人節時上線的玩笑，影片中出現傲慢、不配合的鬱金香，不斷糾纏順從又不堪其擾的人類，得寸進尺要求更多水、空間、陽光、肥料。[5]在Google嘲諷版的植物和人類溝通未來中，多愁善感的植物會提出存在主義式的問題：「我的存在有什麼意義呢？」，然後被受不了的主人打發到一旁。Google的惡作劇顯示，就算我們真的發明出人類和植物互動的介面，我們可能也不會喜歡植物要說的話，或者我們可能也沒空傾聽。

佛羅倫斯計畫只是近年來發明的許多數位升級植物之一，PhytlSigns也把植物和土壤間的電壓差異轉換成數位聲響，在土壤乾涸時便會響起，隨著植物越來越渴，你手機裡的應用程式也會發出越來越高聲的警告。[6]《連線》（*Wired*）雜誌報導過，矽谷權威提姆・歐萊禮（Tim O'Reilly）大為稱讚，最終收錄為紐約現代藝術博物館（Museum of Modern Art）永久館藏的Botanicalls，則是會讓你的盆栽擁有土壤濕度感測器，並能夠連結社群媒體，需要澆水時，植物就會在推特上發一條動態「請幫我澆水」，澆完水後，還會發一條感謝推特。[7]自稱「生物聲音化裝置」的PlantWave，可以將植物的生物電訊號譯為令人放鬆的氛圍電子舞曲，迪士尼的版本則是有形版：一盆連接到電腦的蘭花，人類碰觸就會播放音樂，摸葉子會產生一段旋律，敲莖部則是會來個鼓點。

這類裝置是將植物與音樂連結這個歷史悠久的傳統的新詮釋。達爾文曾認為音樂是語言的前身，之所以會出現，是因為性擇上的適應價值[8]，達爾文之子，本身也是知名生物學家的法蘭西斯・達爾文（**Francis Darwin**），在《鄉間之聲》（*Rustic Sounds*）一書中也曾思考過管狀莖中的音樂起源：「植物在人類出現的久遠年代之前，就已為了自身的利益演化出管狀莖這件事，其實頗為浪漫：空心的蘆葦等待了永恆般的時間，直到牧神潘出現，以其演奏音樂。」[9]不過，宣稱這類裝置賦予植物聲音其實有誤導之嫌，比起讓植物真的有辦法和人類「說話」，這類裝置實際上依賴的是科技花招，以Botanicalls來說，就是在土壤裡放置感測器：隨著土壤乾涸，感測器也會偵測到導電度的改變。裝置也許警告了我們植物脫水，植物本身卻沒有和我們說話，我們聽見的，是電腦透過簡易的演算法，將土壤的濕度資訊翻譯成聲音或是文字，同樣的，即便迪士尼的音樂植物聽起來可能很高科技，你只要使用現在創客空間或大學實驗室常見的便宜郵購零件，也可以打造出自己的歌唱植物，只要將其安裝在植物上，植物就能對觸覺產生反應，跟智慧型手機的觸控螢幕一樣。[10]

事實上，讓佛羅倫斯能夠對人類「說話」背後的科學原理，我們已經了解超過百年了。一八七三年，英國生理學家約翰・波頓—山德森（John Burdon-Sanderson）和達爾文通信之後，便在捕蠅草上發現了生物電訊號，他並因此在一八八二年獲頒英國皇家學會（Royal Society）的皇家獎章。[11]以這項成果為基礎，學識淵博的印度科學家賈各迪許・錢德拉・鮑斯（Jagadish Chandra Bose），也在距今百年前發現植物會因為環境刺激產生電脈衝，類似動物神經的模式。[12]我們現在已經了解，生物電訊號和生化訊號會控制植物各式各樣的生理機能，PhytlSigns和歌唱植物這類裝置便是利用了這個特性，而其他所謂的植物溝通裝置，同樣也是將來自植物或土壤生理相關的實際變化數據轉換成音訊而已。

因而我們不該認為這些聲音是植物發出的，我們聽見的是人造的聲響，來自我們的感測器及傳感器，所謂的「傾聽」佛羅倫斯，聽到的只不過是我們自己覆蓋著一層薄薄植物面紗偽裝的聲音而已，就像主題樂園有趣的哈哈鏡，我們其實只是在和自身扭曲變形的版本互動。而如同下文探討的，發明這些裝置的人也都忽略了一項重要事實：植物本身便會發出和聽見聲響，因此擁有自己獨特的植物之聲，科學家才正要開始傾聽而已。

植物聲學

植物生物聲學的研究稱為植物聲學，研究的是植物如何自行發出及回應聲音，這是個相對新興，而且仍然有些爭議的嘗試，直覺上，我們理解植物會對陽光及觸碰產生反應，其他植物溝通和訊號傳遞的方式，例如透過空氣傳播的易揮發有機化合物以及透過共生生物、底土、根部真菌進行的營養交換，也已受到詳細記錄。[13]然而，科學家近期也發現植物會對聲音產生反應，稱為趨聲性（phonotropism）[14]，比如曝露在特定頻率下的農作物，就會出現生長加速、耐旱、類黃酮含量提高的現象[15]，其生理構造、生物化學、基因表現也會出現改變。[16]科學家也已發現超音波可以提高某些植物的殺蟲劑抗藥性，並開始實驗將空氣中的超音波當成殺蟲劑的替代方案[17]，農作物科學家也運用植物聲學來測量植物構造的結構特色、增加收成、評估農作物的生理機能和健康[18]，在科學文獻中，植物能夠對聲音「產生反應」，已經是個相當確定的概念。

不過，植物能夠「發出」聲音的概念就受到許多質疑，這或許是因為植物在生理構造上並不像動物：沒有聲帶，也沒有耳朵。我們對這個概念的抗拒，也可能是根源於西方思想中長久以來對植物和動物的概念性區分，而這可以追溯至好幾個世紀以前。可說是生命科學研究西方傳統開山始祖的亞里斯多德，將人類、動物、植物，劃分為三個不同的領域，他宣稱，即便所有生物都擁有靈魂，卻只有人類擁有理性的靈魂，擁有不同程度智力的動物，僅僅擁有「感受」的靈魂，而位於最下層的植物，也只擁有「生長」或「營養」的靈魂。亞里斯多德對動物的詳盡研究，一直到中世紀都還是科學探問的模式，並使許多人將他尊為西方動物學之父，而植物的研究，他則是留給了其中一名學生，常被視為是西方植物學之父的泰奧弗拉斯托斯（Theophrastus）。

動物學和植物學間的區分一直延續至今日，但情況已逐漸受到挑戰，因為越來越多的科學家正在進行植物聲學信號及行為的實驗，過去十年間，一系列由哲學家、植物學家、科學教育家出版的著作，也已探討了植物感官這個快速發展的研究領域，從哲學家麥克・馬德（Michael Marder）的《植物思考》（*Plant-Thinking*），和森林生態學家蘇珊・希瑪爾（Suzanne Simard）的《尋找母樹》（*In Search of the Mother Tree*），到演化生態學家莫妮卡・加里亞諾（Monica Gagliano）的《植物如是說》（*Thus Spoke the Plant*）。[19] 如同記者麥可・波倫（Michael Pollan）二〇一三年在《紐約客》的文章〈智慧植物〉（The Intelligent Plant）中讓大眾關注到的，這些科學家進行各種實驗，顯示植物擁有記憶、能預測事件、甚至能和其他動植物溝通[20]，比如他們就發現植物記得上一次霜期的精確時間，還會將自己調整到未來陽光預期會出現的方向，而且就算遭到拔起並放置在刻意使其混淆的環境中也不例外，此外還會透過根部展現

的祕密生命》一書和後續在一九七九年推出，由史提夫・汪達（Stevie Wonder）製作配樂的紀錄片中，提及連結到測謊器的植物，並充滿《紐約時報》所謂的「專為受到敬重的中產階級量身打造的新世紀邪教粗製濫造偽科學」[29]，這本書相當暢銷，但對專業的科學家來說，這是新世紀偽科學令人憤怒的象徵，也連帶使得研究植物之聲成為科學禁忌。

莫妮卡・加里亞諾便是頭幾名打破這個禁忌的科學家之一，她在澳洲的南十字星大學（Southern Cross University）帶領生物智慧實驗室（Biological Intelligence Lab），她最初的問題簡單到令人不敢置信：要是我們把通常使用在動物身上的實驗方法，比如錄音重播實驗，應用在植物身上，那會怎麼樣呢？這看似是個無關緊要的問題，但就如同加里亞諾所說：「身在科學探索前沿的科學家，常常會因為詢問『如果這樣會怎樣？』的問題受到譴責。」[30]而加里亞諾後續的問題確實也引起爭議，她接著問的是，如果實驗結果顯示植物可以回應聲音怎麼辦？要是我們可以開始用開闊的心胸研究植物，探討其究竟能不能發出、察覺、回應聲音，又會如何呢？加里亞諾於是決定進行一項聲學錄音重播實驗，這類實驗經常運用在動物上，卻從來沒對植物做過。

為植物設計一項聲學錄音重播實驗比表面上看起來還要複雜，在一般的動物行為錄音重播實驗中，會使用特定的頻率，來測試動物是否會使用可以偵測到的行為去回應特定的聲響：例如以一百赫茲為間距，謹慎播放一系列從〇赫茲到一千赫茲的聲響，科學家便能觀察鳥類會在哪個頻率飛走，進而找到特定鳥類可能對哪個範圍的聲響較為敏感，而透過重複進行實驗，便能找出相對精確的頻率範圍。

要調整這種動物錄音重播實驗的設計，以應用在植物上，為加里亞諾帶來了兩個問題。首先，植物並沒有明顯的移動行為，就只是待在原地而已，在動物錄音重播實驗中，自變項是聲音，應變項則是動物的移動，但如果植物無法移動，那麼究竟要用什麼當應變項呢？第二，要把特定的行為定義成對聲音的反應將會相當棘手，因為大多數植物並不會立即回應刺激，產生反應所需的較長時間，有可能會帶來混淆的變項。最終，加里亞諾決定挑選一個易於觀察，而且能夠在嚴密控制的環境下監控的現象：根部的彎曲，這是個相當常見，也經過廣泛研究的植物反應。她的研究問題也因而聚焦：根部會因為回應特定的聲音頻率而彎曲嗎？她決定用玉米筍來驗證這個假設，把剛發芽的植物放在相同的實驗室盆栽中，並曝露在各式範圍的聲音頻率之下。多次嘗試後，加里亞諾確定植物根部彎曲的頻率範圍介於兩百到四百赫茲之間，以上及以下都不會。[31]

加里亞諾接著又更進一步，她推論道，人類會發出我們自己聽得見的聲音，也就是說，我們發出和聽見的聲音大約都落在相同的頻率範圍中，按照同樣道理，如果植物會回應特定頻率的聲音，那麼探討其是不是也會發出這類頻率的聲音似乎也頗為合理。她接著運用靈敏的麥克風收聽，成功偵測到玉米筍發出的聲音，而如同她所猜測的，這些聲音的頻率也正好落在玉米筍產生反應的相同頻率中。加里亞諾描寫實驗結果的論文，是史上第一篇通過同儕審查的相關期刊文章，其中擁有實驗的證據，證明了植物有能力偵測聲音、發出聲音、並對聲音出現行為反應。[32]

加里亞諾的實驗發表後，引發了軒然大波，她在文章中清楚描寫了實驗方法，實驗本身相當容易複製，而且成果也通過公正的審查委員核准，得以出版，但仍有許多科學家對她用來描述實驗成果的詞彙表達擔憂，某些反對的聲音將加里亞諾的專有名詞選擇視為不恰當及鬼扯，因為她在文中使用了「植物學習」及「植物智力」等詞彙。[33]即便植物可能表現出了可以用「學習」及「記憶」等名詞指涉的行為，反對加里亞諾的人擔憂這並不一定代表植物擁有智慧，某些人還認為這個詞應該專供擁有腦部和神經的生物使用。加里亞諾和她盟友的則回應道，「智力」一詞應該要擁有更廣闊的定義，視為一種能夠有效察覺及回應所處環境改變和挑戰的能力[34]，加里亞諾還主張，將智力定義為僅限神經生物擁有的行為，展現出來的是一種獨尊動物的偏見，她和其他科學家認為我們對智力的概念需要重新定義，並拓展到涵蓋植物在內。[35]

為了反擊批評她的人，加里亞諾也提出植物早已演化出類似人類的其他感官：觸覺（例如根部在遭遇堅硬物體時就會出現反應）、視覺（植物葉片對亮暗會出現不同反應，對不同波長的光線也會）、嗅覺和味覺（植物能夠分泌、察覺、回應空氣中或自身體內的生化物質）。既然如此，植物又為什麼會沒有類似人類聽覺的感官呢？在後續的某項實驗中，她發現豌豆的根部可以偵測到流水的聲音，並且會朝該方向生長，而且即便水源是隔絕在不透水的水管中，土壤濕度的差異也無法受到偵測，豌豆仍會出現這種行為[36]，加里亞諾在此再次調整了經典動物實驗的設計：她把豌豆幼苗放在迷宮裡。迷宮的一側是流水聲，另一側則可能是白噪音、無聲的錄音、什麼都沒有，她的實驗設計是要回答以下三個問題：植物知道怎麼找水嗎？植物可以僅透過周遭的水聲就找到水嗎？植物能夠在複雜音景的情境下找到水嗎（而不是就這麼隨便朝著類似頻率的聲響來源生長）？而她的實驗在每個組合下都得到正面的答案，提供豌豆有聲和無聲的選項時，豌豆根會選擇聲響，值得注意的還有，播放頻率相同的白噪音和水聲錄音時，豌豆根會朝水聲的方向生長，在缺少濕度梯度的情況下，加里亞諾的豌豆能夠偵測到流水聲，並將其和不具備環境重要性的類似聲響區別。[37]

其他科學家在別的植物上也發現類似的行為，托雷多大學（University of Toledo）的生態學家海蒂・艾波（Heidi Appel）便發現常見的雜草以及植物科學中受到廣泛研究的模式生物阿拉伯芥（*Arabidopsis thaliana*），在毛毛蟲咀嚼葉片的錄音於附近播放時，即便沒有昆蟲碰到植物本身，仍會分泌防禦性化學物質[38]，阿拉伯芥也有辦法區分振動是由掠食者咀嚼葉片造成還是來自風和昆蟲的叫聲，後者將不會引發相同的防禦反應。[39]

在後續的研究中，艾波也發現植物學習及記憶的證據，她把一組阿拉伯芥曝露在毛毛蟲的振動下，控制組則自己待著，一段時間後，她再把兩組植物都曝露在新一輪的毛毛蟲咀嚼聲中和控制組相比，先前就已曝露在聲響下的那組植物會分泌更多的防禦性化學物質。換句話說，阿拉伯芥同時能記住並預期和特定掠食者咀嚼葉片聲響有關的影響，艾波實驗中的植物甚至可以分辨不同昆蟲的聲響，會對昆蟲掠食者的聲音出現防禦反應，並忽視不具威脅的昆蟲聲響。[40]

加里亞諾和艾波的研究提供了紮實的證據，指出植物擁有三項能力：偵測聲響的能力、回應聲響的能力、從各種無關聲音頻率中，區別出環境相關聲響的能力。達爾文父子都是走在正確的路途上，雖然植物較為理解環境的振動，而非人類的音樂就是了，那麼植物本身，又為什麼不會跟動物一樣，發展出針對自然聲響的感官呢？如同植物學家丹尼爾・查莫維茲（Daniel Chamowitz）注意到的：「（人類的）音樂跟植物的生存環境沒有任何關聯，但有些聲音植物如果能夠聽見，將會帶來好處。」[41]

問題已經不再是植物能否察覺到聲音，而是植物如何及為何這麼做，這帶來了一個令人費解的難題：沒有耳朵或神經的植物，要怎麼「知道」自己在聽什麼呢？比如植物是怎麼分辨出流水聲和白噪音的？植物又是怎麼分辨出來自覓食毛毛蟲的信號：是透過聲學或物理上的振動、物理上的組織損傷、生物化學的口部分泌物，還是這三者的某種組合？科學家對於植物的信號傳遞機制仍然沒有全面的了解，不過他們確實知道，察覺到聲音的振動，可能會造成植物賀爾蒙、基因表現、易揮發有機化合物的分泌改變，植物便經常將這類變化當成防禦信號，抵禦掠食者。[42]

隨著科學家持續揭開植物信號傳遞的神祕面紗，證明聲學信號重要性的證據也持續累積，從演化的角度來看，振動感知已是個古老的系統，早在維管束植物誕生在地球之前便已出現，比如微藻就擁有能夠對振動產生反應的物理性刺激受器蛋白質。加里亞諾也推測，聲音之所以是重要的信號，是因為比起其他透過植物組織傳遞的信號，例如化學信號，這類振動信號的傳遞速度更快，如她所述：「化學信號在某個程度上有用沒錯，但聲音速度快多了，如果出現了攻擊性的掠食者，你會想要很快（偵測並）告訴其他植物。」[43]和費洛蒙等複雜的生化信號相比，聲音是種高速的信號，相當容易就能偵測，也不需付出什麼成本，傳遞的距離也更遠，且還能透過更多樣的介質傳遞，例如空氣、水、土壤、石頭。植物透過聲音信號對外在壓力產生快速系統反應的能力，可能代表發出和察覺聲音的能力具有演化上的優勢，因為這樣能夠提升其生存機率。[44]如果事實如此，那麼察覺聲音的能力對植物來說就很有可能是既古老又普遍的。[45]

只要考慮到聲音是傳遞能量的基礎形式，那麼上述的見解就沒那麼令人吃驚了。在生物的演化期間，聲音都無所不在，所以植物及其他生物也應該要演化出能夠運用聲音的能力才對。[46]那些聽力更好的生物，適應環境和生存的能力也會更好，科學家將這個假說稱為「聽覺假說」。[47]就像生物演化出以熱能形式察覺能量的能力，溫度差異便代表能量流動，牠們也演化出了察覺聲音的能力。從這個觀點來看，植物的聽力事實上一點都不令人意外：由於環境中擁有許多傳遞有用資訊的聲音，偵測及回應聲音的能力對植物來說應該具有適應價值，就像對動物一樣。

但這就代表植物可以像人類一樣「聽見」嗎？某些科學家仍對此存疑，我們目前尚未了解植物偵測聲音的確切物理機制，不過某些人推測所有擁有纖毛細胞的部位，包括甲殼類的觸鬚、珊瑚蟲的纖毛、植物的根部，都能夠回應聲音。[48]科學家也正在探討細胞壁或細胞膜中的物理性刺激受器，是否能夠受到特定聲響刺激，並造成特定生化物質和植物賀爾蒙的分泌，甚至是快速的基因表現。[49]

植物的觸覺物理性受器和聽覺之間的關係可能相當密切，例如艾波的阿拉伯芥就是透過葉片表面細小的茸毛偵測聲響，茸毛會在植物主要昆蟲掠食者聲響的頻率範圍內選擇性振動，功能就像機器性的聲音天線，特別對準環境中的威脅。[50]如果植物是使用從根部尖端到葉片的身體去傾聽，那麼其聽覺就會和我們截然不同，可以感受到的範圍也會比我們更為靈敏。

聲學調音

許多動物都演化出能從噪音中篩選出有用信號的機制。想像你身處一間擁擠的餐廳，所有人都聚在中央並同時大聲說話，根本沒人能聽見對方；現在再想像大家根據語言分成小組，有英文、克里語（Cree）、法語、印度語、西班牙語、史瓦希利語（Swahili），然後移動到不同位置。而站在中央的你，注意力將會融入那個講你懂的語言的小組，並過濾掉其他聲音，找到自己所屬的區位後，每個小組也都會獲得相對的平靜，而不是亂糟糟的噪音，透過調和至自己能夠辨識的聲音，並過濾掉不能辨識的，聽者也會消耗較少能量。在大自然中，生物也會採用類似的策略，隨著生物演化出聽力，牠們也演化出對特定頻率的偏好，如果某個物種使用高音，另一個物種使用低音，對這兩個物種的成員來說，就比較容易將信號從噪音中篩選出來。在所有生態系統中，不同物種都會區隔彼此，可能是透過活動時間、聲音頻率或空間，以減少對音景範圍不同部分的競爭。

這種聲學空間的區隔在生態學中稱為「聲學區位假說」：在所有生態系統中，不同物種都會演化成佔據特定的聲學區位，很像不同的電台會佔據收音機不同刻度的頻率。該假說是由生態聲學學家伯尼．克勞斯（Bernie Krause）率先提出，一九七〇年代時，克勞斯拋下身為音樂家暨好萊塢作曲家的成功職涯，帶著數百公斤重的設備和盤帶錄音帶深入森林及叢林，試圖在大自然遭到工業化、農業擴張、都市化摧毀之前，保存自然之聲。[51]把音景當成原聲帶在聽的克勞斯，想到了這個聲學區位假說，此後在各式各樣的環境和生物上也獲得印證，從南極的殺人鯨和豹海豹到波多黎各的雨蛙等。[52]克勞斯的錄音也顯示了演化在全球各地令人驚訝的多元聲音中，所造就的複雜互補性，他將其稱為「動物大交響」：是場彼此交織的大合唱，且大多數都發生在人類聽力範圍之外，由演化劃分成不同物種專屬的頻率。[53]

克勞斯大多數的研究都是在動物聲響豐富的熱帶雨林進行，但是如同生物學家大衛．喬治．哈思克（David George Haskell）在《森林祕境》（*The Forest Unseen*）中所述，雨林同樣也充滿植物之聲[54]，在厄瓜多的樹上聆聽雨聲，便能聽見躍動的旋律：「金屬火花的潑濺聲」、「低沉純淨的樹木砰砰聲」、「速記員打字般的喀噠聲」。哈思克在教導學生時，也會考驗他們，請他們學習僅只透過傾聽就分辨出橡樹和楓樹的差異，隨著柔軟的春葉在冬季接近時蕭瑟，哈思克解釋道：「我們沒有任何輔助的雙耳，便能聽見楓樹如何改變其聲音。」即使大多數人類都無法欣賞，世界仍擁有自身緊密交織的曲目，和音樂很像。「動物大交響」一詞原先是由克勞思創造，不過哈思克也提醒了我們，植物同樣參與其中，是地球這場磅礡生物交響曲的一員。

克勞斯的「聲學區位」概念也催生了另一個耐人尋味的假說：聽覺機制會和發聲機制共同演化[55]，科學家將這個概念稱為「相配過濾假說」（matched filter hypothesis）。[56]如果這個假說是正確的，那麼生物接收聲音的聽覺就應該符合信號發出方的能量分布，也就是說我們應該要調整到和自身物種相同的頻率，加里亞諾的玉米筍實驗便是相配過濾假說的實例：玉米筍聽見和發出的聲音都落在某個相對狹窄的特定頻率範圍內。

相配過濾假說同時也促使科學家預期掠食者和獵物之間，會共享相同頻率的信號，而這個現象確實也能夠在特定動物身上觀察到，比如燈蛾的翅膀就演化出特定的形狀，能夠干擾蝙蝠的聲納，且後來也發現防禦蝙蝠的超音波在蛾類身上相當普遍。[57]這類現象也會發生在動物及植物之間，其中特別驚人的例子可以在蝙蝠和植物的關係中找到，蝙蝠可以運用牠們的生物聲納掃描整片地景，並在過程中以植物反射生物聲納回音的形式，接收到植物構造的影像，台拉維夫大學（University of Tel Aviv）的神經生態學家約西・約佛（Yossi Yovel）便發現植物擁有和其構造相關的獨特聲響，會因為在回音定位中的「長相」吸引蝙蝠。在共同演化的過程中，蝙蝠發展出透過生物聲納分辨植物的能力，而由蝙蝠負責授粉的植物，則發展出能夠反射回音的花朵及葉片當成回報，兼具信標、辨識信號和路標的功能，以吸引蝙蝠。[58]這有助於蝙蝠處理回音定位的「雜音」，否則將會使其更難找到食物來源，特別是在食物還藏在其他植被中時，以花蜜維生的蝙蝠便是一例。

科學家在實驗室中研究以花蜜維生的長舌蝙蝠時，便發現這種蝙蝠精通尋找藏在人造樹葉中的橢圓形及球形物體。當團隊的某個成員看到在花朵之上擁有盤狀葉的古巴蜜囊花（*Marcgravia evenia*）圖片，馬上浮現靈感：「哇，這一定是給蝙蝠的信號！」[59]，當時科學家甚至還不知道這種藤蔓是由蝙蝠授粉的呢。在後續的實驗中，掛上這種特化過的藤蔓葉片後，蝙蝠找到隱藏餵食器的速度快了百分之五十，科學家於是發現，這種葉片是極度有效的信標：蝙蝠發出回音定位的喀噠聲後，會傳回固定的強烈聲紋。葉片特別的形狀，也使得反射回去的聲波「不管在任何角度都相當固定」，這又是給蝙蝠的另一個信號：這種藤蔓演化出了在聲學上來說，對蝙蝠顯而易見的葉片。科學家後來也發現，其他藤蔓的功能也類似聲學版的貓眼鏡：其形狀能夠將蝙蝠回音定位呼喚的大多數能量反射回去，提高信號的強度，以吸引授粉者來到花朵旁[60]。

花朵和蜜蜂之間也存在類似的關係，某些開花植物的花藥會開啟細小的毛孔或裂縫，蜜蜂會將身體停在花上，然後開始晃動，產生正確的振動頻率，直到花粉釋放[61]，蜜蜂嗡鳴行為和花朵大小及形狀之間的精細配合，便是植物和蜜蜂共同演化的一個例子。[62]約佛也發現在某些情況下，光是嗡鳴蜜蜂的聲響便足以引發植物的反應行為，植物曝露在授粉嗡鳴蜜蜂的聲響，以及類似頻率的人造聲響下時，會在幾分鐘內分泌出更香甜的花蜜當成回應。[63]雖然科學家尚未了解精確的機制，約佛推測花朵演化出的反應，便是隨著特定的蜜蜂頻率產生物理振動，這代表兩種物種在構造及功能上都擁有精密的配合[64]，如同其中一名科學家所述：「我們發現了驚人的事物，也預期還會發現更多，我認為浩瀚的聲學世界就在外面等著我們！」[65]

創造意義

發現花朵的聲響可以當成蝙蝠的指引和誘因，以及植物和蜜蜂共享親密的對話，確實令人感到相當不可思議，甚至入迷，但這僅僅是大自然精細連結的其中一個例子嗎，或是某種更遠大的事物呢？某些科學家極具爭議地認為，植物發出和聽見聲音的能力，可說是種典範轉移：從根本上改變了我們對植物溝通的理解。

加里亞諾的研究就掀起巨大爭議，因為她宣稱植物可以積極透過聲音溝通，而非只是被動回應，但是多數生物學家提及植物與其地景發出的複雜聲音時，仍是傾向使用被動式，像是哈思克在《樹之歌》（*The Songs of Trees*）中，就使用音樂術語來描寫森林的聲音，輪流使人類感到寬慰、愉悅、恐懼，但並非將其視為樹木之間彼此溝通的結果。

確實，對於是否要將植物產生及聽見的聲音定義為溝通，科學家的意見激烈分歧，部分是因為定義的爭論，某些科學家用生理學的方式定義溝通：對個體感官系統受器的刺激，例如你耳中的纖毛因為聲音刺激產生振動。[66]但其他科學家並不同意：他們用認知的方式定義溝通，將其視為發送者和接收者之間有意義的資訊傳遞。根據後者的定義，只要聲音承載可以降低接收者疑慮的資訊，那就等於發生溝通，在僅僅是聽見聲音之外，你還必須譯解其中有意義的資訊，這個定義和資訊理論及電腦科學使用的類似，也開啟了一扇門，通往研究植物溝通的新途徑。[67]

要解答植物能否透過發出聲響資訊積極溝通，科學家就必須提出證據，首先要證明植物能夠發出及回應聲音，接著還要證明這麼做能夠帶來適應優勢[68]，比如說，植物能不能發出吸引有利動物，並嚇阻有害動物的聲音呢？[69]理論上來說，這似乎頗為合理，對植物而言，聲音吸引可能帶來幾項優勢：不僅使其能夠競爭授粉者的關注，也不需要耗費生長出大型花朵所需的資源，便能吸引授粉者。

植物甚至有可能透過土壤本身進行聲學溝通，過去幾年間，聲學生態學家已開始錄製地表下的生命之聲，生態學家早已了解我們腳下的地底庇護了大量的生物，但是直到最近才有科學家開發出能夠捕捉到土壤聲音的麥克風，類似別在吉他上接觸式麥克風的小型壓電裝置。這類地底聲音有許多都太高、太低、太小聲，人類無法聽見，但是經過適當放大後，便揭露了一個渴求新名稱的聲學世界，隨著昆蟲挖洞和植物根部生長，地底也充滿了滑動聲、刮擦聲、窸窣聲與摩擦聲。[70]

科學家可以從傾聽土壤之聲中學到什麼呢？德國蓋森海姆大學（Geisenheim University）的應用生態學家卡洛琳－莫妮卡・戈雷斯（Carolyn-Monika Görres）研究的便是金龜子的幼蟲，這些昆蟲以植物根部維生，她將其聲音形容為砂紙刮擦、蚱蜢鳴唱與樹枝摩擦的融合，戈雷斯稱為「地底推特」的聲音模式各個物種都不盡相同：一雙受過訓練的耳朵便能分辨不同物種的幼蟲。雖然科學家尚未確定幼蟲是否使用這類聲音溝通，戈雷斯已經觀察出了耐人尋味的模式：她的幼蟲聚在一起時會發出更大量的聲響，若是分別放在容器中則會陷入沉默。[71]

動物當然也早已習慣我們腳下的聲音，鳥類歪頭跳過下雨的草皮時就是在傾聽蚯蚓的聲音，牠們並非隨意出擊，沙漠鼴鼠把頭埋在沙中游過沙漠時，也是在聆聽獵物的動靜[72]，但是植物也能聽見這類聲音嗎？植物學家和生態聲學家已經開始發展假說：植物生長中根部發出的聲音信號，可能會吸引挖洞的蚯蚓，並回過頭來滋養土壤。如果這是正確的，就能解釋植物生長和地底生物聚集之間關聯的未解謎團，這類現象早已受到觀察，即便科學家長久以來都把注意力放在視覺和化學信號上。透過土壤本身傳遞的聲波和振動，可能才是植物聲學研究的新疆界：一個地底的聲音世界，我們才剛要開始探索而已。[73]

植物之歌

比起引發讚嘆的鯨歌，植物溝通的概念時常會招來譏笑，這些聲響究竟是溝通信號，還是只是偶然出現的聲音呢[74]？為了回答這個問題，某些科學家提出了「植物神經生物學」的概念，但遭到許多同儕激烈反對，立論依據便是植物根本沒有神經和大腦。其他科學家則使用不同的詞彙，例如植物信號及行為等，這或許更為準確，但似乎也有些委婉。

有關植物溝通的討論，也開始捲入植物認知甚至是植物意識的相關爭議[75]，探討這些論點時，我們必須小心不要落入人類中心主義甚至哺乳類中心的偏見，為什麼我們提到鯨歌時感到舒適，但認為植物和其他生物也參與了這場浩大的聲音交響樂，並以此傳遞資訊和溝通，卻會感到不舒服呢？或許是因為這暗示動植物會傳遞意義，或是表達情緒，而多數科學家都仍對這類概念感到不太舒服，也可能是我們害怕把自身的情緒投射到非人物種上。如同生態學家卡爾・薩芬納（Carl Safina）所說，我們必須謹慎行事：避免將來自人類的概念投射到其他物種身上固然重要，但不要排斥非人物種溝通的可能性存在也同樣重要，前者犯了同化的錯誤，後者則犯了忽略的錯誤。[76]

或許科學家之所以對於非人物種擁有聲學溝通的能力感到不舒服，也是源自人類聲音和感受之間的密切關係，聲學溝通同時是心理上、生理上、智力上、情緒上的，和我們內心深處最私密的經驗連結。聲音即便在遠處也能觸動我們，愛人的聲音，嬰兒的哭聲。音樂也使我們沉浸在聲音之中，和其融為一體，從骨子裡就能感受到。[77]但是如同娜塔莎・邁爾斯所指出，研究植物之聲並不一定會涉及植物的感受，後面這個主題帶有一種擬人化的觀點，許多科學家都堅決排斥，此外也涉及一種道德困境：探討植物是否擁有感受可能會貶低植物，如此一來，用人類的標準來衡量，植物永遠都會是「劣於我們」。邁爾斯認為，我們應該採取的是一種擬植物化的植物中心觀點，承認植物擁有驚人的能力，比如進行光合作用，或是合成咖啡因等複雜的化合物，這樣的話，我們就可以試著從植物的視角，去理解植物的能力。

研究植物之聲等於承認了植物有多複雜，但是承認這種複雜性不需要陷入擬人化主義及生機論（vitalism）的陷阱。

其中一個充滿潛力，可以解答這些問題的研究領域，便座落於植物學和人類學的交叉口，即使民族學及民族植物學過往只單單聚焦在原住民的植物知識上，科學家現在已試著理解植物的感官特質，從生物聲學到植物化學，並將其視為同時發生的生物生理及文化現象。這種「植物民族學」將植物當成主體，而非被動的旁觀者，透過重新將植物架構為人，很像原住民社群所做的事，科學家正在挑戰人類學的人類中心主義，並且重新思考西方科學從亞里斯多德及泰奧弗拉斯托斯以降，一脈相承的動物及植物分野。

透過這樣的方式，人類學家也在重新反省先前對原住民的植物感官、認知與溝通理論所抱持的偏見，要是原住民有關植物聲音的理論，並不是在純比喻的層次上運作，而是在實證上更為準確，比較像是事實，而非神話呢？[78]如同波塔瓦托米族的植物生態學家羅賓・沃爾・基默爾所指出，傳統的植物生態知識其實和現代科學知識多有重疊，她提到：「帶著與大自然彼此尊重、負責、互惠的世界觀，（傳統生態知識）並非在和科學競爭，或削弱其力量，而是拓展了科學的範圍，來到人類和自然界的互動上。」[79]某些人類學家甚至開始將植物納入「多物種民族」中，就像加里亞諾宣稱的，她自己的實驗設計和新穎假說也是源自與原住民社群及植物本身的對話[80]，生物聲學將能讓西方科學家重新發現那些原住民知識擁有者早已了解的事。

如果植物溝通的概念看來仍然相當可疑，那就想想現今許多成為常識的科學概念，在不久之前其實也顯得頗為離經叛道吧。如同後續章節揭露的，另外兩個突破性的研究領域，蝙蝠聲學及蜜蜂聲學，也遵循著類似的軌跡：從廣泛的質疑到接受。科學家初次發現蝙蝠的回音定位時，同樣遭到質疑及否認，但如同我們在下一章中將探討的，全新的爭議領域已經不是蝙蝠能否進行回音定位，而是牠們能否運用回音定位，參與符號溝通，這個能力過往曾被認為專屬於人類。

註釋

1. Microsoft (2020c).
2. 微軟推特，二〇二〇年二月十三日：「如果我們能跟植物說話會怎麼樣呢？這正是佛羅倫斯計畫在探討的事。點此瞭解更多：msft.it/6009TwcKT。#MSInnovation」，參見：https://twitter.com/microsoft/status/1228114232547381248。
3. Microsoft (2020a). 4. Microsoft (2020b). 5. Iribarren (2019).
4. Microsoft (2020b). 5. Iribarren (2019).
5. Iribarren (2019).
6. Sarchet (2016).
7. O’ Reilly (2008); Hammill and Hendricks (2013).
8. Gagliano et al. (2017); Kivy (1959); Ravignani (2018).
9. Darwin (1917, 107).
10. Arner (2017); Madshobye (n.d.); McIntyre (2018).
11. Burdon-Sanderson (1873).
12. Bose (1926).
13. Bouwmeester et al. (2019); Selosse et al. (2006); Simard et al. (1997); Simard and Durall(2004);

Twieg, Durall, and Simard et al. (2007).

14. 例子可參見Rodrigo-Moreno et al. (2017)。

15. Choi et al. (2017); Fernandez-Jaramillo et al. (2018); Hassanien et al. (2014); Jung et al. (2018, 2020); Khait, Obolski, et al. (2019); Kim et al. (2021); López-Ribera and Vicient (2017a, 2017b); Mishra and Bae (2019); Prévost et al. (2020).

16. Ghosh et al. (2019); Joshi et al. (2019); Sharifi and Ryu (2021).

17. 例子可參見Kawakami et al. (2019)。

18. Mankin et al. (2018).

19. 參見Chamovitz (2020); Gagliano (2018); Hall (2011); Holdrege (2013); Kohn (2013); Mancuso and Viola (2015); Marder (2013); Simard (2021)。

20. Myers (2015); Pollan (2013).

21. Baluška et al. (2010); Myers (2015); Sung and Amasino (2004).

22. Myers (2015).

23. 有關超出本書範圍之外的植物意識相關討論，可參見Allen (2017); Allen and Bekoff (1999); Baluška and Levin (2016); Baluška and Mancuso (2018, 2020, 2021); Brenner et al. (2006); Calvo and Trewavas (2020a, 2020b); Calvo et al. (2020); Levin et al. (2021); Linson and Calvo (2020); Lyon et al. (2021); Maher (2017, 2020); Mallatt et al. (2021); Robinson et al. (2020); Taiz et al. (2019, 2020)。

24. Gagliano (2013a, 2013b); Kikuta et al. (1997); Kikuta and Richter (2003); Laschimke et al. (2006); Perks et al. (2004); Rosner et al. (2006); Zweifel and Zeugin (2008).

25. Kimmerer (2013, 128).

26. Gagliano, Mancuso, et al. (2012); Gagliano, Renton, et al. (2012).

27. Sano et al. (2013, 2015).

28. Frongia et al. (2020); Gagliano (2013a, 2013b); Gagliano, Mancuso, et al. (2012); Gagliano, Renton, et al. (2012); Khait, Lewin-Epstein, et al. (2019); Khait, Obolski, et al. (2019); Khait, Sharon, et al. (2019); Szigeti and Parádi (2020).

29. Pace (1996).

30. Gagliano, Mancuso, et al. (2012); Gagliano與作者之訪談，二〇二一年三月。

31. Gagliano, Mancuso, et al. (2012).

32. Gagliano與作者之訪談，二〇二一年三月。

33. Pollan (2013).

34. 參見Brenner et al. (2006)，後續討論可參見：Alpi et al. (2007); Brenner et al. (2007)。

35. 這點也提出了一個超出本書範圍的問題，也就是植物是否擁有認知能力，近期研究顯示，植物有能力展現出先前認為專屬動物王國成員的複雜精細行為，例如養分搜尋以及複雜的決策等，根據這些結果，越來越多科學家認為已經有足夠的證據，可以考慮將植物視為認知生物，參見：Segundo-Ortin and Calvo (2021)。

36. Gagliano et al. (2017).

37. Gagliano et al. (2017)，雖然後續的研究也獨立證明了加里亞諾認為植物擁有學習能力及記憶的主張，她的研究在某些科學家間仍是充滿爭議，特別是她在描述實驗設計過程時，提及植物本身透過託夢或是在她進入薩滿式的狂喜狀態時，教導她如何設計實驗，評論及批評參見：Cocroft and Appel (2013); Robinson et al. (2020); Taiz et al. (2019)，反駁則可參見Baluška and Mancuso (2020); Maher (2017, 2020)，也可參見Mancuso and Viola (2015)。

38. Appel and Cocroft (2014). 39. Michael et al. (2019).

39. Michael et al. (2019).

40. Kollasch et al. (2020).

41. 引用自Mishra et al. (2016, 4493)。

42. Body et al. (2019); Ghosh et al. (2016).

43. Gagliano與作者之訪談，二〇二一年三月。

44. Kollist et al. (2019).

45. Paik et al. (2018); Sharifi and Ryu (2021).

46. Simpson (2013).

47. Rogers et al. (1988).

48. Gagliano, Mancuso, et al. (2012); Khait, Obolski, et al. (2019); Simpson (2013).

49. Monshausen and Gilroy (2009).

50. Liu et al. (2017); Yin et al. (2021).

51. Krause (2013)，也可參見 Farina et al. (2011)。

52. 相關的「聲學棲地」假說，可參見 Mullet et al. (2017)。

53. Krause (1987, 1993, 2013).

54. Haskell (2013, 5).

55. 相關的「聲學棲地」假說，可參見 Mullet et al. (2017)。

56. Capranica and Moffat (1983).

57. Barber et al. (2021); Corcoran et al. (2009); Neil et al. (2020).

58. Yovel et al. (2008, 2009).

59. Kaufman (2011).

60. von Helversen and von Helversen (1999).

61. De Luca and Vallejo-Marin (2013); Vallejo-Marin (2019).

62. 此外，蜜蜂也可以偵測及學習花朵的生物電場，參見 Clarke et al. (2013)。

63. Veits et al. (2019).

64. 針對這項研究的批評，參見 Pyke et al. (2020); Raguso et al. (2020)，回應則可參見 Goldshtein et al. (2020)。

65. Kaufman (2011)，也可參見 Simon et al. (2011)，這些科學家也繼續運用受到植物啟發的方法，開發出更棒的無人機聲納，參見：Simon et al. (2020)。

66. Gagliano et al. (2014); Schaefer and Ruxton (2011).
67. Segundo-Ortin and Calvo (2021).
68. Bailey et al. (2013).
69. Schöner et al. (2016).
70. Lacoste, Ruiz and Or (2018); Maeder et al. (2019); Quintanilla-Tornel (2017); Rillig, Bonneval and Lehmann (2019).
71. Görres and Chesmore (2019).
72. Mason and Narins (2002).
73. Briones (2018); Hill and Wessel (2016).
74. Mishra et al. (2016); ten Cate (2013).
75. Segundo-Ortin and Calvo (2021).
76. Safina (2015).
77. Supper (2014); Turino (2008).
78. Callicott (2013); Daly and Shepard (2019); Kirksey (2014); Russell (2018). 79. Kimmerer (2002, 436).
79. Kimmerer (2002, 436).
80. Gagliano (2017, 2018).

7

蝙蝠嬉笑

Bat Banter

一九三九年，唐納・葛瑞芬進入哈佛大學部就讀時，便已發展出對鳥類和蝙蝠的興趣了，他也一直都對自然史領域中最著名的謎團之一感到頗為好奇：即便是在伸手不見五指的洞穴中，蒙上眼睛的蝙蝠依然能靈敏導航，但只要耳朵被塞住，就算是在光天化日之下，牠們也會直直撞上障礙物。[1]人類至少從十八世紀時就已發現這個現象，當時義大利科學家拉薩路・史帕拉桑尼（Lazzaro Spallanzani）將蝙蝠的雙眼嚴密遮住，接著直接把眼睛挖掉，但令他驚訝的是，牠們的飛行能力絲毫不受影響。[2]兩個世紀後，這個謎團依舊令人困惑：葛瑞芬在想，蝙蝠是怎麼在完全的黑暗之中躲過障礙物的呢？牠們會不會是使用隱形的偵測方式呢？[3]蝙蝠似乎知道某種人類不知道的事，並掌握了某種人類的科技再怎麼精巧也無法理解的技術。

沒幾個教授對一個大學生的蝙蝠遐想有什麼興趣，幸好葛瑞芬遇上了通訊工程領域的先驅喬治・華盛頓・皮爾斯（George Washington Pierce）教授。皮爾斯是農場主之子，當過牧人，曾經是個身無分文、住在德州某間一房宿舍的大學生，後來卻成為哈佛教授，也是個忙碌的創業家，擁有數十項專利以及一長串快速發展的投資組合。[4]他以電話系統的實務研究著稱，但在其中一項實驗中無意間發現了一個方法，可以將「超音波」聲響，也就是高於人類聽力頻率範圍的聲響，轉換成可以聽見的聲音。他發明的儀器結合了真空管、一部電話、一顆電晶體、一組天線喇叭、一部擴音器和一片紙板，這組位在哈佛地下室中的精密儀器，是史上第一部能夠偵測及分析超越人類聽力上限聲響的裝置。[5]

皮爾斯教授迷人的儀器並沒有特定的目的，也沒有制式的校準方式，為了尋找超音波聲源來測試儀器，他決定挑選數量充足又容易捕捉的蟋蟀和蚱蜢，他也開心地發現，這些昆蟲會發出豐富的超音波聲響。出乎意料的是，昆蟲的聲響模式吸引了他的注意力，而他也將後續生涯中的大部分時間投入到解密這些聲音上，因而成為世界上頭幾名生物聲學家之一。皮爾斯接著開發出能夠測量昆蟲發聲生理構造的技術，後續也證明每種昆蟲唧唧聲中的振動模式，都是某種足夠獨特的密碼，可以讓我們精確辨識出該物種。令生態學家驚訝的還有，皮爾斯甚至發現昆蟲的聲音就像是天然的溫度計[6]，例如斑紋地蟋蟀在攝氏三十一・四度時，每秒會發出二十聲叫聲，但溫度降到二十七度時，就只會發出十六聲。[7]

皮爾斯的研究背後的涵義，直到多年後才受到廣泛探討，不過他晚年時已敏銳地察覺自已的研究未來能夠如何運用，他的最後一本著作《昆蟲之歌》（*The Songs of Insects*）便聚焦在他的蟋蟀和蚱蜢研究上，而非總結他在無線通訊領域中影響深遠的職涯。皮爾斯在概論中寫道：「一般讀者可能會有興趣，想知道為什麼一名物理及通訊工程領域的專家會將精力轉移到昆蟲研究上，答案可能是，所有無知的人都有義務去尋求啟蒙吧。」[8]

唐納・葛瑞芬來找他時，皮爾斯再過一年就要退休了，葛瑞芬已經在猜測蝙蝠使用的是人類聽不見的超音波聲響來進行導航，而皮爾斯正好發明了世界上唯一一台能夠證明他的假設是否正確的機器。但身為一個成績中等、微積分不太好、大學部必修物理課程只勉強低空飛過的學生，葛瑞芬裹足不前，他後來寫道：「我終於鼓起勇氣去敲他的門之後，發現皮爾斯是個蠻好相處的人，而他的儀器只要我的蝙蝠一有什麼動靜，也會愉快地發出喀噠聲和嘎嘎聲。」[9]兩人討論完各種方法後，決定從簡單的試起。葛瑞芬把他抓到的蝙蝠帶來實驗室，大學生和這個知名物理學家再把扭來扭去的生物一隻隻抓好擺在儀器前，然後就只是傾聽，令人震驚的結果馬上浮現：蝙蝠不僅會發出超音波，掙扎著要逃離時還會提高強度。但是當兩人讓蝙蝠在實驗室中自由飛行時，卻無法偵測到任何聲音，缺乏這方面的證據，使得葛瑞芬無法證明蝙蝠是使用超音波來判定方向和導航的，所以皮爾斯和葛瑞芬發表成果時，使用的是葛瑞芬後來形容為「謹慎到荒唐」的慎重語氣，來描述蝙蝠發出的「超音波」聲響。[10]

即便出現突破，葛瑞芬心繫的謎團依然沒有解開：他證明了蝙蝠無法行動時會發出超音波聲響，但卻無法分辨牠們在飛行時是否也會這麼做。是蝙蝠沉默了呢？還是他的實驗設計有缺陷？葛瑞芬展開他的碩士研究，但因二戰爆發而加入軍中負責聲學通訊事宜[11]，戰後，他回到哈佛修讀博士學位，主題則是更為主流的鳥類遷徙，他甚至還考取了飛行員執照，這樣才能駕駛輕航機追蹤海鷗。不過蝙蝠回音定位的未解之謎仍持續縈繞在他心頭，他和皮爾斯進行的實驗無法得到決定性的結果，實在是相當耐人尋味。

轉捩點在葛瑞芬和生理學家同學羅伯特・蓋倫布斯（Robert Galambos）合作時出現，兩人很快發覺葛瑞芬最初的嘗試之所以出現困難，是因為蝙蝠發出的聲音具有高度指向性，牠們發出的聲音是狹窄的束狀，就像是聲波手電筒一樣，所以為了要偵測到，儀器必須直直對準飛來的蝙蝠才行，皮爾斯的儀器不夠聚焦，因此無法蒐集到這些狹窄的聲波。

葛瑞芬和蓋倫布斯無意間發現這件事之後，實驗設計便成形了，他們為了不要打擾「正當的」物理實驗，都在大半夜工作，先把某些蝙蝠的耳朵遮住，並用可溶膠將其他蝙蝠的眼睛封住，再觀察蝙蝠在掛滿極細電線的實驗室中飛舞的情況。眼睛封住的蝙蝠飛行的情況就跟什麼都沒做的控制組蝙蝠一樣，但是蓋住耳朵的蝙蝠頻繁撞牆、被電線纏住、明顯不願飛行，而只蓋住一耳的蝙蝠情況也沒有好到哪裡去。

結果證明蝙蝠確實是使用超音波聲響來避開障礙物[12]，但是為了精確測量，葛瑞芬進一步驗證了超音波聲響的來源，他用溫柔的方式將某些蝙蝠的口部用細線綁住，接著封上一層膠綿，這是種類似糖漿的物質，乾掉後會結成厚厚一層，而口部被封住的蝙蝠，「飛起來就跟耳聾的蝙蝠一樣笨拙、躊躇、迷失」。[13]有幾隻蝙蝠想辦法在膠綿上刮出小洞，而就算是最細小的裂縫，也能讓蝙蝠恢復其躲避障礙技巧，這更進一步證明了蝙蝠就像軍方的聲納設備，會傾聽自身發出超音波聲響信號的回音，並描繪出周遭環境的聲學地圖，堪與當時最為先進的電子科技匹敵。演化雕琢出了人類直到最近才發現的事物。

兩名學生迫不及待想和世界分享他們的成果，但世界卻沒有這麼興致勃勃，如同葛瑞芬後來所回憶的：「某個知名生理學家因為我們在某場科學研討會上的報告相當震驚，他甚至抓著羅伯特的肩膀猛搖，一邊表示反對：『你不可能是說真的吧！』」[14] 當時聲納和雷達仍屬於高度軍事機密，認為蝙蝠擁有的能力堪與最先進的軍事科技達成的成就相比，這種想法是不受歡迎的，遑論覺得蝙蝠的能力更強了。此外，蝙蝠在西方文化中的象徵也摻了一腳，牠們令人想起吸血鬼的形象和不祥的徵兆，而非精密複雜的溝通大師。

後續數十年間，對蝙蝠回音定位的質疑仍未停歇，能用來驗證葛瑞芬某些假設的科技當時尚未問世，最終，陰極射線示波器的進步，終於讓他能夠精確測量並證明蝙蝠的聲音，當年他和皮爾斯只能大致描述而已。[15] 葛瑞芬在後續數十年間進行的一系列實驗中，證實蝙蝠生物聲納極度靈敏，也不可思議地準確，他的實驗方法相當費力：使用古早的三十五毫米電影攝影機，花費很多功夫拍攝示波圖，並在螢幕浮現的線條中追蹤蝙蝠的聲響。發現實驗室中的實驗無法產出成果後，葛瑞芬便開始進行田野實驗，他會把他的電影攝影機、一台示波器、一台吃電池的可攜式收音機、一部麥克風、一架天線式的聲音蒐集反射器和一部吃汽油的發電機，通通塞到老舊小卡車的後座，開車到當地的池塘邊，並花好幾個小時架設好儀器，然後耐心等待棕蝠（*Eptesicus fuscus*）黃昏時外出獵捕昆蟲的十五到二十分鐘短暫期間。

成果相當驚人，葛瑞芬在野生蝙蝠獵捕昆蟲時觀察到的回音定位率非常之高，這促成了另一個突破性發現，他先前認為回音定位和聲納相同：是蝙蝠在黑暗中用來偵測靜止障礙物、避免碰撞和尋找方向的方法。葛瑞芬和其他科學家都認為，生物聲納無法偵測到快速移動的小型昆蟲，且蝙蝠迅速又靈敏的狩獵技巧一定是由視覺引導，但是他的池塘實驗顯示這個假設大錯特錯：事實上，蝙蝠會運用生物聲納的回音定位，來精確追蹤飛舞的蛾、蒼蠅、甚至是蚊蚋，以在飛行間捕獲牠們。[16]葛瑞芬後來便提及：「用回音定位找出靜止的物體似乎已經夠驚人了，而我們的科學想像力就只是無法去想像，甚至連猜都猜不到，這另一種如此深遠的可能性。」[17]蝙蝠的生物聲納表現，輾壓了人類最精密的聲納設備好幾個量級。

葛瑞芬接著開始思考，不同的蝙蝠會不會因為適應各式環境及獵物種類，發出不同的聲響。但他的科學家同儕卻不怎麼樂觀，諾貝爾獎得主暨當時聲學領域的領頭羊喬格・馮・貝克希（Georg von Békésy）便告訴葛瑞芬，這樣是在浪費時間：「蝙蝠就是蝙蝠，那些聲音也只是噪音，進一步的研究很可能不會發現什麼結果。」[18]可是葛瑞芬不願放棄，推測蝙蝠的聲響不只是導航工具而已，這種說法掀起爭議，他宣稱這些聲音和鳥鳴甚至是人類語言類似。他想問的是，蝙蝠有能力可以學習聲音及進行複雜的溝通嗎？當時多數科學家都排斥他的理論，因為這和公認的想法，也就是人類語言的獨特性牴觸。但近年來，新一代的數位工具讓蝙蝠科學家設法驗證了葛瑞芬的某些想法：蝙蝠確實有能力可以學習聲音，並以類似人類的方式，運用複雜的溝通來引導社會行為。

傾聽蝙蝠之歌

蝙蝠究竟是如何習得聲音的呢？為了揭開這個謎團，柏林自由大學（Free University of Berlin）的蝙蝠科學家瑪洋・克瑙雪德（Mirjam Knörnschild）每年都會前往中美洲研究大囊翼蝠（*Saccopteryx bilineata*），這是熱帶雨林中最為常見的一種蝙蝠，因為克瑙雪德有興趣的是蝙蝠的社會溝通，必須實際觀察她研究的蝙蝠，所以選擇了這種別具特色的蝙蝠。比起其他蝙蝠，大囊翼蝠較為容易研究有三個原因：首先，牠們的棲地穩定，因為不像許多溫帶蝙蝠一樣會遷徙，所以比較好進行全年研究，公大囊翼蝠會捍衛自身特定的棲息區域，並透過競爭的擇偶行為吸引母蝠，成功吸引伴侶之後，也會留下來協助養育子代，所以研究者可以年復一年回到相同的地點，一代接一代研究同一個蝙蝠家族的成員。第二，大囊翼蝠和其他物種相比，也特別能夠忍受人類的存在，克瑙雪德便提及：「有時還在空中笨拙學習飛行和俯衝的幼蝠，會失去控制然後直接落在我身上，可能是因為我很像某種樹幹或是看起來很安全吧，而有時母蝠就會直接飛向我，也停在我身上，然後把牠的小孩領走，帶回去棲地。蝙蝠接納了我，或者至少似乎也不在乎我出現在那裡。」[19]第三，大囊翼蝠和許多其他蝙蝠不同，通常是棲息在樹上，而非洞穴中，且活躍時間多為白天。棲地穩定、能忍受人類、日行性，這三類因素加起來，使得大囊翼蝠堪稱獨一無二，一年到頭都相當容易研究。

克瑙雪德發現了什麼呢？首先，大囊翼蝠一生中會表現出各種精細的聲音學習行為，幼蝠和人類很像，是透過模仿成蝠的聲音學習，剛出生的幼蝠發出的呼喚頻率和母親相符，且會從母蝠處學習特定的呼喚，這樣在母蝠回到巢穴時，便能辨認彼此。[20]母蝠也像人類，會對幼蝠說「媽媽語」，牠們會運用幼蝠導向的特定形式聲音，透過喚起子代的注意力及鼓勵，來促進語言學習。母蝠也像人類媽媽一樣，在和幼蝠對話時會改變節奏和音調，只不過是會變得更低，而非更高。[21]

隨著幼蝠開始飛行，也會學到群體的專屬呼喚，這是相當重要的聲響，有助於未來擇偶。[22]公幼蝠會從父蝠那學習棲地的歌唱，甚至經歷一段「牙牙學語」的練習期，非常類似人類嬰兒和雀形目鳥類幼鳥。幼蝠會在兩到三周大時，開始發出群體歌唱的單獨音節，到了十周時，音節便能組成歌曲[23]，某段時間內，牠們的歌曲還會比成蝠更豐富，彷彿還在練習一般。[24]等到成為成蝠後，牠們已發展出自身棲地的獨特歌曲、專屬親近家人的呼喚、以及豐富大量的特定聲響，其中也包括個體獨有的呼喚，而與其他蝙蝠相同，這類聲響也是透過後天學習而來，並非與生俱來。[25]

蝙蝠的歌曲就像鯨歌，也是一種文化傳遞，且會隨著時間演進。大囊翼蝠擁有兩種歌曲：用來擊退敵對公蝠的棲地歌曲，以及吸引母蝠來到公蝠棲地居住的求偶歌曲。這類歌曲非常重要，因為即將成年的母大囊翼蝠，會脫離出生的社交群體，並仰賴公蝠的棲地歌曲來挑選新的棲地。[26]克瑙雪德已發現證據，證明公蝠會調整牠們的棲地歌曲，以反映出更強的侵略性，音調越低表示威脅越為嚴肅，同時也會為了回應越來越多的母蝠，提高日常求偶歌曲出現的頻率，以吸引異性並擊退競爭者。隨著公幼蝠透過文化傳遞從成蝠處學會這些歌曲，歌曲結構及音調中細微的模仿錯誤與調整也會逐漸累積，這促使獨特區域性方言歌曲的崛起，這類方言就像人類的語言與殺人鯨的鯨歌，即便會在過程中持續演變，仍代表著不同的蝙蝠群體，並且會世世代代流傳下去。[27]

克瑙雪德和其他科學家已記錄了十三種不同蝙蝠的歌曲，而且很有可能還存在更多。許多蝙蝠都相當吵鬧，且蝙蝠佔地球上所有哺乳類約四分之一。[28]就跟雀形目鳥類一樣，多數蝙蝠歌手為公蝠，歌唱是為了保衛棲地及追求異性，特別是在一夫多妻制的社會中，公蝠會追求不只一隻母蝠，並與其交配。[29]雖然我們對於大多只發生在超音波範圍內的蝙蝠之歌所知相對不多，科學家已經發現證據，證明蝙蝠歌曲的音節結構以及聲韻句法，可能跟鳥類的歌唱一樣豐富又複雜，此外，使會唱歌的鳥類擁有優勢的演化天擇壓力，在蝙蝠身上也同樣盛行。[30]葛瑞芬初次在哈佛大學地下室進行實驗的將近百年之後，他的假設也終於被證明，蝙蝠的聲響遠遠超出一連串令人佩服的導航工具，牠們透過方言歌曲的社會學習，還可以在社群及世代間傳遞文化。

全新的可攜式數位錄音科技將這些驚人發現化為可能，即便早在一九六〇年代就已出現蝙蝠歌唱行為觀察的記錄，這些研究卻只有錄下少數人耳能夠聽見的蝙蝠歌曲而已。[31]史上第一幅蝙蝠超音波歌曲，而非蝙蝠回音定位的聲譜圖，直到一九九七年才發表，科學家運用蝙蝠偵測器，將家蝠的飛行歌曲錄製到Sony的Walkman隨身聽中。[32]在田野中實際錄製蝙蝠的歌曲，則要一直到過去十年間，新一代較為便宜、輕量化、可攜式的數位錄音機出現後，才變得更為容易。科學家目前已能在各式各樣的棲地，從樹木頂端到漆黑的洞穴深處，日夜錄製大範圍、長時間的蝙蝠聲響數據集。[33]不到一公克的迷你蝙蝠標籤發明，也讓科學家有辦法更輕鬆追蹤蝙蝠，並結合位置及聲學數據，深入理解特定聲響和行為間的關聯。

克瑙雪德回憶道：「十年前我完成博士學位時，我使用的設備雖然號稱『可攜式』，也只是代表我可以把東西帶到森林裡，但設置好設備之後，我人也卡在那了，如果蝙蝠移動到另一棵樹上，我就必須花半小時或更久時間移動設備，好不容易弄好牠們可能又離開了。但現在我可以用跟手機一樣小的裝置來錄音，我還可以在森林裡走來走去錄製，甚至都不用標記蝙蝠呢。」[34]最新一代的數位生物聲學科技，讓克瑙雪德的活動力幾乎變得與蝙蝠本身一樣強。

而其他數位設備，包括熱像儀、錄音重播的喇叭、無人機，甚至是搭載喇叭的毛茸茸3D仿生機器蝙蝠，現在也都已經便宜到個別科學家可以負擔的程度，將互動式錄音重播實驗化為可能。才不到幾年前，克瑙雪德的錄音重播實驗還頗為受限，如她所述，必須「在桿子頂端掛一個喇叭，並以秒速八公尺的速度在漆黑的樹林裡跑來跑去」[35]，但蝙蝠可沒這麼好騙。克瑙雪德的下一個互動式錄音重播實驗，將使用搭載喇叭及麥克風的電腦操控無人機，這樣無人機便能和蝙蝠即時互動，根據牠們的聲響播放特定聲音回應，她也預期這類即時互動式錄音重播科技，將會協助科學家發現比我們目前所想更寬廣也更豐富的溝通網路。

換句話說，人類對蝙蝠聲音學習擁有的知識，都是因為蝙蝠生物聲學結合了數位科技及數據科學，才有可能達成，不過克瑙雪德也提醒，即便數位錄音機可以捕捉前所未有的大量聲響，機器學習演算法也能發現模式，但要在這些模式中找出意義仍相當具有挑戰性。就像基因定序技術需要結合有意義的生理資訊，被動式聲學監聽也需要結合有意義的生態及行為資訊，這便是電腦無法告訴我們的事情，至少一時半刻是如此。克瑙雪德表示：「最後你必須去問動物：『這是你可以察覺的嗎？這對你來說是有意義的嗎？』你必須離開大數據，來到田野之中，用心觀察及傾聽。」[36]數位生物聲學科技是個用來協助科學家提出更精確的問題並蒐集更多數據以進行分析的工具，但本身並不能提供答案。因此，我們最好是把數位科技視為觀察用的輔助工具，讓科學家可以詢問新一類的問題，並能以前所未有的速度獲得解答。

另一種腦袋

數位生物聲學讓蝙蝠科學家揭露了另一連串甚至更為驚人的發現：蝙蝠複雜的社會關係及認知能力，例如又名「社交腦」的馬基維利式智慧假說。[37]根據這個假說，獲得熟練的社交技巧是人類智慧演化的主要驅力，這使得我們更聰明的祖先，可以同時促使其社交群體的成員合作，並操控他們，進而創造出正面的演化回饋循環。社交行為越是複雜，將會催生更複雜的語言，反之亦然，更複雜的社會互動，也需要更複雜的溝通方式，而這回過頭來也會涉及更加精細的聲音溝通信號。這種正面的回饋循環，在靈長類及囓齒類等哺乳類以及雀形目鳥類身上已經受到探討，但科學家直到最近才開始研究蝙蝠，蝙蝠同樣相當吵鬧、喜愛交際，並生活在社會高度複雜的群體中。[38]

克瑙雪德研究的大囊翼蝠便印證了馬基維利式智慧假說，和其他發出聲響較為簡單、一夫一妻制的囊翼蝠相比，大囊翼蝠擁有最為精細的公蝠歌曲，以及最為複雜的社會組織之一。[39]擁有血緣關係的統治階層公蝠會捍衛相鄰的棲地，並競爭母蝠的關注，次一級的公蝠則會排隊等待統治棲地的機會，同時也保護群體，不受來自其他棲地、沒有血緣關係的公蝠侵擾。公蝠會和多隻母蝠交配，母蝠則在全年間衡量競爭公蝠的素質，然後根據其求偶表現來挑選伴侶及棲地，這其中便包括精細的歌曲，克瑙雪德認為，這種強大的性擇壓力，造就了公蝠複雜的聲響。隨著時間經過，這類有關蝙蝠聲音曲目演化的研究，不僅對生物語言學帶來越來越多貢獻，我們也對長壽的蝙蝠如何從同類身上學習有了更多了解。

克瑙雪德認為我們在其他蝙蝠身上，很有可能也會找到類似的發現，多數蝙蝠都擁有高度複雜的社交生活，而複雜的社會將驅動複雜的聲響，「大囊翼蝠一點都不特別，沒有巨大的腦部，也不是什麼罕見的蝙蝠，只是在當前科技條件下，對人類來說非常容易研究而已。如果你用酷炫的設備觀察得夠久，那你就會發現一些很酷的東西。」[40]她也推測，下個疆界將會是蝙蝠和其他物種之間的跨物種溝通：某個物種發出的呼喚，可能會造成另一個物種個體狩獵、合作、競爭行為的改變。克瑙雪德預測這類發現有許多都會是透過新穎的數位科技達成，能夠深入探討蝙蝠的行為，特別是牠們解決問題、玩樂、社交互動、進行諸如導航繞道等複雜決策的能力。她解釋道，數位科技對錄製和分析蝙蝠聲響來說是必要的，因為蝙蝠呼喚的音量巨大且持續時間不長，大多數呼喚都只會持續幾毫秒，而且許多聲響都是同時發出。在擁擠的狐蝠洞穴中，聲響震耳欲聾，而要分析這類嘈雜的聲音，就需要能夠處理及分析人耳無法聽見聲響的運算技術。

台拉維夫大學的神經生態學家約西・約佛為了研究特定蝙蝠，就連續監控了二十二隻捕獲的埃及狐蝠（*Rousettus aegyptiacus*）整整兩個半月，並錄下了超過一萬五千種聲響。[41]他的團隊接著使用聲音辨識程式進行分析，演算法能夠將特定的聲音和影像捕捉到的不同社會互動行為連結，例如兩隻蝙蝠互相爭奪食物時。科學家透過演算法將大多數的蝙蝠聲響分為四類：為食物爭吵的最大聲聲響、為了偏好的睡覺位置討價還價、拒絕交配嘗試、協調相隔太近的棲息處。在絕大多數的案例中，演算法也能夠辨識出發出聲響的特定蝙蝠，此外，由於動物和不同個體溝通時，特別是對異性個體，會發出稍微不同的聲響，所以演算法在半數情況下也可以偵測出交談的對象是哪些蝙蝠。約佛的團隊運用類似的技術，還發現蝙蝠在覓食時會衡量複雜的因素，比如親緣和社會關係等，他們也發現，蝙蝠甚至會為了交配付出食物的代價。[42]

俄亥俄州立大學的（Ohio State University）行為生態學家傑瑞・卡特（Gerry Carter）便記錄了同樣複雜的蝙蝠社會互惠結構：牠們會彼此幫助、記住誰幫過自己、甚至可能因為沒有受到平等對待而心懷怨恨。[43]卡特在錄音重播實驗中，也發現吸血蝠可以透過獨特的呼喚辨識其他個體，並且比較偏好曾共享過食物者[44]，他的團隊甚至發現免疫系統受損的吸血蝠發出的聲響較少，生病的吸血蝠就像人類，會保持社交距離，較少和朋友互動，但仍是會和親近的家人共處。[45]

卡特有關蝙蝠互動的詳盡發現，是來自他以迷你可攜式生物記錄器蒐集的數據，以膠水黏在蝙蝠背部毛皮上的標籤，會持續將數據傳輸至無線的網路式監控系統，讓卡特可以不間斷追蹤個別蝙蝠，就像追蹤社群網站一樣。[46]在過去十年間，數據蒐集器的價格降了十倍，從一千塊美金變成一百塊美金。而且，以前生物學家要從蝙蝠身上取回記錄器時，大多數裝置都會不見，但新一代的生物記錄器可以下載其他蝙蝠身上的數據，就算只取回一個，仍然能得到整個蝙蝠網路的資訊。[47]卡特表示，這種解析能力甚至比GPS更好：只要取得鄰近的記錄器，他就能觀察到完整又持續的歷程，了解蝙蝠是如何與彼此共度時光，如同他說的：「這就像是發明了DNA定序一樣，是往前邁進了一大步。」[48]譯解工作現在可以正式展開了。

蝙蝠的語言

這些針對蝙蝠聲響的新理解，很可能也回過頭來為人類語言的起源帶來新的見解。[49]蝙蝠和雀形目鳥類一樣，與人類共享相同的與語言相關的基因[50]，但是因為蝙蝠在演化樹上的位置距離人類更近，對於蝙蝠聲響的深入理解，很有可能為社會行為及複雜聲學溝通之間的交互演化作用帶來全新的觀點。[51]

和歌曲及回音定位的聲響不同，蝙蝠也擁有龐大的呼喚曲庫，具備溝通功能，並和社會行為有關，比如埃及狐蝠就擁有極度精細的曲目，包含顫音、尖聲、以及其他反映出不同社交脈絡的聲響。科學家已辨識出攻擊性呼喚等數百種蝙蝠呼喚，功能包括為食物爭吵、拒絕交配嘗試、為相隔太近的棲息處討價還價和協調睡覺的位置。而這類呼喚只是蝙蝠社交呼喚的其中一類而已，其他呼喚還有來自迷路幼蝠的隔絕呼喚、幼蝠的牙牙學語行為、母蝠對幼蝠發出的「媽媽語」、棲地歌曲、求偶哨聲、痛苦呼喚、警告呼喚、覓食協調呼喚、指引其他蝙蝠前往棲地或食物的指示呼喚等等。[52]某些蝙蝠甚至會將有關對方身分，無論公蝠或母蝠的資訊，加入發出的聲響中，很像人類在對男性或女性說話時會使用不同稱謂稱呼對方[53]，而蝙蝠呼喚還能加進個體、同類、物種的身分。[54]

加州大學柏克萊分校（UC Berkeley）的蝙蝠科學家麥克・亞瑟夫（Michael Yartsev）便將這些曲目稱為蝙蝠的「詞彙」[55]，在能夠分析這些詞彙的人工智慧演算法協助下，科學家已發現這類呼喚，如同蝙蝠的歌曲，都是經由社會學習得來。[56]蝙蝠因而加入了聲響卓著的動物萬神殿，裡面的動物都擁有科學家視為地球上演化出最精密的認知特質之一：與聲音學習相關的複雜社會行為[57]，而這也再次證明葛瑞芬是正確的。

瑪洋・克瑙雪德認為我們才剛開始發掘蝙蝠的語言能力而已，如同她所解釋的，近期的研究已證實蝙蝠擁有符號溝通必要的先決條件：聲音學習、可訓練性、合作學習、模仿和社會知識。[58]科學家現在已經開始測試蝙蝠的符號溝通能力，克瑙雪德設計了一項實驗，能訓練蝙蝠挑選觸控式螢幕上的抽象符號，訓練完成之後，科學家就可以對蝙蝠進行認知研究，接受訓練後，視覺導向的蝙蝠便能實際觸碰觸控式螢幕上的視覺符號，而回音聲學導向的蝙蝠，則可以使用束狀生物聲納啟動觸控式螢幕。為海豚開發的類似方法，已使其能夠使用束狀聲納挑選反映自身的符號，符號會在牠們進行回音定位時以立體的方式呈現。[59]克瑙雪德也提出可以使用類似的聲學觸控式螢幕，來研究蝙蝠是否具有算數能力及分類認知。

這一切聽起來可能影響深遠，克瑙雪德卻對這類推測性研究提出警告：「對某些人來說，跨物種溝通可能相當迷人，但對其他物種來說，或許就沒那麼有趣了。首先，我們必須了解蝙蝠究竟有沒有把我們視為能夠溝通的實體，就算真的如此，我們也必須捫心自問，牠們想和我們溝通嗎？」[60]克瑙雪德提到，蝙蝠可能甚至根本沒辦法將人類視為擁有溝通能力的生物，如同人類並非與生俱來便能察覺到樹林中的生化信號，蝙蝠也有可能不是天生就能察覺到人類的聲音信號。雖然我們可以發明精密的數位科技當成翻譯裝置，她在想的是，如果去研究蝙蝠彼此之間或跟其他物種之間在說什麼，會不會其實更有趣呢？她認為這會為蝙蝠認知世界的方式帶來更多見解。克瑙雪德也在她最近的某項研究中，將這個概念進一步延伸，她使用搭載和信用卡類似RFID晶片的人造花朵，來吸引喜歡花的蝙蝠，並錄下牠們的行為和聲響[61]，她在思考的是，蝙蝠有什麼想對花說的呢？或許這比探討蝙蝠想對我們說什麼還更有趣。

這個研究議題可說和西方社會普遍的觀點，將蝙蝠視為害蟲、疾病傳染源、惡靈化身，呈現鮮明對比。在中國，蝙蝠象徵的是好運[62]，在印尼，由於蝙蝠扮演植物及聖樹授粉者的角色，牠們代表的是農業的豐收，日本的愛努族也會崇拜睿智又機敏的蝙蝠神。[63]在中美洲，蝙蝠也以有翼神祇的形象出現在馬雅寺廟中，代表帶來神的訊息及花蜜，同時也是種靈性生物，和洞穴、巫術、鮮血、獻祭有關，是代表抄寫員、統治者、醫者的強大生物。[64] 對祕魯北部的莫切人（Moche）而言，蝙蝠則象徵死亡，代表肉體、農業、人類社會重生的宇宙觀，此外，蝙蝠身為和月亮有關的夜行性動物，也棲息在夢境的領域中，確保生死之間的循環永遠持續。[65]

蝙蝠在這類神話中的化身，通常會涉及其扮演的重要生態角色：為植物授粉、捕食昆蟲和傳播種子。神話也會將蝙蝠當成來往不同世界的生物崇拜：不是蜜蜂的食蜜者、不是鳥類的有翼動物、身負白晝訊息的夜晚生物。這不只是歷史上的軼聞而已，現今世界上有極高比例的蝙蝠都棲息在原住民居住的地區，科學家也已證實原住民的管理方式在支持蝙蝠棲地及保育瀕危蝙蝠上所起的作用。[66] 藉由數位傾聽，西方科學家正重新發現某些社群長久以來透過保存深度傾聽的藝術，就早已了解的事。

像蝙蝠一樣思考的機器人

數位生物聲學讓科學家得以探索和我們截然不同的非人物種聲音世界，他們也持續發現人類和蝙蝠之間比我們想像得還要相似，這些相似性會延伸到什麼程度呢？蝙蝠會像人類一樣跟彼此說話嗎？這樣比較有意義嗎？詢問這些問題的科學家，感興趣的是動物行為的比較研究，又稱動物行為學。唐納・葛瑞芬在職涯末期便專注在動物行為學上，他挑戰了當時盛行的科學規範，認為動物應該要在原生棲地研究才對。他和其他動物行為學家主張，實驗室研究的結果很可能會受到動物所處的人為環境影響，我們需要的應該是和其他動物的「umwelt」互動，這個字直譯的意思便是「周遭世界」，也就是從非人觀點理解的特定生物主觀世界觀。[67]史丹佛大學的生物學家羅伯・薩波斯基（Robert Saplonsky）後來總結了這場討論：「動物行為學是研究動物行為的學問，你前往大自然，到動物的棲地使用其語言進行訪談，如果你想研究動物行為學，那你最好對於什麼算是動物的溝通、什麼算是動物的語言，抱持開闊的心胸……（動物行為學家認為）在馴養的動物身上研究其語言，就像在浴缸裡研究海豚。」[68]實驗室的科學家則大力反對：他們認為缺少精密控制的環境，人類的偏見就會滲入。

在這場臻至白熱化的討論中途，葛瑞芬提出了甚至更為爭議的主張，隨著他對動物認知模式更為廣泛的問題產生興趣，他認為回音定位只是其中一例而已，並進一步提出科學家應該要研究動物心靈和動物意識，即便葛瑞芬在動物行為研究領域已累積數十年的成果，本身也聲譽卓著，這個說法仍引發了他職涯中最巨大的爭議。[69]他創造了「認知動物行為學」一詞來形容他提出的研究領域，如同動物行為學，這是建立在動物行為的博物學觀察，以及從演化的脈絡理解動物心靈的嘗試上，但是加入了額外的假設，認為動物行為可能會受到本身的意圖和有意識的認知影響。葛瑞芬想得非常遠，甚至認為動物可能擁有思考、理性、察覺情緒的能力，且科學家應該研究這類心理過程。他不僅假設非人物種擁有意識，也推測意識可能可以彌補有限的神經機制，甚至猜測對於腦部較小的動物來說，意識的重要性可能遠勝人類。[70]蝙蝠有沒有可能不僅擁有意識，意識還比我們更強大呢？

很少科學家願意接受葛瑞芬的主張，遑論研究了，大多數都徹底反對他，受過傳統訓練的動物行為學家和心理學家都激烈批評葛瑞芬對意識的定義：「對於物體及事件之感受或想法的主觀狀態」。[71]許多科學家都將葛瑞芬的主張視為擬人化主義，他的回應則是認為反對者犯下人類中心主義之嫌，不應假設人類獨一無二，與生俱來就比其他動物優秀，這同時也不應該是用來衡量其他生物的標準。還有其他科學家，包括許多田野蝙蝠生物學家，就只是拒絕參與討論意識的問題，因為意識不僅無法使用可觀察到的變因正式定義，採用實驗方式似乎也無法操作。[72]但是葛瑞芬仍堅稱我們不應該這麼快就排除這個可能性，如同他某次所提及：「有趣的是，在非常薄弱的證據面前，我們科學家常常會提出相當強烈的反對主張：沒有動物會這麼做、動物無法那麼做等等。但我們實際上並不知道，我認為我們應該保持開放的心胸。」[73]

某些人認為，就算蝙蝠真的擁有語言和意識，我們也無法理解這項能力，他們主張，人類和其他物種之間的溝通和認知差距太過巨大，無法跨越。[74]支持這樣的論點時，許多人都會提及哲學家湯瑪斯・內格爾（Thomas Nagel）一九七四年發表的文章〈當一隻蝙蝠是什麼感覺呢？〉（What Is It Like to Be a Bat?）[75]，這篇文章影響相當深遠，內格爾在其中提到，即便我們假設動物意識這種東西真的存在，換句話說，就算某隻蝙蝠真的了解身為蝙蝠是什麼感覺，分析動物意識在科學上仍會是個棘手的問題。這個挑戰有一部分是源自人類語言的限制：蝙蝠可能會使用的概念，我們人類根本無法表達。根據內格爾的說法，根本不可能知道除了人類以外，還有哪些動物擁有意識，因為動物無法以我們能夠理解的語言向我們描述牠們的心理狀態。此外，內格爾還宣稱，就算蝙蝠真的擁有意識好了，我們也永遠無法理解，因為蝙蝠跟人類是如此地截然不同，為了要理解當一隻蝙蝠有什麼感覺，我們就必須要和蝙蝠一樣生活：透過回音定位描繪世界、在飛行間覓食和頭下腳上地睡覺。內格爾認為這樣的理解根本不可能發生，因為對人類來說，蝙蝠是「一種從根本上陌異的生命形式」[76]，如同哲學家維根斯坦在他的《哲學研究》（*Philosophical Investigations*）一書中所寫：「就算獅子能說話，我們也無法理解牠。」[77]

但要是我們的電腦和人工智慧演算法可以擔任我們的譯者呢？我們或許無法直接和蝙蝠

對話，牠們也無法與我們直接溝通，不過這並沒有排除我們的數位裝置可能可以譯解牠們聲響的可能性。電腦為不同物種間聲響溝通模式的翻譯提供了強大的方法，人類的生理構造限制了我們和生命之樹上親戚溝通的能力，但我們的電腦、機器人、演算法卻不受同樣的限制。雖然人類無法和蝙蝠一樣發出喀噠聲或嘎吱聲，我們的數位裝置卻可以設計成能夠達到這點。

也許有一天，我們能運用數位雙胞胎的方式，來反駁內格爾的主張：雖然人類可能永遠都無法跟蝙蝠一樣思考，我們的人工智慧演算法卻可能達成。比起人類，一個安裝在類似蝙蝠「軟性機器人」中的AI系統，自小就生活在蝙蝠群間，有可能可以更深入理解身為蝙蝠的感覺，也許機器人會設計成頭下腳上睡覺，或許也能和其活生生的同類並肩飛行，並發出聲響回應牠們的呼喚。而且因為這個AI機器人也同樣瞭解人類生活的世界，便能擔任我們的譯者。不過內格爾可能還是會反對，如同他後來在《心靈及宇宙》（*Mind and Cosmos*）一書中所寫：「世界是個驚人的所在，而現在看來，認為我們擁有理解世界所需的基本工具，和亞里斯多德生活的時代相比，其實並不可靠上多少。」[78]

結果可能證明內格爾是正確的，但找到答案的唯一方法，就是進行克瑙雪德和她的科學家同儕目前正在進行的實驗：透過數位媒介，試圖破解及翻譯蝙蝠的語言。但就連克瑙雪德本人也對人類詮釋數位數據的限制相當謹慎，因為蝙蝠的聽覺非常靈敏，所以比起我們，牠們發出的社交聲響對自身來說更富旋律性，試圖翻譯這類聲響時，我們只能大致理解而已。克瑙雪德便在思考：「我們在傾聽蝙蝠之聲時，到底要放慢多少呢？直到牠們聽起來像鳥類嗎？或是像鯨魚呢？我們永遠不可能知道蝙蝠實際上是如何聽見聲音的。」[79]克瑙雪德認為，數位科技會持續推動我們了解蝙蝠如何學習、社交、溝通、認識世界的知識，但我們永遠不會真正得知，蝙蝠之聲對蝙蝠來說是怎麼樣的，即便經過量化及詮釋，數位數據仍然永遠都是人類對非人物種聲響的模擬。

克瑙雪德也對於使用我們新獲得的知識，試圖和蝙蝠溝通，提出了警告。她認為，或許我們根本就不應該試著和牠們溝通，或者至少也應該要有保護措施，能夠防止我們濫用新發現的知識。不過並非所有科學家都和她一樣謹慎，如同我在下一章中探討的，蜜蜂科學家便已嘗試多年，想運用數位科技達成跨物種溝通，而且他們最近成功了。

註釋

1. Hahn (1908).
2. Dijkgraaf (1960).
3. Griffin (1958).
4. Saunders and Hunt (1959).
5. 皮爾斯的裝置能夠偵測的超音波範圍，從兩萬赫茲到將近十萬赫茲。
6. 溫度也會影響魚類的聲學溝通，參見：Ladich (2018)。
7. Pierce (1943).
8. Pierce (1948, 7).
9. Griffin，引用自Squire (1998, 74)。
10. Griffin (1980); Pierce and Griffin (1938).
11. Griffin (1980).
12. Griffin (1946); Griffin and Galambos (1941).
13. Griffin and Galambos (1941, 498).
14. Yoon (2003).
15. Griffin (1989).

16. Grinnell and Griffin (1958); Griffin et al. (1960).
17. Griffin (1989, 138).
18. 同上。
19. Knörnschild與作者之訪談，二〇二一年六月。
20. Balcombe (1990); Jones and Ransome (1993); Wilkinson (2003).
21. Fernandez and Knörnschild (2020).
22. Knörnschild et al. (2012).
23. Knörnschild (2014).
24. Knörnschild and Helverson (2006).
25. Hörmann et al. (2020).
26. Knörnschild et al. (2017).
27. 也有證據顯示蝙蝠在成年後可以學會新的方言，在其他蝙蝠的研究中，科學家發現改變棲地的蝙蝠，可以調整呼喚的頻率，以融入新社群，參見：Hiryu et al. (2006)。
28. Smotherman et al. (2016).
29. Morell (2014).
30. Smotherman et al. (2016).
31. Goodwin and Greenhall (1961). 32. Barlow and Jones (1997).
32. Barlow and Jones (1997).

33. Vernes and Wilkinsin (2020).
34. Knörnschild與作者之訪談，二〇二一年六月。
35. 同上。
36. 同上。
37. Byrne and Whiten (1994); Whiten and Byrne (1997).
38. Chaverri et al. (2018); Kerth (2008); Wilkinson et al. (2019). 39. Knörnschild (2017).
39. Knörnschild (2017).
40. Knörnschild與作者之訪談，二〇二一年六月。
41. Skibba (2016).
42. Harten et al. (2019); Moreno et al. (2021); Prat and Yovel (2020).
43. Carter and Wilkinson (2013, 2015).
44. Carter and Wilkinson (2016).
45. Ripperger et al. (2020). See also Stockmaier et al. (2020a, 2020b) and Waldstein (2020).
46. Dressler et al. (2016).
47. Dressler et al. (2016); Ripperger et al. (2016).
48. Visalli與作者之訪談，二〇二一年十一月。
49. 如果科學家有興趣深入研究人類語言的起源，為什麼蝙蝠會相當有用呢？傳統上來說，聲音學習研究挑選的動物範本會是雀形目鳥類，雖然鳥類和人類受到大約三億年的演化分隔，我們仍共享某些基因和行為相似性。比如第一個在人類身上發現會造成語言疾患的基因FOXP2，在雀形目鳥類和人類腦部出現的模式便類似，在人類身上，FOXP2基因出現異常，可能會導致文法和語言表達受損，而在雀形目鳥類身上，相同基因的異常，對於聲音學習也可能會造成嚴重影響，導致雀形目鳥類漏掉音節，並唱出多變又不準確的反常歌謠。目前已發現超過五十種基因和聲音學習擁有潛在連結，而這些基因在雀形目鳥類及人類腦部出現的模式都相當類似，且在不具備聲音學習能力的物種，例如鴿子或獼猴身上，並沒有發現這類模式。這類相似性讓科學家可以研究人類和雀形目鳥類的相同基因，並在鳥類身上進行不允許對人類執行的實驗，例如打昏或人工催化基因，但是鳥類的腦部結構和我們的截然不同，缺少哺乳類層層疊疊的大腦皮質及皮質基底神經迴路，而這兩個構造都和精密的功能息息相關，包括認知及學習。這導致早期認為鳥類的大腦不具備學習能力，不過這種說法後來就遭到推翻，科學家已不再認為鳥類的行為是根據本能完全自動，如同有翅膀的機器裝置一般，雀形目鳥類學習歌曲的方式，反倒非常類似人類學習唱歌，是透過模仿以及重複練習達成（Beecher et al. 2017）。要一直到近幾十年，科學家才發現雀形目鳥類擁有複雜的腦部結構，不過並不像人腦層層疊疊，而是呈塊狀，稱為「神經核」，即便鳥類的腦細胞構造可能和人腦不盡相同，運作卻是同等複雜。話雖如此，鳥類和人類腦部的差異仍然太過巨大，使得鳥類研究不全然能為人腦中的類似過程帶來新的見解，參見：Dugas-Ford (2012); Calabrese and Woolley (2015); Haesler et al. (2007); Heston and White (2015); Lai et al. (2001); Pfenning et al. (2014); Reiner et al. (2004)。

50. Rodenas-Cuadrado et al. (2018).

51. Vernes and Wilkinson (2020).

52. Ripperger et al. (2019); Wilkinson and Boughman (1998)，錄音及呼喚分類的討論，參見：http://mirjam-knoernschild.org/vocal-repertoires/saccopteryx-bilineata/。

53. Prat et al. (2016); Skibba (2016).

54. Hörmann et al. (2020); Knörnschild et al. (2020). 55. Shen (2017).

55. Shen (2017).

56. 撰寫本書時，科學家已在十七種蝙蝠科生物中的八種，發現聲音學習的證據，其他物種身上聲音學習的現象也已受到記錄，包括鯨魚、鳥類、大象，參見：Lattenkamp et al. (2018); Petkov (2012); Vernes and Wilkinson (2020); Vernes (2017)。

57. Knörnschild (2014).

58. Knörnschild and Fernandez (2020).

59. 該方法稱為「回音定位視覺化介面系統」（echo location visualization and interface system，ELVIS），參見：Amundin et al. (2008); Starkhammar et al. (2007)。

60. Knörnschild與作者之訪談，二〇二一年六月。

61. Rose et al. (2020).

62. Zwain and Bahuaddin (2015).

63. Low et al. (2021).

64. Brady and Coltman (2016).
65. Alaica (2020).
66. Fernández-Llamazares (2021).
67. Tønnessen et al. (2016)，自然科學（生物符號學、動物符號學）與社會科學（多物種民族學、後人類動物研究）的相關研究領域，則會以不同方式使用「umwelt」一詞，因為該詞並沒有公認的定義，其創造者雅各布・馮・烏斯庫爾（Jakob von Uexküll）拒絕提出準確定義。
68. Sapolsky (2011).
69. Trestman and Allen (2016).
70. Griffin (1976).
71. Griffin and Speck (2004, 6).
72. 例子可參見Dennett (1995, 2001); Searle and Willis (2002)。
73. Yoon (2003).
74. Terrace and Metcalfe (2005).
75. Nagel (1974).
76. Nagel (1974, 436).
77. Wittgenstein (1953).
78. Nagel (2012, 7).
79. Knörnschild與作者之訪談，二〇二一年六月。

8

蜜蜂語怎麼說？

How to Speak Honeybee

創辦《連線》雜誌的編輯凱文・凱利（Kevin Kelly），在他一九九四年的暢銷書《釋控》（*Out of Control*）中，主張支持一種自治的運算文化：具有高度智慧，卻不受中央管制。而他主要使用的比喻便是蜂群，也就是尋找新蜂巢期間形成的一大群焦慮蜜蜂，他在該書第一章就提及某個養蜂朋友突然遭遇蜂群的故事：

> 馬克並沒有猶豫。他滑進蜂群之中，曝露的頭部就位於蜜蜂颶風的颱風眼內。他和蜂群的節奏同步，小跑步地穿過院子，蜂群的速度也慢了下來。戴著一頂蜜蜂王冠的馬克，跳過一道柵欄，又跳過一道。現在他開始奔跑，以跟上這震耳欲聾的動物，他正是在其腹部附近移動。[1]

蜂群最終飛過牠們的主人，在沒有任何指引的狀況下挑選自己的新家，牠們的行為可說是分散式治理的絕佳類比：這是一種新型態的去中心化社會組織，將會由既個人又集體的運算化為可能。對凱利來說，這只是個引人入勝的比喻，但要是蜂巢智慧不只是比喻而已呢？萬一蜜蜂其實擁有和我們一樣精密的溝通能力呢？如果真的是這樣，那我們可以學會牠們的語言嗎？

蜜蜂大師

人類從遠古以來便已觀察到蜜蜂（*Apis mellifera*）搖擺的舞蹈，可以把這想像成昆蟲版的排舞：某隻工蜂搖擺著牠的腹部，同時踩著八字舞步，一遍又一遍不斷重覆。其他蜜蜂也會跟隨牠的領導，學習模仿舞步，並用觸角輕輕碰觸帶頭舞者的腹部。[2]二十世紀中葉以前，科學家一直都不知道蜜蜂為何跳舞，而揭開這個謎團並發現搖擺舞其實是蜜蜂語言的一種形式，為奧地利科學家卡爾・馮・弗里希贏得了諾貝爾獎。[3]

卡爾在奧地利長大，喜歡翹課回家和他的動物們玩耍，動物園裡有超過一百隻的動物，其中只有九隻是哺乳類。[4]他最喜愛的玩伴是一隻巴西長尾小鸚鵡，名叫喬斯基（Tschocki），總是陪在卡爾身邊，坐在他的大腿或肩膀上，甚至睡在他的床旁邊。卡爾和喬斯基一起花了很多時間出外探索大自然，就只是觀察，如同他後來所回憶的：「我發現不可思議的世界，會在一般的過客什麼都看不見的地方，向耐心的觀察者揭露自身。」[5]

弗里希後來從醫學院輟學，進入剛興起而且也相對邊緣的實驗動物學領域，並於一九一二年開始研究蜜蜂。十九世紀的大多數時間，動物學家都專注在研究死去動物的生理構造上，弗里希卻另闢蹊徑，離開實驗室，來到更為自然的環境中，在自家的鄉間住宅裝設蜂巢，距離他任教大學所在的慕尼黑只有幾公里。接下來數十年間，他每一天都會觀察他的蜜蜂，而且每年只會在老婆的生日休息一天而已，不過這是在她抗議之後才這樣。

弗里希的第一個重要科學發現，便是蜜蜂是被花朵的顏色所吸引，並且可以經過訓練，使其偏好特定的顏色。這個發現震驚了科學界，當時科學家認為蜜蜂僅僅是因為被花朵的香氣所吸引，這個理論已經盛行了數百年之久。一九一四年，歐洲瀕臨開戰邊緣時，弗里希開始環遊歐陸，在所到之處訓練蜜蜂，將花蜜和特定顏色的色紙連結，並為大眾表演活蜂實驗。弗里希用來訓練的紙卡，刻意模仿時尚的歐洲仕女那一年相當喜愛的某種藍色，確保蜜蜂不僅會聚集在正確的紙片上，同時也會降落在溫和文靜的女性身上，當穿著藍色衣物的女性觀眾隨著蜜蜂爬到身上而驚慌失措時，她們會以完全不科學的尖聲叫喊，證明弗里希的科學發現。[6]這些蜜蜂顯示出自己是有感知能力，且也有些淘氣的生物。

破譯蜜蜂之舞

弗里希並未止步於此，一九一七年，他在觀察蜜蜂時發現了一種模式，個別蜜蜂偶爾會查看空的餵食碟，彷彿在監控其內容物一樣，而弗里希重新將餵食碟補滿糖水後，很快就會有一大群蜜蜂在幾分鐘之內出現，他於是推測，蜜蜂肯定是通知了牠們蜂巢中的同類出現了新的食物，不過是透過什麼方式呢？解答這個問題耗費了他將近三十年的光陰。

弗里希從一個和盛行的知識相反的直覺，展開他了解蜜蜂神祕溝通能力的旅程：蜜蜂的搖擺舞是種語言形式。在追尋這個可能性的過程中，他要對抗的是只有人類擁有複雜語言形式的概念，這是西方科學和哲學的核心假設，多數科學家都認為蜜蜂由於腦部很小，無法進行複雜的溝通，但弗里希證明了事實恰恰相反。

事後看來，很容易便能得知為什麼當時的科學家無法理解蜜蜂複雜的溝通，因為人類的語言有很大一部分都是建立在我們用聲帶及嘴巴發出的聲音、用臉部做出的表情、以及我們維持和移動身體的方式上，我們多數的溝通都是透過聲音：空氣分子的振動。相較之下，蜜蜂的語言並不是透過口部，而是運用空間及振動，其語法的基礎是和人類語言截然不同的事物：蜜蜂的身體，特別是其腹部和翅膀，在經過空間時所產生的振動種類、頻率、角度、振幅。你可以想像一下基督教震顫派（Shaker）的一種手語舞蹈：振動、顫動、傾斜、翻轉。只要偵查蜂發現優質的食物來源，牠就會回到蜂巢通知其他同伴，蜜蜂跳搖擺舞時，會以數字八的模式移動：翅膀振動時走的是直線，翅膀停止振動時則是繞圈回頭。我們現在已了解這種可以用視覺觀察到的模式，包含食物來源相對於空中太陽位置的方向資訊，舞蹈的長度則和蜜蜂必須移動的距離有關。但是，弗里希當初認為搖擺舞能夠傳遞這類資訊，靠的僅僅是直覺，他必須跟戰時的密碼學家一樣破解蜜蜂的密碼，以證明舞蹈確實是一種溝通模式。

弗里希選擇採用一種野心勃勃的實驗設計：追蹤數千隻個別蜜蜂，以分析牠們的舞蹈和特定食物來源之間的關聯。當年這看似不可能達成，因為蜂巢中的蜜蜂數量平均介於一萬到四萬隻之間，但是弗里希靠著對細節的極度重視，以及近乎無窮盡的耐心，最終證明了他的假設：領頭的蜜蜂舞者搖擺時，會根據重力和太陽的位置調整身體。透過在舞蹈長度、速度、強度上做出細微的改變，蜜蜂便能提供有關花蜜來源方向、距離和品質的準確指示。[7] 在這麼做的同時，也是在教導蜂巢中的其他蜜蜂，牠們隨後也會使用從搖擺舞中得到的資訊，飛向先前從未造訪過的花蜜來源。

弗里希的研究逐步證明了蜜蜂溝通系統驚人的準確性，在他最為著名的其中一項實驗中，他成功訓練蜜蜂導航前往數公里外的隱藏食物來源，途中越過一座湖，並繞過某座山，這是個驚人的創舉，因為他只給其中一隻蜜蜂看過位置一次而已。在另一項實驗中，他則證明了不同的蜂巢擁有稍微不同的舞蹈模式，蜜蜂似乎是從蜂巢的同伴身上學會這類模式的，基本上來說，就是蜜蜂的舞蹈語言也擁有方言，如同人類社群。[8]

牛鈴和顏色記數法

弗里希也對自己的發現相當震驚，使他一開始甚至不願公布。他的發現牴觸了當時盛行的科學觀點，顯示蜜蜂擁有學習、記憶和透過精細符號溝通分享資訊的能力[9]，如同他在一九四六年時對某個密友表示：「如果你現在覺得我瘋了，那你就錯了，但我絕對能夠理解。」[10]弗里希的擔憂是正確的，當他終於發表結果後，許多科學家都反對他的研究，並認為腦袋這麼小的昆蟲，不具備複雜的溝通能力。[11]美國生物學家安德魯・溫納（Andrew Wenner）便挑戰了弗里希的理論，認為蜜蜂僅憑氣味尋找食物，雖然氣味對蜜蜂來說是重要的信號沒錯，但這個理論後續也證明是錯誤的。[12]最終，普林斯頓大學的生物學家詹姆斯・葛德（James Gould）設計了一個精明的實驗，掩蓋了氣味，並將蜜蜂置於會使其混淆的特定光源下，但即便缺少氣味，還有令其分心的光源，蜜蜂仍成功找到食物來源[13]，讓這場討論塵埃落定。在失去大多數資金，並努力奮鬥以保留教職後，弗里希的成果終於受到驗證。

洛克斐勒基金會開始資助弗里希，他也以科學名人的身分巡迴美國，並於發表成果三十年後的一九七三年獲頒諾貝爾生醫獎。諾貝爾獎委員會承認蜜蜂能夠進行複雜溝通，避免直接提及困擾弗里希的爭議，但在提名聲明中提到人類拒絕承認蜜蜂非凡能力的「無恥的自負」。[14]

弗里希的成果非常難反駁，因為他的觀察相當一絲不苟又詳細，這是他和一小群志工一起達成的：他的老婆、孩子、學生、手足、鄰居和來訪的客人。在他的實驗中，每名觀察者都會安排在樹林或田野中的特定觀察站，圍繞著要觀察的蜂巢，弗里希負責計算個別蜜蜂舞者總共回到蜂巢幾次，志工則負責統計有多少蜜蜂降落覓食及覓食的時間，觀察時間會持續好幾個小時，而且也遵守嚴格的指示：不管發生什麼事，觀察者都不能離開餵食站。志工之間用搖牛鈴溝通，弗里希的某個兄弟就記得某次特別冗長的實驗中那痛苦的數小時：他忘記帶煙斗，極度想要抽菸，卻連溜走個幾分鐘都沒辦法。

一切都仰賴弗里希發明的編碼系統，手最穩的志工會負責在蜜蜂的腹部和胸部畫上不同顏色的小點，數字經過編碼：小點的顏色代表數值，而在蜜蜂身上的不同位置，則代表小數點。這個簡易的系統讓弗里希和志工能夠在蜜蜂覓食以及和同伴跳舞時，個別辨識和追蹤數千隻蜜蜂，如此便能記錄在蜂巢及餵食站間往返的個別蜜蜂，弗里希將餵食站按照準確的間隔，設置在蜂巢周遭的田野及樹林中。他會拿著碼表坐在他觀察的蜂巢前，專心觀察蜜蜂好幾個小時，並且一次專注在一隻「跳舞的蜜蜂」上，志工稍後則會運用編碼系統，將蜂巢這邊觀察到的每隻蜜蜂和個別餵食站觀察到的蜜蜂比對，確定是否為同一隻，整個過程有點像是拿著算盤、鉛筆、一張紙，在希斯洛機場試圖進行飛航管制。

考量到當時的狀況，弗里希手下志工的貢獻可說更是令人欽佩，他們在二戰結束時找到重大發現，當時弗里希因為猶太身分差點失去工作，和家人在他的實驗室被炸得滿目瘡痍之後回到鄉間的住宅居住，並收留親朋好友前來避難，而且還是在食物配給的狀況之下。弗里希最重要的實驗則是在一九四五年俄軍和美軍攻進德國時進行，他和志工記錄到三千八百八十五次蜜蜂搖擺舞，在戰亂之中，弗里希仍頑強地維持每日坐在蜂巢前觀察的習慣。[15]

弗里希晚年回顧研究時發現，一個看似微小的創新，將之後一切成果化為可能。在過去，科學家並未關注個別蜜蜂的行為，而用人工方式在蜜蜂身上塗上編碼，並用碼表及牛鈴監測牠們，感覺可能很土法煉鋼，但是弗里希之所以能得到重大成果，完全是因為他系統性使用了當時手邊能找到最棒的科技。他後來反思，他的監控方法是他所有重大發現的基礎，他用來研究蜜蜂振動聲響的方法只能匆匆一瞥蜂巢中的生活，但仍然足夠強大，能夠帶來深入見解，讓我們了解蜜蜂出乎意料豐富的社會生活。

弗里希將蜜蜂的舞蹈稱為「魔法之井」，他越是研究，就越發現其複雜性。[16]弗里希認為，每個物種都有自己的魔法之井，比如人類就擁有語言，鯨群也擁有回音定位，賦予了牠們用聲音將周遭整體環境視覺化的能力，社會性昆蟲則擁有以空間體現的語言：我們現在已發現牠們身體移動及振動方式的某些細微差異，包括搖擺、砰砰聲、唧唧聲、輕撫、抽搐、緊抓、尖聲、顫動、觸角等等。[17]但蜜蜂的舞蹈，在使用身體的移動來代表複雜符號含意的非人物種語言中，仍是我們迄今唯一能夠了解的，且有許多科學家依然將其視為人類在動物界中破譯出最為精密的符號系統。即便很多科學家起初主張應該僅將搖擺舞視為溝通方式，弗里希卻堅持使用「語言」一詞：蜜蜂會透過符號系統交換資訊、協調複雜的行為並形成社會群體。[18]

跟隨弗里希腳步的蜜蜂科學家，甚至將魔法之井鑽得更深，發現蜜蜂還會透過細微的移動，創造許多其他種類的信號，並運用人類大都無法聽見，也無法譯解的聲響及振動溝通。[19]然而，透過能夠自動譯解蜜蜂振動及聲響的電腦軟體，科學家現在已經能使用演算法分析蜜蜂的信號，這個領域又稱「振動聲學」。[20]他們找到了什麼呢？雖然我們數個世紀前就已了解女王蜂擁有自己的詞彙，包括嘟嘟聲和嘎嘎聲，但科學家又發現了新的工蜂信號，比如能夠按照特定威脅調整的安靜或停止信號，以及當有東西輕敲蜂巢時會引發的危險嗚呼信號。[21]此外，工蜂也會發出能夠指引集體及個體行為的尖聲、請求和搖晃信號。[22]

這些發現進一步擴充了關於蜜蜂令人驚嘆的能力的研究成果。[23]牠們擁有絕佳的視力，而且在經過簡單的訓練後，也能分辨莫內和畢卡索的畫作。[24]此外，牠們不僅能夠辨別花朵和地景，甚至還能分辨人臉，顯示了非凡的複雜視覺資訊處理能力。[25]在二〇一六年及二〇一七年的兩項突破性研究中，科學家也發現蜜蜂擁有社會學習及文化傳遞的能力，這是西方科學界第一次在無脊椎動物身上發現這類能力：蜜蜂受到訓練執行一項新穎的任務，拉繩索就能獲得糖果獎勵，而學會這項新技能的蜜蜂回到蜂巢後會傳授給同伴，這證明了蜜蜂可以透過觀察其他蜜蜂學習，且這些學習到的技能，可以經過分享，成為群體文化的一部分。[26]科學家同時也揭露了蜜蜂社會生活的黑暗面：雖然蜜蜂一般來說都樂於合作、精準、有效率，牠們也有可能會出錯、搶奪、欺騙、當社會上的寄生蟲。[27]蜜蜂甚至還可能擁有情緒，同時展現出悲觀主義及受到多巴胺誘發的情緒震盪，類似人類的高潮低潮。[28]如同某個科學家在某項發現全新蜜蜂信號的突破性研究中慎重表示：「結果發現蜜蜂的溝通比我們原先想像的還要更為精細……顯示出集體智慧的存在，讓人不禁想停下來問，這些生物是否超越了簡單、反射性、無法思考的機械性生物？」[29]

或許其中最值得注意的研究，便是康乃爾大學的蜜蜂科學家湯瑪斯・希利（Thomas Seeley）所進行的，他發現蜜蜂的語言已超越了覓食的行為。希利已專心研究蜂群數十年，這也是凱文・凱利相當著迷的行為。蜂群是蜜蜂聚落自然繁殖的方式，一個聚落會分裂出兩個或以上的獨立聚落，而其中一組蜜蜂便會飛出去找新家。希利在想的是，蜂群是如何選擇自己偏好的地點呢？他決定要專注在研究蜂群時，科學家對這個現象還所知不多，蜂群在移動時，蜜蜂的最高時速可以超過三十二公里，且通常會以直線前往目的地，不管途中是田野、水體、山丘、樹林都一樣。人類根本不可能跟上蜂群的速度，遑論一次追蹤好幾千隻蜜蜂，以找出是不是真的有特定蜜蜂在帶領蜂群，如果有的話，又是哪些？希利感興趣的是蜜蜂如何挑選家園，這是個高風險的決定，因為蜂巢分裂可能會失去女王蜂，挑選到錯誤的地點也可能造成整個蜂巢滅亡。

一開始，希利使用的方法類似弗里希，但是到了二〇〇〇年代初期，他便採用了數位科技，將研究擴展到新的方向：希利說服了一名對蜂群和自駕車的相似性有興趣的電腦科學家，在他位於緬因州海外艾波多爾島（Appledore Island）的研究地點裝設一台高性能攝影機。他們的目標是開發出一個能夠自動辨認並一次追蹤一萬隻高速移動蜜蜂的演算法，經過兩年的努力後，演算法終於能用了：以高速數位攝影機及電腦視覺的創新科技為基礎，能夠從影像中辨識出個別的蜜蜂，並分析其獨特又狂暴的飛行模式。[30]演算法揭露了人眼無法辨識的模式，並譯解了這些模式中的多樣性、密度和互動，使希利將蜂群稱為「認知實體」。或許他最為驚人的發現，便是蜜蜂在挑選新家時會表現出精細的民主決策形式，包括集體事實查核、充滿活力的討論、建立共識、仲裁和交互限制的複雜停止信號，以防陷入僵局。換句話說，蜂群是個極度有效的運作中民主決策實體，和人腦及人類社會中的某些過程類似，希利更進一步宣稱個別蜜蜂之間的集體互動，和我們體內個別神經元共同作出某個決定時的互動過程驚人地相似。[31]

希利的發現不僅在《科學》期刊上發表，也在媒體上瘋傳，這支持了那些贊同將蜜蜂的溝通視為語言的論述，而透過證明「蜂巢心智」不只是個比喻，希利也促進了機器人及工程領域的集體智慧研究發展。[32]而他奠基於電腦視覺及機器學習這類數位科技的研究，啟發了喬治亞理工學院（Georgia Tech）的兩名電腦科學家開發出「蜜蜂演算法」，目前已成為價值數十億美金雲端運算產業不可或缺的一部分。該演算法廣泛運用於網路主機中心（如同蜂巢），優化伺服器（如同覓食的蜜蜂）的工作（如同花蜜來源）分配，因而協助處理了突發的需求爆漲，並避免使用者需要長期等待。二〇一六年，美國科學促進學會（American Association for the Advancement of Science）頒發金鵝獎（Golden Goose Award）給希利和他的電腦科學夥伴，表彰他們一開始看似冷僻，後來被證明充滿價值的研究。[33]

既然現在我們已經破解了蜜蜂的語言，那麼下個問題便是我們可以用牠們能夠理解的方式和其溝通嗎？由於彼此的生理構造差異巨大，和蜜蜂溝通到底是否可能？前一半的解答在於，比起假設人類的聲音是唯一的溝通方式，我們應該改採蜜蜂的語言，另一半的答案則在於數位科技，精確來說，也就是模仿蜜蜂的機器人。

跳舞的機器蜂

多虧弗里希和他的後繼者，科學家早已得知蜜蜂對功能類似信號的獨特振動模式會出現不同的反應。過去幾年間，電腦視覺和微型加速度計（超靈敏版的手機動作感測器）的結合，讓科學家能夠譯解生物產生的特定細微振動信號，這類振動對牠們的溝通來說極為重要，人類卻大部分都無法察覺。確實，這類科技進步已讓我們有辦法分析蜜蜂完整生命週期中的各種溝通及活動。[34]

下一個填補工程師口中機器人和活蜂間「現實差距」的突破，則是發明了能夠準確模仿這類振動模式的機器蜂。柏林自由大學的數學暨電腦科學教授提姆・蘭葛夫（Tim Landgraf）在過去十年間全心投入這項任務，他多數的研究都聚焦在運用電腦視覺和機器學習，自動辨認個別蜜蜂及追蹤其移動上。他的其中一項實驗便分析了三百萬張在三天內拍下的照片，並追蹤了蜂巢中每一隻蜜蜂的移動軌跡，錯誤率低到只有百分之二。[35]

蘭葛夫最為創新的成果，則是涉及打造能夠運用蜜蜂語言與其溝通的機器裝置，他和柏林自由大學機器學習暨機器人中心的同事合作，開發出一種簡易的機器蜂，稱為「RoboBee」。根據蘭葛夫本人的說法，二〇〇七年打造出的原型機「超廢」，早期的RoboBee進入蜂巢時，蜜蜂會發動攻擊，對其又咬又螫，並把機器蜂拖出蜂巢。早期的機器蜂是位在一根棒子的末端，並依賴兩個馬達以翹翹板般的弧形移動，對蜜蜂來說看起來很可能頗不自然。但蘭葛夫在接下來五年不斷改版，後來的原型使用的是更精細的網格系統，所以移動上更為平順。他也試過加熱RoboBee原型，由於搖擺舞者蜜蜂的胸部溫度相當溫暖，所以他懷疑蜜蜂討厭金屬和塑膠的低溫，但牠們反而更堅定排斥加熱過的機器蜂，也許是因為討厭塑膠加熱散發的化學信號。而把蜂巢打開放入機器蜂也會造成干擾，隨著溫度下降、氣流進入蜂巢之中，蜜蜂也會出現防禦行為，攀附在彼此身上形成無法穿透的「蜜蜂毯」，用意便是取暖以及防禦蜂巢的入侵者[36]，於是蘭葛夫發明了會和機器蜂一起移動的塑膠障礙物，以維持蜂巢溫度穩定，並將氣流擾動降到最低。後續的設計也讓機器蜂變得更安靜，蘭葛夫推論，蜜蜂很平靜，所以機器蜂也要很平靜，並且「盡可能像蜜蜂」一樣，此外，他一開始也會在RoboBee身上放置食物樣本，但這似乎沒有提升蜜蜂的接受度，所以他後來便專注在翅膀的振動上。

模擬蜜蜂的振動是個複雜的任務，牠們在搖擺舞期間振動的腹部，可以朝六個方向自由移動，使其能夠做出精細的動作以及靈敏的方向改變，這種模式使用飛行模擬器的精密史都華平台（Stewart platform）最有辦法模擬，雖然不夠完美。[37]要將其應用到這麼迷你的機器裝置上，看似是個不可能的任務，但蘭葛夫矢志向前，好幾個月的每一天早上，他都會預先編寫RoboBee的程式，挑選好特定的目的地以和其他蜜蜂溝通，然後再將機器蜂放進蜂巢。當他開發出第六代原型時，蜜蜂終於不再排斥RoboBee，可是牠們也不會跟隨，大多數時候就只是無視其存在。RoboBee中已經預先編寫好一系列的向量，代表通往蘭葛夫挑選地點的路徑，目的地有當成獎賞的糖漿，但要是蜜蜂根本不肯跟隨機器蜂，那就沒辦法分辨他挑選好的方向是否受到正確傳達。

突破發生在第七代原型，蜜蜂偶爾會跟隨RoboBee的舞蹈，使用牠們用來了解食物來源的「跟隨者」模式模仿其動作，牠們這麼做時，蘭葛夫便會計算離巢的蜜蜂數量，並運用諧波雷達記錄經過標記的蜜蜂抵達食物的路線。而飛往蘭葛夫編寫在他機器蜂中地點的蜜蜂數量也達到統計上的顯著，編碼本身則是透過大數據的舞蹈模型產生，結合了數十小時的蜜蜂舞蹈影片，並生成出一個含有相關變數的模型。蘭葛夫並不是第一個想到這個方法的人，一九五〇年代時，英國科學家約翰・豪丹（John Haldane）便已進行過漂亮的統計分析，找到蜜蜂搖擺舞以及其飛往食物來源採取的平均方向之間的關聯[38]，而到了一九七〇年代，另一組科學家也打造出了一隻機器蜂，其舞蹈足夠精準，能夠引導一小群蜜蜂前往花蜜來源。[39]但蘭葛夫是第一個把指示編寫進自動化演算法中的人，指令可以指引機器蜂的動作，並且成功將搖擺舞中含有的資訊傳回蜂巢中，基本上，蘭葛夫可說是為蜜蜂開發出了數位科技版的

Google翻譯。[40]

不過蘭葛夫仍然不完全確定為什麼機器蜂的指令有時能成功引導蜜蜂，有時則不行，他目前的假設是必須先發出一個獨立的前置信號：就像在開始對話之前先握個手。他的機器蜂可能完全是出於偶然發出了這類信號，而在這類情況下，蜂巢裡的蜜蜂就會傾聽。或著，可能還會需要來自其它裝置的獨立振動信號，康乃爾大學的蜜蜂科學家菲比・凱寧（Phoebe Koenig）最近就成功發明出了這麼一個工具，能夠精確模仿蜜蜂用來展開行動的「握手」信號[41]。蘭葛夫也有可能在他的下一項研究計畫「HIVEOPOLIS」中，解開這個神祕的「握手」之謎，該計畫涉及打造機器蜂，並直接將其放進還沒有任何蜜蜂遷入的全新人造蜂巢中，蘭葛夫希望，當蜜蜂抵達牠們的新家時，機器蜂會看似熟悉，換句話說，屬於新家裝潢的一部分。發明創新的生物材質來改善機器蜂的形狀和質地也在他的預定事項上，因為用生物材質製造的仿生機器蜂更容易被蜜蜂接納。蘭葛夫的下個目標，則是將機器學習整合至機器蜂的訓練中，這樣在進入蜂巢之前，就能學會更細緻的信號。他希望有一天蜜蜂自己會將RoboBee視為「原生」，如此便能透過搖擺舞發號施令，並招募蜜蜂飛往特定地點，未來新一代的機器蜂甚至可能學會不同棲地獨有的蜜蜂方言[42]，而這還只是冰山一角而已，「HIVEOPOLIS」還可能協助我們了解蜜蜂棲地本身是如何處理及整合不同的資訊，有些類似活生生的分散式電腦，擁有數千個互相連結的迷你大腦。

「HIVEOPOLIS」屬於一連串「智慧蜂巢」計畫之一，這類計畫致力於促進養蜂界的數位轉型，二〇一五年，愛爾蘭工程師費歐娜・莫菲（Fiona Murphy）便提出了一種全面性的蜜蜂監控平台，將含有感測器、紅外線熱像儀、物聯網相關的回饋系統。[43]這類系統在精準養蜂中將相當有用，因為能讓養蜂人偵測到振動及聲響，可以指出女王蜂的位置、預測蜂群出現的機率、發現感染的初期跡象。[44]蘭葛夫提出的構想則更進一步，超越單純的監控，在他的願景中，智慧蜂巢會是個雙向的溝通裝置：可以發出振動、聲學、費洛蒙信號，警告蜜蜂威脅出現，比如鄰近的田地施放殺蟲劑，或是接近的風暴等，也可以引導蜜蜂找到最佳的食物來源。智慧蜂巢因而和智慧城市類似，只不過有個重要的差異：這是個跨物種的網路，人類、機器、蜜蜂在其中彼此互動、溝通與合作。[45]

蜂蜜獵人

這類創新聽起來可能突破性十足，蘭葛夫卻不是第一個發現如何運用振動聲學和蜜蜂對話的人，與蜜蜂的溝通事實上是項古老的人類技藝，那麼我們的祖先是怎麼有辦法駕馭蜂群的呢？答案就在聲音。牛吼器是目前已知最古老的振動聲學裝置，以人類最古老樂器之姿在人類學家間相當著名：各大陸的原住民儀式還有古希臘的戴奧尼修斯儀式（Dionysian Mysteries）都會使用，而其還有一項罕為人知的功能，也就是捕蜂裝置。[46]澳洲原住民社群將牛吼器稱為「turndun」或「bribbun」，北美原住民波莫人（Pomo）則稱為「kalimatoto padōk」，構造看似簡易：只是一根長繩或肌腱連在兩端磨圓的細長條形木頭、石頭或骨頭上。只要稍微甩動繩索，牛吼器就可以開始繞圈，產生的聲響會讓空氣以九十到一百五十赫茲之間的頻率振動，發出意料之外的大聲嗡鳴，聽起來有點像螺旋槳的聲音，效果既驚人又明顯：從骨子裡發出的嗡嗡共鳴，彷彿身處巨大的蜂群之中。

非洲的布希曼人（/Xam〔San〕）仍會使用牛吼器引出蜂群，並將其引導至位於人類容易抵達地點的新蜂巢。[47]布希曼語中的牛吼器叫作「!goin !goin」，直譯的意思便是「敲打」，就像打鼓一樣，布希曼人在旋轉牛吼器的同時也會跳舞，這讓他們進入一種類似狂喜的狀態，並以此集結並引導蜂群。現代的養蜂人也會使用這種方法的簡易版，稱為「tanging」，來讓蜂群冷靜下來，並將其引導至蜂巢。早在西方科學發現振動聲學之前，布希曼人便已對蜜蜂溝通發展出精細的理解，人類學家也提及他們和蜜蜂之間基於模仿聲音的能力，培養出的「共存」狀態。[48]

布希曼人和蜜蜂溝通的能力並非獨一無二，在非洲許多地區，搜尋蜂蜜的人們都會跟隨某種鳥類前往蜂巢：拉丁學名便有些暴雷，帶有指示意思，叫作「*Indicator indicator*」的黑喉向蜜鳥。[49]蜂蜜狩獵是門古老的藝術，世界上最古老的某些石壁畫便曾描繪人類狩獵野生蜜蜂[50]，而動物王國最厲害的蜂蜜獵人就是黑喉向蜜鳥，但牠們為什麼要和人類合作呢？因為牠們是地球上唯一會吃蜂蠟的鳥類，也是少數會吃蜂蠟的脊椎動物，蜂蠟富含營養及提供能量的脂質，是鳥類非常喜愛的佳餚，但是非洲大多數蜂巢都隱藏在樹洞之中，並由凶狠的蜜蜂守衛，如果鳥類太過接近就會喪命。黑喉向蜜鳥很可能是以其絕佳的嗅覺發現蜂巢的位置，但卻得不到蜂蠟，於是便和某種尋找蜜蜂技術遠遠落後，卻知道如何拿到蜂蠟的動物合作：人類。

黑喉向蜜鳥和蜂蜜獵人合作期間，演化出了一種細緻的合作溝通形式，科學家已證實肯亞北部的勃朗人（Boran）能透過鳥類的呼喚、停歇高度、飛行模式，來推論蜂巢距離、方向、抵達時間[51]，但我們真的能確定黑喉向蜜鳥和人類確實有在溝通嗎？劍橋大學的克蕾兒・史波提斯伍德（Claire Spottiswoode）帶領的科學家團隊解答了這個問題，他們在莫三比克的奈薩生態保護區（Niassa National Reserve）進行的蜂蜜獵人研究，證實了互惠信號的存在：蜂蜜獵人發出特別的聲響，用來通知黑喉向蜜鳥人類已準備好要打獵時，受到黑喉向蜜鳥指引的機率便從百分之三十三提升到百分之六十六，而能夠找到蜂巢的整體機率也從百分之十七提高到百分之五十四。[52]

那麼蜂蜜獵人和黑喉向蜜鳥之間的合作看起來是怎樣的呢？首先，獵人會發出他們的特殊聲響，表示他們準備好要出去採蜜了，以奈薩當地約奧族（Yao）獵人的情況來說，史波提斯伍德將這種聲響形容為類似「brrr-hmmm」的聲音：大聲的顫音接著悶哼。黑喉向蜜鳥聽見後則是會接近，並以特別的啁啾聲回應獵人，牠們接著會飛往蜂巢的方向，獵人緊跟在後，而鳥類的啁啾聲轉小並停止飛行時，獵人就知道他們已相當接近了。他們會掃視樹枝，並用斧頭敲敲鄰近的樹幹，引誘蜜蜂曝露出蜂巢的位置，接著在蜂巢下堆起一堆枯枝敗葉點燃，用煙霧將蜜蜂薰昏，最後再用斧頭把樹砍倒，然後剖開蜂巢。獵人裝滿一桶桶的蜂蜜準備帶回家時，會丟掉蜂蜜流乾的乾蜂巢，供鳥類食用。黑喉向蜜鳥會耐心等待，等到人類全都離開才會飛下來覓食，而約奧族獵人離開之前，也會蒐集好蜂蠟，放在鮮嫩綠葉鋪成的小床上，感念鳥類對他們狩獵的貢獻。[53]

黑喉向蜜鳥這類野生鳥類，是怎麼學會解讀人類聲音的呢？即便人類和海豚、殺人鯨、烏鴉之間的其他合作狩獵關係已有記錄，我們仍會預期這類行為是出現在受到馴養的動物上，比如獵鷹和獵犬，但不是野生鳥類。[54]雖然我們不清楚黑喉向蜜鳥是怎麼做到的，我們卻知道合作狩獵的行為並非從親代處學習，因為牠們是屬於巢寄生鳥類：素未謀面的親代會將蛋下在其他鳥類的巢裡，並弄破宿主原本的蛋，以提升自身雛鳥的存活率。親代會將蛋留在不知情的養父母的巢中，當黑喉向蜜鳥孵化時，常常會用牠尖銳的鉤狀鳥喙殺死其他成功存活下來的倒楣宿主雛鳥。[55]此外，我們也知道獵人和黑喉向蜜鳥之間的聲響交換並不是與生俱來的：非洲不同地區的獵人會使用不同的聲響，這些聲響是從長者處學到的，一代接一代往下流傳。[56]

那麼黑喉向蜜鳥究竟是怎麼學會這些聲音的呢？史波提斯伍德和她的同事正結合數位科技及傳統知識，試圖解答這個問題，他們開發出一個量身訂做的應用程式，讓蜂蜜獵人可以蒐集他們活動相關的數據。在奈薩生態保護區的森林深處，一片跟丹麥一樣大、交通不便、也沒有網路的區域，約奧族的蜂蜜獵人正帶著手持式的Android裝置四處漫遊，以數位保育研究助理的身分，從劍橋大學賺取報酬，同時在搜尋蜂巢的路途中，對他們的黑喉向蜜鳥同伴歌唱。[57]

治理蜂群

從弗里希的碼表和牛鈴實驗以來，我們已經有了長足進步，電腦視覺和機器學習現在已將監控整座蜂巢所有成員化為可能，讓我們對蜂巢中的生活擁有前所未有的認識。[58]弗里希規模最大的數據集收錄三千八百八十五次觀察，需要數十名志工花上好幾個月的時間，而史上第一個用於蜜蜂的機器學習軌跡數據集，分析了三百萬張照片，僅花了三天蒐集而已。[59]

伴隨這個數位革命而來的，還有一波監控蜜蜂新科技的浪潮，BroodMinder、BuzzBox Mini、IoBee等自動化蜂巢監控系統，運用安裝在世界各地數千顆蜂巢中的感測器，讓養蜂人能夠追蹤蜂巢的狀況，同時還能當成早期預警系統，偵測從前無法偵測的威脅。[60]蜜蜂愛好者也可以上傳照片到Bumble Bee Watch應用程式或上傳數據到BeeSpotter網站，全球的民間科學家便以此追蹤野生蜜蜂，這類數據多數儲存於公共數據庫，供蜜蜂研究使用。科學家甚至運用Intel的晶片，為熊蜂開發出使用無線射頻辨識（RFID）標籤的「背包」，並結合四散在環境中的數據記錄器，使他們能夠建立地球上任何地方的熊蜂飛行3D模型。[61]下一步則是結合這些科技，協助環境保育工作。小型蜂巢可以使用感測器和攝影機監控蜜蜂，並提供牠們資訊，以引導農作物授粉並避開遭到汙染的地點。同樣的科技也可以用來駕馭蜜蜂，前往測繪對人類來說太過危險的地區，或是支援蜂群機器人協助環境保育，甚至是幫助搜救任務。[62]

隨著數據逐漸累積，也出現了雙胞胎的效應，就像某些人類擁有數位雙胞胎，也就是實體自我的線上版本，某些蜂巢現在也擁有「虛擬蜂巢」雙胞胎，數位蜜蜂世界倒映的便是真實世界，這將能協助人類扭轉局面，不只拯救蜜蜂，也能保育許多其他物種。蜜蜂在採蜜時，也會不斷從環境中採集樣本，所以還有誰比牠們更適合擔任環境破壞的哨兵呢？過去幾年間，蜜蜂和其他昆蟲已成功受到訓練，可以偵測各式各樣的化學物質及汙染物[63]，透過譯解特定地區的大量蜜蜂舞蹈，不僅能夠協助我們評估地景的永續發展及保育，也能使授粉變得更有效率，並讓我們深入了解該如何防治廣泛發生的蜂群衰竭失調（**colony collapse disorder**）可怕現象。

我們也可以招募蜜蜂擔任活生生的生物指標：以精細又成本低廉的方式，調查、監控和回報地景的狀況，人類根本不可能達成。[64]如果這類科技的潛能兌現，蜜蜂便能提供接近即時的環境數據，並讓我們在牠們開始失控打轉之前，有更高的機率可以排除環境中的威脅。不過即便某些實驗室，例如哈佛大學就有個實驗室在開發機器蜂，也就是能夠為農作物授粉，並進行精細環境監控的自動化微型飛行機器人，某些環保人士仍認為，比起人造的授粉機器，經過數位升級的蜜蜂依舊更有效率，所以與其用機器蜂取代蜜蜂，我們應該運用數位科技保育蜜蜂才對。

批評者也警告數位蜜蜂武器化的可能性[65]，蜜蜂的軍事應用已有悠久的歷史：牠們在第一次世界大戰的戰爭機器中便扮演要角，當時多數的彈藥都是塗上蜂蠟。[66]蜜蜂現在也運用在更廣泛的軍事目的上，美軍便積極測試蜜蜂生物偵測器在反毒、國土安全和掃雷行動中的作用。[67]軍事科學家所謂「六腳士兵」的應用，也仰賴針對蜜蜂神經系統、遷徙模式、社會關係的基因及機器性操控。[68]比如美軍的「祕密昆蟲感測器計畫」（Stealthy Insect Sensor Project），就訓練蜜蜂在偵測到危險的化學物質時伸出口器，經過訓練之後，蜜蜂就會被放進士兵攜帶的監測器的容器中，當蜜蜂對軍事級的爆裂物產生反應時，監控器裡的微型晶片就會將這個信號轉譯成警報。受過訓練的蜜蜂只能活幾個禮拜，會死在容器裡，接著士兵就會拿到替換的容器，而根據負責該計畫科學家的說法：「你只要退出蜜蜂容器，然後換上另一個就行了。」[69]訓練蜜蜂偵測危險的爆裂物，對軍事人員來說可能相當有用，但是操控大量蜜蜂以及隨意丟棄，值得我們停下來好好思考，數位科技僅僅是將蜜蜂武器化的工具而已嗎？

布希曼人和約奧人為我們和蜜蜂之間的關係提供了另一種思考方式，對傳統文化來說，和蜜蜂的溝通是體現在神聖的儀式中，蜂蜜既是實質的事物，也有精神上的意義，是食物也是聖物，這個觀點也不僅限於非洲的狩獵採集文化，新石器時代歐洲最古老的蜜蜂女神形象已超過八千年的歷史。許多人類最古老的文獻也都歌詠著蜜蜂的神聖，超過兩千年前，沙特魔法沙草紙（Salt Magical Papyrus）便記載了埃及世界誕生的故事：右眼是太陽、左眼是月亮的太陽神拉（Ra），在創造海洋和大地之後淚流不止，祂落下的眼淚便成了蜜蜂，蜜蜂造訪花朵和樹木，創造了蜂蜜和蠟。[70]而在距今兩千五百年前，代表偉大自然教誨的《廣林奧義書》（*Brihadaranyaka Upanishad*）也記載了所謂的「蜂蜜奧義」（Honey Doctrine），也就是有關生命息息相關有機本質的理論，蜂蜜在其中是宇宙滋潤的化身，為生命照亮大地，「對所有生靈來說，這片土地便是蜂蜜，而對這片土地來說，所有生靈也都是蜂蜜。」[71]。

在許多靈性傳統中，蜜蜂神聖的本質和人類的出生、死亡、成年禮儀式密切相關。蜂蜜是世界上最古老的高度糖分天然來源，蜜蜂也會生產重要的醫用樹脂蜂膠。而在追求與蜜蜂溝通上，人類史上第一種酒精飲料蜂蜜酒，也可能扮演同樣重要的推動角色。對古希臘人來說，花蜜是「神祇的食物」，會在酒神戴奧尼修斯的儀式上飲用，他們會把蜂蜜餵給因為神聖力量而痛苦不堪的神諭者，並將其視為蜜蜂的化身。[72]馬雅人和羅馬人也一樣，會將蜜蜂獻給他們的神祇。而在從印度到埃及的許多文化中，蜂蜜也是第一樣餵給新生嬰兒吃的食物，並和靈魂的出生及死亡密切相關。蜂蜜與蜂蜜酒之河也在希伯來人、穆斯林、凱爾特人（Celts）、會將蜂蜜與牛奶混合的古斯堪地那維亞人、喜歡用蝗蟲沾蜂蜜吃的布希曼人天堂中流淌。在世界上絕大多數的文化中，蜜蜂和蜂巢都既神聖又世俗，並受各式儀典保護。[73]

而我們在這些截然不同的觀點中，又該如何自處呢？見證仿生蜜蜂參與互惠又基本的跨物種溝通，讓我們心中升起一股神祕的敬畏感，而看著蜜蜂變成用完就丟的軍事化感測裝置，則讓我們湧起一陣恐懼，這兩種選擇便象徵了人類與大自然的關係：我們要選擇宰制還是共存？

如果我們選擇的是把蜜蜂當成同類，那麼牠們很可能有更多話想對我們說，我們也有更多可以跟牠們說，而蜜蜂也不會是人類展開對話的唯一一個物種。如同下一章所探討的，有一群科學家目前正試圖運用人工智慧，破解各種動物跨物種溝通的密碼，包括靈長類、鸚鵡、海豚和鯨魚。

註釋

1. Kelly (1994, 7–8).
2. Hrncir et al. (2011).
3. Nobel Prize (1973a, 1973b).
4. Munz (2016).
5. Munz (2016, 19).
6. Frisch (1914).
7. Frisch (1967)，也可參見Camazine et al. (2003)、Gould (1974)、Gould et al. (1970)。
8. Dyer and Seeley (1991); Gould (1982).
9. De Marco and Menzel (2008); Menzel et al. (2006).
10. Munz (2016, 1).
11. Gould (1976).
12. Munz (2005).
13. Gould (1974, 1975, 1976); Gould et al. (1970).
14. Munz (2016); Nobel Prize (1973a, 1973b).

15. Munz (2016).

16. Frisch (1950)，也可參見Schürch et al. (2016)。

17. 有關這個主題的文獻回顧，參見Hunt and Richard (2013)。

18. Witzany (2014).

19. Dreller and Kirchner (1993); Kirchner (1993); Lindauer (1977).

20. Cecchi et al. (2018); Collison (2016); Nolasco and Benetos (2018); Nolasco et al. (2019). 21. Ramsey et al. (2017); Tan et al. (2016).

21. Ramsey et al. (2017); Tan et al. (2016).

22. Boucher and Schneider (2009); Dong et al. (2019); Nieh (1998, 2010); Richardson (2017); Terenzi et al. (2020).

23. Witzany (2014).

24. Cheeseman et al. (2014); Wu et al. (2013).

25. Dyer et al. (2005); Wu et al. (2013).

26. Abramson et al. (2016); Alem et al. (2016).

27. Moritz and Crewe (2018).

28. Bateson et al. (2011); Perry et al. (2016).

29. Srinivasan (2010, R368).

30. Passino and Seeley (2006)、Passino et al. (2008)、Schultz et al. (2008)、Seeley et al. (2006,

2012)，也可參見Niven (2012)。

31. Viveiros de Castro (2012); Seeley (2010); Seeley et al. (2012).
32. McNeil (2010); Seeley (2009, 2010); Seeley et al. (2012).
33. Nakrani and Tovey (2003, 2004); Seeley (2021).
34. Boenisch et al. (2018).
35. Boenisch et al. (2018).
36. Nouvian et al. (2016).
37. Liang et al. (2019).
38. Haldane and Spurway (1954).
39. Michelsen et al. (1993).
40. Singla (2020).
41. Koenig et al. (2020).
42. Dong et al. (2019).
43. Cejrowski et al. (2018); Murphy et al. (2015).
44. Kulyukin et al. (2018); Ramsey et al. (2020); Ramsey and Newton (2018); Zgank (2019).
45. 更多有關「HIVEOPOLIS」的資訊，可參見https://www.hiveopolis.eu。
46. Nunn and Reid (2016); Whitridge (2015).
47. Hollmann (2004); Rusch (2018a, 2018b); Swan (2017).

48. Sugawara (1990).

49. Gruber (2018); Isack and Reyer (1989); Marlowe et al. (2014); Spottiswoode et al. (2011). 50. Crane and Graham (1985).

51. Isack and Reyer (1989).

52. Spottiswoode et al. (2016).

53. Spottiswoode (2017)、Spottiswoode et al. (2016)，也可參見 FitzPatrick Institute of African Ornithology (2020)。

54. Clode (2002); Dounias (2018); Hawkins and Cook (1908); Peterson et al. (2008).

55. Spottiswoode and Koorevaar (2012).

56. van der Wal et al. (2022).

57. Spottiswoode et al. (2011)，也可參見FitzPatrick Institute of African Ornithology (2020)。

58. Wario et al. (2015). See also Boenisch et al. (2018) and Wario et al. (2017).

59. Wario et al. (2015).

60. BroodMinder (2020); IoBee (2018); OSbeehives (n.d.).

61. McQuate (2018).

62. Wyss Institute (2020); MAV Lab (2020).

63. Hadagali and Suan (2017); Kosek (2010); Mehta et al. (2017).

64. Couvillon and Ratnieks (2015).

65. Kosek (2010); Moore and Kosut (2013).
66. Sinks (1944).
67. Kosek (2010); Schaeffer (2018).
68. Lockwood (2008).
69. Kosek (2010); Moore and Kosut (2013).
70. Ebert (2017); Leek (1975).
71. Rangarajan (2008).
72. Scheinberg (1979).
73. Cook (1894); Crane (1999); Crane and Graham (1985); Gimbutas (1974); Lawler (1954); Posey (1983); Ransome (2004); Sipos et al. (2004); Stillwell (2012).

9

生靈網路

The Internet of Earthlings

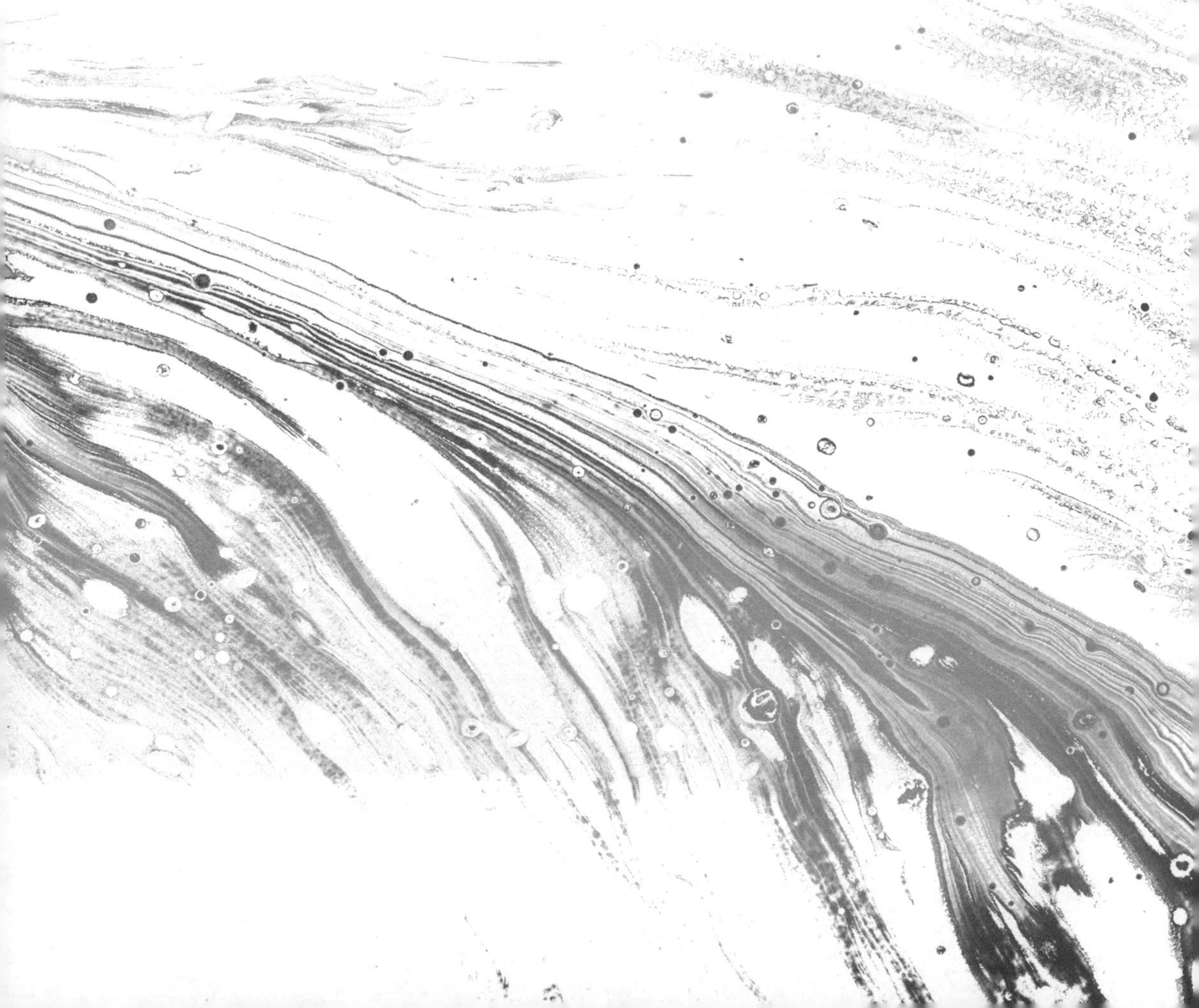

Google副總裁暨首席網路品牌傳教士、自稱網際網路之父的文頓・瑟夫（Vint Cerf）很少公開發言，所以當他於二〇一三年二月登上科技界最負盛名的活動之一，TED年會的舞台時，觀眾都屏息以待。[1]與瑟夫一同登台的是個相當多元的團體：海豚科學家黛安娜・瑞斯（Diana Reiss）、音樂家彼得・蓋布瑞爾（Peter Gabriel）、物理學家暨麻省理工學院位元及原子中心（Center for Bits and Atoms）的負責人尼爾・格申斐德（Neil Gershenfeld）。觀眾熱切期待瑟夫開講，但他保持沉默，由瑞斯起身發言。

瑞斯開場時，背景播放的影片是一頭年輕的海豚貝利（Bayley）在水中旋轉，牠的表演讓觀眾頗為著迷，但瑞斯解釋，貝利並不是在為攝影機表演，而是看著雙面鏡中的自己旋轉，這是科學實驗的一部份，瑞斯提到，貝利能夠在鏡中認出自己倒影的能力，便是海豚擁有「鏡中自我認知」特質的證據，代表牠們擁有自我意識。[2]我們曾認為鏡中自我認知專屬於人類，現在則理解其實猩猩、大象、甚至喜鵲，也共享這項特質。瑞斯解釋道，這項實驗和其他實驗，證明了海豚比我們想像的還更為聰明：擁有自我意識、情感和自主學習的能力。

蓋布瑞爾接續講述，他負責彙整大家的敘述。多年前，他展開一趟追尋世界音樂之旅，和世界各地的音樂家建立連結，即便彼此語言不通，仍透過音樂找到共通點，而他也受到各種動物溝通的故事深深吸引，夢想找到一個新的媒介，不管是視覺、聽覺、觸覺，能夠讓他和其他物種溝通。所以他開始帶著一個奇特的請求接觸動物科學家，他可以帶著鋼琴、吉他、其他樂器，去拜訪他們馴養的動物，並和牠們一起演奏音樂嗎？蓋布瑞爾接著播放了他的演奏片段，引發了一陣驚呼：一隻名叫潘班尼莎（Panbanisha）的矮黑猩猩，初次認識鋼琴這種樂器，但僅靠著一根手指的精細移動就彈奏出了一段繚繞的旋律，找到了音階，並和蓋布瑞爾的和弦完美唱和。

某天，蓋布瑞爾找上了格申斐德，給他看這段矮黑猩猩學習彈琴的影片，「我看那段影片時便克制不住……並發覺我們人類錯過了某件事，這顆星球上的其他生物。」[3]格申斐德也補充，網際網路的歷史「幾乎是中年白人男性」的歷史，而他認為，物聯網應該可以拓展到包含動物，甚至是地球上的其他生物。他大步來到舞台上的電腦前按了一個按鍵，就將觀眾連上美國巴爾的摩國立水族館（National Aquarium）、德州紅毛猩猩、泰國象群的直播畫面，觀眾正在見證歷史性的畫面：跨物種網際網路的誕生。

而網際網路的創造者對這個跨物種議題又有何感想呢？如同瑟夫所解釋的，網際網路的初期開發者起初以為他們在打造的是一個連結電腦的系統，但他們很快發覺，網際網路其實是一個連結人的系統。他預測網際網路發展的下一個階段將會是跨物種的網路，連結擁有意識的生物，透過網際網路，我們將能學習如何和非人的他者溝通，從動物到外星人都是。

跨物種網路

「跨物種網路」（Interspecies Internet）計畫現已成為一個全球合作計畫，共有超過四千五百名動物科學家、電腦科學家、語言學家和工程師加入，一開始是從一個簡單的構想展開：我們用來翻譯人類語言的數位工具，也能經過改良，應用到和非人物種的溝通上。[4]精確來說，是可以運用人工智慧將某個物種的信號轉換成另一個物種的，而這背後的前提，當然便是其他物種也擁有類似人類語言的複雜溝通形式。假如這是真的，那麼能否改良運算技術以進行人類和非人物種間的語言翻譯呢？近期的突破已將這個過往根本無從想像的可能性變得看似觸手可及。

「鯨類翻譯倡議」（Cetacean Translation Initiative, CETI）便是其中一例，這是哈佛大學及加州大學柏克萊分校的海洋生物學家、生物聲學家、ＡＩ專家和語言學家於二〇二一年春季發起的計畫，旨在運用機器學習及非侵入性的機器人，來譯解抹香鯨（*Physeter macrocephalus*）的語言。[5]抹香鯨是地球上最大的有齒掠食者，可以長到十八公尺長，並且是世界上大腦最大的動物，科學家認為，牠們的大腦大小便是其複雜溝通能力的其中一項指標。另一個支持抹香鯨可能擁有複雜語言能力的指標則源自社會複雜性假說，認為複雜的社會結構將造就精密又多元的動物溝通系統，該假說起初是用於解釋人類的語言發展，近期則應用至社會性動物上，例如蝙蝠和大象。抹香鯨不僅極度吵鬧，也具有高度社會性，生活在階級分明、緊密連結的母系社會家族中，一生都會待在鯨群中度過。牠們的聲響模式，也和其他鯨魚一樣，擁有可供辨識的方言，不同家族（又稱聲音部落）擁有自己獨特的聲響模式。巨大的腦部、社會複雜性和方言這三個因素加在一起，便足以說明CETI選擇專注在抹香鯨上，為何站得住腳。

抹香鯨運用人類聽來像是嗡嗡聲、喀噠聲、嘎吱聲、尖嘯聲的聲響溝通，在船身內部聽見時，喀噠聲聽起來可能像是敲打或捶打聲，生物學家認為，這類聲響的功能有點類似古早的電報機：透過以特定的模式發出特定頻率的聲響振動，並維持特定時間，鯨群可以將聲響結合成精密的密碼。如果這個假設是正確的，那麼抹香鯨的溝通就會類似摩斯電碼，只不過更為複雜，而這也可以應用在密碼學領域上，科學家已提出可以改良鯨群的聲響模式，當作「仿生摩斯電碼」，以達成加密通訊。[6]

運用資訊理論和語言學領域的著名工具，便有可能成功譯解抹香鯨的溝通系統。針對人類語言的研究，已證實不同語言共享某些普世性法則，比如齊普夫—曼德博特（Zipf-Mandelbrot）法則便認為人類語言顯示出一種共通的模式，有些特定的詞彙會頻繁使用，而大多數的詞彙使用頻率則相對較低；齊普夫的縮寫法則，則認為某個詞彙的使用頻率越高，長

著名的計畫，便以馴養的靈長類當作對象，其中最知名的便是叫作可可（Koko）的大猩猩和名為華秀（Washoe）的黑猩猩，牠們和人類一起密切生活，負責照顧的美國人也教導牠們手語。[15]華秀學會了超過兩百五十個手勢，可可則學會了超過一千個，並能夠理解超過兩千個英文單字，而華秀也回過頭來教導另一隻黑猩猩路易斯（Loulis）手語，這是史上第一次觀察到非人物種教導同類人類的語言，另一頭矮黑猩猩肯西（Kanzi）則是學會了運用鍵盤符號溝通，部分是透過他觀察母親接受訓練學習而來。[16]

即便人猿究竟達成多少學習成就仍受到激烈討論，且尚未成為科學界共識，但大家都同意，經過人類訓練的靈長類可以理解簡單的人類口語，並能學會使用超過上百個符號進行溝通。可可、肯西、華秀不僅能理解並表示「給我食物」等交換請求，牠們也會使用語言表達情緒。根據支持者的說法，這類結果便證明了雖然靈長類無法學會說人類的語言，牠們仍能習得手語，並理解人類複雜的命令。[17]

針對非靈長類生物的研究，也找到證據顯示其具有模仿人類語言的能力。在能夠學會人類單字的鳥類中，鸚鵡便是最著名的例子[18]，而在其他物種身上也已發現聲音模仿及聲音學習的能力，美國緬因州某個漁夫飼養的海豹胡佛（Hoover）便能講出簡單的英文片語[19]，某隻名為拉哥西（Logosi）的白鯨也能重覆牠自己的名字。[20]此外，生於南韓愛寶樂園並在那長大的大象科西克（Koshik），據說也能精確說出韓語，準確到連韓語的母語使用者都能理解並翻譯牠說的話。[21]

雖然這些動物的能力相當迷人，負責照顧牠們的人類卻在倫理上招致非議。這些動物之中有許多被剝奪了與同類的互動，研究計畫也被批評存在研究者偏見，這還算好的，更糟的還可能被斥為殘忍虐待動物。[22]反對的科學家同樣認為研究遭到馴化、由人類飼養的動物，無法真正協助我們理解聲音學習在野外運作的情況，但最為根本的批評，或許仍是指向這些方法中隱含的人類中心主義，為什麼要把說人類語言的能力，當成評估其他物種溝通能力的指標呢？這種方式相當不妥，如同根據人類和海豚對話的能力，來評估我們的智商一樣。

科學家現今對於跨物種溝通則是採用了截然不同的方式，目標不再是教導其他物種人類的語言，而是設計出能夠透過非人物種的溝通形式，和其交流的裝置。其中一個例子便是「野生海豚計畫」（Wild Dolphin Project）創辦人丹尼絲・赫岑（Denise Herzing）的成果，該計畫過去三十年間都在研究大西洋的海豚，赫岑則重新改良了智慧型手機和平板這類行動裝置供海豚使用[23]，她運用特製水下防水電腦及鍵盤進行的跨物種溝通嘗試，也已出現初步的成功跡象。[24]她的團隊也開發出了稱為「鯨類收聽及遙測」（cetacean Hearing and Telemetry, CHAT）的機器學習演算法，能夠偵測有意義的海豚聲響，比如該演算法便能辨識出科學家早先訓練海豚發出代表馬尾藻（*Sargassum*）意義的特定聲響，這是種牠們有時會玩耍的浮游植物。赫岑的推測是，海豚不僅能學會新的信號，也會開始教導其他同類，人耳或許無法察覺這個發現，但她的演算法可以。[25]

黛安娜・瑞斯也試圖改良數位科技及ＡＩ演算法，以了解海豚溝通中的資訊。她從一九八〇年代起便開始記錄海豚的聲音學習，並譯解牠們的簽名哨音，而發現海豚能夠在鏡中認出自己時，瑞斯也上了新聞頭條，許多科學家都認為這是海豚擁有自我意識的跡象。[26]在一項突破性的研究中，她開發出了一種專為海豚設計的水下鍵盤，而即便是在缺乏特定指示和解釋的情況下，牠們也快速理解如何使用鍵盤來跟人類要球或搓身體。[27]在隨後的改版中，瑞斯使用了更適合海豚生理構造的觸控板及互動裝置。

二〇一〇年代中期，瑞斯開始和洛克斐勒大學的生物物理學家馬歇羅・馬亞斯科（Marcelo Magnasco）合作，開發搭載量身訂做海豚互動應用程式的水下觸控式螢幕，他們的「海生哺乳類溝通及認知」（Marine Mammal Communication and Cognition,m2c2）計畫目標，便是要使用這類裝置破譯海豚的溝通，並解釋海豚的認知過程。[28]瑞斯和馬亞斯科特別有興趣的，是海豚精確同步牠們的行為，並協調彼此移動的能力，即便被命令執行一項全新的任務時，仍能展現出這種能力，且過程中還不會發出人類能聽見的聲音。[29]海豚有可能是透過人耳無法偵測到的超音波聲響來協調牠們的行為嗎？為了要評估海豚的能力，演算法的設計不僅要能夠追蹤聲響，也要可以準確辨識發出聲響的海豚位置。迄今為止，用於水下生物聲學研究的被動式聲學監聽系統，都還無法將能夠自由互動且具備高度機動性社會群體發出的哨聲和特定成員連結。但是最近發明的ＡＩ演算法，不僅能即時偵測到特定的哨音，還可以辨識出聲響來源，這讓瑞斯和馬亞斯科能夠解答，海豚用來傳遞資訊，類似心電感應的能力，究竟是不是透過聲響進行，如果不是，就代表牠們使用的是其他尚未發現的溝通方式。

瑞斯和赫岑的研究表明，在過去數十年間，有關非人物種溝通的研究已慢慢開始擺脫人類的偏見，比起尋找動物能夠理解或說人類語言的證據，科學家關注的是使用非人物種自身的語言，理解其溝通，但是我們這麼做的能力受到生理構造侷限：我們根本很難聽見海豚的聲響，遑論發出了。不過現在，人工智慧可能可以弭平其中的差距。

Google翻譯前進動物園

要是為人類語言開發的翻譯演算法，可以用來譯解非人物種的溝通呢？為了要在不同的人類語言間翻譯，Google翻譯這類服務會運用人工智慧演算法來分析巨型的文本數據集，比如聯合國或歐盟譯為多語的文件，如果用來訓練的數據集規模夠大也夠廣泛，演算法便能建立出數位詞庫，使其能夠翻譯個別的單字，例如將英語的「river」翻譯成法語的「la rivière」和克里語的「sîpîy」，並推導出語言的普遍原則，像是文法和語用等。翻譯演算法的速度，以及其精確翻譯全句而非個別單字的能力，在過去十年間出現巨大的成長，涵蓋的範圍也是：二〇一六年時，Google翻譯支援的語言便突破一百大關，而Google也是在這一年開始在Google翻譯中使用新穎的機器學習形式，也就是人造神經網路。雖然這類翻譯演算法尚未達到人類譯者的精細程度，且依然會犯下人類很容易便能發現的錯誤，其在範圍狹窄、目標明確的翻譯任務上，表現仍是非常不錯。

直到最近，要將類似技術應用在分析非人物種聲響的錄音上一直都是項挑戰，因為缺乏相關的大型數據集，而要用人工方式標示數據集，以讓演算法學習背後的模式，是件非常耗時的工作。比如在二〇一一年時，當時世界上規模最大的鯨歌數據庫Whale FM開放公眾使用，科學家將超過四千筆鯨歌呼喚的數據放在Zooniverse上，這是世界上最大的民間科學平台，並呼籲志工協助標記數據[30]，最後共有超過一萬名志工完成了將近二十萬筆標記。但即使有錄音可用，這種程度的成果依舊很少能達成。第二個挑戰則是缺乏數據集：只有少數幾種物種吸引科學家足夠的關注，為其開發呼喚類型足夠多元的大型資料庫。而且對瀕危物種來說，要蒐集到足夠的錄音也十分困難，這單純是因為已經沒有什麼個體存活了。

近期AI研究的兩項進步，則讓科學家能夠克服這些挑戰。首先，針對缺少大型數據集的語言，已經開發出了新方式。過往的翻譯演算法需要大型的訓練數據集，其中包含先前由人類翻譯成至少兩種語言的文本，科學家使用的是經過頻繁翻譯的文本，比如《聖經》、《古蘭經》、維基百科條目、莎翁全集、歐盟法規等，不過這對缺乏書寫文字的語言來說，並不可行，在這些案例中，例如北美原住民的語言，科學家就必須人工編纂標記好的數據集，而這是個相當麻煩又耗時的工作。[31]但在過去五年間，已開發出新型態的AI演算法，可以在兩個語言間翻譯，即便只有規模頗小的訓練數據集也沒問題[32]，換句話說，最新一代的AI演算法能夠學會科學家所謂資源稀少的語言。[33]

二〇一三年，出現進一步的突破，科學家發明了一種創新的方式，可以翻譯缺少雙語辭典的語言，也就是所謂的零資源語言，甚至是在缺少先前譯例的情況下也可以進行。在這個方法中，演算法是透過生成代表整個語言的模型，來分析書面的數據集，又稱隱藏空間（latent space），這個多維度的幾何架構，讓演算法能夠譯解先前不了解的語言。[34]在過去幾年間，這類演算法甚至變得更為強大，可以成功翻譯相當歧異的語言，比如英文和中文互譯，表現甚至超越以辭典為基礎的舊式演算法。[35]大型科技公司目前已廣泛使用的這類演算法版本，也能分析語言的細微差異，例如特定脈絡中的意思、一字多義、類比[36]，且甚至已具備足夠的彈性，可以辨識出訓練數據集中不存在的模式。[37]

二〇一八年，麻省理工學院的電腦科學家詹姆斯・葛雷斯（James Glass）提出使用聲學數據，將這類技術從文字拓展到語音層面。在一次驚人的研究成果中，他的團隊開發出了一個可以將德文語音翻譯成法文文字的演算法，且只用了數百個小時的錄音便達成。[38]葛雷斯預測，相關發展將會為世界各地資源稀少及零資源語言的自動語音辨識和語音轉文字翻譯系統打下基礎，而這代表的便是絕大多數的人類語言。

這當然也是我們提到非人物種溝通時面臨的情況：我們現在還沒有抹香鯨辭典，卻擁有編纂辭典的原始材料。生物聲學為訓練數據集提供了原始數據，ＡＩ演算法則可以在這些數據集中偵測出模式，且理論上會與承載有意義資訊的聲響相符。[39]不過在實務上，演算法的成果很可能仍需要一定程度的人工詮釋。機器學習演算法在聲學數據中辨識出耐人尋味的信號後，比如說某個音景中的一連串聲響好了，時常還會需要由人類去詮釋這類聲響，以將其和相關的行為資訊連結。對極度瀕危的物種來說，因為通常只會擁有規模極小的聲學數據集，翻譯演算法也可能會因稀少的訓練數據而面臨挑戰，此時便仍需要以人工方式標記出數據庫中的重要模式，不過並不需要人工標註整個訓練數據集就是了。但在這些挑戰之外，技術的突破仍是相當重大，這類演算法可以攜手打造出一連串的聲學羅塞塔石碑：僅依靠錄音基礎，便能在沒有書面文本或辭典的情況下譯解語言的工具。

ＡＩ演算法的第二個技術突破，則是在處理實際手勢、動作和聲響上的進步。比如二〇一九年時，Google的ＡＩ實驗室便推出了開源演算法MediaPipe，可用於追蹤手部和手指位置，電腦科學家將其與配有官方手語口譯的政府演講影片結合，便能開發出即時的手語翻譯引擎。手勢又可以譯為其他手勢、文字和語音形式，接著再傳輸給觀眾、讀者、聽眾，而過往受到忽略的溝通元素，包括眼神、姿勢、臉部表情與手勢等，理論上也都能整合至這類演算法中。以這些創新為基礎，科技公司有個野心勃勃的目標：讓ＡＩ系統能夠聽、說、讀和理解地球上所有人類語言，包括手語。未來的ＡＩ演算法甚至能以類似嬰兒的方式，學習非人物種的溝通系統：透過傾聽聲音和觀察手勢，進而分辨出聲響活動中的模式及行為，而不需去諮詢死氣沉沉的字典。

這類以手勢及動作為基礎的ＡＩ翻譯系統能夠應用到非人物種上嗎？由於相關研究領域近期出現突破，這目前看來似乎更有可能成真了：運用ＡＩ偵測動物透過動作表達出來的情緒。已有越來越多的科學證據證實，各式各樣的物種都擁有情緒狀態，而電腦視覺及機器學習催生的全新分析方式，也讓科學家能夠譯解這類情緒。[40]

比如在某項實驗中，科學家便運用非監督式的機器學習演算法，來分類各種老鼠情緒，比如噁心、積極的恐懼、消極的恐懼、愉快、好奇，演算法能夠以毫秒等級的速度，分類老鼠細微的臉部表情，像是一隻耳朵往後拉、鼻子抽動、鬍鬚傾斜，這讓科學家可以分析個別老鼠的情緒狀態強度和持續時間。[41]以此研究為靈感，你可以想像一個能夠將老鼠的姿態與聲響和其情緒及行為連結的ＡＩ，而這將為人鼠之間的翻譯提供更紮實的基礎，支持者認為，這也將使ＡＩ能夠應對一個針對跨物種溝通觀點常見的駁斥：無法將聲響和行為連結。科學家開發出的ＡＩ演算法，不僅能分析老鼠所發出的次聲波吱吱聲，也能辨識出個體，並將聲響和行為連結[42]，只要將其和監控老鼠臉部情緒跡象的演算法結合，我們就擁有了一個強大的翻譯裝置。過去兩年間，也已為老鼠開發出這類整合型ＡＩ演算法的原型，包括BootSnap、DeepSqueak、VocalMat等。

科學家也已為其他物種開發出類似演算法。二〇二一年，法國自然史博物館（Natural History Museum）的科學家團隊便推出了通用的蝙蝠聲響開源演算法，以超過一百萬筆蝙蝠聲響訓練，準確率高達百分之九十八，不管身在何處，只要想研究蝙蝠都能使用。[43]在過去十多年間，以生物聲學為基礎的深度學習演算法也已在鳥類辨識上達成斐然成果，最新一代的演算法準確率高達百分之九十七，其中一個BirdNET演算法甚至可以辨識將近一千種物種。[44]

不過，不要高估這類ＡＩ演算法的效能也很重要。機器學習技術雖然正快速進步，卻仍有缺陷：演算法可能會錯過微弱、短暫、受到部分遮蔽的呼喚，也可能受到背景噪音影響。[45]使用演算法來自動辨識物種，因而也會需要在時間和準確度間取捨，人工處理數據時常主觀又緩慢，但只要經過正確的監督，準確率可以非常高，相較之下，全自動化處理雖更為快速，卻更容易出現錯誤。現今的生物聲學監控仍屬於半自動化，需要專家進行人工交叉檢查，解決模稜兩可的詮釋，或是運用經驗法則判斷。話雖如此，稱為卷積神經網路（convolutional neural networks）的最新一代AI演算法表現已大幅進步，在面對這些挑戰上也前景可期。[46]

這類AI演算法實現了生物聲學家長久以來的夢想，科學家一直以來都在思考他們能否打造出「非人物種版Shazam」，這個類比相當迷人：Shazam是一款智慧型手機應用程式，可以根據一小段音樂樣本辨識出歌曲，而非人物種版的Shazam，將會是個能夠根據短暫聲響，不管是悶哼聲、啁啾聲、嘎吱聲，辨識出動物的應用程式。Bird Genie及BirdNET等應用程式已實現了這個目標，甚至超越：只要根據聲學樣本，就能自動辨識出物種。目前也已為其他物種開發出類似演算法，某些甚至可以辨識出個體，即便不同物種使用的詞彙會改變，技術仍是通用的。

現今的演算法可以輕易超越數萬名志工在Whale FM上合作的成果，證明了創新的快速發展。在英雄般的人工標記工作之後，科學家運用Wndchrm演算法來分析呼喚，複製了人類志工的成果[47]，且Wndchrm的表現比人類更好：可以分辨殺人鯨和領航鯨，並輕鬆將呼喚分類到特定的鯨群中，比如冰島殺人鯨群、挪威殺人鯨群、巴哈馬領航鯨群、挪威領航鯨群等。最新一代的機器學習演算法，例如Orca-SLANG和BAT Detective等，則可辨識出鯨魚或蝙蝠個體的聲音，就像臉部辨識科技辨認人臉一樣容易。[48]在遊戲ＡＩ演算法於圍棋及西洋棋上超越人類的同一個時代，電腦也在辨認鯨歌和蝙蝠呼喚的速度及準確性上，超越了我們。

一個通用的生物聲響辨識系統現在已是個可以達成的目標，範圍至少可以囊括會發聲的生物，因此「跨物種網路」創始者的願望可說是部分實現了[49]，動物版Google翻譯很可能十年內就會出現，也許二十年內。更引人遐想的，GPT-3等語言預測演算法，也可以為蝙蝠或海豚等吵鬧物種進行改良，這將讓科學家能夠使用電腦進行野生動物的現場互動式錄音重播實驗。

這將會是個斐然的成就，然而，科學家仍擔心只因為我們能夠辨識聲學信號，並不盡然代表我們可以譯解其意義，由於生理構造及生命經驗的巨大差距，要在人類及非人物種的語言之間找到共通的概念，可能極其困難。我們可能並未對身為非人動物的經驗擁有足夠了解，因為我們不理解該動物的「unwelt」，該詞是由生物哲學家雅各布・馮・烏斯庫爾發明，指的是某生物擁有的世界觀。[50]在靈長類或馴化的寵物身上，我們可能期望會有共同的觀點，但換成鯨魚的話有可能嗎？

此外，也不應低估翻譯上的技術困難，大自然聲響的錄音時常會包含許多物種的聲音，而要分辨這些物種，生物聲學家通常會人工標記數據集，以讓演算法學會如何分辨大象和老虎。但是一個試著透過收聽海洋錄音來教會自己抹香鯨語的非監督式演算法，將必須同時分辨出來自不同來源，實際上也是不同物種的細微聲響，這雖然有可能達成，卻需要依據各式各樣的物種和生態系統進行調校，這並非易事。

動物電腦互動

我們在探討跨物種翻譯時，也應了解另一個相關的研究領域：動物電腦互動（animal-computer interaction, ACI）。英國空中大學（Open University）的電腦科學家克拉拉・曼席尼（Clara Mancini）在二〇一一年發表的一篇宣言中，便解釋了ACI領域建立的原則。[51]曼席尼認為，許多非人物種都展現出了運用互動式數位裝置的能力，且甚至會以新穎又意想不到的方式使用。普及運算及環境運算的發展，使得人類更易於使用數位科技，對其他物種來說也是，特別是當我們能夠開發出可以和非人物種更優異的感官能力互動的裝置時，比如牠們的觸覺或回音定位能力。

曼席尼的宣言掀起了一股為其他物種開發創新數位裝置的浪潮，比如就有人為獵犬及協助犬開發出振動觸覺轠繩，這類數位轠繩可以偵測手勢，並評估狗兒和主人的心跳速度等生理指標，再將這類資訊轉換成雙向的信號，以便促進命令及溝通。[52]類似的裝置也能讓養象人透過象鼻對大象提供觸覺回饋[53]，ACI設計師甚至為牲畜開發出穿戴式裝置，某些還連接至虛擬和混合實境系統[54]，牲畜們，歡迎來到元宇宙！

ACI科學家也支持如果跨物種溝通能夠結合娛樂，將更可能永續發展的觀點。[55]為了測試這個構想，曼席尼和其他科學家為紅毛猩猩、豬、貓與蟋蟀開發了多物種電玩，振動觸覺版會為蟋蟀提供回饋，牠們可以和人類玩家一起玩《小精靈》。[56]豬豬追逐遊戲（Pig-Chase）則是使用互動式的觸控螢幕，讓人類可以和馴養的豬隻一起合作進行遊戲：人類玩家透過平板，控制豬隻圍欄中巨大觸控螢幕上的光圈，如果豬隻跟隨並引導光圈來到目的地，也就是某個幾何圖形上，光圈就會發亮並播放動畫。曼席尼也設計了數位裝置，讓馴養的大象可以挑選不同類型的預錄聲響，比如分辨鯨歌和大象的聲音，當成牠們消遣的方式。[57]這類創新中的某些也有實際應用，比如工作犬使用的觸控螢幕介面，以及用來刺激動物園或工業化農場中馴化動物的扮家家酒玩樂的裝置，據說這樣可以促進牠們的身心健康。[58]其他科學家也運用類似的技術教導其他物種符號，包括人猿、灰鸚鵡和豬。[59]科學家已運用各式各樣的科技，像是觸控式螢幕、互動式鍵盤、電視螢幕與聲學信號，證明了動物能夠參與符號溝通、擁有算術能力及形狀概念、可以自主學習。[60]

但這類實驗的對象有許多都是寵物或馴養在動物園中的動物，為了進一步驗證這些概念，科學家目前正結合人工智慧演算法與仿生機器人，目的便是要運用聲音、手勢、物理信號，在野生動物的棲地和其進行溝通，比如上一章討論到的蘭葛夫機器蜂，就被接納成為蜂巢的成員，可以在其中透過振動聲學溝通，來影響蜜蜂的行為。[61]科學家也已開發出類似的裝置，被魚群接納，並透過給予像是「往左游」的簡單命令，成功影響了其群聚行為。[62]也有裝置能夠對植物發出簡易的指令，比如「把根往這個方向長」。[63]仿生機器人也成功用來與各式各樣的物種溝通，包括蟑螂、鴨子、老鼠、蝗蟲、蛾、小雞、斑馬魚和七鰓鰻。[64]

其他科學家也在推動類似的計畫，比如人類、動物、機器人之中及之間聲音互動（Vocal Interactivity in-and-between Humans, Animals, and Robots, VIHAR）合作計畫，該計畫於二〇一六年創立，集結工程師、機器人學家、生物學家和語言學家之力，探討各式問題，主題圍繞人類、動物、機器人使用的語言及不同信號系統間的關係。[65]某些機器人學家想像的是一個仿生機器人在各式各樣的生態系統中遨遊，擔任人類及動物間翻譯的未來，神經科學家、電腦科學家和機器人學家正攜手合作，打造能夠自動學會動物信號的ＡＩ機器人，長遠的目標是要創造一個系統，動物在其中能夠為機器人提供必要的數據及回饋，使其能夠在不需人類撰寫程式的情況下學會「說動物的語言」。這樣的「演化型機器人」系統雖仍在萌芽階段，但以這類創新為基礎的商業經濟已開始崛起，現在已出現供動物使用的聲音辨識軟體，從鳥類、蝙蝠、土撥鼠，到狨猴都有，還有寵物及牲畜使用的穿戴式裝置，可以為主人譯解其聲響的意義。[66]

這類仿生翻譯的發明者認為，人類可以透過這種媒介發展出對於非人物種生命世界的欣賞及理解，某種程度上來說，這類機器人可說為歷史悠久的動物行為學，帶來了二十一世紀的版本，由機器人及電腦當作媒介，而非人類觀察者。我們的電腦不受人類的生理構造限制，可能比人類更有能力去理解另一種生物的生命經驗，另一種生物的「unwelt」。雖然對一條魚來說，「水」這個字可能確實不代表任何意義，或至少其意義和人類相比也截然不同，但是在溝通上而言，這和不同人類文化間的認知差距比起來，或許並沒有更難以解決，我們在翻譯世界上的不同概念及感官經驗時，都是在創造意義，但這並不會使翻譯無法達成，只是更複雜也更細緻而已。而從計算動物行為學家的觀點看來，我們應該要歌詠這樣的複雜性才對，因為這代表極度的多元，想像一下，如果我們能從鯨魚的觀點了解海洋，即便這種理解不甚完美，我們仍能獲得許多深入的見解。

這種對仿生機器人抱持的數位烏托邦觀點，遮蓋了一個倫理上的難題，我們真的會像「跨物種網路」計畫的創始者期望的那樣，運用這類機器人來促進跨物種之間的理解嗎？還是我們會運用這個新發現的能力，進一步馴化非人物種，並使其服從在我們的意志之下呢？這並不是個假設性問題：上述提及的許多裝置，開發目的都是為了在工業化肉類生產設施中使用。[67]在這類情況下，生物聲學可能淪為用來馴服先前拒絕人類生物的工具，使剝削變得更嚴重，而非保育大自然。身為人類和其他物種之間翻譯的仿生機器人，有沒有可能只是為了要命令動物聽從人類的指示呢？

同類聲學

有哪些道德指引可以在這個跨物種溝通因數位科技化為可能的新世界中協助我們呢？原住民傳統便為這些事物提供了見解及指引，和主流科學界相比，原住民學者及社群很顯然採用一種截然不同的途徑去解讀環境數據。全球人數約介於三億七千萬到五億的原住民，擁有及負責管理世界上四分之一的土地，包括世界各地將近百分之四十的陸地保留區和完好無損的生態地景。[68]許多原住民社群都擁有數位科技及環境保育專業，包括地理資訊系統（GIS）

測繪、數位追蹤科技與全球觀測。[69]然而，原住民的觀點卻常常在數位及環保領域的討論中被排除，他們在生物聲學及生態聲學領域也遭遇相同命運。此外，環保活動有時會將原住民實際逐出他們的居住領域，比如透過強制遷徙以建立國家公園所造成的保育難民，就是受到法律排除，無法參與居住領域的決策。[70]生物聲學及生態聲學身為科學研究領域及社群，也面臨重蹈相同排除策略的風險，這可說是某種環境殖民主義。原住民學者及相關人士的回應，則是認為《聯合國原住民族權利宣言》（United Nations Declaration on the Rights of Indigenous Peoples）中保障的原住民族數據權利及利益應該要被落實，這將需要科學家承認原住民的數據主權，在原住民領域中蒐集數據時也應依此與其合作。[71]

原住民的數位主權挑戰了公認的概念，即蒐集到的非人物種資訊不具備所有權。目前蒐集到的大多數生物聲學數據，都沒有遵照一般規範人類數據的法律保障及規則，例如數據隱私權等[72]，企業和科學家可以在最低限度的保全措施下運用這些數據集，最終要應用在人類身上的實驗性演算法，也可以在最低限度監督的情況下，先使用非人物種進行測試。[73]而在遵照原住民主權原則的狀況下，生物聲學研究未來可能會需要承認原住民族的所有權，或許也要將非人物種視為法人這類主體，並依此保護其數據，數據蒐集甚至從一開始就會受到禁止。[74]也可能會訴諸以原住民為中心的研究守則，例如代表「所有權、控制、近用、擁有」

的「OCAP」守則以及代表「集體利益、控制權、責任、倫理」的「CARE」守則等，還有傳統上代表「可搜尋、可近用、可通用、可重覆利用」的「FAIR」原則[75]，這類守則將會對數位聲學數據的蒐集、儲存與分享設下嚴密的保護。[76]

來自原住民知識持有者的另一個道德教訓，則是強調身處及歸屬特定地景的重要性，莫霍克族（Mohawk）暨阿尼西納貝族的學者凡妮莎・瓦茲（Vanessa Watts）便將這個概念稱為「地景思想」：我們的詞彙、概念、想法，都是源自並深植於特定的地景。而這帶來的必然結果便是：如果我們想和非人存在進行真正的溝通，那我們也必須和其棲息的地景及生態社群培養關係。[77]只有在我們了解其他物種「umwelt」的狀態下，也就是牠們在棲息的地景中所擁有的活生生具體經驗，人類才有辦法理解其他物種。數位傾聽無法讓我們接觸到「umwelt」，但深度傾聽可以，即便擁有高性能的數位翻譯裝置，我們依然需要花時間在土地上，單純只是傾聽，以便完全理解。雖然數位傾聽的威力強大無比，數位數據仍只是拙劣的替代品，無法取代在現場傾聽他者的具體經驗。

許多原住民學者也強調將非人物種的感官，視為人類與自然關係基礎的概念[78]，動物、植物、甚至是山脈之類的地景，便稱為非人之人，屬於大家庭的一部份，和人類共享祖先和關係。[79]屬於蘇族（Sioux）的拉科他族（Lakota）暨達科他族學者范・迪洛利亞（Vine

Deloria）便認為，這樣的「印地安形上學」，主張萬物皆充滿靈魂及意識，石頭、山脈、老鷹、鹿和熊都是[80]，而如同學者金・托貝爾（Kim TallBear）所解釋的，採取這樣的「跨物種思維」，便代表理解世界上的生命和非生命元素正持續進行對話。[81]從這個觀點來看，我們不應偷聽非人物種，而是應該要和其溝通，針對以共榮的方式分享我們共有的家園，展開一場互惠的對話，如同凡妮莎・瓦茲所提，阿尼西納貝族的長者解釋道，這類「豐饒又原始」的對話便深植於特定的地景關係之中[85]，而採取這種同類的哲學觀，讓數位翻譯裝置的發明者能夠運用關懷，並抱持管理的倫理來翻譯大自然的聲音，而非變相剝削。如同波塔瓦托米族的植物生態學家羅賓・沃爾・基默爾所寫：

> 波塔瓦托米族的故事，還記得所有植物和動物，包括人類在內，從前說的都是同樣的語言……但是這項天賦已然消逝，我們現在已不具備這種能力，而因為我們不再說同樣的語言，我們身為科學家的工作，便是要盡力拼湊起故事。我們不能直接詢問（非人物種）它們需要什麼，所以我們改用實驗詢問，並仔細傾聽其答案。[83]

基默爾解釋道，跨物種翻譯的其中一個挑戰，在於原住民語言中，概念的表達在文法結構上使用的是動詞，而不是英語中使用的名詞，比如山丘便總是處在身為及成為的「山丘化」過程中，而英語中認為是無生命的物體，比如植物或石頭，在許多原住民語言中，也都是視為有生命的。如同基默爾觀察到的：「英語的傲慢便在於，要擁有生命、要值得尊重，並在倫理上受到關懷的唯一方式，就只有身為人類。」相較之下，原住民語言則將非人物種視為有生命的，非人物種是主體，而不僅僅是客體，基默爾認為，這樣的「生命性文法」會鼓勵人們尊重非人物種。[84]

非人物種的語言也能表達出類似的生命性嗎？若是如此，為了要參與跨物種溝通，我們會需要學習完全不同的世界觀：有關生物的一種全新文法及詞彙。或許抹香鯨的名詞結構會跟動詞相同，並和牠們的家園一樣流動又瞬息萬變；或許鯨群的語言會擁有一套截然不同的感官指涉，和聲響有關，而非視覺類比，是和水、時間、深度相關的比喻；牠們說的語言也可能視不同時間及地點切換，在北極海的冰水中說某種語言，到生育區的溫暖海洋時則說另一種語言。而在這類語言中，聲響可能會結合費洛蒙、生物化學信號、姿勢來創造意義，所以只依賴聲學數據，我們可能沒辦法譯解非人物種的溝通。基默爾所謂的生命性文法，代表的便是其他物種的語言和我們自身的語言是截然不同的。

基默爾解釋道，從傳統知識的觀點看來，溝通是交織在關係之網中的，而特徵便是互相尊重及互惠，非人物種是我們的親戚，表親、阿姨、叔叔、祖母：是有感覺、有意識的存在。也許這一點也能為跨物種翻譯的倫理帶來啟發，在我們試圖學習其他生物的語言時，我們可能會接受牠們不僅是研究對象，而是我們的老師。

消逝在翻譯之間

二〇一二年，國際間的著名科學家聯合發表了《劍橋意識宣言》（Cambridge Declaration on Consciousness），其中包括某些參與「跨物種網路」計畫的科學家。由史蒂芬・霍金到場見證、《六十分鐘》（*60 Minutes*）節目紀錄的簽署典禮上，集結了認知神經科學家、神經藥理學家、神經生理學家、神經解剖學家與計算神經科學家，他們共同宣布，意識並非人類獨有的特質，宣言主張的觀點，便是各式各樣的非人物種，包括哺乳類、鳥類、許多其他生物、章魚在內，都擁有形成意識所需的神經基礎。[85] 黛安娜・瑞斯便是其中一名簽署者，她和其他動物科學家也開始發表他們對鯨魚的觀點：她宣稱，鯨類生物不僅擁有精細的腦部及意識，也擁有語言、文化與複雜的認知。[86]

這類極具爭議的宣稱仍然尚未受到證實，且遭到其他科學家激烈駁斥[87]，如同生物學家安琪拉・道索（Angela Dassow）所指出，研究生物聲學的科學家通常會避免提及意識，他們通常也會避免討論語言，因為「語言」一詞代表的是認知知識的傳遞。[88]生物聲學家確實小心翼翼地聚焦在狹隘定義的溝通概念上：為了引發其他生物的行為反應，所傳遞的資訊。由於受到這樣的限制，主流生物聲學家研究其他物種的溝通時，都是將其視為一種信號及反應機制，以避開棘手的意識及語言問題，但是假如溝通的定義僅僅是聲學的輸入及行為的輸出，那麼我們是在拒絕完整探討其他生物的能力嗎？當我們避而不問牠們是否擁有意識，我們是不是在強加人類更為優越的概念呢？「跨物種網路」計畫的創始人認為，生物聲學研究必須要直面這些問題。

有關動物語言及意識的討論將會持續延燒[89]，即便生物聲學研究確實揭露了非人物種溝通無庸置疑的複雜性和精細，大多數的生物聲學家仍避免討論哲學問題，他們研究的是聲響，而非語言，他們的興趣在於實證，而他們提出的問題也絕對實際：聲響和動物行為之間有什麼關聯？環境噪音汙染會對非人物種帶來什麼影響？還有我們該怎麼在面臨生物多樣性降低時，運用這類知識，為其他生物提供更棒的監控及保育？

確實，某些生物聲學家認為跨物種溝通的渴望，以及和非人物種意識相關的好奇，有可能會帶來分心的風險，他們的懷疑是雙倍的，學習非人物種的語言和譯解大自然訊息的意義，有可能無法達成。就算我們的ＡＩ演算法能夠譯解抹香鯨的語言，我們也有可能無法理解詞彙真正的意義，而且這類語言或許也沒有我們所理解的詞彙概念。此外，即便真的成功達成，跨物種翻譯也可能不會造成「跨物種網路」的創辦人如此渴求的人類和大自然關係轉變。

懷疑者也認為，考量到目前生物多樣性降低的災難性速度，我們也有更迫切的擔憂：等到我們真的弄懂究竟能否跟非人物種溝通時，許多物種可能早就在地球上絕跡了。因此某些科學家主張，我們反倒應該將生物聲學當成保育環境的工具，如同下一章中所探討的，以生物聲學為基礎的裝置，在保育瀕危物種上已經獲得了不少成果，某些人也確實希望生物聲學可以扮演要角，阻止現今襲捲全球的大規模絕種浪潮。

註釋

1. Reiss et al. (2013).
2. 鏡中自我認知的測試，是在一九七〇年代由美國心理學家戈登・蓋洛普（Gordon Gallup）提出，是個檢測動物是否擁有視覺自我認知能力的方式，參見：Gallup (1970)，也可參見 Bekoff (2002); Bekoff and Sherman (2004)。
3. Gershenfeld，引自TED演講，參見：https://blog.ted.com/the-interspecies-internet-diana-reiss-peter-gabriel-neil-gershenfeld-and-vint-cerf-at-ted2013/。
4. 參見 https://www.interspecies.io/about。
5. Andreas et al. (2021).
6. Bilal et al. (2020).
7. Allen et al. (2017, 2018, 2019); Ferrer-i-Cancho and McCowan (2009); Gustison and Bergman (2017); Gustison et al. (2016); Heesen et al. (2019); Semple et al. (2010).
8. 齊普夫—曼德博特法則在所有已知的人類語言間皆一致受到證實，該法則在個別的信號及其使用頻率間建立了量化的關係，又稱反冪次法則（inverse power law），隨著傳輸的資訊量增加，溝通管道的複雜程度也會提高，但這也使得動物需要更高的腦力及認知需求，以便同時達成準確的信號詮釋，並產生有意義的信號。而這造成了資訊內容和認知複雜度之間的取捨，平衡這樣的取捨，在人類語言的演化上可能扮演重要角色，且在所有形式的溝通上都可能是普遍情況。若是如此，類似的模式便能當成指標，衡量類似語言的非人物種溝通，相對而言，沒有出現這種模式的溝通系統，便很可能不會是複雜的語言，也就是說，動物聲響在齊普夫—曼德博特曲線上的頻率分布越為歧異，該物種發出聲響是複雜語言的機率便越低，參見：Fedurek et al. (2016); Ferrer-i- Cancho (2005); Ferrer-i-Cancho and Solé (2003); McCowan et al. (2005); Seyfarth and Cheney (2010)。

9. Matzinger and Fitch (2021).
10. Da Silva et al. (2000); Doyle et al. (2008); Freeberg et al. (2012); Freeberg and Lucas (2012); Kershenbaum et al. (2021); Shannon (1948); Suzuki et al. (2006).
11. 例子可參見Mann et al. (2021); Kershenbaum et al. (2021)。
12. Allen et al. (2019); Engesser and Townsend (2019); Speck et al. (2020); Zuberbühler (2015, 2018).
13. Bermant et al. (2019).
14. 參見：https://audaciousproject.org/ideas/2020/project-ceti。
15. Gardner and Gardner (1969); Gardner et al. (1989).
16. Hurn (2020).
17. McKay (2020); Pedersen (2020); Perlman and Clark (2015); Reno (2012).
18. Pepperberg (2009).
19. Ralls et al. (1985).

20. Eaton (1979).

21. Stoeger et al. (2012).

22. Hurn (2020).

23. Herzing (2010).

24. Kohlsdorf et al. (2013); Ramey et al. (2018).

25. Herzing (2014, 2015, 2016); Herzing and Johnson (2015); Herzing et al. (2018); Kohlsdorf et al. (2014, 2016).

26. Hooper et al. (2006); Kaplan et al. (2018); Marino et al. (1993, 1994); McCowan and Reiss (1995, 1997); Morrison and Reiss (2018); Reiss and Marino (2001); Sarko and Reiss (2002).

27. Reiss and McCowan (1993).

28. Meyer et al. (2021); Woodward et al. (2020a, 2020b).

29. 參見http://www.m2c2.net/。

30. 人工標記的流程如下：一開始會先提供志工放大的聲譜圖影像，並透過點擊影像收聽相應的聲音，接著再從計畫的資料庫中隨機播放需要配對的呼喚給志工聽，如果他們聽見相應的聲響就點擊聲譜圖，結果便會儲存成一筆配對，而透過大量志工重覆這個步驟，便能提升配對的可靠性。

31. Mager et al. (2021).

32. 創新的技術包括運用回譯和人造訓練數據，不過這些技術仍不夠完善，且AI演算法也無法逃過常見的缺陷，比如過度直譯、口語表現不佳和混淆不同的方言。

33. 在過去十年間，運用了一種特別的機器學習技術，稱為深度學習，又稱人造神經網路，並在自然語言處理的任務上達到優異的成果，包括機器翻譯和閱讀理解。這些神經網路學會將單字及順序視為向量，也就是擁有實際數值的方向性順序，而神經網路的一個重要創新，便是這類向量並不會遵循傳統的語言結構或法則，而是應用數學運算產出成果，換句話說，神經網路習得的語言能力，並非依賴有關語言法則或架構的先備知識，參見 Linzen and Baroni (2021)。

34. Mikolov et al. (2013).

35. Artetxe et al. (2017); Conneau et al. (2017).

36. Ethayarajh (2019)、Ethayarajh et al. (2018)、Schuster et al. (2019)，也可參見 Dabre et al. (2020)。

37. Acconcjaioco and Ntalampiras (2021); Huang et al. (2021); Wolters et al. (2021).

38. Chung et al. (2018).

39. 另一個編纂非人物種語言辭典的所需的素材，則是非人物種聲響經過標準化的音標字母，二〇二一年，計算語言學家羅伯特・艾克倫（Robert Eklund）便提出發明 animIPA，也就是非人物種版本的國際通用音標 IPA，這將能把其聲響特徵，比如與呼嚕聲和怒吼聲相關的氣流進出，整合成經過標準化的音標符號表，最終再變成通用符號。

40. Bekoff (2002); Bekoff et al. (2002); De Waal (2016); De Waal and Preston (2017); Dolensek et al.

(2020); Panksepp (2004); Preston and De Waal (2002).

41. Dolensek et al. (2020); Girard and Bellone (2020).

42. Neff (2019).

43. Roemer et al. (2021).

44. 有關BirdNET，參見Kahl et al. (2021)，也可參見Gupta et al. (2021); Zhang et al. (2021)。

45. 這個問題的解決方式，便是透過補充擁有背景噪音的訓練數據，以便模擬不同的聲學環境，參見Krause et al. (2016); Salamon and Bello (2017)。

46. Fairbrass et al. (2019); Salamon and Bello (2017).

47. Wndchrm演算法也已應用至分析天文學數據集（讓我們對銀河的旋轉有了新的發現）、流行歌曲（自一九五〇年代後越發悲傷及憤怒）、甚至是繪畫作品上，可以分辨印象派、表現主義、超現實主義（準確率超過百分之九十），參見Kuminski et al. (2014); Napier and Shamir (2018); Shamir et al. (2008, 2010)。

48. Bergler et al. (2021); Bermant et al. (2019); Kaplun et al. (2020); Lu et al. (2020); Mac Aodha et al. (2018); Shamir et al. (2014); Usman et al. (2020); Wang et al. (2018); Zhang et al. (2019).

49. Abbasi et al. (2021); Coffey et al. (2019); Fonseca et al. (2021); Hertz et al. (2020); Ivanenko et al. (2020); Marconi et al. (2020).

50. Barbieri (2007)、von Uexküll (2001, 2010)，也可參見Schroer (2021) and Tønnessen (2009)。

51. Mancini (2011)，也可參見Hirskyj-Douglas et al. (2018); Mancini (2016)。

52. Bozkurt et al. (2014); Byrne et al. (2017); Valentin et al. (2015).

53. French et al. (2020).

54. Neethirajan (2017).

55. Aspling (2015); Aspling and Juhlin (2017); Aspling et al. (2016, 2018); Barreiros et al. (2018); Grillaert and Camenzind (2016).

56. van Eck and Lamers (2006, 2017).

57. French et al. (2020).

58. Baskin and Zamansky (2015); Lee et al. (2020); Piitulainen and Hirskyj-Douglas (2020); Pons and Jaen (2016); Webber et al. (2017a, 2017b, 2020); Westerlaken (2020); Westerlaken and Gualeni (2014); Zeagler et al. (2014, 2016).

59. Cianelli and Fouts (1998); Fouts et al. (1984); Gardner and Gardner (1969); Gisiner and Schusterman (1992); Herman et al. (1984); Pepperberg (2009); Reiss and McCowan (1993); Schusterman and Krieger (1984, 1986); Sevcik and Savage-Rumbaugh (1994).

60. Amundin et al. (2008); Boysen and Berntson (1989); Egelkamp and Ross (2019); Herman et al. (1984, 1990); Kilian et al. (2003); Knörnschild and Fernandez (2020); Pepperberg (1987, 2006, 2009); Reiss and McCowan (1993); Savage-Rumbaugh and Fields (2000); Schus- terman and Krieger (1984, 1986).

61. Landgraf et al. (2011, 2012, 2018).

62. Bonnet et al. (2018); Bonnet and Mondada (2019).
63. Hofstadler et al. (2017); Wahby et al. (2016).
64. Bonnet et al. (2018); Cazenille et al. (2018); Gribovskiy et al. (2015); Griparić et al. (2017); Halloy et al. (2007); Katzschmann et al. (2018); Landgraf et al. (2012); D. Romano et al. (2017a, 2017b, 2019); W. B. Romano et al. (2019); Shi et al. (2014); Stefanec et al. (2017); Swain et al. (2011); Vaughan et al. (2000); Wahby et al. (2018a, 2018b).
65. Moore et al. (2017)，也可參見：https://vihar.lis-lab.fr/。
66. Mac Aodha et al. (2018); Bonnet et al. (2019); Brattain et al. (2016); Carpio et al. (2017); FitBark (2020); Haladjian, Ermis, et al. (2017); Haladjian, Hodaie, et al. (2017); Kreisberg (1995); Neethirajan (2017); Oikarinen et al. (2019); Siddharthan et al. (2012); Yonezawa et al. (2009).
67. Bonnet et al. (2019); Schaeffer (2017).
68. Garnett et al. (2018); Kimmerer (2013); Schuster et al. (2019).
69. Ansell and Koenig (2011); Kyem (2000); Louis et al. (2012); Pearce and Louis (2008); Pert et al. (2015); Rundstrom (1995).
70. Dowie (2009); Rundstrom (1991).
71. Carroll et al. (2019); Global Indigenous Data Alliance (2020); Kukutai and Taylor (2016); Kyem (2000); Rundstrom (1995). 72. Hagood (2018).
72. Hagood (2018).

73. Ritts and Bakker (2021). 74. Carroll et al. (2019).
74. Carroll et al. (2019).
75. Lovett et al. (2019).
76. Kukutai and Taylor (2016).
77. Watts (2013).
78. Salmón (2000).
79. Cruikshank (2012, 2014); Hall (2011); Kimmerer (2013). 80. Deloria (1986, 1999).
80. Deloria (1986, 1999).
81. TallBear (2011).
82. Watts (2013, 2020).
83. Kimmerer (2017, 251).
84. Kimmerer (2017, 131).
85. Low et al. (2012).
86. Marino et al. (2007); Reiss (1988); Reiss et al. (1997); Whitehead et al. (2004); Whitehead and Rendell (2014).
87. 例子可參見Andrews and Beck (2018)。
88. 例子可參見Hauser; Chomsky; Fitch與Pinker和Jackendoff之間的討論，參見：Fitch (2005, 2010); Fitch et al. (2005); Hauser et al. (2002); Pinker and Jackendoff (2005)。
89. Hurn (2020); Kulick (2017).

10

傾聽生命之樹

Listening to the Tree of Life

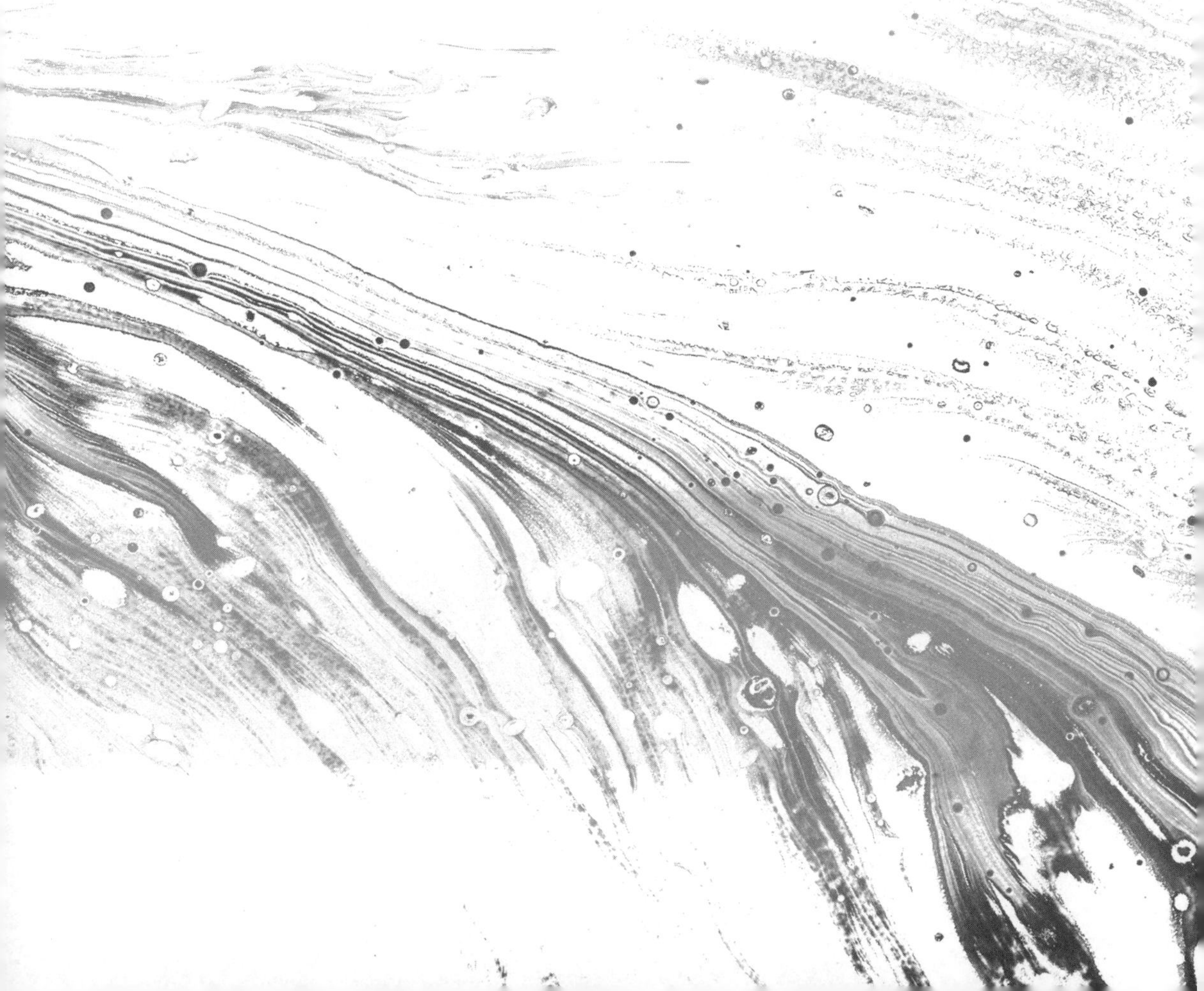

「讓我們重啟人們和生長中青翠萬物的對話，一個從未停止對我們說話的宇宙，即便我們遺忘了如何傾聽也是。」——羅賓・沃爾・基默爾，《編織聖草》

二〇一〇年，美國東北部海岸存活的北大西洋露脊鯨數量已不到四百隻，鯨群在工業化捕鯨終結後仍苦苦掙扎、無法復原，並成為世界上瀕危程度最嚴重的物種之一。那年夏天，牠們在緬因灣的傳統棲地遭到前所未見的熱浪侵襲，家園成為地球上升溫最快的區域[1]，不久之後，鯨群就在緬因灣絕跡，沒人知道牠們到哪裡去了，但科學家推測牠們成了氣候變遷難民，因亟需獵捕食物而遷徙。[2]

露脊鯨是世界上最大的哺乳類之一，主要以海洋中最小的生物之一維生：橈足綱生物。橈足綱生物屬於浮游生物，是世界上生物量最大的動物，也是許多海洋食物鏈的基礎，在寒冷、富含營養的湧升流海水中相當豐富，但隨著熱浪侵襲緬因灣，較冷的海水退往北方，橈足綱生物數量也開始陡降[3]，不久之後，鯨群便也消失了。[4]

幾個月後，鯨群出現在北方數百公里處的聖羅倫斯灣（Gulf of St. Lawrence），這是世界上最豐饒的海域之一，巨大的聖羅倫斯河將五大湖區的湖水排往大西洋，佔地球淡水總量超過四分之一。鯨群並非獨自向北遷徙，那一年，鮭魚也出現在麥肯錫河（Mackenzie River）

等北極河流，格陵蘭海岸邊也觀察到北方黑鮪，距離牠們已知的棲地範圍數千公里遠，正在尋找新的棲地。[5]鯨群進行了睿智的選擇：牠們來到了西地亞克海谷（Shediac Valley），這是個生物多樣性熱點，也是個海洋生物的庇護所。此地擁有豐富的食物，牠們應能蓬勃發展才對，但是聖羅倫斯灣同時也是世界上最為繁忙的船隻航行區之一，鯨群雖幸運找到一頓大餐，可是想要飽餐一頓，牠們就必須先通過海洋版的十二線道高速公路。

隨著鯨群在海灣聚集，船隻也越來越常撞上牠們，腫脹的鯨屍沖上海岸，皮膚被船隻螺旋槳割得支離破碎，鈍器挫傷的傷痕扭曲[6]，而卡在漁具中的鯨魚數量也創下記錄，這也時常會導致牠們死亡。二〇一七年，加拿大境內便有超過十二頭鯨魚是因纏到漁具及船隻撞擊死亡，接下來兩年間，又有另外八頭鯨魚死亡[7]，此外，很可能還有更多鯨屍在人類發現之前便沉下海床，對一個個體數量已如此稀少的物種來說，可說是敲響了喪鐘。[8]

政府官員不確定該怎麼做才好，因為很難掌握鯨群的位置，來自航空測量的數據常常沒有更新，有時候甚至是一年前的數據。[9]傳統的鯨群保護策略，例如禁漁令、劃定重要棲地、調整船隻路線，都是根據鯨群每年會固定在相同時間前往同一個獵場的假設。但是隨著海洋的狀況迅速改變，沒有人知道鯨群接下來會在哪裡出沒，科學家要求全面限制船隻航行：設下速限和禁漁令，直到找出鯨群新的遷徙模式為止，卻遭到漁民和船運公司抗議。政客也站在產業那邊，在數據不足、無法佐證的科學面前，漁業和船運公司一如既往繼續運轉。[10]一年過去了，接著第二年，鯨群持續死亡，到了二〇一九年，有十分之一的鯨魚死於船隻撞擊及纏到漁網，總數超過五十頭，拯救牠們的時間正逐漸消逝。[11]

為了防止更多鯨魚死亡，必須面臨兩個挑戰：找出鯨群的確切位置，並及時警告船隻，避免其撞上鯨魚。生物聲學便是應對這兩個挑戰的創新解決方式。漁業機關過往依賴航空測量來監控鯨群，但這個方法昂貴又沒效率，還時常受到糟糕的天氣阻礙，新布蘭茲維大學（University of New Brunswick）的教授金柏莉・戴維斯（Kimberley Davies）這類當地生物學家，則深知被動式生物聲學監控可以提供鯨群位置的持續追蹤，且準確度更高，成本也更低。[12]過去十年間，像戴維斯這樣的海洋生物學家，都在開發及調整被動式聲學監聽系統，當成追蹤鯨群移動的方法，他們的數據證明許多鯨魚都在北方的高緯度地區待上更久時間，並極為準確地找到了鯨群的位置。[13]

戴維斯使用方法的關鍵，在於一項創新的生物聲學裝置：一部搭載水下麥克風的自動化水下聲學滑翔機，有點類似海洋版的無人機。戴維斯解釋道，這類滑翔機「不管什麼天氣都能待在外面，每周七天、每天二十四小時持續監控」。[14]當她於二〇一九年開始回報鯨群位置的數據時，她發出了警告。她的滑翔機來來回回在水中採集數據後，發現鯨群使用的區域比先前理解的還更廣大，戴維斯於是警告官員：除非馬上在更廣大的海域實施更廣泛的船運和漁業限制，不然就會有更多鯨魚死亡。不顧他們的反對，她提出了她的生物聲學解決方案，如果滑翔機偵測到露脊鯨，就會將位置傳給政府官員、漁民、船隻的船長，接著偵測位置附近整片將近兩千五百平方公里的廣大海域，應禁止從事特定漁業活動十五天，包括補龍蝦及螃蟹在內[15]，如果在某些區域再次偵測到鯨魚，該區域整個捕魚季就都將封閉。此外，在指定的慢速區中，所有船隻也都必須遵循法定速限，速度必須低於十節[16]，船隻的速度越慢，撞擊致命的機率就越低。這些區域的邊界也會根據鯨魚目擊的情況及海洋的狀況動態調整，例如會影響鯨群聚集的水溫，此外，在鯨群風險較大的區域中，超速的船隻可能會遭罰高達二十五萬美元的罰金。[17]鯨群位置及速限相關的數據，則會公告在開源的地圖上，向該區域的所有船隻放送，因此不能以不知情為由。

加拿大政府機關在持續協商之後，決定採用這個以生物聲學為基礎的系統，當作聖羅倫斯灣管理架構的一部分[18]，戴維斯的滑翔機也經過重新調整，在新設立的機動式海洋保育區中使用。計畫馬上斬獲成功：滑翔機初次發射的幾小時內，便偵測到鯨群並發出信號通知船隻減速，於是在二〇二〇年及二〇二一年間，聖羅倫斯灣便沒有任何露脊鯨死於船隻撞擊的記錄了。[19]

北大西洋露脊鯨的故事可說是一則寓言，描繪了一個生物聲學可以用來保育世界各地瀕危物種的數位未來，幾部水下無人機，以及大學某間小型實驗室中的人工智慧演算法，便能使四百隻鯨群，在一個四千五百萬人活動的水域中，控制數萬艘船隻的移動。換句話說，數位生物聲學不僅能讓我們偷聽鯨群，也能保護牠們，只要不要擋牠們的路就好了。

全球各地也正在打造類似的系統，包括陸生及水生環境，等到機器學習演算法足夠可靠，下一步就會是直接將其安裝到野外的感測器中，如果每個感測器內的演算法都能即時分析數據，就能開啟生態保育各式各樣的新可能。比如國家公園中即時偵測槍聲的ＡＩ聲學感測器，就能為防盜獵巡邏隊發出立即警告，以即時生物聲學數據為基礎的機動式保育區，在環境保育的未來上也將能扮演重要角色。

要達成這個目標，讓野外的感測器擁有運算及數據儲存功能（科學家有時也將其稱為「邊緣運算」），就必須克服兩大挑戰：可靠的感測器電源供應，以及可靠的通訊網路，包括在沒有手機訊號覆蓋的偏遠地區也是。專家認為，這類挑戰在接下來十年內將會受到解決，比如電源的問題，就可以透過開發出不需要這麼多電力，或者不需使用電池的新感測器來解決，而全新的全球衛星通訊網路系統也可以解決通訊的挑戰。某些科學家也預測，這個「無電池聲音網路」在不到十年內就可以開始運作[20]，如果這項預測成真，將會使即時聲學環境保育化為可能，以保護瀕危物種，且範圍涵蓋地球最繁忙到最偏遠的角落。

掌舵的鯨魚

為了要成功，以生物聲學為基礎的保育系統會需要人類接受某件非常新穎的事：根據某個我們看不見或聽不見的東西，改變我們的行為。看見麋鹿穿越馬路時放慢速度是一回事，因為電腦告訴你偵測到附近有鯨魚而改變貨輪的航道又是另一回事。要讓生物聲學保育計畫成功運作，就必須培養對這些創新科技的信任，並相信其成果，也就是拯救瀕危物種比付出的代價還重要。

世界上最為野心勃勃的生物聲學計畫之一在加州海岸發起，試圖改變全球船運業的思維。各界都在密切注意，如果船運業能夠及時支持以生物聲學為基礎的保育方式，將立下重要的全球先例。加州的案例象徵的便是全球鯨群保育的挑戰：隨著貿易全球化，船運業也蓬勃成長，大船提高其平均速度，因而在許多交通繁忙的海域造成撞擊鯨魚事件激增。[21]洛杉磯北部的聖塔芭芭拉海峽是世界上最繁忙的航線之一，長度堪比摩天大樓的油輪在此屢見不鮮，此地同時也是瀕危長鬚鯨、座頭鯨和藍鯨的傳統遷徙路線及覓食區域，這些鯨魚身為地球上體型最大的動物，特別容易撞上船隻。在海峽中，船隻距離水面如此之高，鯨群根本很難看見，遑論閃避了。十年前，聯邦政府設立了自願慢速區，證據顯示，能夠大幅降低鯨魚死於船隻撞擊的機率[22]，但是只有不到一半的船隻願意遵守自願速限。[23]在南加州，二〇一八年和二〇一九年是記錄上鯨魚死於船隻撞擊最慘烈的兩年，但即便是數據如此慘烈，也很可能低估了真正的數量，因為大多數鯨屍在沖上岸前都已沉入海底。[24]

為了因應，加州大學聖塔克魯茲分校（University of California, Santa Cruz）的海洋科學家摩根・薇薩里（Morgan Visalli）率領的團隊開發了一套先進的生物聲學鯨群保育系統，叫作「Whale Safe」，將生物聲學與其他三種數位科技結合。[25]首先，水下監控系統使用生物聲學自動偵測鯨群的呼喚[26]，以水下麥克風陣列偵測及處理聲響，且透過人工智慧演算法不僅能夠辨識出鯨群，也能得知牠們究竟是藍鯨、座頭鯨、還是長鬚鯨，這些數據接著透過衛星傳輸給鯨魚科學家進行檢查及確認。第二，聖塔芭芭拉的海洋科學家也會運用能夠預測鯨魚可能位置的模型，並將海洋溫度、海床地形、海流等海洋學數據，與過去使用衛星標記進行的鯨群位置研究結合[27]，海洋的溫度和情況每天都會改變，鯨群的移動也是，而模型能夠提供接近即時的高度準確預測。第三，科學家的預測也會加入實際的鯨群觀察補充，觀察則是由民間科學家、船員、賞鯨船透過手機應用程式記錄得來。[28]第四，Whale Safe也會追蹤船隻位置[29]，並結合所有數據，生成類似學區警示標誌的鯨魚出現等級，綠色代表沒有鯨魚、黃色代表小心前進、紅色則表示鯨魚出現，請放慢速度，再透過智慧型手機或平板即時傳給各船的船長[30]，並鼓勵船長放慢速度及派出更多船員注意情況，最後再追蹤船隻，看看是否有遵守自願慢速區的規定。Whale Safe也能透過通知立法機關鯨群在某個區域是否停留了比預期還久的時間，來協助他們決定是否要擴大慢速區的範圍，又該如何實行。Whale Safe團隊接著也會監控船隻，並公布記錄卡，其中記錄了船隻遵循速限的情況，不遵守的船隻就會得到「失敗」的評分。而為了要進一步提高遵循的意願，科學家也正在開發能安裝在船頭的紅外線熱像儀，功能便等同行車記錄器，可以即時偵測鯨群及相關撞擊，未來如果船隻不遵守為鯨群保留的指定禁航區，就會被逮個正著。[31]

Whale Safe可說是過往方法的大幅改進，舊方法既不精準，又依賴參差不齊的數據，還需要科學家從海中取回錄音設備才能開始分析，這導致了數周至數個月不等的時間延遲。科學家現今則是可以生成接近即時的鯨群出現預測，非常類似天氣預報，能夠提供鯨群出現在不同地點的機率預測。[32]二〇二〇年中獲得成功後，團隊目前也計畫將範圍拓展至舊金山灣。

類似的計畫在世界各地也如雨後春筍般出現，比如最近在紐西蘭北島及南島間的南塔拉納基灣（South Taranaki Bight），科學家便運用生物聲學成功辨識出獨特的藍鯨群棲息於此。帶頭的科學家莉亞・托雷斯（Leigh Torres）曾因提出有鯨群棲息於此的假設飽受批評，船運業及採礦業的支持者認為鯨群只是遷徙經過此處，而大多數的鯨群確實也只是路過，但托雷斯結合基因測試的嚴密生物聲學研究，證明了此處的藍鯨族群擁有獨特的基因，且常年棲息於此。[33]此地的海床採礦申請通過時，這項有關獨特族群的新發現知識，掀起了一股全國性的拯救紐西蘭藍鯨運動，並在最高法院宣判撤回海床採礦的許可，同時施壓政府全面禁止海床採礦時達到最高潮。[34]科學家同時也開發出藍鯨位置的預測模型，以便在南塔拉納基灣設立動態的機動式保育區。[35]

薇薩里指出，只要船隻放慢速度，受益的就會是更大的社群，放慢的船隻不僅撞到的鯨魚比較少，造成的噪音汙染也較低，環境汙染物及二氧化碳排放量也會降低。拯救鯨魚免於受到船隻撞擊也有助於減緩氣候變遷，為全球環境帶來助益，因為鯨群的碳封存效率非常之好，每頭鯨魚死去時平均能封存三十噸二氧化碳，將這些碳帶離大氣層好幾個世紀，相較之下，一棵樹木每年平均只能吸收約二十二公斤的二氧化碳而已[36]，所以從氣候的觀點看來，每頭鯨魚都等同上千棵海底樹木。此外，鯨群也能透過排出富含營養的廢物，為海洋「施肥」，來進行碳封存，這回過頭來也會增加浮游植物的數量，進一步促進碳封存，所以某些科學家將鯨群稱為「海洋生態系統工程師」。二〇一九年，根據國際貨幣基金（International Monetary Fund, IMF）經濟學家的估計，每頭鯨魚為生態系統提供的服務價值超過兩百萬美金，他們也呼籲基於經濟誘因，創立全新的全球計畫，將鯨群數量恢復到工業化捕鯨崛起前的水準，並當成氣候變遷「自然解決方案」的其中一例。[37]

各界現已開始呼籲創立全球性的鯨群復育計畫，以便支持海洋生物多樣性，並減緩氣候變遷，科學家目前也正在開發能夠將生物聲學監控及保育區，拓展到全球海域的治理架構。生物聲學鯨群保育系統現在只存在於個別的海域，但未來由生物聲學收聽站組成的網路，將能在世界各地的海洋創造出充滿彈性的「鯨群航道」，並由鯨群自己控制。

機動式保育區

跨政府氣候變遷小組（Intergovernmental Panel on Climate Change, IPCC）有關海洋狀況的最新報告，預測海洋熱浪、海平面上升、珊瑚礁死亡、融化的海冰，將使目前的生物多樣性程度大幅下降。[38]隨著全球海面溫度逐漸上升、洋流變遷、極端天氣事件越發普遍，海洋生物的大遷徙也已然展開。[39]由於全世界的海洋生物以無法預期的方式移動，在各地海域設立機動式保育區的計畫，可能會成為必要又廣泛的保育措施，而運用數位生物聲學傾聽這些生物的存在也會變得更加迫切，成為海洋治理的「新常態」。

機動式海洋保育區背後的某些基礎建設，在聲學遙測網路中早已存在，例如澳洲的整合式海洋觀測系統（Integrated Marine Observing System, IMOS）、美國NOAA的海洋噪音參照站網路（Ocean Noise Reference Station Network）、南非的聲學追蹤陣列平台（Acoustic Tracking Array Platform）[40]，這類收聽網路，可以協助搜尋瀕危物種的存在，並預測海洋生物的移動方式，讓海洋保育區能夠回應環境狀況的變化。[41]隨著北極海融化的新區域開放航行，比如在白令海峽這類對船隻和遷徙鯨群來說都相當狹窄之處，就會需要新的措施來防止船隻及鯨群相撞。[42]

這類機動式海洋保育區便是創新策略前景可期的例子之一，而這類策略隨著科學家和環保人士應用數位科技面對環境挑戰，也開始崛起。即便人類已追蹤動物的足跡數千年了，為了生存，也為了管理及保育野生動物，數位工具帶來的監控程度依然是前所未見的。過去十年間，體積變小、成本降低、能夠連上網路的新型追蹤科技逐漸普及，為生物記錄帶來了全新的盛世，不管是小如昆蟲的物種，或是鮭魚及烏龜等會長距離遷徙的物種，都能夠精準監控[43]，而這類追蹤中雖有部分是透過視覺，但大多數都是透過聲學。[44]

這點為何重要呢？隨著生物多樣性降低的速度加快，地球的第六次大滅絕也來勢洶洶，許多動物都透過改變生活習慣，比如變成夜行性，或是遷徙到新的棲地來因應，而由於人類持續破壞陸地和海洋棲地，還有全球氣候，這為保育工作帶來了一個新的問題：由於氣候變遷，瀕危物種的棲地正在消失或改變地理位置。為了保育牠們而設立的保護區，已不再擁有牠們賴以為生的食物或合適的棲地，因此對越來越多的物種來說，這類保護區必須要是機動式的。

由於在接下來幾十年間，地球還會增加大約兩十億人口，生物聲學因而成了我們最棒的選項之一，以平衡人類和其他物種之間的活動。結合機器學習等先進人工智慧形式的數位聲學監控，讓科學家能夠即時模擬動物的生物多樣性，這可以用來追蹤喜愛發出聲音的物種，以及依賴或和這類物種密切互動的不會發聲物種[45]，而這也能回過頭來協助調整或限制人類的移動，尤其是在最敏感的地點，以及最敏感的時段。比起建立少數幾座國家公園，我們應該建立大量範圍不斷變動的「安全區」，跟隨動物在世界上快速變遷的棲地間遷徙，但是當然，生物聲學保育計畫並不能應付所有對生物多樣性的威脅，比如化學汙染等，不過這類方式仍然是保護生物多樣性的不二法門之一。

此外，也可以運用生物聲學科技來防範保育相關犯罪，比如生物聲學目前就用於監控爆破漁業的空間分布及熱點，漁民在這種漁法中，會使用非法取得或自家以煤油和肥料製作的炸彈，因而又稱海洋版的盜獵大象，他們會鎖定魚類密集的珊瑚礁，運用爆裂物殺死及炸暈魚群，這樣便更容易捕獲。爆破漁業也越來越常鎖定鮪魚等深海魚，爆破之後再以人工潛水方式捕獲，存活的魚類很可能已經殘廢，並出現永久聽力受損，這將影響物種未來的存活率。爆破漁業在東南亞的珊瑚金三角（Coral Triangle）及坦尚尼亞相當盛行，很難監控及防治，一般來說，小規模的漁民都很容易躲開不常出現的巡邏隊[46]，而結合自動化演算法偵測爆炸衝擊波的被動式聲學監聽，便能輕易找出遠達五十或六十公里外的非法漁業活動，協助執法單位快速逮捕罪犯。[47]

除了協助人類找出或避開瀕危的海洋生物外，聲學科技也能幫助海洋生物避開人類。隨著關注漁業極高混獲率的全球意識逐漸崛起，特別是捕獲到烏龜、海豚與鯨魚，也開發出了可以警告海洋哺乳類及魚類的聲學警報。現今船隻、漁網、碼頭與圍欄上搭載的成千上萬數位聲學威嚇裝置，便是用來警告海洋生物，甚至可以針對特定的物種調整威嚇。[48]然而，有些人仍擔心警報是弊大於利，比如對某些物種有用的聲學威嚇，可能會對其他物種產生負面影響，很像是裝了很亮的燈想嚇跑強盜，卻造成了擾鄰的光害。[49]此外，聲學威嚇累積的噪音也可能導致聲學遮蔽，也就是聲學空間中的某種模糊聲響，即便噪音音量頗低，也有可能出現，這種長期的背景嗡嗚聲，雖不會馬上殺死海洋生物，卻可能會壓縮其溝通空間的品質及範圍，動物可能會陷入沉默，或只能聽見近距離內的聲音，而對魚類或海豚來說，這就像是慢慢耳聾及失明。[50]為了因應，海洋生物聲學領域的某些科學家，已開始呼籲使用更安靜的科技及替代方案，來取代聲學威嚇[51]，但是即便我們決定放棄聲學威嚇，光是這樣也無法處理海洋生物面臨的更大、更廣泛威脅：越發嚴峻的環境噪音襲擊。

沉默的嘈雜海洋

二〇〇一年九月十一日，這個陽光明媚的美好秋日早晨，生物學家羅莎琳・羅蘭（Rosalind Rolland）正準備好要將她的船開進芬迪灣（Bay of Fundy）平靜的水中。當他們從收音機中聽到恐怖攻擊的消息時，感覺非常不真實，一會兒後，團隊便決定無視他們心中的恐懼，把船開到外海上，因為如同羅蘭所說，海灣「對靈魂來說很祥和」。[52]到了海上，團隊讓自己忙於手邊的任務：蒐集鯨群的排泄物樣本，這是露脊鯨健康及生殖研究的一部分，回到實驗室後，他們將分析樣本中和鯨群壓力及健康相關的賀爾蒙濃度。

海洋學家蘇珊・帕克斯當時也乘船出海，為一項露脊鯨母子社會行為的研究蒐集數據，雖然在攻擊發生後的那周，多數船隻都回到碼頭，帕克斯仍持續前往海灣錄音。帕克斯和羅蘭是唯二在這段極度安靜的期間，繼續到海灣工作的鯨魚科學家，她們在好幾個月後才發覺，可以結合彼此的數據，回答一個突破性的問題：海中的噪音程度降低，是否和鯨群較低的壓力有關聯呢？

這是個迫切的問題，因為自從一九五〇年代後，在許多海域中，海洋的噪音每十年都會加倍[53]，這很大一部分是由海洋加劇的工業化所造成的[54]，貿易的成長及全球化，使得商船的噸位提高了十倍，而近年間，深海原油和天然氣資源的殖民競賽，也讓震波探勘活動激增，再加上越來越多的船運、聲納、建設、聲學威嚇裝置，使得海洋到處充斥工業的喧囂聲。[55]

帕克斯和羅蘭的實驗，因而捕捉到數十年來的壓力對鯨群造成的影響，她們聯合分析的成果也登上頭條：在九一一事件後短暫的寂靜中，鯨群的壓力程度顯著降低。[56]隨著海洋噪音程度降至原先的四分之一，也可以在鯨群身上壓力相關的賀爾蒙分泌上觀察到類似的下降，而船運及噪音再度復甦，鯨群的壓力賀爾蒙濃度也會隨之上升。同樣的現象也出現在人類身上，曝露在噪音中，和更高的血壓、更高的壓力賀爾蒙濃度、心血管問題、冠狀心臟疾病相關[57]，不過先前從未有人證實噪音汙染對鯨群的影響。[58]

好奇的科學家開始對其他海洋生物進行實驗，並在各式各樣的物種身上發現類似的結果，就連魷魚這類無脊椎動物也是。[59]二十年後，出現決定性的證據：海洋噪音汙染不僅會提高海洋動物的壓力，也對其健康造成許多有害影響。即便是低強度的聲響，比如來自遠方貨輪的聲音，甚至是遠處的車輛及飛機，都會導致章魚憋氣，牡蠣則會闔上外殼。[60]海洋噪音累積造成的各種負面影響相當驚人：可能會造成發展遲緩、干擾繁殖、妨礙成長、影響睡眠、甚至當場殺死生物。[61]水下的震波探勘則是其中一個特別嚴重的噪音汙染來源：只要發射一發探勘用的空氣震波槍，就能讓遠在爆炸位置一・六公里外的魚類耳聾，並殺死海洋食物鏈的基礎浮游動物，也會使海豹及鯨魚等大型海生哺乳類喪失聽力。[62]而且因為聲音在水下傳遞的狀況如此之好，後續效應也不只是會影響個體而已，而是會橫越整個海洋生態系統。[63]

噪音導致的類似負面健康影響，在陸生物種上也已被發現。[64]人為的噪音會妨礙其繁殖、覓食、打獵、遷徙與活動模式，也會干擾動物的神經內分泌系統（造成皮質醇濃度提高）、生理構造（導致呼吸加快）、溝通能力，使牠們更難聚集、交配、狩獵、社交。[65]人類產生的噪音增加時，動物也會提高音量，就像人類在吵雜的背景中會拉高音量，以讓他人聽見一樣，這可能會消耗動物儲存的能量，讓牠們無力從事其他重要活動。[66]

如果動物試著逃離吵雜的噪音，那麼其他生態過程，比如種子傳播及授粉，就會受到影響。[67]在一項創新的「幽靈之路」研究中，科學家在愛達荷州的幸運峰州立公園（Lucky Peak State Park）一區無路可到的森林，沿途放置了十五部擴音喇叭，喇叭播放的是高速公路的錄音，以評估鳥類的反應。有三分之一的鳥類完全避開這條幽靈之路，其中幼鳥是最容易離開的，特別是剛滿一歲大的鳥，留下來的鳥則在身體機能上出現退化，而且無法增加體重，這是個相當麻煩的結果，因為對許多會遷徙的鳥類來說，中途停留補充體力在生存上相當必要。科學家也注意到，到了二〇五〇年以前，人類新建造的道路就將能夠環繞地球超過六百圈，而種種減緩措施能否降低後續人為噪音汙染的影響仍有待觀察[68]，就算是在國家公園和保育區中，動物也已在面對成長中的人為噪音狂潮。[69]

最令人擔憂的，或許是噪音汙染似乎也會干擾各式物種的胚胎發展，生產前的聲響會形塑動物的存活機會，因為胚胎的聲學發育會透過大腦連結、內分泌、基因表現的改變，影響動物的生理構造和認知。在健康的生態系統中，這能協助動物適應牠們的環境，許多物種的子代在孵化時都會認出親代的呼喚，某些物種，例如錦花雀，甚至會根據親代在出生前的呼喚種類，來調整自己的體型。干擾音景因而可能會以我們尚未完全理解的方式，對其他生物帶來嚴重傷害。[70]我們確實了解的，是動物即便對細小的噪音改變也極度敏感，在某項研究中，便發現汽艇對魚卵的影響，是視引擎種類而定，雖然所有的汽艇馬達都會使魚卵心跳加快，和較安靜的四行程船隻相比，使用二行程舷外馬達的船隻所造成的影響超過兩倍[71]，某篇《科學》期刊的文章便總結了絕望的結果：人類噪音正在擾亂魚卵。[72]

海草之歌

近期一項針對地球上最古老植物之一的研究，便強調了噪音汙染帶來的破壞，特別是對海洋世界而言：又稱「海洋大平原」的海草草原。除了南極洲之外，我們所住星球的海岸地區曾布滿海草，海草草原的範圍及重要性堪與珊瑚礁匹敵，能為許多海洋生物的子代提供食物和庇護、保護海岸免遭侵蝕、協助營養循環、固定海床、改善水質，而如同陸生森林，海草也是重要的碳匯，協助穩定全球氣候[73]。過去數十年間，世界上許多海岸地區都出現毀滅性的海草破壞，跟亞馬遜雨林面積一樣大的海草草原就此消失[74]，科學家將原因怪罪在各式各樣的威脅上，氣候變遷、化學汙染、船隻停泊和挖掘、來自植物淡化的過鹹海水等。但是加泰隆尼亞理工大學（Universitat Politècnica de Catalunya）的資深環境工程科學家瑪塔・索莉（Marta Solé），懷疑噪音汙染是否也該是怪罪的對象之一。

索莉在博士班受米歇爾・安德烈（Michel André）指導時，就已建立擅長創新研究的名聲，她研究的是人為噪音對沒有耳朵的海洋生物會有什麼影響，對象包括章魚等頭足綱動物、珊瑚及水母等刺細胞動物、蝦子等甲殼類動物、以及魚虱。[75]不過，她提出的海生植物噪音敏感度研究，仍是未經探討的領域。她決定專注在世界上最古老的海草海神草（*Posidonia*）上，這類海草是以希臘神話的海神波賽頓命名，化石記錄可追溯至白堊紀。其中一種生長緩慢、行無性生殖、屬於地中海特有種的大洋海神草（*Posidonia oceanica*），生長出的根莖網路便能延伸好幾公尺深，甚至一度覆蓋整個海岸線，其隨波逐流的果實又稱「海中橄欖」。[76]這類海草草原相當古老：某個在西班牙伊比薩島（Ibiza）南岸發現的族群就已存在超過十萬年，實際年齡很可能接近二十萬年，使其成為世界上最古老的活體植物。[77]

索莉在早期研究中發現，頭足綱動物是以稱為平衡囊（statocyst）的小型感覺受器聽見聲音[78]，曝露在類似海洋震波測試及船隻噪音的頻率下時，對平衡囊的傷害便相當明顯：平衡囊會膨脹、爆炸、死去，很像人類的耳膜因巨大噪音受損的情況[79]，而胚胎也同樣會受到傷害，表皮會遭到大範圍破壞，纖毛也會受損。[80]

索莉在想的是，海生植物有沒有可能也受到海洋噪音汙染類似的影響呢？[81]海草和其他海生植物相同，都擁有類似平衡囊的構造：稱為造粉體（amyloplast）的胞器，能夠協助植物根據重力定位、控制根部方向、並透過水中的粒子移動偵測聲響。[82]科學家知道造粉體在大洋海神草根冠及莖部的特定細胞內數量非常多，那麼噪音會像傷害章魚一樣傷害海草嗎？

如同她對海生動物所做，索莉在實驗室的水槽中裝設了海草樣本[83]，控制組維持原樣，實驗組則是以大聲的低頻率噪音瘋狂轟炸，類似船運和水下震波探勘等工業活動產生的聲響，她接著檢視了根部和莖部的細胞，以及附著在根部的共生菌類。在控制組中，造粉體完好無損，但曝露在噪音之中的實驗組植物，造粉體卻嚴重受損，數量也大幅降低。科學家也透過掃描用的電子顯微鏡，觀察到造粉體和章魚平衡囊之間毛骨悚然的相似處：受損及炸破的細胞從孔洞中流出內容物。就像章魚一樣，海草的感官受器也出現嚴重的永久性損害，科學家推測，這類損害可能會影響植物感知重力及儲存能量的能力，這是其生存所需的兩大基礎功能，更令人擔憂的還有：附著在根部的共生菌類也同樣受損，其退化代表植物可能發覺更難從海中獲得營養。

索莉的研究可說向科學界發出了衝擊波[84]，海草科學家從沒想過噪音會是個威脅，生物聲學家也沒有思考過海生植物受到環境噪音傷害的可能性，這些發現對於海洋生物多樣性的保育擁有重大的意義。隨著離岸活動激增，從開採海床石油和天然氣到再生能源建設等，卻沒有什麼人注意到聲響對海洋植物造成的影響，雖然尚未決定噪音曝露的門檻，但這門崛起中的科學，最終很顯然將會顛覆海洋工業活動的相關准許及運作。如同索莉解釋的，如果海中所有植物和動物都對聲響相當敏感，那麼噪音汙染就不只是屬於個別物種的議題，而是整個生態系統的問題，米歇爾・安德烈也認為挑戰現在已十分明顯：「比起僅是設立門檻保護特定的物種，我們必須發展出解決方案，全面限制海洋的環境噪音汙染才對。」這對全球的船運業及採礦業而言，可不是什麼受歡迎的消息，但是如同安德烈所說，生物聲學科學界現在已把立法機關「逼到擂台邊緣，背靠著牆壁了」。[85]

安德烈也提出設計一套生態聲學指數來評估生物的活動及環境噪音汙染的影響[86]，他的推論如下：一個生物活動豐富的區域，也會擁有複雜又多元的音景。而用來監控音景隨時間演進情況的動態生態聲學指標，便能計算生態系統的健全度變化，並透過聲學模式的改變進行評估，且比起視覺方法更為精準，成本又低廉許多。[87]現今已存在許多生態聲學指數，但通常都需要強大的運算能力，不過安德烈認為，目前硬體及軟體都已足夠穩定，成本也夠低，可以將生態聲學指數整合至全球規模的環境監控系統中，此外，生態聲學指數也會需要精準校正巨量的數據，但安德烈也指出，世界各地超過一百五十座的生態聲學觀測站，早已每天二十四小時持續傳輸數據超過十年時間了。

如果安德烈是正確的，一套通用的生態聲學指數將成為二十一世紀環境健康的新標準[88]，如同公尺和公斤等國際單位制（International System of Units）促進了商業的標準化，並加速了貿易全球化，全球生態聲學指數的發明，也能當成全球生態監控系統的先驅，而這也將成為立法機關強大的工具，以對抗工業噪音汙染。

那麼我們為什麼會想要發明一套全球生態聲學指數，這又能達成什麼目的呢？如同安德烈所解釋，如此一來，生態系統的健康報告就能結合來自許多不同觀測站的數據，以監控環境健康，非常類似天氣預報也會結合數千座雨量及溫度監控氣象站的數據。而在全球氣候變遷的面前，我們也可以對生態系統如何變遷，以及動物遷徙的方式，擁有更深入的理解。此外，透過存檔每一筆錄音，我們也能為全世界的物種建立一座記憶銀行，這對未來的科學家來說可是無價之寶。不過安德烈認為，發明生態聲學指數最重要的理由，仍是因為環境噪音汙染不只是全世界面對最主要的威脅之一，同時也是少數幾種我們可以輕易減輕的汙染。噪音是一種點源汙染（**point-source pollutant**），只要終結來源，造成的影響就會急遽下降，而且也不像二氧化碳或持久性化學物質增加的程度，可能需要數十年或好幾個世紀才會消失，噪音汙染很容易就能恢復，帶來的效果因而相當立即，也很可能擁有深遠影響。生態聲學指數可以為環境噪音設下門檻，讓我們將噪音汙染維持在有害程度之下，而這也會為人類帶來好處，環境噪音汙染對我們的影響是以壓力、早產風險提高、心臟病、認知受損、失智等形式體現。[89]

在生物對聲響極度敏感的海洋環境中，我們也可以採取幾個步驟來減少噪音汙染，船運業的改變便能大幅降低噪音：船隻可以改道不要經過敏感區域、降低速度、發明更安靜的螺旋槳及引擎，也可以禁止海洋震波槍，使用其他探勘設備取代。直到最近，減少海洋噪音似乎都還是個天馬行空的白日夢，二〇一一年，一群科學家便提出了一項異想天開的建議：暫停海洋船運一年，以在缺少人類噪音的情況下研究海洋。[90]如同海洋學家彼得・泰克（Peter Tyack）詩意的描述，這將會是「在極少人為干預的情況下，對海洋前所未見的一瞥……宛如在全世界多數燈火一同熄滅時，凝視著夜空」。[91]這個構想也啟發了另一群科學家發表了一項計畫，解釋如何進行「國際靜海實驗」（International Quiet Ocean Experiment, IQOE），這只會持續幾個小時而已，只要有機會進行的話。[92]但即便是這個構想也看似遙不可及。

接著，新冠肺炎疫情襲來，隨著全球船運頓時停擺，科學家也在陸地和世界各地海域記錄到噪音汙染大幅下降。[93]在某些地區，比如北美的太平洋西北海岸，海洋已經數十年沒有如此安靜過了[94]，而疫情的停擺也孕育了靜海實驗的誕生，實驗結果證明，只要環境噪音下降，那麼地球便能以極快的速度受益。[95]疫情的封鎖可說是個深刻的提醒，告訴我們在遮蓋地球豐富音景的同時，我們又失去了多少事物，還有如果我們選擇降低自己的音量，再次開始用心傾聽，地球又能夠獲得多少助益。

破壞地球的節奏

就算我們成功降低噪音汙染，地球的音景仍面臨另一個嚴重威脅：氣候變遷。雖然人類依然相當不以為意，氣候變遷卻已直接改變了地球的自然音景，對聲響敏感的陸生及海生生物，在牠們的聲學棲地都面臨不穩定的轉變，三名世界頂尖的聲學家，傑洛姆・緒爾（Jérôme Sueur）、伯尼・克勞斯、艾摩・法里納（Almo Farina），也都形容氣候變遷正切切實實「破壞地球的節奏」：蹂躪著生命的聲音韻律，由動物、植物、昆蟲發出的生物聲響（biophony）以及來自雨、水、風、地球本身的地理聲響（geophony）皆然。[96]

這是怎麼發生的呢？隨著天氣和海洋狀況改變，環境中的聲響傳輸模式也會改變，因為音速會受溫度、濕度、風向、甚至雨量影響，在一個擁有更多極端天氣事件、更為溫暖的世界中，個別生物之間的溝通範圍可能會劇烈改變，聲響傳遞的距離可能更短，使動物溝通、社交、交配、甚至是尋找彼此的能力都會受限，或是需要耗費更多能量才能溝通，進而妨礙其生存能力。

環境溫度也會直接影響許多物種發出和接收聲響的方式，從鳥類和昆蟲，到兩棲類、魚類、甲殼類等，比如兩棲類、魚類、節肢動物發出聲響的機率、音高、音量，就都會受到溫度影響。還記得第七章所討論，皮爾斯在哈佛大學進行的實驗嗎？他發現蟋蟀唧唧聲出現的機率和環境氣溫呈現比例關係。氣候變遷也會影響週期性及季節性自然現象的模式，其中便包括在生態及演化上都扮演要角的聲學現象，氣候變遷若非透過直接影響生物，就是會透過影響生物依賴的資源，比如食物，導致這類季節性聲響模式的改變，要是橈足綱生物從大片溫暖的海域中消失，鯨群就不會再前來此處歌唱了。

隨著氣溫改變，蟬、蟋蟀、青蛙、魚類也可能會改變牠們的歌曲，甚至不再歌唱，根據某些科學家的說法，海洋改變的長期效應，可能會造成「沉默的冬季及搖滾的夏季」，因為魚群遭遇更常發生、也更嚴重的冬季風暴時，會停止牠們的合唱。[97]而這類聲學改變，很可能會對熱帶物種造成最劇烈的影響，因為牠們不太能忍受溫度改變，適應能力也頗為受限。[98]

即便是地球最偏遠的角落，也很可能會受到影響，包括北極海和南極洲，由哥倫比亞大學（Columbia University）的露絲・奧立佛（Ruth Oliver）帶領的科學家團隊，便在阿拉斯加偏遠的布魯克斯山脈（Brooks Range）裝設了自動化錄音裝置，監控候鳥抵達傳統生育場所的時間及聲響。[99]和吃力不討好，且只能追蹤一小部分鳥類的鳥類標記實驗相比，錄音設備蒐集到的數據，可以追蹤鳥類連續五年內遷徙時機的區域性變化，透過從人類語音辨識軟體借用的機器學習方法，科學家發現環境狀態不僅會影響鳥類抵達的日期，也會影響牠們的聲學活動，特別是在鳥類開始下蛋前。而如同鳥類歌唱的模式正在改變，許多其他物種的習慣同樣也在變化。

如同緒爾和他的同事所述，溫度和濕度狀況的改變正在使自然聲響「走音」，非常類似樂器走音的狀況。[100]隨著地球的大氣改變，星球上的天氣及地理音景也會跟著氣旋、龍捲風、洪水、野火、熱浪、旱災的加劇演進。氣候變遷一扭曲了音景，大自然的聲響就會變得更難以辨識，也更難聽見，甚至是完全消失，提示交配、遷徙、棲地選擇等動物行為的大自然聲響，也變得截然不同、不知所措、蕩然無存，氣候變遷引發的聲學轉變，對世界各地的物種帶來嚴重威脅。減緩氣候變遷已是個刻不容緩的問題，而發覺氣候變遷也是干擾自然聲響的因素之一，更是提供了另一個積極行動的好理由，這是個迫切的議題，如同生物符號學家葛雷格里・貝特森（Gregory Bateson）曾觀察到的，任何常見的生態系統在崩潰之前，很可能都會伴隨大自然溝通秩序的崩潰，以及大自然合唱的衰退。[101]在全球的尺度上，噪音汙染對生態的威脅很可能跟化學汙染一樣嚴重。

二〇一七年，聯合國教科文組織提出了一項解決方案，其中便聲明了聲音對當今世界的重要性，表示「在所有人類和他人及世界的關係平衡上，聲響環境都是關鍵的一部分」[102]，但沒有什麼政府展開行動，雖然歐盟的海洋策略架構指令（Marine Strategy Framework Directive）有規定成員國必須監控及減輕噪音汙染就是了。由於科學證據逐漸累積，類似的立法改變很可能會隨之出現[103]，若是如此，生物聲學科技以及拓展的環境噪音汙染標準，有天也許會成為全球環境法規的標準也說不定。

不過米歇爾・安德烈也相信，這類科技不僅是立法機關的工具而已，如同他所說的：「多虧數位科技，我們發展出了一種新的感官，就像種第六感，可以傾聽環境，我們可以像海豚或鯨魚一樣聆聽海洋，但是比海豚或鯨魚還棒的是，我們有能力同時聽見所有時刻的所有地方。最終，這樣的觀點應能幫助我們和大自然重新連結，找回某種我們遺失的事物。」他也補充，這並不是新的發現，「我們在亞馬遜雨林中工作時，透過麥克風聽見許多神祕的聲響，我們可以錄下來，但卻無法理解，但當地社群可以向我們解釋這些聲響，住在當地的他們，擁有辨識這類聲響的智慧及知識，同時也能理解其生態脈絡。」[104]即便支持發明通用的生態聲學指標，以取得相關的環境評估及立法所需資訊，安德烈仍提醒科學的限制需要加入人性，我們依然可以從傳統知識學習和重新學到許多事，但同時我們也應避免再次殖民及挪用原住民的知識。

如果沒有加入以地方為基礎的知識，生態聲學只不過是統計活動罷了：只是單純統計聲響，卻缺乏理解。只有透過結合數位傾聽和深度傾聽，並傾聽特定地方的生物族群，我們才能成功理解周遭聲響的意義，而也只有等到我們理解其意義之時，我們才會有動力去保育發出這些聲響的生物。這就是為什麼，科學家目前正在世界各地建立聲學監控系統，從海底深處到全球僅剩原始林中最遙遠的角落[105]，音樂家暨資訊科學家愛麗絲・愛德里奇便想像了一個這類生物聲學網路，能夠整合早期預警聲學信號的未來，不僅記錄下地球的凋亡，也可以在一切為時已晚之前觸發行動。[106]她也贊同原住民族領導者的呼籲，支持保育地球的自然音景，並引用了某個奇楚瓦族（Kichwa）長老的話：「我們聽見的各式曲目就像一首交響曲，花了數百萬年的時間撰寫，這是個獨一無二的無價創造，我們不能坐視其遭到摧毀或消逝。」[107]

聲學顯微鏡

我們才剛開始理解聲音對生命之樹從上到下各類物種的普世重要性而已，從渺小的珊瑚到巨大的鯨魚，非人物種的世界對聲響其實比我們猜想的還要敏感，許多非人生物都會使用聲響來和彼此溝通，並且是使用比科學家先前了解還更複雜的方式。透過數位生物聲學工具，我們可以錄下這類複雜的溝通形式，而透過人工智慧，我們則能進一步譯解。

生物聲學和人工智慧結合，為人類開啟了一扇強大的新窗戶，讓我們得以一窺非人物種世界創造意義的過程，你我可能永遠無法和鯨魚一樣歌唱，或和蜜蜂一樣嗡鳴，但是電腦和仿生機器人可以。我們的數位裝置已將我們帶到一個新時代的邊緣，準備透過數位媒介，展開跨物種溝通，這不僅可以改變環境保育，也能改變我們對自然的理解，以及這對人類的意義，當我們能夠再次聽見並理解其他造物的聲音，我們又會選擇怎麼樣居住在這顆星球上呢？

為了理解這類轉變在思維上的影響有可能多麼深遠，我們可以想想數個世紀前的另一項劃時代科技所帶來的影響：顯微鏡。如同歷史學家凱薩琳・威爾森（Catherine Wilson）所認為的，顯微鏡可說是科學革命的基礎催化劑，同時改變了科學活動，並使人類對於自身的重要性，還有和生活其中的世界之間的關係，擁有更廣闊的觀點[108]，而生物聲學也已準備好改變人類和地球之間的關係，達到和顯微鏡相仿的程度，只不過是透過拓展我們的聽覺，而非視覺。

顯微鏡起初由只有國小教育程度的荷蘭布商安東尼・范・雷文霍克（Anton van Leeuwenhoek）引進至科學領域廣泛使用時，重要性並沒有馬上顯現，雷文霍克的天才之處不僅在於發明顯微鏡，他打造了超過五百部顯微鏡，其中許多都擁有前所未見的解析度，也在於他古怪的習慣：觀察世俗的世界。伽利略抬頭凝視星辰時，雷文霍克低頭盯著井水、黴菌、蝨子、酵母、血液細胞、他老婆的母乳和他自己的精蟲，他將雙眼放上自製的玻璃鏡片時，看見了令人驚奇的事物：大小形狀各異的微生物在觀測框內舞動及蠕動，世界其實充滿蠕動著的驚奇渺小生物，人類甚至都沒想像過牠們的存在。

面對這種不可思議的感受，雷文霍克起初因為擔心受到譏笑，並沒有公布他的發現，最終，他提筆寫下一封信，寄給當時首屈一指的科學學會，倫敦皇家學會[109]，學會會員一開始對他的發現存疑，這在在證明了人類總是不太願意相信自己看不見的事物其實存在，但是雷文霍克很堅持：顯微鏡揭露了一個奇異的生物世界，就居住在我們世界的所有角落及縫隙中，肉眼無法看見。[110]眼鏡讓我們能夠聚焦在文字上，望遠鏡則將滿天星斗帶到我們眼前，但顯微鏡開啟的是一個徹底嶄新，迄今無從想像的世界，皇家學會在派出代表團檢查顯微鏡後，也終於接受了雷文霍克的發現[111]，而他的論文也發表在當時最頂尖的科學期刊上，和牛頓並列。[112]

隨著顯微鏡普及，也為科學家及哲學家帶來了各式各樣的全新可能，並使原子論及工程學等理論再度興起，對顯微世界的探索，以及逐漸發覺微生物在孕育生命及傳播感染和疾病上所扮演的角色，使培根、笛卡兒、洛克等哲學家產生興趣，並對他們產生影響。當顯微鏡發現了病原體的存在時，一般對疾病抱持的觀念，比如疾病是由臭味或罪惡產生的理論，也遭到質疑，且隨後也被拋到一旁，而雷文霍克將顯微鏡當成視覺義肢使用，也就是能夠協助人類用新的方式看見新事物的人造義眼，也為未來無數的突破與發現打下基礎，包括生命自身的密碼：DNA。顯微鏡讓人類重新開始觀看，同時運用我們的雙眼，也運用我們的想像力。

數位聲學也是同樣重要的發明，功能就像顯微鏡，類似科技義肢：隨著其拓展了我們的聽覺，也拓展了我們知覺及思想的界線。我們在世界各地及生命之樹上上下下遇見全新的音景時，除了是在學習聲音傳遞資訊和意義的力量，也是在理解其傷害和破壞之力，此外，也同時是在學習如何運用我們新發現的知識，為我們居住的地球提供更好的保護。

如同雷文霍克當初用他新發明的顯微鏡觀看，我們目前也尚未理解這項全新數位聲學科技揭露的一切，我們現在能夠聽見先前從沒想過可以聽見的聲音，但這既不創新，也不中立，因為原住民傳統早已提供了傾聽非人物種的強大方式，且數位科技也可能會遭到誤用及濫用，不過只要多加留心，並設立保護措施，那麼生物聲學便能為人類開啟一扇強大的新窗戶，讓我們得以一窺非人物種的世界。藉由生物聲學，我們學到透過聲響創造意義其實是普世行為，由所有造物共享，而透過人工智慧的協助，我們可能也已位在跨物種溝通的突破邊緣。只要我們打開雙耳，就有個驚奇的世界在等著！

註釋

1. Pershing et al. (2015).
2. Record et al. (2019).
3. Clark et al. (2010); Davis et al. (2017, 2020); Grieve et al. (2017); Meyer-Gutbrod and Greene (2018); Meyer-Gutbrod et al. (2018); Record et al. (2019); Scales et al. (2014); Simard et al. (2019); Woodson and Litvin (2015).
4. Almén et al. (2014); Grieve et al. (2017); Wishner et al. (2020).
5. MacKenzie et al. (2014).
6. Stokstad (2017).
7. 美國和加拿大境內的鯨群死亡數據是分開統計的，根據估計，二〇一七年北美的露脊鯨因船隻和漁業死亡的總數，約佔整個族群的百分之四，參見：Davies and Brillant (2019); Daoust et al. (2017); Johnson et al. (2021); Koubrak et al. (2021); Sharp et al. (2019)。
8. Davies and Brillant (2019); Department of Fisheries and Oceans (2017).
9. Gavrilchuk et al. (2021)，也可參見 Williams (2019)。
10. Davies and Brillant (2019).

11. 北大西洋露脊鯨死亡率的詳細數據由美國國家海洋暨大氣總署（National Oceanic and Atmospheric Administration,NOAA）統計，參見：https://www.fisheries.noaa.gov/national/marine-life-distress/2017-2021-north-atlantic-right-whale-unusual-mortality-event。

12. Parks et al. (2011).

13. Davis et al. (2020).

14. CBC News (2020)，也可參見 Gervaise et al. (2021)。

15. Government of Canada (2021a).

16. Government of Canada (2021b).

17. 《加拿大船隻法》（Canada Shipping Act）三十八款第一條中，針對違反規範加拿大國際義務的法律，則允許高達一百萬美金的罰金及十八個月以下的徒刑，參見：Koubrak et al. (2021)。

18. 所有使用繩索的漁民也受到規範，在固定式漁具捕魚中只能使用較鬆的繩索，這樣鯨魚萬一不幸遭到纏住，才可以自行掙脫。此外，也出現了大型「尋找失蹤漁具」活動，提供獎金協尋弄丟的漁網、繩索、魚線，這些東西對鯨群來說也是重大的威脅。

19. Durette-Morin et al. (2019)

20. Lostanlen et al. (2021).

21. Carnarius (2018); International Chamber of Shipping (2020).

22. Channel Islands National Marine Sanctuary (n.d.).

23. Morgan Visalli與作者之訪談，二〇二〇年十一月，也可參見Visalli et al. (2020)。
24. Olson (2020).
25. 類似系統也已運用在北大西洋露脊鯨身上，並獲得不少成果，參見：National Geographic (2020); NOAA Fisheries (2020a, 2020b); Nrwbuoys .org (2020)。
26. Baumgartner et al. (2019).
27. Abrahms et al. (2019).
28. Whale Safe的聲學數據皆持續受到監控，每隔兩個小時便會更新，視覺數據是透過Whale Alert（民間的科學應用程式，較適用於賞鯨旺季、旅遊、休閒出海季）及Spotter Pro（專業環保人士及科學家使用）蒐集，根據鯨群偏好的海洋情況所生成的模擬數據也會每天更新，船隻位置的數據也是，只不過會有兩到三天的延遲。
29. Fox (2020); Olson (2020); Simon (2020).
30. 參見http://www.whalealert.org。
31. CBC News (2019); Jeffrey-Wilensky (2019); Lubofsky (2019); Murray (2019).
32. Davies (2019); Durette-Morin et al. (2019).
33. Barlow and Torres (2021); Barlow et al. (2018, 2020, 2021); Torres (2013); Torres et al. (2020).
34. New Zealand Supreme Court (2021).
35. Barlow and Torres (2021).
36. Lavery et al. (2010); Pershing et al. (2010); Roman et al. (2014).

37. Chami et al. (2019).
38. IPCC (2019).
39. Poloczanska (2018).
40. Abecasis et al. (2018); Cooke et al. (2011); Cowley et al. (2017); Currier et al. (2015); Haver et al. (2018); Steckenreuter et al. (2017).
41. Proulx et al. (2019).
42. Jones et al. (2020); McWhinnie et al. (2018); Siders et al. (2016).
43. Cooke et al. (2017); Hays et al. (2016); Wilmers et al. (2015).
44. 我們有能力觀察和傾聽過往無法觸及的區域和動物，促使了全新的生物聲學方法在移動生態學領域崛起，這個科學領域致力於了解生物在空間及時間上的移動，參見Nathan et al. (2008); Fraser et al. (2018)。
45. Chalmers et al. (2021); Dodgin et al. (2020).
46. Burke et al. (2012).
47. Braulik et al. (2017)、Showen et al. (2018)、Woodman et al. (2003, 2004)，也可參見Gibb et al. (2019)。
48. Culik et al. (2017); Curé et al. (2013); Omeyer et al. (2020).
49. 例子可參見Todd et al. (2019)。
50. Clark et al. (2009).

51. Chou et al. (2021).
52. Lindsay (2012).
53. Erbe et al. (2019).
54. Boyd et al. (2011).
55. Duarte et al. (2021).
56. Rolland et al. (2012).
57. Jariwala et al. (2017); Passchier-Vermier and Passchier (2000).
58. 即便找到這些發現，美國聯邦政府仍核准石油及天然氣探勘公司使用震波噪音大砲測繪東岸的海床，以準備進行可能的鑽探，參見Struck (2014)。
59. Jones et al. (2020).
60. Charifi et al. (2017); Erbe et al. (2018); Kaifu et al. (2007).
61. de Soto et al. (2013); Hawkins et al. (2015); McCauley et al. (2003); Popper and Hastings (2009); Richardson et al. (1995).
62. Fewtrell and McCauley (2012); Kostyuchenko (1971); McCauley et al. (2017); Neo et al. (2015); Pearson et al. (1992).
63. Di Franco et al. (2020); Dwyer and Orgill (2020); Erbe et al. (2018); Kavanagh et al. (2019).
64. Francis and Barber (2013); Kight and Swaddle (2011); McGregor et al. (2013).
65. 相關文獻回顧可參見Barber et al. (2010); Duquette et al. (2021)。

66. 這個現象稱為「隆巴第效應」（Lombard effect），例子可參見Brown et al. (2021)。

67. Gomes et al. (2021).

68. Cinto Mejia et al. (2019)、McClure et al. (2013, 2017)、Ware et al. (2015)，類似的結果也已透過「幽靈油田」發現，也就是播放壓縮機及其他用於天然氣開採機器聲響的喇叭，我們應該對於北美各地在過去二十年間已鑽出六十萬座新的天然氣井感到擔憂。

69. Barber et al. (2011); Buxton et al. (2017).

70. Mariette et al. (2021)，也可參見Nedelec et al. (2014); Rivera et al. (2018)。

71. Jain-Schlaepfer et al. (2018).

72. Buehler (2019)，也可參見Fakan and McCormick (2019)。

74. Boudouresque et al. (2009); Capó et al. (2020); Edwards (2021); Green et al. (2021); Jordà et al. (2012); Krause-Jensen et al. (2021).

75. André et al. (2011); Solé et al. (2013a, 2013b, 2016, 2017, 2018, 2019, 2021a, 2021b).

76. den Hartog (1970).

77. Arnaud-Haond et al. (2012).

78. 平衡囊讓海洋生物能夠定位、平衡、偵測聲響和感知重力，運作方式類似魚類的內耳器官，能夠偵測粒子的移動及水壓變化。在沒有耳朵的頭足綱動物中，平衡囊位於頭部軟骨內。胚胎階段的頭足綱動物在頭部及觸手上有呈側線排例的纖毛感官細胞。這解釋了為什麼章魚即便沒有耳朵，仍能發現獵物或掠食者，特別是在光源稀少的狀況下，牠們透過平衡囊及充滿纖毛感官細胞的多隻觸手，可以從水中的振動察覺到哪怕是最微小的聲響。

79. 該實驗使用兩類噪音頻率：電子顯微的掃描及傳輸技術，參見Solé et al. (2013b)。

80. Solé et al. (2018).

81. Solé et al. (2021a).

82. 造粉體是充滿澱粉的色質體能夠在水中不同深度協助植物定位，相當類似察覺聲響的平衡囊，可以幫助海生無脊椎動物在水中定位。造粉體有些類似人類細胞中的粒線體，屬於獨立的胞器，由雙層脂質薄膜圍繞，擁有自身獨特的DNA。隨著造粉體生產澱粉，並將其儲存在內部的薄膜細胞室中，也會在細胞內沉澱，與此同時，便會引發植物體內的重力信號傳遞，也就是將訊息傳遞至根部的特定部分，使其能夠繼續向下生長，參見Solé et al. (2021a)，也可參見Hashiguchi et al. (2013); Kuo (1978); Pozueta-Romero et al. (1991); Yoder et al. (2001)。

83. Solé et al. (2021a).

84. Solé et al. (2021a).

85. Michel André及Marta Solé與作者之訪談，二〇二一年十月。

86. 生態聲學指數是一種數學指數，能夠彙整某「聲學場景」中聲學能量的重要觀點，指數計算可以採用各式各樣的方法，例如計算信號及噪音比率、能量的頻譜分布、將數據按照聲學事件劃分成相關模式等，參見：Barchiesi et al. (2015); Kholghi et al. (2018)。

87. 生態聲學指標是種動態的方法，由於地球一直處於動態平衡之中，永遠隨著空間及時間演進，生態聲學指標因而也需要動態演進。

88. 例子可參見Bohnenstiehl et al. (2018)。

89. Barzegar et al. (2015); Basner et al. (2017); Bates et al. (2020); Cantuaria et al. (2021); Dutheil et al. (2020); Thompson et al. (2020).

90. Boyd et al. (2011).

91. Tamman (2020).

92. 更多有關國際靜海實驗的資訊，參見https://www.iqoe.org/，也可參見Tamman (2020)。

93. Basan et al. (2021); Denolle and Nissen-Meyer (2020); Derryberry et al. (2020); March et al. (2021); Nuessly et al. (2021).

94. Čurović et al. (2021); see also Coll (2020); Cooke et al. (2021); Ryan et al. (2021).

95. Asensio, Aumond, et al. (2020); Asensio, Pavón, et al. (2020); Lecocq et al. (2020); Silva-Rodríguez et al. (2021); Vishnu Radhan (2020).

96. Sueur et al. (2019).

97. Siddagangaiah et al. (2021).

98. Burivalova et al. (2019); Chen et al. (2011); Francis et al. (2017); Gibbs and Bresich (2001); Larom et al. (1997); Narins and Meenderink (2014); Oliver et al. (2018); Parmesan and Yohe (2003); Sugai et al. (2019).

99. Oliver et al. (2018).

100. Sueur et al. (2019)，也可參見Krause and Farina (2016)。
101. Harries-Jones (2009).
102. UNESCO (2017).
103. Chou et al. (2021); Duarte et al. (2021).
104. Michel André及Marta Solé與作者之訪談，二〇二一年十月。
105. 例子可參見Williams et al. (2018); Zwart et al. (2014)。
106. Eldridge (2021).
107. Eldridge (2021, 4). 108. Wilson (1997).
108. Wilson (1997).
109. Coghlan (2015). 110. Poppick (2017).
110. Poppick (2017).
111. Royal Society (n.d.). 112. Ford (2001).
112. Ford (2001).

謝辭暨受訪者列表

本書的計畫是從二〇一五至二〇一六年，在史丹佛大學行為科學高等研究中心（Center for Advanced Study in the Behavioral Sciences）的一年研究休假展開的，並由莉諾・安妮堡暨瓦莉絲・安妮堡傳播獎學金（Leonore Annenberg and Wallis Annenberg Fellowship in Communication）資助，同年，我也在史丹佛大學的地球、能源、環境科學學院（School of Earth, Energy and Environmental Sciences）擔任寇克斯訪問學者（Cox Visiting Professorship），我相當感謝我的同事及東道主，包括Rosemary Knight博士及Margaret Levi博士。

在撰寫本書的過程中，我和以下人士進行了訪談：Michel André博士（加泰隆尼亞理工大學）、David Barclay博士（新布蘭茲維大學）、Dyhia Belhabib博士（Ecotrust）、Gerry Carter博士（俄亥俄州大）、Kimberley Davies博士（新布蘭茲維大學）、Christina Davy博士（特倫特大學）、Richard Dewey博士（維多利亞大學）、Camila Ferrara博士（巴西野生動物保育學會）、Jacqueline Giles-Styants博士、Tim Gordon博士（艾克斯特大學）、David Hannay博士（JASCO）、Kim Juniper博士（加拿大海洋網路計畫）、Mirjam Knörnschild博士（柏林自由大

學）、Tim Landgraf博士（柏林自由大學）、Lauren McWhinnie博士（赫瑞－瓦特大學）、Katy Payne博士（康乃爾大學）、Julia Riley博士（麥考瑞大學）、Steve Simpson博士（艾克斯特大學）、Marta Solé 博士（加泰隆尼亞理工大學）、Krista Trounce（溫哥華港務局）、Morgan Visalli博士（加州大學聖塔芭芭拉分校班尼奧夫海洋研究所）。在我和原先是我優秀的研究生，後來一起合作的Max Ritts博士（目前在劍橋大學）進行的初期研究中，也和以下人士進行了訪談，不過沒有直接引用在書中：Ian Agranat（Wildlife Acoustics）、Jesse Barber博士（樹城州立大學）、Erin Bayne博士（亞伯達大學）、Christopher Clark博士（康乃爾大學）、Almo Farina博士（國際生態聲學研究所）、Kurt Fistrup博士（科羅拉多州大、美國國家公園管理處）、Susan Fuller博士（昆士蘭科技大學）、Gianni Pavan博士（帕維亞大學）、Katy Payne博士（康乃爾大學）、Alex Rogers博士（牛津大學）、Holger Schulze博士（哥本哈根大學）、Michael Stocker（海洋保育研究組織）、Peter Tyack博士（聖安德魯大學）。本書的前後幾個版本也在劍橋大學、牛津大學、史丹佛大學、多倫多大學、俄亥俄州大、瓦赫寧恩大學（Wageningen University）、滑鐵盧大學（University of Waterloo）的發表中，以及國際環境傳播學會（International Environmental Communication Association）的主題演講上討論過，感謝所有聽眾的評論、好奇、質疑、支持。

一本學術研究導向的書，通常是孕育自集體的討論及文獻，John Borrows、Jim Collins、Aimée Craft、Courtenay Crane、Dirk Brinkman、Jonathan Fink、Leila Harris、Nina Hewitt、Holger Klinck、Rosemary Knight、Kevin Leyton-Brown、Alan Mackworth、Raymond Ng、Chris Reimer、Max Ritts、Doug Robb皆為本書提供了回饋及建議，「水權去殖民」（Decolonizing Water）組織的成員也持續為我帶來啟發。本書的相關研究則由Amanda Chambers、Alycia Felli、Oliver Gadoury、Sophie Galloway、Caroline Hanna、Charlotte Michaels、Gabrielle Plowens、Clare Price、Adèle Therias、Bentley Tse、Sophia Wilson提供出色的協助，他們的支持源自史丹佛大學地球、能源、環境科學學院，以及行為科學高等研究中心的獎學金資助，還有加拿大社會科學及人文研究委員會（Social Sciences and Humanities Research Council of Canada）及皮耶・艾略特・杜魯道基金會（Pierre Elliott Trudeau Foundation）的研究補助。感謝一同合作、幫忙、提供資金的大家。

感謝我的兩個女兒及丈夫，謝謝你們對我永無止盡不斷改稿的耐心，也感謝Robin Kimmerer、Aimée Craft、Monica Gagliano、Suzanne Simard、Katy Payne、Camila Ferrara，感謝你們詢問那些「如果這樣會怎樣？」的問題，並和其中的張力共存：承認科學方法的力量，同時也理解在科學之外還有更多東西存在。感謝說故事大師、冒險家、歷史學家、開心果、音樂家、我的朋友John叔叔。感謝Sylvia Bowerbank教我怎麼寫作還有睡在外頭，感謝睿智的「水獺女」Louise Mandell，教我了解土地、律法、將非人物種視為同類。感謝Aimée Craft教我了解水、去殖民化、靈魂，感謝Judy Schmidt，教我了解菸草以及其中閃爍的光亮，希望妳的花園永遠繁茂，感謝Anne Gorsuch的蜜蜂課和持守空間。感謝Courtenay Crane充滿天賦的雙眼和善良的存在。感謝Nina Hewitt在最需要的時刻鼓勵的話語，感謝David Abram教我怎麼在樹林中全神貫注，也感謝敦恩—札保留區（Dunne-Zaa）莫伯利湖（Moberly Lake）的Caleb Behn及船員教我了解薄麥餅、歸屬、家。

感謝又稱「Saaghii Naachii」的和平河（Peace River）教會我如何傾聽，這是最重要的一課，廣大的麥肯錫河水系等同加拿大版的亞馬遜河，和平河便屬於其中一條支流，是個生物多樣性豐富、極其美麗的所在。待在灌木營地中，並在這個地區做研究，讓我學到許多最為重要的教訓，隨著這塊地景因林業、石油及天然氣開採、水力、煤礦、現在又是再生能源，而加劇工業化，我也親眼見證及聽聞人類活動累積的影響是如何破壞這裡的地景及音景的，希望這本書能夠為集體的道歉，做出小小的貢獻。

最後但同樣重要的，還要感謝我的編輯Alison Kalett，如果沒有妳的耐心和溫柔的指引，這本書是不可能問世的，也要向正在閱讀的讀者，以及普林斯頓大學出版社（Princeton University Press）的全體團隊，獻上最深的感謝。

附錄A：如何開始傾聽

聲音可以破壞，也可以療癒，讓和我們一同住在地球上的生靈重生，並揭露許多有關牠們的資訊，我撰寫這本書的目的，便是希望能夠啟發我們對生氣蓬勃非人物種聲響世界的敬畏。在此邀請各位，再度開始深入傾聽我們周遭的世界，以下便是一些可以協助你開始的資源，想了解更多資訊，也可以前往https://smartearthproject.com/。

使用聲學應用程式了解大自然

Orcasound的網頁版應用程式，讓大眾可以即時傾聽太平洋東北部海岸的殺人鯨發出的聲響，也同時邀請大眾協助辨識及標記他們聽見的殺人鯨聲響，並張貼現有聲學資料庫相關發現的貼文，參見：https://www.orcasound.net/portfolio/orcasound-app/。

由英國鳥類信託（British Trust for Ornithology）發起的「諾福克蝙蝠研究」（Norfolk Bat Survey），使用蝙蝠監控中心的聲學數據追蹤蝙蝠的分布及活動，自二〇一三年起，大眾錄下了一百二十萬條蝙蝠錄音，建立起相當龐大的高科技聲學資料庫，參見：https://www.

batsurvey.org/。

BirdGenie讓從科學家到一般大眾，都能隨時隨地辨識鳥類的歌唱，就像「鳥類版Shazam」，參見：https://www.birdgenie.com/。

成為民間科學家

BirdNET是個民間科學計畫暨人工智慧為基礎的應用程式，讓大眾可以隨時隨地辨認神祕的鳥類聲響，參見：https://birdnet.cornell.edu/。

WildLabs是個開放的全球線上社群，由環保人士、科學家、工程師和資訊科學家組成，他們會在上面分享資訊及開發科技解決方案，其中便包括聲學監控，以因應世界上最嚴峻的保育挑戰，參見：https://www.wildlabs.net/。

Zooniverse是個群眾平台，開放任何人為科學研究貢獻，包括人工標記野生動物的聲學錄音，參見：https://www.zooniverse.org/。

Swift這個平台讓科學家及公眾都能蒐集聲學數據，促進野生動物保育，參見：https://www.birds.cornell.edu/ccb/swift/。

Whale Alert這款應用程式，可以透過生物聲學科技，追蹤加拿大及美國海岸邊的鯨群，以協助減少船隻撞擊事件，大眾和船員都能回報目擊鯨群，參見：https://apps.apple.com/us/app/whale-alert/id911035973。

聲學漫步及聲學散步

NADA聲學漫步聚焦在我們如何適應並感受萬物的聲響，比如耳朵和皮膚便可以透過聽覺和觸覺感受到空氣，參見：https://www.hildegardwesterkamp.ca/sound/installations/Nada/soundwalk/。

WalkingLab是個集體研究，研究的是聲學漫步如何透過聲音，揭露我們這個時代的殖民議題，參見：https://walkinglab.org/。

「穿越時空的花園」（A Garden through Time）是Echoes應用程式上的一款聲學漫步，讓你在英國的五十條路線中漫步時，能夠一邊聆聽語音導覽，參見：https://www.theguardian.com/travel/2020/nov/16/sound-walks-new-way-to-travel-in-lockdown。

聲學生態學家戈登・漢普頓（Gordon Hempton）的「聲音追蹤」（Sound Tracker）計畫，分享了來自世界各地的大自然錄音，以及他保育寂靜的追尋，參見：https://www.soundtracker.com/。

附錄B：延伸閱讀

以下書單只是生物聲學、生態聲學、聲音研究，以及相關主題，包括聲學認識論、生物符號學和動物音樂學巨量文獻中的滄海一粟。

Karin Bijsterveld著，《聲學技巧：為科學、醫療、工程的知識傾聽》（*Sonic Skills: Listening for Knowledge in Science, Medicine and Engineering*，暫譯），Palgrave Macmillan，2019

Almo Farina著，《音景生態學：原則、模式、方法、應用》（*Soundscape Ecology: Principles, Patterns, Methods and Applications*，暫譯），Springer Science & Business Media，2013

Almo Farina、Stuart H. Gage編，《生態聲學：聲響的生態角色》（*Ecoacoustics: The Ecological Role of Sounds*，暫譯），John Wiley & Sons，2017

Monica Gagliano著，〈綠色交響曲：呼籲研究植物的聲學溝通〉（Green Symphonies: A Call for Studies on Acoustic Communication in Plants），《行為生態學報》（*Behavioral*

Ecology）、24（4）、2013、頁789至796

Gordon Hempton、John Grossmann著，《一平方英寸的寂靜：走向寂靜的萬里路，追尋自然消失前的最後樂音》（*One Square Inch of Silence: One Man's Search for Natural Silence in a Noisy World*）、Simon & Schuster、2009

Peggy S. M. Hill、Reinhard Lakes-Harlan、Valerio Mazzoni、Peter M. Narins、Meta Virant-Doberlet、Andreas Wessel編，《生物振動學：研究振動行為》（*Biotremology: Studying Vibrational Behavior*，暫譯）、Springer、2019

Bernie Krause著，《動物大交響：在全球野外尋找音樂的起源》（*The Great Animal Orchestra: Finding the Origins of Music in the World's Wild Places*，暫譯）、Boston: Little, Brown、2013

Katharine Payne著，《靜雷：就在大象眼前》（*Silent Thunder: In the Presence of Elephants*，暫譯）、Simon & Schuster、1998

Dominic Pettman著，《親密之聲：聲音、物種、技巧，又名如何傾聽世界》（*Sonic Intimacy: Voice, Species, Technics (Or, How to Listen to the World)*，暫譯）、Stanford University Press、2020

Trevor Pinch、Karin Bijsterveld編，《牛津聲學研究手冊》（*The Oxford Handbook of Sound Studies*，暫譯），OUP USA，2012

Dylan Robinson著，《渴望傾聽：原住民聲學研究的共鳴理論》（*Hungry Listening: Resonant Theory for Indigenous Sound Studies*，暫譯），University of Minnesota Press，2020

Murray R. Schafer著，《音景：我們的聲學環境及世界的音調》（*The Soundscape: Our Sonic Environment and the Tuning of the World*，暫譯），Simon & Schuster，1993

Michael Stocker著，《聽聽我們在哪：聲音、生態、平靜感》（*Hear Where We Are: Sound, Ecology, and Sense of Place*，暫譯），Springer Science & Business Media，2013

Jonathan Sterne編，《聲學研究讀本》（*The Sound Studies Reader*，暫譯），Routledge，2012

Simone Tosoni、Trevor Pinch著，《糾結：有關人類追尋科學、科技、聲音的對話》（*Entanglements: Conversations on the Human Traces of Science, Technology and Sound*，暫譯），MIT Press，2017

Barry Truax著，《聲學溝通》（*Acoustic Communication*，暫譯），Greenwood Publishing Group，2001

Mickey Vallee著，《聽見身體、聽見世界：探索聲音的化身》（*Sounding Bodies Sounding*

Worlds: An Exploration of Embodiments in Sound，暫譯），Palgrave Macmillan，2020

聲音藝術家也在探討和聲學研究相關的環境議題，包括Gruenrekorder（https://gruenrekorder.bandcamp.com/）、Edzi'u（www.edziumusic.com/）、Rebecca Belmore（www.rebeccabelmore.com）、Lasse Marc Riek（www.lasse-marc-riek.de/）、Emeka Ogboh（en.wikipedia.org/wiki/Emeka Ogboh），也可參見Frederick Bianchi與V. J. Manzo編輯的《環境聲音藝術家：現身說法》（*Environmental Sound Artists: In Their Own Words*，暫譯，Oxford University Press，2016）一書，以及Jonathan Gilmurray的〈環境聲音藝術：邁向新領域〉（Ecological Sound Art: Steps towards a New Field，《組織聲音期刊》（*Organised Sound*），22（1），2017，頁32至41）一文。

科學實驗室也致力於推動生物聲學、生態聲學、相關聲音研究，包括康乃爾大學的K. Lisa Yang生物聲學保育中心（K. Lisa Yang Center for Conservation Bioacoustics，https://bioacoustics.cornell.edu）、哈佛大學的「傾聽現代性」計畫（聲學研究，hearingmodernity.org/）、國際生態聲學研究所（International Institute for Ecoacoustics，http://www.iinsteco.org/）、「聲學技巧」計畫（www.sonicskills.org/）。

附錄C：生物聲學及生態聲學研究概覽

生物聲學家研究的是生物發出的聲響，有時又稱聲學生態學家的生態聲學家，研究的則是音景：某個地景發出的聲響集合。這兩個學科雖都先於數位錄音科技及人工智慧的應用出現，卻也因其加速發展及拓展。這類科技可以透過錄音、譯解、翻譯非人物種的聲響，為我們帶來有關非人物種世界的非凡觀點，智慧型生物聲學裝置平衡了人類及電腦之間的感官認知以及聲響分析過程分布，使得歷史悠久的傾聽自然活動，現在經過運算升級，並使生物學成為數位生物學。[1]如同歷史學家米奇・瓦利（Mickey Vallee）觀察到的，這個全新的全球「聲學基礎設施」，正促使科學家以根本上的全新方式，重新思考我們和地球及其居民的關係。[2]

生物聲學及生態聲學已應用在數千種物種及地景上，用途也五花八門：物種間的分類辨識、族群大小監控、瀕危物種保育、研究聲學溝通及聲音學習等，應用可說不勝枚舉。[3]

近年來，被動式聲學監聽裝置的應用，也促進了生物聲學及生態聲學的研究，這類裝置極度強大，背後有四個理由。首先，這些工具是全方位的，可以在立體空間中採樣，並從更多角度蒐集更多數據，這在人類難以抵達的地區特別有用，例如稠密的森林或崎嶇的地形。[4]

第二，被動式聲學監聽裝置採樣的範圍比大多數攝影機都還更廣闊，特別是在水下，且日夜都能運作，這將夜間行為及移動模式的系統性研究化為可能。[5]第三，被動式聲學監聽裝置讓科學家可以監控吵鬧的物種，卻不會干擾到牠們，特別是在未受開發的環境中，相關研究因而更有可能反映出物種真實的行為、偵測到很少或不常發出聲響的物種、避免傳統人工視覺監控方式的取樣偏見，這類研究通常會聚集在容易抵達的地點，且是在白天進行[6]，而且在某些任務上，例如估計物種的數量和多樣性，這類數位錄音機和視覺監控方式相比，也更為準確又全面。第四，被動式聲學監聽裝置相較之下也比較便宜又易於使用，因而許多不認為自己是聲學家的科學家也會使用。

科學史學家亞歷珊卓・索伯（Alexandra Supper）及凱琳・卑斯特福德（Karin Bijsterveld）便認為，生物聲學和生態聲學結合了合成式、分析式、互動式三種傾聽模式[7]，根據卑斯特福德的說法，生物聲學主要是種分析式的傾聽，生態聲學基本上是合成式傾聽的例子，而錄音重播研究及仿生機器人運用的聲響，則是互動式傾聽的代表。

近年來，生物聲學和生態聲學已應用在各式各樣的物種及地景中，數量及範圍都快速擴展，在為本書進行背景研究時，我便讀過數千篇科學文獻，涵蓋超過一千種物種，而這還只是對生物聲學及生態聲學快速增加的學術文獻匆匆一瞥而已，更不要提還有聲音研究了。下表列出的各式物種並不全面，但用意僅只是要闡述目前進行的相關研究有多麼多元，且其內容並不會重述有關鳥類及昆蟲的著名發現，因為我們已研究這些物種多年，下表會強調的，是過往認為不會發出聲音，或是發出的聲音在人類聽力範圍之外的物種。透過聚焦在這些案例上，我希望能改正常見的誤解，認為只有人類能輕易聽見的物種才會發出聲音，作為整體，這些例子顯示了數位生物聲學是如何拓展我們的理解，讓我們更加了解聲音在生命之樹上上下下所擁有的力量。

科學家為什麼要錄製世界的聲響呢？某些生物聲學家全心全意奉獻在錄製多元的非人物種聲響上，趕在牠們因為大規模滅絕消失前留下記錄，其他人則試圖揭開有關動物行為或溝通的新觀點。表一提供了專門研究其他物種的生物聲學及生態聲學研究，常見的共同目標概覽，表二則提供了生物聲學及生態聲學用於和其他物種溝通的一些例子，並分為四類：聲學威嚇、聲學復育、仿生機器人、跨物種溝通。

生物聲學和生態聲學與生物振動學（biotremology）相距甚遠，卻也有相關：這門學科研究的是振動的產生、傳播、接收，而這類振動則是和生物發出、透過介質傳遞的機械波相關，包括無意間發出及刻意發出的。一九四〇年代的瑞典昆蟲學家佛雷・歐希聶森（Frej Ossiannilsen），是頭幾個認為生物之間傳遞資訊的方式，是透過介質傳遞的振動達成，而非空氣粒子移動的科學家。生物振動學到了過去二十年間，才成為受到認可的專業術語，且該領域在理解生物間的信號產生及資訊傳遞上，也做出重大貢獻[8]，發現振動可以透過固體介質傳遞，例如地面、樹枝、葉片、植物的莖、一根草、甚至是透過土壤。[9]

許多物種都擁有察覺介質傳遞振動的能力，從蟋蟀到大象都是[10]，振動溝通似乎相當普遍，是個古老的系統，至今仍是許多生物之間溝通的主要管道。[11]例如生物學家凱倫・沃肯廷（Karen Warkentin）針對樹蛙的研究，便運用振動重播實驗，證明樹蛙胚胎可以分辨接近的蛇類發動攻擊以及降雨造成的振動，前者將會加速牠們決定提早孵化，後者則會讓牠們繼續舒服待在蛋中[12]，這類細微的振動是透過樹木本身傳遞給胚胎的，也許是細枝或葉片的小小顫動，大多數人類很可能甚至都不會注意到。科學家目前正以全新的角度檢視生物，並發現過往忽視的振動溝通觀點，比如近期有關常見模式生物果蠅（*Drosophila*）著名交配舞蹈的研究，便發現介質傳遞的振動在求偶上也扮演重要角色，不只是聲響透過空氣傳遞而已。[13]

生物學家佩吉・希爾（Peggy Hill）認為，這類振動信號其實是最古老的溝通形式，比聲波還更古老，她便提到：「現代人類可能會需要改變世界觀，才能真正看見對地球上大多數動物來說，並不新穎的事物。」[14]並進一步主張某些傳統上認為是透過聲波傳遞的溝通模式，其實是透過振動傳遞。生物振動學已超出本書的範圍，但這個領域的未來發展相當值得關注，如同希爾所寫：「張大耳朵傾聽，並尋找某個美妙的發現吧！」[15]

種類	活動	範例
瀕危物種保育	生物聲學可用於偵測瀕危物種的蹤跡，並採取保育措施	北美洲大西洋及太平洋沿岸的生物聲學監控計畫，可用來追蹤鯨群的位置，這類數據接著也用於通知船隻及漁民減速和停止活動[25]
研究聲學溝通及聲音學習	生物聲學可用於監控生物行為狀態，並進一步採取保育措施，比如使用獵物物種的警告呼喚，當成掠食者數量多寡的指標	南非喀拉哈里（Kalahari）白背禿鷹（*Gyps africanus*）族群在十七年間的消亡，便是根據狐獴警告呼喚出現的頻率推估而來[26]

生物聲學及生態聲學用於研究其他物種（例子經特別挑選）

種類	活動	範例
分類	分辨相似的物種	分辨雨蛙發出的聲響，進而辨識出新物種[16]
	更新分類學分類	根據聲學錄音，可以重新更新食人魚的分類[17]
	發現新物種	生態聲學研究偵測到科學上尚未發現的新藍鯨族群[18]
環境監控	透過生物聲學指數進行族群監控	聲學錄音結合生物聲學指數，可以成為好用的方法，用於監控雀形目鳥類族群因氣候變遷及其他人為干擾破壞產生的改變[19]
	監控生態系統的健康	生態聲學可用於偵測珊瑚礁族群的健康及多樣性[20]
監控個別物種	孔雀	孔雀交配時會使用次聲波溝通[21]
	麻雀	麻雀會因應都市噪音程度改變其呼喚[22]
	樹蛙	樹蛙會回應來自降雨及蛇類的振動信號[23]
	以數位自動化方式取代人力，進行野生動物研究	在偵測夜鷹上，自動化生物聲學錄音機表現輾壓人類[24]

目的	物種	範例
互動式仿生機器人：研究動物行為	松鼠	仿生機器松鼠會使用聲學及紅外線信號，來警告野生松鼠威脅出現，並趕走響尾蛇掠食者[37]
	箭毒蛙	仿生機器蛙會使用聲學及視覺（鳴囊振動）信號，來刺激活蛙的棲地防衛行為[38]
跨物種溝通	蜜蜂	「HIVEOPOLIS」是種數位蜂巢系統，人類、蜜蜂、蜂巢可在其中透過感測器及機器蜂網路進行互動和社會合作
	植物	「佛羅倫斯計畫」是個自然語言處理演算法，可推測人類語言的意義，並將其翻譯為植物身上的燈光閃爍信號，正面情緒會譯為紅燈，負面則是藍燈，兩者都會引發電化學反應，並由感測器偵測。植物身上也裝有濕度及溫度感測器，數據會經由演算法分析，加上預先編寫好的文字，植物便能打字回覆人類[39]

生物聲學及生態聲學用於和其他物種溝通（例子經特別挑選）

目的	物種	範例
聲學威嚇：發送警告呼喚	烏龜	低頻率的聲學信號可降低海龜受刺網混獲的機率[27]
	海豚	漁網上的海豚「聲波發射器」，可減少海豚混獲的情況[28]
	狼群	「狼嚎箱」的狼嚎錄音重播，可嚇阻狼群靠近牲畜[29]
	大象	聲學蜂巢柵欄可嚇阻非洲象侵犯農民的田地[30]
	浣熊	狗叫聲的錄音可嚇阻浣熊接近潮間帶生態系統[31]
	蝙蝠	超音波頻率可警告蝙蝠遠離風力發電廠[32]
聲學復育：使用聲響復育生態系統或刺激動物	珊瑚	健康珊瑚礁的錄音重播可刺激魚類和甲殼類族群重新在凋亡的珊瑚礁聚集[33]
	大象	讓大象挑選不同種類預錄聲響的觸控裝置，比如分辨鯨歌及象群的聲響，可為馴養的大象提供娛樂[34]
	鸚鳥	播放野鳥交配的錄音，大幅提高了布朗克斯動物園（Bronx Zoo）中馴養鳥類的繁殖成功率[35]
	猴子	白臉僧面猴會設計自己的音樂播放清單[36]

註釋

1. 生物聲學結合了多項科技：捕捉聲響的錄音裝置、分析及分類數據的人工智慧演算法、儲存及處理數據的電腦、分享資訊的網際網路、將這些數據帶進我們生活中的應用程式。
2. Vallee (2018).
3. Jacoby et al. (2016).
4. Gibb et al. (2019); Lucas et al. (2015); Wrege et al. (2017).
5. Frommolt and Tauchert (2014).
6. Isaac et al. (2014); Klingbeil and Willig (2015).
7. Supper and Bijsterveld (2015).
8. Cocroft et al. (2014); Hill (2008); Hill and Wessel (2016, 2021); Hill et al. (2019).
9. Cocroft and Rodríguez (2005); Cocroft et al. (2014); Gagliano, Mancuso, et al. (2012); Gagliano, Renton, et al. (2012); Hill and Wessel (2016); Maeder et al. (2019); Michelsen et al. (1982); Mortimer (2017).
10. Cocroft et al. (2014); Hill (2008); Hill and Wessel (2016); Narins et al. (2016). 11. Hill (2008).
11. Hill (2008).

12. Warkentin (2005, 2011).
13. Fabre et al. (2012); Hill and Wessel (2021); McKelvey et al. (2021).
14. Hill and Wessel (2021).
15. Hill and Wessel (2021).
16. Hutter and Guayasamin (2015).
17. Raick et al. (2020).
18. Cerchio et al. (2020).
19. Buxton et al. (2016).
20. Dimoff et al. (2021).
21. Freeman (2012); Freeman and Hare (2015).
22. Derryberry et al. (2020); Halfwerk (2020).
23. Warkentin (2005).
24. Zwart et al. (2014).
25. Durette-Morin et al. (2019); Visalli et al. (2020).
26. Thorley and Clutton-Brock (2017).
27. Piniak (2012); Piniak et al. (2018); Tyson et al. (2017). 28. Clay et al. (2019); Gazo et al. (2008).
29. Ausband et al. (2014).
30. King et al. (2017).

for Free-Ranging Elephants." *Bioacoustics* 24, no. 1: 13–29. https://doi.org/10.1080/09524622.2014.906321.

Zeppelzauer, Matthias, and Angela S. Stoeger. 2015. "Establishing the Fundamentals for an El- ephant Early Warning and Monitoring System." *BMC Research Notes* 8, no. 1: 409. https:// doi.org/10.1186/s13104-015-1370-y.

Zeppelzauer, Matt as, Angela S. Stoeger, and Christian Breiteneder. 2013. "Acoustic Detection of Elephant Presencein Noisy Environments." In *Proceedings of the 2nd ACMInternational Workshop on Multimedia Analysis for Ecological Data*, 3–8. https://doi.org/10.1145/2509896.2509900.

Zgank, Andrej. 2019. "Bee Swarm Activity Acoustic Classification for an IoT-Based Farm Ser- vice." *Sensors* 20, no. 21: 1–14.

Zhang, Feiyu, Luyang Zhang, Hongxiang Chen, and Jiangjian Xie. 2021. "Bird Species Identifica- tion Using Spectrogram Based on Multi-channel Fusion of DCNNs." *Entropy* 23, no. 11: 1507. Zhang, Liang, Ibraheem Saleh, Sashi Thapaliya, Jonathan Louie, Jose Figueroa-Hernandez, and Hao Ji. 2017. "An Empirical Evaluation of Machine Learning Approaches for Species Iden- tification through Bioacoustics." In *2017 International Conference on Computational Science and Computational Intelligence* (*CSCI*), 489–94. New York: IEEE.

Zhang, Lilun, Dezhi Wang, Changchun Bao, Yongxian Wang, and Kele Xu. 2019. "Large-Scale Whale-Call Classification by Transfer Learning on Multi-scale Waveforms and Time- Frequency Features." *Applied Sciences* 9, no. 5: 1020.

Zhao, Longhui, Tongliang Wang, Rui Guo, Xiaofei Zhai, Lu Zhou, Jianguo Cui, and Jichao Wang. 2021. "Differential Effect of Aircraft Noise on the Spectral-Temporal Acoustic Char- acteristics of Frog Species." *Animal Behaviour* 182: 9–18.

Zimmermann, Elke. 2018. "High Frequency/Ultrasonic Communication in Basal Primates: The Mouse and Dwarf Lemurs of Madagascar." In *Handbook of Behavioral Neuroscience*, vol. 25, edited by Stefan M. Brudzynski, 521–33. Amsterdam: Elsevier.

Zuberbühler, Klaus. 2015. "Linguistic Capacity of Non-human Animals." *Wiley Interdisciplinary Reviews: Cognitive Science* 6, no. 3: 313–21. https://doi.org/10.1002/wcs.1338.

Zuberbühler, Klaus. 2018. "Combinatorial Capacities in Primates." *Current Opinion in Behavioral Sciences* 21: 161–69. https://doi.org/10.1016/j.cobeha.2018.03.015.

Zumwalt, Russel L. 1988. "The Return of the Whale: Nalukataq, the Point Hope Whale Festival." In *Time Out of Time: Essays on the Festival*, edited by Alessandro Falassi, 261–76. Albuquer- que: University of New Mexico Press.

Zwain, Akram, and Azizi Bahauddin. 2015. "Feng Shui and Sustainable Design Applications in Interior Design—Case Study: Baba Nyonya Shophouses in Georgetown, Penang." *Advances in Environmental Biology* 9, no. 5: 32–34.

Zwart, Mieke C., Andrew Baker, Philip J. K. McGowan, and Mark J. Whittingham. 2014. "The Use of Automated Bioacoustic Recorders to Replace Human Wildlife Surveys: An Example Using Nightjars." *PLoS One* 9, no. 7: e102770.

Zweifel, Roman, and Fabiene Zeugin. 2008. "Ultrasonic Acoustic Emissions in Drought- Stressed Trees—More Than Signals from Cavitation?" *New Phytologist* 179, no. 4: 1070–79. https://doi.org/10.1111/j.1469-8137.2008.02521.x.

Wyss Institute. 2020. "RoboBees: Autonomous Flying Microrobots." https://wyss.harvard.edu/technology/robobees-autonomous-flying-microrobots/.

Xie, Jie, Kai Hu, Mingying Zhu, and Ya Guo. 2020. "Data-Driven Analysis of Global Research Trends in Bioacoustics and Ecoacoustics from 1991 to 2018." *Ecological Informatics* 57: 101068. Yandell, Kate. 2017. "The Mystery of Whale Song." *Scientist*, February 28, 2017. https://www.the-scientist.com/features/the-mystery-of-whale-song-31945.

Yeo, Che Yong, S.A.R. Al-Haddad, and Chee Kyun Ng. 2012. "Dog Voice Identification (ID) for Detection System." In *2012 Second International Conference on Digital Information Processing and Communications* (*ICDIPC*), 120–23. New York: IEEE. https://doi.org/10.1109/ICDIPC.2012.6257264.

Yin, Jun, Han Liu, Jiaojiao Jiao, Xiangjun Peng, Barbara G. Pickard, Guy M. Genin, Tian Jian Lu, and Shaobao Liu. 2021. "Ensembles of the Leaf Trichomes of *Arabidopsis thaliana* Selec- tively Vibrate in the Frequency Range of Its Primary Insect Herbivore." *Extreme Mechanics Letters* 48: 101377.

Yin, Sophia, and Brenda McCowan. 2004. "Barking in Domestic Dogs: Context Specificity and Individual Identification." *Animal Behaviour* 68, no. 2: 343–55. https://doi.org/10.1016/j.anbehav.2003.07.016.

Yoder, Thomas L., Hui-qiong Zheng, Paul Todd, and L. Andrew Staehelin. 2001. "Amyloplast Sedimentation Dynamics in Maize Columella Cells Support a New Model for the Gravity- Sensing Apparatus of Roots." *Plant Physiology* 125, no. 2: 1045–60.

Yonezawa, Kyoko, Takashi Miyaki, and Jun Rekimoto. 2009. "Cat@ Log: Sensing Device At- tachable to Pet Cats for Supporting Human-Pet Interaction." In *Proceedings of the Interna- tional Conference on Advances in Computer Enterntainment Technology*, 149–56.

Yong, Ed. 2021. "The Enormous Hole That Whaling Left Behind." *Atlantic*, November 3, 2021. https://www.theatlantic.com/science/archive/2021/11/whaling-whales-food-krill-iron/620604/.

Yoon, Carol Kaesuk. 2003. "Donald R. Griffin, 88, Dies; Argued Animals Can Think." *New York Times*, November 14, 2003. https://www.nytimes.com/2003/11/14/nyregion/donald-r-griffin-88-dies-argued-animals-can-think.html.

Yorzinski, Jessica L., Gail L. Patricelli, Jason S. Babcock, John M. Pearson, and Michael L. Platt. 2013. "Th ough Th Eyes: Selective Attention in Peahens during Courtship." *Journal of Experimental Biology* 216, no. 16: 3035–46.

Yorzinski, Jessica L., Gail L. Patricelli, Siarhei Bykau, and Michael L. Platt. 2017. "Selective At- tention in Peacocks during Assessment of Rival Males." *Journal of Experimental Biology* 220, no. 6: 1146–53.

Yorzinski, Jessica L., Gail L. Patricelli, Michael L. Platt, and Michael F. Land. 2015. "Eye and Head Movements Shape Gaze Shifts in Indian Peafowl." *Journal of Experimental Biology* 218, no. 23: 3771–76.

Yovel, Yossi, Matthias O. Franz, Peter Stilz, and Hans-Ulrich Schnitzler. 2008. "Plant Classifica- tion from Bat-Like Echolocation Signals." *PLoS Computational Biology* 4, no. 3: e1000032. https://doi.org/10.1371/journal.pcbi.1000032.

Yovel, Yossi, Peter Stilz, Matthias O. Franz, Arjan Boonman, and Hans-Ulrich Schnitzler. 2009. "What a Plant Sounds Like: The Statistics of Vegetation Echoes as Received by Echolocat- ing Bats." *PLoS Computational Biology* 5, no. 7: e1000429. https://doi.org/10.1371/journal.pcbi.1000429.

Zadeh, Fazel A., and Mahnaz Akbari. 2016. "Considering Light and Dark Concepts in Shahn- ameh." *International Journal of Humanities and Cultural Studies* 1, no. 1: 1523–31.

Zeagler, Clint, Scott Gilliland, Larry Freil, Thad Starner, and Melody Jackson. 2014. "Going to the Dogs: Towards an Interactive Touchscreen Interface for Working Dogs." In *Proceedings of the 27th Annual ACM Symposium on User Interface Software and Technology*, 497–507. New York: Association for Computing Machinery.

Zeagler, Clint, Jay Zuerndorfer, Andrea Lau, Larry Freil, Scott Gilliland, Thad Starner, and Melody M. Jackson. 2016. "Canine Computer Interaction: Towards Designing a Touch- screen Interface for Working Dogs." In *Proceedings of the Third International Conference on Animal-Computer Interaction*, 1–5. New York: Association for Computing Machinery. https://doi.org/10.1145/2995257.2995384.

Zeh, Judith, Adrian Raftery, and P. E. Styer. 1988. "Mark-Recapture Estimation of Bowhead Whale, *Balaena mysticetus,* Population Size and Offshore Distribution from 1986 Visual and Acoustic Data Collected off Point Barrow, Alaska." Paper SC/40/PS5, Scientific Committee of the International Whaling Commission.

Zeppelzauer, Matthias, Sean Hensman, and Angela S. Stoeger. 2015. "Towards an Automated Acoustic Detection System

Wohlforth, Charles. 2005. *The Whale and the Supercomputer: On the Northern Front of Climate Change*. New York: Macmillan.

Wolters, Piper, Chris Daw, Brian Hutchinson, and Lauren Phillips. 2021. "Proposal-Based Few- Shot Sound Event Detection for Speech and Environmental Sounds with Perceivers." arXiv.org: 2107.13616.

Wood, Connor M., Ralph J. Gutiérrez, and M. Zachariah Peery. 2019. "The Scientific Naturalist." *Ecology* 100, no. 9: e02764.

Wood, Connor M., Holger Klinck, Michaela Gustafson, John J. Keane, Sarah C. Sawyer, R. J. Gutiérrez, and M. Zachariah Peery. 2021. "Using the Ecological Significance of Animal Vo- calizations to Improve Inference in Acoustic Monitoring Programs." *Conservation Biology* 35, no. 1: 336–45.

Wood, Connor M., Nick Kryshak, Michaela Gustafson, Daniel F. Hofstadter, Brendan K. Ho- bart, Sheila A. Whitmore, Brian P. Dotters, et al. 2021. "Density Dependence Influences Competition and Hybridization at an Invasion Front." *Diversity and Distributions* 27, no. 5: 901–12.

Wood, Connor M., Viorel D. Popescu, Holger Klinck, John J. Keane, R. J. Gutiérrez, Sarah C. Sawyer, and M. Zachariah Peery. 2019. "Detecting Small Changes in Populations at Land- scape Scales: A Bioacoustic Site-Occupancy Framework." *Ecological Indicators* 98: 492–507.

Woodman, George H., Simon C. Wilson, Vincent Y. F. Li, and Reinhard Renneberg. 2003. "Acoustic Characteristics of Fish Bombing: Potential to Develop an Automated Blast Detec- tor." *Marine Pollution Bulletin* 46, no. 1: 99–106.

Woodman, George H., Simon C. Wilson, Vincent Y. F. Li, and Reinhard Renneberg. 2004. "A Direction-Sensitive Underwater Blast Detector and Its Application for Managing Blast Fish- ing." *Marine Pollution Bulletin* 49, no. 11–12: 964–73.

Woodson, C. Brock, and Steven Y. Litvin. 2015. "Ocean Fronts Drive Marine Fishery Production and Biogeochemical Cycling." *Proceedings of the National Academy of Sciences* 112, no. 6: 1710–15. https://doi.org/10.1073/pnas.1417143112.

Woodward, Sean F., Diana Reiss, and Marcelo O. Magnasco. 2020a. "Learning to Localize Sounds in a Highly Reverberant Environment: Machine-Learning Tracking of Dolphin Whistle-Like Sounds in a Pool." *PLoS One* 15, no. 6: e0235155.

Woodward, Sean F., Diana Reiss, and Marcelo O. Magnasco. 2020b. "Machine Source Localiza- tion of *Tursiops truncatus* Whistle-Like Sounds in a Reverberant Aquatic Environment." bioRxiv.org: 606673.

World Wildlife Fund. 2013. "Coca-Cola Arctic Home Campaign—Augmented Reality." WWF International, January 31, 2013. https://www.youtube.com/watch?v=h2Jg8ryVk1k.

Worzel, J. Lamar. 2000. "Tracing the Origins of the Lamont Geological Observatory." *EOS, Transactions of the American Geophysical Union* 81, no. 46: 549–53.

Wrege, Peter H., Elizabeth D. Rowland, Nicolas Bout, and Modeste Doukaga. 2012. "Opening a Larger Window onto Forest Elephant Ecology." *African Journal of Ecology* 50, no. 2: 176–83.

Wrege, Peter H., Elizabeth D. Rowland, Sara Keen, and Yu Shiu. 2017. "Acoustic Monitoring for Conservation in Tropical Forests: Examples from Forest Elephants." *Methods in Ecology and Evolution* 8, no. 10: 1292–1301.

Wrege, Peter H., Elizabeth D. Rowland, Bruce G. Thompson, and Nikolas Batruch. 2010. "Use of Acoustic Tools to Reveal Otherwise Cryptic Responses of Forest Elephants to Oil Ex- ploration." *Conservation Biology* 24, no. 6: 1578–85.

Wright, Edgar Wilson (ed). 1895. *Lewis & Dryden's Marine History of the Pacific Northwest*. Port- land, OR: Lewis & Dryden Printing Co.

Wright, Mark G., Craig Spencer, Robin M. Cook, Michelle D. Henley, Warren North, and Agenor Mafra-Neto. 2018. "African Bush Elephants Respond to a Honeybee Alarm Phero- mone Blend." *Current Biology* 28, no. 14: R778–R780.

Wu, Wen, Antonio M. Moreno, Jason M. Tangen, and Judith Reinhard. 2013. "Honeybees Can Discriminate between Monet and Picasso Paintings." *Journal of Comparative Physiology A* 199, no. 1: 45–55. https://doi.org/10.1007/s00359-012-0767-5.

Würsig, Bernd, and William C. Clark. 1993. "Behavior." In *The Bowhead Whale*, edited by J. J. Burns, J. J. Montague, and C. J. Cowles, 157–99. Spec. pub. 2. Lawrence, KS: Society for Marine Mammalogy.

Videogame." In *The Philosophy of Computer Games Conference*, 1–12.
Whitehead, Hal, and Luke Rendell. 2014. *The Cultural Lives of Whales and Dolphins*. Chicago: University of Chicago Press.
Whitehead, Hal, Luke Rendell, Richard W. Osborne, and Bernd Würsig. 2004. "Culture and Conservation of Non-humans with Reference to Whales and Dolphins: Review and New Directions." *Biological Conservation* 120, no. 3: 427–37.
Whiten, Andrew, and Richard W. Byrne, eds. 1997. *Machiavellian Intelligence II: Extensions and Evaluations*. Cambridge, UK: Cambridge University Press.
Whitman, Edward C. 2005. "SOSUS: The 'Secret Weapon' of Undersea Surveillance." *Undersea Warfare* 7, no. 2: 256.
Whitridge, Peter. 2015. "The Sound of Contact: Historic Inuit Music-Making in Northern Lab- rador." *North Atlantic Archaeology Journal* 4: 17–42.
Whytock, Robin C., and James Christie. 2017. "Solo: An Open Source, Customizable and Inex- pensive Audio Recorder for Bioacoustic Research." *Methods in Ecology and Evolution* 8, no. 3: 308–12. https://doi.org/10.1111/2041-210X.12678.
Wiggins, Sean. 2003. "Autonomous Acoustic Recording Packages (ARPs) for Long-Term Moni- toring of Whale Sounds." *Marine Technology Society Journal* 37, no. 2: 13–22.
Wijayagunawardane, Missaka P. B., Roger V. Short, Thusith S. Samarakone, K. B. Madhuka Nishany, Helena Harrington, B.V.P. Perera, Roger Rassool, et al. 2016. "The Use of Audio Playback to Deter Crop-Raiding Asian Elephants." *Wildlife Society Bulletin* 40, no. 2: 375–79. https://doi.org/10.1002/wsb.652.
Wilkinson, Gerald S. 2003. "Social and Vocal Complexity in Bats." In *Animal Social Complexity: Intelligence, Culture and Individualized Societies*, edited by Frans De Waal and Peter L. Tyack, 322–41. Cambridge, MA: Harvard University Press.
Wilkinson, Gerald S., and Wenrich J. Boughman. 1998. "Social Calls Coordinate Foraging by Greater Spear-Nosed Bats." *Animal Behaviour* 55: 337–50.
Wilkinson, Gerald S., Gerald Carter, Kirsten M. Bohn, Barbara Caspers, Gloriana Chaverri, Damien Farine, Linus Günther, et al. 2019. "Kinship, Association, and Social Complexity in Bats." *Behavioral Ecology and Sociobiology* 73, no. 1: 7.
Williams, Brittany R., Dominic McAfee, and Sean D. Connell. 2021. "Repairing Recruitment Processes with Sound Technology to Accelerate Habitat Restoration." *Ecological Applica- tions* 31, no. 6: e2386.
Williams, Cassie. 2019. "Rules Aimed at Helping Right Whales Based on Outdated Info, Says Scientist." CBC News, June 28, 2019. https://www.cbc.ca/news/canada/nova-scotia/right-whale-deaths-shipping-lane-restrictions-1.5193873.
Williams, Emma M., Colin F. J. O'Donnell, and Doug P. Armstrong. 2018. "Cost-Benefit Analysis of Acoustic Recorders as a Solution to Sampling Challenges Experienced Monitoring Cryp- tic Species." *Ecology and Evolution* 8, no. 13: 6839–48. https://doi.org/10.1002/ece3.4199.
Willis, Katie L., and Catherine E. Carr. 2017. "A Circuit for Detection of Interaural Time Diff rences in the Nucleus Laminaris of Turtles." *Journal of Experimental Biology* 220, no. 22: 4270–81.
Willoughby, Amy L., Megan C. Ferguson, Raphaela Stimmelmayr, Janet T. Clarke, and Ame- lia A. Brower. 2020. "Bowhead Whale (*Balaena mysticetus*) and Killer Whale (*Orcinus orca*) Co-occurrence in the US Pacific Arctic, 2009–2018: Evidence from Bowhead Whale Car- casses." *Polar Biology* 43, no. 11: 1669–79.
Wilmers, Christopher C., Barry Nickel, Caleb M. Bryce, Justine A. Smith, Rachel E. Wheat, and Veronica Yovovich. 2015. "The Golden Age of Bio-logging: How Animal-Borne Sensors Are Advancing the Frontiers of Ecology." *Ecology* 96, 1741–53. https://doi.org/10.1890/14-1401.1. Wilson, Catherine. 1997. *The Invisible World: Early Modern Philosophy and the Invention of the Microscope*. Vol. 2. Princeton, NJ: Princeton University Press.
Wishner, Karen F., Brad Seibel, and Dawn Outram. 2020. "Ocean Deoxygenation and Cope- pods: Coping with Oxygen Minimum Zone Variability." *Biogeosciences* 17, no. 8: 2315–39.
Wittgenstein, Ludwig. 1953. *Philosophische Untersuchungen* [Philosophical Investigations]. Hoboken, NJ: John Wiley & Sons.
Witzany, Guenther. 2014. "Communicative Coordination in Bees." In *Biocommunication of Ani- mals*, edited by Guenther Witzany, 135–47. Dordrecht, Netherlands: Springer.

whoi.edu/science/B/whalesounds/fullCuts.cfm?SP=BB1A&YR=49.
Watkins, William A., Mary Ann Daher, Joseph E. George, and David Rodriguez. 2004. "Twelve Years of Tracking 52-Hz Whale Calls from a Unique Source in the North Pacific." *Deep Sea Research Part I: Oceanographic Research Papers* 51, no. 12: 1889–1901.
Watkins, William A., Mary Ann Daher, Gina M. Reppucci, Joseph E. George, Darel L. Martin, Nancy A. DiMarzio, and Damon P. Gannon. 2000. "Seasonality and Distribution of Whale Calls in the North Pacific." *Oceanography* 13, no. 1: 62–67.
Watlington, Frank. 1980. "Ocean Sound Transmission." Palisades Geophysical Institute.
Watlington, Frank. 1982. "Recorded Whale Songs." *New York Times*, November 24, 1982. https:// www.nytimes.com/1982/11/24/obituaries/francis-w-watlington-recorded-whale-songs.html.
Watson, Andrew J., Timothy M. Lenton, and Benjamin J. W. Mills. 2017. "Ocean Deoxygenation, the Global Phosphorus Cycle and the Possibility of Human-Caused Large-Scale Ocean Anoxia." *Philosophical Transactions of the Royal Society A* 375, no. 2102. https://doi.org/10.1098/rsta.2016.0318.
Watts, Vanessa. 2013. "Indigenous Place-Thought and Agency amongst Humans and Nonhu- mans (First Woman and Sky Woman Go on a European World Tour!)." *Decolonization: Indigeneity, Education & Society* 2, no. 1: 20–34.
Watts, Vanessa. 2020. "Growling Ontologies: Indigeneity, Becoming-Souls and Settler Colonial Inaccessibility." In *Colonialism and Animality: Anti-colonial Perspectives in Critical Animal Studies*, edited by Kelly Struthers Montford and Chloë Taylor, 115–28. Oxfordshire, UK: Routledge.
Webb, Robert Lloyd. 2011. *On the Northwest: Commercial Whaling in the Pacific Northwest, 1790– 1967*. Vancouver: UBC Press.
Webb, Spahr C. 2007. "Th Earth's 'Hum' Is Driven by Ocean Waves over the Continental Shelves." *Nature* 445, no. 7129: 754–56.
Webber, Sarah, Marcus Carter, Sally Sherwen, Wally Smith, Zaher Joukhadar, and Frank Vetere. 2017a. "Kinecting with Orangutans: Zoo Visitors' Empathetic Responses to Animals' Use of Interactive Technology." In *Proceedings of the 2017 CHI Conference on Human Factors in Computing Systems*, 6075–88. New York: Association for Computing Machinery. https://doi.org/10.1145/3025453.3025729.
Webber, Sarah, Marcus Carter, Wally Smith, and Frank Vetere. 2017b. "Interactive Technology and Human-Animal Encounters at the Zoo." *International Journal of Human-Computer Stud- ies* 98: 150–68. https://doi.org/10.1016/j.ijhcs.2016.05.003.
Webber, Sarah, Marcus Carter, Wally Smith, and Frank Vetere. 2020. "Co-designing with Orang- utans: Enhancing the Design of Enrichment for Animals." In *Proceedings of the 2020 ACM Designing Interactive Systems Conference*, 1713–25. https://doi.org/10.1145/3357236.3395559. Weber, Thea, and John Thorson. 2019. "Phonotactic Behavior of Walking Crickets." In *Cricket Behavior and Neurobiology*, edited by Franz Huber, Thomas E. Moore, and Werner Loher, 310–39. Ithaca, NY: Cornell University Press.
Webster, Bayard. 1986. "'Secret Language' Found in Elephants." *New York Times*, February 11, 1986. https://www.nytimes.com/1986/02/11/science/secret-language-found-in-elephants.html.
Wei, Gangjian, Malcolm T. McCulloch, Graham Mortimer, Wengfeng Deng, and Luhua Xie. 2009. "Evidence for Ocean Acidification in the Great Barrier Reef of Australia." *Geochimica et Cosmochimica Acta* 73, no. 8: 2332–46. https://doi.org/10.1016/j.gca.2009.02.009.
Weilgart, Linda S. 2007. "A Brief Review of Known Effects of Noise on Marine Mammals." *In- ternational Journal of Comparative Psychology* 20, no. 2: 159–68.
Weilgart, Linda S., Hal Whitehead, and Katharine Payne. 1996. "A Colossal Convergence." *American Scientist* 84, no. 3: 278–87.
Weiß, Brigitte M., Helena Symonds, Paul Spong, and Friedrich Ladich. 2011. "Call Sharing across Vocal Clans of Killer Whales: Evidence for Vocal Imitation?" *Marine Mammal Science* 27, no. 2: E1–E13.
Wertime, Theodore A. 1983. "The Furnace versus the Goat: The Pyrotechnologic Industries and Mediterranean Deforestation in Antiquity." *Journal of Field Archaeology* 10, no. 4: 445–52. https://doi.org/10.2307/529467.
Westerlaken, Michelle. 2020. "Imagining Multispecies Worlds." PhD dissertation, Malmö University.
Westerlaken, Michelle, and Stefano Gualeni. 2014. "Felino: The Philosophical Practice of Mak- ing an Interspecies

Von Eschenbach, Silvia F. E. 2002. "Trees of Life and Trees of Death in China: The Magical Quality of Trees in a Deforested Country." *Zeitschrift der Deutschen Morgenländischen Gesell- schaft* 152, no. 2: 371–94.

von Helversen, Dagmar, and Otto von Helversen. 1999. "Acoustic Guide in Bat-Pollinated Flower." *Nature* 398, no. 6730: 759–60.

von Uexküll, Jakob. 2001. "Th New Concept of Umwelt. A Link between Science and the Humanities." *Semiotica* 134: 111–23.

von Uexküll, Jakob. 2010. *A Foray into the Worlds of Animals and Humans*. Minneapolis: Univer- sity of Minnesota Press.

Wahby, Mostafa, Mary K. Heinrich, Daniel N. Hofstadler, Ewald Neufeld, Igor Kuksin, Payam Zahadat, Thomas Schmickl, Phil Ayres, and Heiko Hamann. 2018a. "Autonomously Shaping Natural Climbing Plants: A Bio-hybrid Approach." *Royal Society Open Science* 5, no. 10: 180296. https://doi.org/10.1098/rsos.180296.

Wahby, Mostafa, Mary K. Heinrich, Daniel N. Hofstadler, Payam Zahadat, Sebastian Risi, and Phil Ayres. 2018b. "A Robot to Shape Your Natural Plant: The Machine Learning Approach to Model and Control Bio-hybrid Systems." In *Proceedings of the Conference on Genetic and Evolutionary Computation*, 165–72. New York: Association for Computing Machinery.

Wahby, Mostafa, Daniel N. Hofstadler, Mary K. Heinrich, Payam Zahadat, and Heiko Hamann. 2016. "An Evolutionary Robotics Approach to the Control of Plant Growth and Motion: Modeling Plants and Crossing the Reality Gap." In *2016 IEEE 10th International Conference on Self-Adaptive and Self-Organizing Systems* (*SASO*), 21–30. New York: IEEE.

Waldstein, Robert. 2020. "Vampire Bats Self-Isolate, Too." *New York Times*, July 22, 2020. https:// www.nytimes.com/2020/07/22/science/vampire-bats-viruses.html.

Walter, Rose. 1950. *The Reptiles and Amphibians of Southern Africa*. Cape Town: Maskew Miller. Wang, Dezhi, Lilun Zhang, Zengquan Lu, and Kele Xu. 2018. "Large-Scale Whale Call Classi- fication Using Deep Convolutional Neural Network Architectures." In *2018 IEEE Interna- tional Conference on Signal Processing, Communications and Computing* (*ICSPCC*), 1–5. New York: IEEE.

Wang, Zhengwei, Yufeng Qu, Shihao Dong, Ping Wen, Jianjun Li, Ken Tan, and Randolf Men- zel. 2016. "Honey Bees Modulate Their Olfactory Learning in the Presence of Hornet Preda- tors and Alarm Component." *PLoS One* 11, no. 2: e0150399.

Ware, Heidi E., Christopher J. W. McClure, Jay D. Carlisle, and Jesse R. Barber. 2015. "A Phantom Road Experiment Reveals Traffic Noise Is an Invisible Source of Habitat Degradation." *Pro- ceedings of the National Academy of Sciences* 112, no. 39: 12105–9.

Wario, Fernando, Benjamin Wild, Margaret J. Couvillon, Raúl Rojas, and Tim Landgraf. 2015. "Automatic Methods for Long-Term Tracking and the Detection and Decoding of Com- munication Dances in Honeybees." *Frontiers in Ecology and Evolution* 3: 103.

Wario, Fernando, Benjamin Wild, Raúl Rojas, and Tim Landgraf. 2017. "Automatic Detection and Decoding of Honey Bee Waggle Dances." *PLoS One* 12, no. 12: e0188626.

Warkentin, Karen M. 2005. "How Do Embryos Assess Risk? Vibrational Cues in Predator- Induced Hatching of Red-Eyed Treefrogs." *Animal Behaviour* 70, no. 1: 59–71. https://doi.org/10.1016/j.anbehav.2004.09.019.

Warkentin, Karen M. 2011. "Environmentally Cued Hatching across Taxa: Embryos Respond to Risk and Opportunity." *Integrative and Comparative Biology* 51, no. 1: 14–25. https://doi.org/10.1093/icb/icr017.

Wartzok, Douglas, William A. Watkins, Bernd Würsig, and Charles I. Malme. 1989. "Movements and Behaviors of Bowhead Whales in Response to Repeated Exposures to Noises Associ- ated with Industrial Activities in the Beaufort Sea." Report from Purdue University for Amoco Production Co.

Watanabe, Eiji, Michio J. Kishi, Akio Ishida, and Maki Noguchi Aita. 2012. "Western Arctic Primary Productivity Regulated by Shelf-Break Warm Eddies." *Journal of Oceanography* 68, no. 5: 703–18.

Waterson, Paddy, Anita Waghorn, Julie Swartz, and Ross Brown. 2013. "What's in a Name? Beyond the Mary Watson Stories to a Historical Archaeology of Lizard Island." *International Journal of Historical Archaeology* 17, no. 3: 590–612.

Watkins Marine Mammal Sound Database. 2021. "3 Beluga: White Whales." New Bedford Whaling Museum. https://cis.

Taylor, Patricia Dale. n.d. "Training the First Porpoise—the Story of Flippy." Marine Land. http://marine-land.com/training.htm.

Temple-Raston, Dina. 2019. "Elephants under Attack Have an Unlikely Ally: Artificial Intelli- gence." NPR, October, 15, 2019. https://www.npr.org/2019/10/25/760487476/elephants-under-attack-have-an-unlikely-ally-artificial-intelligence.

ten Cate, Carel. 2013. "Acoustic Communication in Plants: Do the Woods Really Sing?" *Behav- ioral Ecology* 24, no. 4: 799–800.

Terenzi, Alessandro, Stefania Cecchi, and Susanna Spinsante. 2020. "On the Importance of the Sound Emitted by Honey Bee Hives." *Veterinary Sciences* 7, no. 4: 168.

Terrace, Herbert S., and Janet Metcalfe, eds. 2005. *The Missing Link in Cognition: Origins of Self- Reflective Consciousness*. Oxford, UK: Oxford University Press.

Terry, J. Christopher, Helen E. Roy, and Tom A. August. 2020. "Thinking Like a Naturalist: Enhancing Computer Vision of Citizen Science Images by Harnessing Contextual Data." *Methods in Ecology and Evolution* 11, no. 2: 303–15. https://doi.org/10.1111/2041-210X.13335. Tervo, Outi M., Mads F. Christoffersen, Susan E. Parks, Reinhardt M. Kristensen, and Peter T.

Madsen. 2011. "Evidence for Simultaneous Sound Production in the Bowhead Whale (*Balaena mysticetus*)." *Journal of the Acoustical Society of America* 130, no. 4: 2257–62.

Tervo, Outi M., Mads F. Christoffersen, Malene Simon, Lee A. Miller, Frants H. Jensen, Susan E. Parks, and Peter T. Madsen. 2012. "High Source Levels and Small Active Space of High- Pitched Song in Bowhead Whales (*Balaena mysticetus*)." *PLoS One* 7, no. 12: e52072.

Thalji, Nadia K., and Oksana Yakushko. 2018. "Indigenous Women of the Amazon Forest: The Woman Shaman of the Yawanawa Tribe." *Women & Therapy* 41, no. 1–2: 131–48.

Thode, Aaron M., Katherine H. Kim, Susanna B. Blackwell, Charles R. Greene Jr., Christo- pher S. Nations, Trent L. McDonald, and A. Michael Macrander. 2012. "Automated Detec- tion and Localization of Bowhead Whale Sounds in the Presence of Seismic Airgun Sur- veys." *Journal of the Acoustical Society of America* 131, no. 5: 3726–47.

Thompson, Charis. 2002. "When Elephants Stand for Competing Philosophies of Nature: Am- boseli National Park, Kenya." In *Complexities: Social Studies of Knowledge Practices*, edited by John Law and Annemarie Mol, 166–90. Durham, NC: Duke University Press.

Thompson, Mya E., Steven J. Schwager, Katharine B. Payne, and Andrea K. Turkalo. 2010. "Acoustic Estimation of Wildlife Abundance: Methodology for Vocal Mammals in Forested Habitats." *African Journal of Ecology* 48, no. 3: 654–61.

Thompson, Rhiannon, Rachel B. Smith, Yasmin Bou Karim, Chen Shen, Kayleigh Drummond, Chloe Teng, and Mireille B. Toledano. 2022. "Noise Pollution and Human Cognition: An Updated Systematic Review and Meta-analysis of Recent Evidence." *Environment Interna- tional* 158: 106905.

Thorley, Jack B., and Tim Clutton-Brock. 2017. "Kalahari Vulture Declines, through the Eyes of Meerkats." *Ostrich*, 88, no. 2: 177–81.

Thouless, Christopher, Holly T. Dublin, Julian Blanc, Doyle P. Skinner, Thomas E. Daniel, Rus- sell Taylor, Fiona Maisels, Howard Frederick, and Philipe Bouché. 2016. "African Elephant Status Report." Occasional paper 60, IUCN Species Survival Commission. https:// conservationaction.co.za/wp-content/uploads/2016/10/Af ESG-African-Elephant-Status-Report-2016-Executive-Summary-only.pdf.

Thuppil, Vivek, and Richard G. Coss. 2016. "Playback of Felid Growls Mitigates Crop-Raiding by Elephants, *Elephas maximus*, in Southern India." *Oryx*, 50, no. 2: 329–35. https://doi.org/10.1017/S0030605314000635.

Todd, Victoria L. G., Jian Jiang, and Maximilian Ruffert. 2019. "Potential Audibility of Three Acoustic Harassment Devices (AHDs) to Marine Mammals in Scotland, UK." *International Journal of Acoustics and Vibration* 24, no. 4: 792–800.

Tolimieri, Nicholas, O. Haine, Andrew Jeffs, R. D. McCauley, and John C. Montgomery. 2004. "Directional Orientation of Pomacentrid Larvae to Ambient Reef Sound." *Coral Reefs* 23, no. 2: 184–91. https://doi.org/10.1007/s00338-004-0383-0.

Tønnessen, Morten. 2009. "Umwelt Transitions: Uexküll and Environmental Change." *Biose- miotics* 2, no. 1: 47–64.

San." *Senri Ethnological Studies* 27: 79–122.
Sung, Sibum, and Richard M. Amasino. 2004. "Vernalization and Epigenetics: How Plants Re- member Winter." *Current Opinion in Plant Biology* 7, no. 1: 4–10.
Supper, Alexandra. 2014. "Sublime Frequencies: The Construction of Sublime Listening Experi- ences in the Sonification of Scientific Data." *Social Studies of Science* 44, no. 1: 34–58.
Supper, Alexandra, and Karin Bijsterveld. 2015. "Sounds Convincing: Modes of Listening and Sonic Skills in Knowledge Making." *Interdisciplinary Science Reviews* 40, no. 2: 124–44.
Suraci, Justin P., Michael Clinchy, Lawrence M. Dill, Devin Roberts, and Liana Y. Zanette. 2016. "Fear of Large Carnivores Causes a Trophic Cascade." *Nature Communications* 7, no. 1: 1–7. https://doi.org/10.1038/ncomms10698.
Surlykke, Annemarie, and Lee A. Miller. 1985. "The Influence of Arctiid Moth Clicks on Bat Echolocation: Jamming or Warning?" *Journal of Comparative Physiology A* 156, no. 6: 831–43.
Suydam, Robert, and J. C. George. 2021. "Current Indigenous Whaling." In *The Bowhead Whale* (*Balaena mysticetus*): *Biology and Human Interactions*, edited by J. C. George and J.G.M. Thewissen, 519–35. London: Academic Press.
Suzuki, Ryuji, John R. Buck, and Peter L. Tyack. 2006. "Information Entropy of Humpback Whale Songs." *Journal of the Acoustical Society of America* 119, no. 3: 1849–66. https://doi.org/10.1121/1.2161827.
Swain, Daniel T., Iain D. Couzin, and Naomi Ehrich Leonard. 2011. "Real-Time Feedback- Controlled Robotic Fish for Behavioral Experiments with Fish Schools." *Proceedings of the IEEE* 100, no. 1: 150–63.
Swan, Heather. 2017. *Where Honeybees Thrive: Stories from the Field*. University Park: Penn State University Press.
Swearer, Stephen E., Jennifer E. Caselle, David W. Lea, and Robert R. Warner. 1999. "Larval Retention and Recruitment in an Island Population of a Coral-Reef Fish." *Nature* 402, no. 6763: 799–802.
Swimme, Brian, and Thomas Berry. 1994. *The Universe Story: From the Primordial Flaring Forth to the Ecozoic Era—a Celebration of the Unfolding of the Cosmos*. New York: HarperCollins. Syracuse University. 2019. "Hush, Litt Baby. Mother Right Whales 'Whisper' to Calves." *Science Daily*, October 9, 2019. https://www.sciencedaily.com/releases/2019/10/191009132323.htm.
Szigeti, Z, and I. Parádi. 2020. "On the Communication of Plants–What Happens above the Ground?" *Botanikai Közlemények* 107, no. 1: 19–32. https://doi.org/10.17716/botkozlem.2021.108.1.1.
Taiz, Lincoln, Daniel Alkon, Andreas Draguhn, Angus Murphy, Michael Blatt, Chris Hawes, Gerhard Thiel, and David G. Robinson. 2019. "Plants Neither Possess nor Require Con- sciousness." *Trends in Plant Science* 24, no. 8: 677–87.
Taiz, Lincoln, Daniel Alkon, Andreas Draguhn, Angus Murphy, Michael Blatt, Gerhard Thiel, and David G. Robinson. 2020. "Reply to Trewavas et al. and Calvo and Trewavas." *Trends in Plant Science* 25, no. 3: 218–20.
Talandier, Jacques, Olivier Hyvernaud, Emile A. Okal, and Pierre-Franck Piserchia. 2002. "Long-Range Detection of Hydroacoustic Signals from Large Icebergs in the Ross Sea, Ant- arctica." *Earth and Planetary Science Letters* 203, no. 1: 519–34.
Talandier, Jacques, Olivier Hyvernaud, Dominique Reymond, and Emile A. Okal. 2006. "Hy- droacoustic Signals Generated by Parked and Drifting Icebergs in the Southern Indian and Pacific Oceans." *Geophysical Journal International* 165, no. 3: 817–34.
Tallbear, Kim. 2011. "Why Interspecies Thinking Needs Indigenous Standpoints." Society for Cultural Anthropology, November 18, 2011. https://culanth.org/fieldsights/why-interspecies-thinking-needs-indigenous-standpoints.
Tamman, Maurice. 2020. "Pandemic Offers Scientists Unprecedented Chance to 'Hear' Oceans as Th Once Were." Reuters, June 8, 2020. https://www.reuters.com/article/us-health-coronavirus-climate-research-i-idUSKBN23F1M3.
Tan, Ken, Shihao Dong, Xinyu Li, Xiwen Liu, Chao Wang, Jianjun Li, and James C. Nieh. 2016. "Honey Bee Inhibitory Signaling Is Tuned to Threat Severity and Can Act as a Colony Alarm Signal." *PLoS Biology* 14, no. 3: e1002423.
Tavolga, William N. 1981. "Retrospect and Prospect—Listening through a Wet Filter." In *Hearing and Sound Communication in Fishes*, edited by W. N. Tavolga, A. N. Popper, and R. R. Fay, 573–88. New York: Springer.
Tavolga, William N. 2002. "Fish Bioacoustics: A Personal History." *Bioacoustics* 12, no. 2–3: 101–4. https://doi.org/10.1080/09524622.2002.9753662.
Tavolga, William N. 2012. "Listening Backward: Early Days of Marine Bioacoustics." In *The Ef- fects of Noise on Aquatic Life*, edited by Arthur N. Popper and Anthony Hawkins, 11–14. New York: Springer.

Computational Intelligence (*SSCI*), 1–8. New York: IEEE.
Steiner, Helene, Paul Johns, Asta Roseway, Chris Quirk, Sidhant Gupta, and Jonathan Lester. 2017. "Project Florence: A Plant to Human Experience." In *Proceedings of the 2017 CHI Con- ference Extended Abstracts on Human Factors in Computing Systems*, 1415–20.
Steinhart, Eric. 2008. "Teilhard de Chardin and Transhumanism." *Journal of Evolution and Tech- nology* 20, no. 1: 1–22.
Stillwell, Kristen M. E. 2012. "The Gift of the Bee-Poet: Bee Symbolism in HD's Poetry and Prose." PhD dissertation, University of North Carolina at Greensboro.
Stobutzki, Ilona C., and Bellwood, David R. 1998. "Nocturnal Orientation to Reefs by Late Pelagic Stage Coral Reef Fishes." *Coral Reefs* 17: 103–10.
Stocker, Michael. 2013. *Hear Where We Are: Sound, Ecology, and Sense of Place*. Berlin: Springer Science & Business Media.
Stockmaier, Sebastian, Daniel I. Bolnick, Rachel A. Page, and Gerald G. Carter. 2020a. "Sickness Effects on Social Interactions Depend on the Type of Behaviour and Relationship." *Journal of Animal Ecology* 89, no. 6: 1387–94. https://doi.org/10.1111/1365-2656.13193.
Stockmaier, Sebastian, Daniel I. Bolnick, Rachel A. Page, Darija Josic, and Gerald G. Carter. 2020b. "Immune-Challenged Vampire Bats Produce Fewer Contact Calls." bioRxiv.org: 046730. https://doi.org/10.1101/2020.04.17.046730.
Stoeger, Angela S. 2021. "Elephant Sonic and Infrasonic Sound Production, Perception, and Processing." In *Neuroendocrine Regulation of Animal Vocalization*, edited by Cheryl Rosenfeld and Frauke Hoffmann, 189–99. Cambridge, MA: Academic Press.
Stoeger, Angela S., and Anton Baotic. 2016. "Information Content and Acoustic Structure of Male African Elephant Social Rumbles." *Scientific Reports* 6, no. 1: 1–8.
Stoeger, Angela S., Daniel Mietchen, Sukhun Oh, Shermin de Silva, Christian T. Herbst, Soow- han Kwon, and W. Tecumseh Fitch. 2012. "An Asian Elephant Imitates Human Speech." *Current Biology* 22, no. 22: 2144–48.
Stokstad, Erik. 2017. "Surge in Right Whale Deaths Raises Alarms." *Science* 357, no. 6353: 740–41.
Streever, Bill, Robyn P. Angliss, Robert Suydam, Myrna Ahmaogak, Cindy Bailey, Susanna B. Blackwell, John C. George, et al. 2008. "Progress through Collaboration: A Case Study Examin- ing Eff cts of Industrial Sounds on Bowhead Whales." *Bioacoustics* 17, no. 1–3: 345–47.
Stroeve, Julienne C., James Maslanik, Mark C. Serreze, Ignatius Rigor, Walter Meier, and Charles Fowler. 2011. "Sea Ice Response to an Extreme Negative Phase of the Arctic Oscil- lation during Winter 2009/2010." *Geophysical Research Letters* 38, no. 2: 1–6.
Stroeve, Julienne, Mark Serreze, Sheldon Drobot, Shari Gearheard, Marika Holland, James Maslanik, Walt Meier, and Ted Scambos. 2008. "Arctic Sea Ice Extent Plummets in 2007." *Eos, Transactions American Geophysical Union* 89, no. 2: 13–14.
Struck, Doug. 2014. "Will Atlantic Ocean Oil Prospecting Silence Endangered Right Whales?" *National Geographic*, August 10, 2014. https://www.nationalgeographic.com/science/article/140811-seismic-science-endangered-right-whale-atlantic-oil-ocean.
Suca, Justin J., Ashlee Lillis, Ian T. Jones, Maxwell B. Kaplan, Andrew R. Solow, Alexis D. Earl, Sennai Habtes, Amy Apprill, Joel K. Llopiz, and T. Aran Mooney. 2020. "Variable and Spa- tially Explicit Response of Fish Larvae to the Playback of Local, Continuous Reef Sound- scapes." *Marine Ecology Progress Series* 653: 131–51.
Suda, Naoki, Kazunari Nawa, and Yoshio Fukao. 1998. "Earth's Background Free Oscillations." *Science* 279, no. 5359: 2089–91.
Sueur, Jérôme, and Almo Farina. 2015. "Ecoacoustics: The Ecological Investigation and Inter- pretation of Environmental Sound." *Biosemiotics* 8, no. 3: 493–502. https://doi.org/10.1007/s12304-015-9248-x.
Sueur, Jérôme, Bernie Krause, and Almo Farina. 2019. "Climate Change Is Breaking Earth's Beat." *Trends in Ecology & Evolution* 34, no. 11: 971–73.
Sugai, Larissa Sayuri Moreira, Th ago Sanna Freire Silva, Jose W. Ribeiro Jr., and Diego Llusia. 2019. "Terrestrial Passive Acoustic Monitoring: Review and Perspectives." *BioScience* 69, no. 1: 15–25.
Sugawara, Kazuyoshi. 1990. "Interactional Aspects of the Body in Co-presence: Observations on the Central Kalahari

Southworth, Michael F. 1967. "The Sonic Environment of Cities." PhD dissertation, Massachu- setts Institute of Technology.

Southworth, Michael F. 1969. "The Sonic Environment of Cities." *Environment and Behavior* 1: 49–70.

Speck, Bretta, Sara Seidita, Samuel Belo, Samuel Johnson, Caley Conley, Camille Desjonquères, and Rafael L. Rodríguez. 2020. "Combinatorial Signal Processing in an Insect." *American Naturalist* 196, no. 4: 406–13.

Spottiswoode, Claire N. 2017. "One Good Turn: Mutualism between Humans and Honeybees." *African Birdlife* (March/ April): 22–28.

Spottiswoode, Claire N., Keith S. Begg, and Colleen M. Begg. 2016. "Reciprocal Signaling in Honeyguide-Human Mutualism." *Science* 353, no. 6297: 387–89.

Spottiswoode, Claire N., and Jeroen Koorevaar. 2012. "A Stab in the Dark: Chick Killing by Brood Parasitic Honeyguides." *Biology Letters* 8, no. 2: 241–44.

Spottiswoode, Claire N., Katherine Faust Stryjewski, Suhel Quader, John F. R. Colebrook- Robjent, and Michael D. Sorenson. 2011. "Ancient Host Specificity within a Single Species of Brood Parasitic Bird." *Proceedings of the National Academy of Sciences* 108, no. 43: 17738–42.

Squire, Larry R., ed. 1998. *History of Neuroscience in Autobiography*, Vol. 2, San Diego: Academic Press.

Srinivasan, Mandyam V. 2010. "Honeybee Communication: A Signal for Danger." *Current Biol- ogy* 20, no. 8: R366–R368.

St. Augustine Record. 2014. "World's Oldest Dolphin Celebrates 61st Birthday." February 27, 2014. https://www.staugustine.com/article/20140227/NEWS/302279982.

Staaterman, Erica, Claire B. Paris, Harry A. DeFerrari, David A. Mann, Aaron N. Rice, and Evan K. D'Alessandro. 2014. "Celestial Patterns in Marine Soundscapes." *Marine Ecology Progress Series* 508: 17–32.

Stafford, Kathleen M., and Christopher W. Clark. 2021. "Acoustic Behavior." In *The Bowhead Whale* (*Balaena mysticetus*): *Biology and Human Interactions*, edited by J. C. George and J.G.M. Thewissen, 323–38. London: Academic Press.

Stafford, Kathleen M., Christopher G. Fox, and David S. Clark. 1998. "Long-Range Acoustic Detection and Localization of Blue Whale Calls in the Northeast Pacific Ocean." *Journal of the Acoustical Society of America* 104, no. 6: 3616–25.

Stafford, Kathleen M., Christian Lydersen, Øystein Wiig, and Kit M. Kovacs. 2018. "Extreme Diversity in the Songs of Spitsbergen's Bowhead Whales." *Biology Letters* 14, no. 4: 20180056. Stafford, Kathleen M., Sue E. Moore, Catherine L. Berchok, Øystein Wiig, Christian Lydersen, Edmond Hansen, Dirk Kalmbach, and Kit M. Kovacs. 2012. "Spitsbergen's Endangered Bow-head Whales Sing through the Polar Night." *Endangered Species Research* 18, no. 2: 95–103.

Stafford, Kathleen M., Sue E. Moore, Kristin L. Laidre, and M. P. Heide-Jørgensen. 2008. "Bow- head Whale Springtime Song off West Greenland." *Journal of the Acoustical Society of America* 124, no. 5: 3315–23.

Stafford, Kathleen M., Sharon L. Nieukirk, and Christopher G. Fox. 2001. "Geographic and Seasonal Variation of Blue Whale Calls in the North Pacific." *Journal of Cetacean Research and Management* 3, no. 1: 65–76.

Stanford, Craig B., John B. Iverson, Anders G. J. Rhodin, Peter P. van Dijk, Russell A. Mitter- meier, Gerald Kuchling, Kristin H. Berry, et al. 2020. "Turtles and Tortoises Are in Trouble." *Current Biology* 30, no. 12: R721–R735.

Stanley, Jenni A., Craig A. Radford, and Andrew G. Jeffs. 2010. "Induction of Settlement in Crab Megalopae by Ambient Underwater Reef Sound." *Behavioral Ecology* 21, no. 1: 113–20. https://doi.org/10.1093/beheco/arp159.

Starkhammar, Josefin, Mats Amundin, Hanna Olsén, Monica Almqvist, Kjell Lindström, and Hans W. Persson. 2007. "Acoustic Touch Screen for Dolphins, First Application of ELVIS— an Echo-Location Visualization and Interface System." In *4th International Conference on Bio-Acoustics 2007* 29, no. 3: 63–68. Red Hook, NY: Curran Associates.

Steckenreuter, Andre, Xavier Hoenner, Charlie Huveneers, Colin Simpfendorfer, Marie J. Bus- cot, Katherine Tattersall, Russell Babcock, et al. 2017. "Optimising the Design of Large-Scale Acoustic Telemetry Curtains." *Marine and Freshwater Research* 68, no. 8: 1403–13.

Stefanec, Martin, Martina Szopek, Th as Schmickl, and Rob Mills. 2017. "Governing the Swarm: Controlling a Bio-Hybrid Society of Bees and Robots with Computational Feed- back Loops." In *2017 IEEE Symposium Series on*

Slobodchikoff, Constantine N., Andrea Paseka, and Jennifer L. Verdolin. 2009. "Prairie Dog Alarm Calls Encode Labels about Predator Colors." *Animal Cognition* 12, no. 3: 435–39.

Slobodchikoff, Constantine N., Bianca S. Perla, and Jennifer L. Verdolin. 2009. *Prairie Dogs: Com- munication and Community in an Animal Society*. Cambridge, MA: Harvard University Press.

Smetacek, Victor. 2021. "A Whale of an Appetite Revealed by Analysis of Prey Consumption." *Nature* 599: 33–34. https://www.nature.com/articles/d41586-021-02951-3.

Smith, Nigel J. H. 1974. "Destructive Exploitation of the South American River Turtle." *Yearbook—Association of Pacific Coast Geographers* 36, no. 1: 85–102.

Smith, Nigel J. H. 1979. "Aquatic Turtles of Amazonia: An Endangered Resource." *Biological Conservation* 16, no. 3: 165–76.

Smotherman, Michael, Mirjam Knörnschild, Grace Smarsh, and Kirsten Bohn. 2016. "The Ori- gins and Diversity of Bat Songs." *Journal of Comparative Physiology A* 202, no. 8: 535–54.

Snaddon, Jake, Gillian Petrokofsky, Paul Jepson, and Katherine J. Willis. 2013. "Biodiversity Technologies: Tools as Change Agents." *Biology Letters* 9: 20121029. https://doi.org/10.1098/rsbl.2012.1029.

Solé, Marta. 2012. "Statocyst Sensory Epithelia Ultrastructural Analysis of Cephalopods Ex- posed to Noise." PhD dissertation, Polytechnic University of Catalonia. https://futur.upc.edu/MartaSoleCarbonell/as/YXV0b3JpYWNvbGFib3JhY2lvdHJlYmFsbGFjYWRlbWlj#produccio.

Solé, Marta, Marc Lenoir, Mercè Durfort, Manel López-Bejar, Antoni Lombarte, and Michel André. 2013a. "Ultrastructural Damage of *Loligo vulgaris* and *Illex coindetii* Statocysts after Low Frequency Sound Exposure." *PLoS One* 8, no. 10: e78825.

Solé, Marta, Marc Lenoir, Mercè Durfort, Manel López-Bejar, Antoni Lombarte, Mike van der Schaar, and Michel André. 2013b. "Does Exposure to Noise from Human Activities Com- promise Sensory Information from Cephalopod Statocysts?" *Deep Sea Research Part II: Topical Studies in Oceanography* 95: 160–81.

Solé, Marta, Marc Lenoir, Mercè Durfort, José-Manuel Fortuño, Mike van der Schaar, Steffen De Vreese, and Michel André. 2021a. "Seagrass *Posidonia* Is Impaired by Human-Generated Noise." *Nature Communications Biology* 4, no. 1: 1–11.

Solé, Marta, Marc Lenoir, José-Manuel Fortuño, Steffen De Vreese, Mike van der Schaar, and Michel André. 2021b. "Sea Lice Are Sensitive to Low Frequency Sounds." *Journal of Marine Science and Engineering* 9, no. 7: 765.

Solé, Marta, Marc Lenoir, José-Manuel Fortuño, Mercè Durfort, Mike van der Schaar, and Mi- chel André. 2016. "Evidence of Cnidarians Sensitivity to Sound after Exposure to Low Fre- quency Noise Underwater Sources." *Nature: Scientific Reports* 6, no. 1: 1–18.

Solé, Marta, Marc Lenoir, José-Manuel Fortuño, Mike van der Schaar, and Michel André. 2018. "A Critical Period of Susceptibility to Sound in the Sensory Cells of Cephalopod Hatch- lings." *Biology Open* 7, no. 10: bio033860.

Solé, Marta, Manuel Monge, Michel André, and Carmen Quero. 2019. "A Proteomic Analysis of the Statocyst Endolymph in Common Cuttlefish (*Sepia officinalis*): An Assessment of Acoustic Trauma after Exposure to Sound." *Scientific Reports* 9, no. 1: 1–12.

Solé, Marta, Peter Sigray, Marc Lenoir, Mike van der Schaar, Emilia Lalander, and Michel André. 2017. "Offshore Exposure Experiments on Cuttlefish Indicate Received Sound Pressure and Particle Motion Levels Associated with Acoustic Trauma." *Scientific Reports* 7, no. 1: 1–13.

Soltis, Joseph. 2010. "Vocal Communication in African Elephants (*Loxodonta africana*)." *Zoo Biology* 29, no. 2: 192–209.

Soltis, Joseph, Lucy E. King, Iain Douglas-Hamilton, Fritz Vollrath, and Anne Savage. 2014. "African Elephant Alarm Calls Distinguish between Threats from Humans and Bees." *PLoS One* 9, no. 2: e89403. https://doi.org/10.1371/journal.pone.0010346.

Soltis, Joseph, Kirsten Leong, and Anne Savage. 2005. "African Elephant Vocal Communication II: Rumble Variation Reflects the Individual Identity and Emotional State of Callers." *Ani- mal Behaviour* 70, no. 3: 589–99.

Sonntag, Ronald M., William T. Ellison, and D. R. Corbit. 1988. "Parametric Sensitivity of a Tracking Algorithm as Applied to the Migration of Bowhead Whales, *Balaena mysticetus*, near Pt. Barrow, Alaska." *Report of the International Whaling Commission* 38: 333–47.

Indicators 125: 107456.

Siddharthan, Advaith, Matthew J. Green, Kees Van Deemter, Christopher S. Mellish, and Rene Van Der Wal. 2012. "Blogging Birds: Generating Narratives about Reintroduced Species to Promote Public Engagement." In *Proceedings of the 7th International Natural Language Gen- eration Conference* (*INLG 2012*). Berlin: ACL Anthology.

Siders, Anne, Rose Stanley, and Kate M. Lewis. 2016. "A Dynamic Ocean Management Proposal for the Bering Strait Region." *Marine Policy* 74: 177–85.

Silva-Rodríguez, Eduardo A., Nicolás Gálvez, George J. F. Swan, Jeremy J. Cusack, and Darío Moreira-Arce. 2021. "Urban Wildlife in Times of COVID-19: What Can We Infer from Novel Carnivore Records in Urban Areas?" *Science of the Total Environment* 765: 142713.

Simard, Suzanne. 2021. *Finding the Mother Tree: Uncovering the Wisdom and Intelligence of the Forest*. London: Penguin UK.

Simard, Suzanne W., and Daniel M. Durall. 2004. "Mycorrhizal Networks: A Review of Their Extent, Function, and Importance." *Canadian Journal of Botany* 82, no. 8: 1140–65. https:// doi.org/10.1139/b04-116.

Simard, Suzanne W., David A. Perry, Melanie D. Jones, David D. Myrold, Daniel M. Durall, and Randy Molina. 1997. "Net Transfer of Carbon between Ectomycorrhizal Tree Species in the Field." *Nature* 388, no. 6642: 579–82. https://doi.org/10.1038/41557.

Simard, Yvan, Nathalie Roy, Samuel Giard, and Florian Aulanier. 2019. "North Atlantic Right Whale Shift to the Gulf of St. Lawrence in 2015, Revealed by Long-Term Passive Acoustics." *Endangered Species Research* 40: 271–84.

Simon, Matt. 2020. "Want to Save the Whales? Eavesdrop on Their Calls." *Wired*, September 17, 2020. https://www.wired.com/story/want-to-save-the-whales-eavesdrop-on-their-calls/.

Simon, Ralph, Marc W. Holderied, Corinna U. Koch, and Otto von Helversen. 2011. "Floral Acoustics: Conspicuous Echoes of a Dish-Shaped Leaf Attract Bat Pollinators." *Science* 333, no. 6042: 631–33.

Simon, Ralph, Stefan Rupitsch, Markus Baumann, Huan Wu, Herbert Peremans, and Jan Steckel. 2020. "Bioinspired Sonar Reflectors as Guiding Beacons for Autonomous Naviga- tion." *Proceedings of the National Academy of Sciences* 117, no. 3: 1367–74.

Simpson, Andrew J. R., Gerard Roma, and Mark D. Plumbley. 2015. "Deep Karaoke: Extracting Vocals from Musical Mixtures Using a Convolutional Deep Neural Network." In *Interna- tional Conference on Latent Variable Analysis and Signal Separation*, 429–36. Cham, Switzer- land: Springer.

Simpson, Stephen D. 2013. "Never Say Never in a Noisy World—Commentary on Gagliano's 'Green Symphonies.'" *Behavioral Ecology* 24, no. 4: 798–99. https://doi.org/10.1093/beheco/ars220.

Simpson, Stephen D., Mark G. Meekan, Robert D. McCauley, and Andrew G. Jeffs. 2004. "At- traction of Settlement-Stage Coral Reef Fishes to Reef Noise." *Marine Ecology Progress Series* 276: 263–68.

Simpson, Stephen D., Mark G. Meekan, John Montgomery, Robert D. McCauley, and An- drew G. Jeffs. 2005. "Homeward Sound." *Science* 308, no. 5719: 221. https://doi.org/10.1126/science.1107406.

Simpson, Stephen D., Andrew N. Radford, Sophie Holles, Maud C. O. Ferarri, Douglas P. Chiv- ers, Mark I. McCormick, and Mark G. Meekan. 2016. "Small-Boat Noise Impacts Natural Settlement Behavior of Coral Reef Fish Larvae." In *The Effects of Noise on Aquatic Life II*, edited by Arthur N. Popper and Anthony Hawkins, 1041–48. New York: Springer.

Simpson, Stephen D., Andrew N. Radford, Edward J. Tickle, Mark G. Meekan, and Andrew G. Jeffs. 2011. "Adaptive Avoidance of Reef Noise." *PLoS One* 6, no. 2: 1–5. https://doi.org/10.1371/journal.pone.0016625.

Singla, Akanksha. 2020. "Dancing Bees Speak in a Code—A Review." *Emergent Life Sciences Research* 6, no. 2: 44–53. https://doi.org/10.31783/elsr.2020.624453.

Sinks, Alfred. 1944. "How Science Made a Better Bee." *Popular Science* (September): 98–102. Sipos, Peter, Hedvig Gyory, Krisztina Hagymasi, Pál Ondrejka, and Anna Blázovics. 2004. "Spe-cial Wound Healing Methods Used in Ancient Egypt and the Mythological Background." *World Journal of Surgery* 28, no. 2: 211.

Skibba, Ramin. 2016. "Bat Banter Is Surprisingly Nuanced." *Nature News*, December 22, 2016. https://doi.org/10.1038/nature.2016.21215.

Slobodchikoff, Constantine N., Judith Kiriazis, Cole H. Fischer, and E. Creef. 1991. "Semantic Information Distinguishing Individual Predators in the Alarm Calls of Gunnison's Prairie Dogs." *Animal Behaviour* 42, no. 5: 713–19.

Sethi, Sarab S., Nick S. Jones, Ben D. Fulcher, Lorenzo Picinali, Dena Jane Clink, Holger Klinck,

C. David L. Orme, Peter H. Wrege, and Robert M. Ewers. 2020. "Characterizing Sound- scapes across Diverse Ecosystems Using a Universal Acoustic Feature Set." *Proceedings of the National Academy of Sciences* 117, no. 29: 17049–55.

Sevcik, Rose A., and E. Sue Savage-Rumbaugh. 1994. "Language Comprehension and Use by Great Apes." *Language & Communication* 14, no. 1: 37–58.

Seyfarth, Robert M., and Dorothy L. Cheney. 2010. "Production, Usage, and Comprehension in Animal Vocalizations." *Brain and Language* 115, no. 1: 92–100.

Seyfarth, Robert M., Dorothy L. Cheney, and Peter Marler. 1980. "Vervet Monkey Alarm Calls: Semantic Communication in a Free-Ranging Primate." *Animal Behaviour* 28, no. 4: 1070–94.

Shaffer, Jen L., Kapil K. Khadka, Jamon Van Den Hoek, and Kusum J. Naithani. 2019. "Human- Elephant Conflict: A Review of Current Management Strategies and Future Directions." *Frontiers in Ecology and Evolution* 6: 235. https://doi.org/10.3389/fevo.2018.00235.

Shamir, Lior, Tomasz Macura, Nikita Orlov, D. Mark Eckley, and Ilya G. Goldberg. 2010. "Im- pressionism, Expressionism, Surrealism: Automated Recognition of Painters and Schools of Art." *ACM Transactions on Applied Perception* 7, no. 2: 1–17.

Shamir, Lior, Nikita Orlov, D. Mark Eckley, Tomasz Macura, Josiah Johnston, and Ilya G. Gold- berg. 2008. "Wndchrm—an Open Source Utility for Biological Image Analysis." *Source Code for Biology and Medicine* 3, no. 1: 1–13.

Shamir, Lior, Carol Yerby, Robert Simpson, Alexander M. von Benda-Beckmann, Peter Tyack, Filipa Samarra, Patrick Miller, and John Wallin. 2014. "Classification of Large Acoustic Da- tasets Using Machine Learning and Crowdsourcing: Application to Whale Calls." *Journal of the Acoustical Society of America* 135, no. 2: 953–62.

Shannon, Claude E. 1948. "A Mathematical Theory of Communication." *Bell System Technical Journal* 27, no. 3: 379–423.

Shaobao Liu. 2021. "Ensembles of the Leaf Trichomes of *Arabidopsis thaliana* Selectively Vibrate in the Frequency Range of Its Primary Insect Herbivore." *Extreme Mechanics Letters* 48, 1–9. Sharifi, Rouhallah, and Choong-Min Ryu. 2021. "Social Networking in Crop Plants: Wired and Wireless Cross-Plant Communications." *Plant, Cell & Environment* 44, no. 4: 1095–1110.

Sharp, Sarah M., William A. McLellan, David S. Rotstein, Alexander M. Costidis, Susan G. Barco, Kimberly Durham, Thomas D. Pitchford, et al. 2019. "Gross and Histopathologic Diagnoses from North Atlantic Right Whale *Eubalaena glacialis* Mortalities between 2003 and 2018." *Diseases of Aquatic Organisms* 135, no. 1: 1–31.

Shen, Helen H. 2017. "News Feature: Singing in the Brain." *Proceedings of the National Academy of Sciences* 114, no. 36: 9490–93.

Shi, Qing, Hiroyuki Ishii, Yusuke Sugahara, Atsuo Takanishi, Qiang Huang, and Toshio Fukuda. 2014. "Design and Control of a Biomimetic Robotic Rat for Interaction with Laboratory Rats." *IEEE/ASME Transactions on Mechatronics* 20, no. 4: 1832–42.

Shiu, Yu, K. J. Palmer, Marie A. Roch, Erica Fleishman, Xiaobai Liu, Eva-Marie Nosal, Tyler Helble, Danielle Cholewiak, Douglas Gillespie, and Holger Klinck. 2020. "Deep Neural Networks for Automated Detection of Marine Mammal Species." *Scientific Reports* 10, no. 1: 1–12.

Shoemaker, Nancy. 2005. "Whale Meat in American History." *Environmental History* 10, no. 2: 269–94.

Shoemaker, Nancy. 2014. *Living with Whales: Documents and Oral Histories of Native New England Whaling History*. Amherst: University of Massachusetts Press.

Shoemaker, Nancy. 2015. *Native American Whalemen and the World: Indigenous Encounters and the Contingency of Race*. Chapel Hill: University of North Carolina Press.

Showen, Robert, Clark Dunsona, George H. Woodman, Simon Christopher, T. M. Lim, and Simon C.Wilson. 2018. "Locating Fish Bomb Blasts in Real-Time Using a Networked Acous- tic System." *Marine Pollution Bulletin* 128: 496–507.

Siddagangaiah, Shashidhar, Chi-Fang Chen, Wei-Chun Hu, Roberto Danovaro, and Nadia Pier- etti. 2021. "Silent Winters and Rock-and-Roll Summers: The Long-Term Effects of Changing Oceans on Marine Fish Vocalization." *Ecological*

Years below Zero." *Northern Review* 40: 63–85.
Schevill, William E. 1962. "Whale Music." *Oceanus* 9, no. 2: 2–13.
Schevill, William E., and Barbara Lawrence. 1949. "Underwater Listening to the White Porpoise (*Delphinapterus leucas*)." *Science* 109, no. 2824: 143–44.
Schevill, William E., and Watkins, William A. 1972. "Intense Low-Frequency Sounds from an Antarctic Minke Whale, *Balaenoptera acutorostrata*." *Breviora* 388: 1–8.
Schiffman, Richard. 2016. "How Ocean Noise Pollution Wreaks Havoc on Marine Life." *Yale Environment* 360, March 31, 2016. https://e360.yale.edu/features/how_ocean_noise_pollution_wreaks_havoc_on_marine_life.
Schneider, Viktoria, and David Pearce. 2004. "What Saved the Whales? An Economic Analysis of 20th Century Whaling." *Biodiversity & Conservation* 13, no. 3: 543–62.
Schöner, Michael G., Ralph Simon, and Caroline R. Schöner. 2016. "Acoustic Communication in Plant-Animal Interactions." *Current Opinion in Plant Biology* 32: 88–95.
Schroer, Sara Asu. 2021. "Jakob von Uexküll: The Concept of Umwelt and Its Potentials for an Anthropology beyond the Human." *Ethnos* 86, no. 1: 132–52.
Schultz, Kevin M., Kevin M. Passino, and Thomas D. Seeley. 2008. "The Mechanism of Flight Guidance in Honeybee Swarms: Subtle Guides or Streaker Bees?" *Journal of Experimental Biology* 211, no. 20: 3287–95.
Schürch, Roger, Margaret J. Couvillon, and Madeleine Beekman, eds. 2016. *Ballroom Biology: Recent Insights into Honey Bee Waggle Dance Communications*. Lausanne, Switzerland: Fron- tiers Media.
Schuster, Richard, Ryan R. Germain, Joseph R. Bennett, Nicholas J. Reo, and Peter Arcese. 2019. "Vertebrate Biodiversity on Indigenous-Managed Lands in Australia, Brazil, and Canada Equals That in Protected Areas." *Environmental Science and Policy* 101: 1–6.
Schuster, Tal, Ori Ram, Regina Barzilay, and Amir Globerson. 2019. "Cross-Lingual Alignment of Contextual Word Embeddings, with Applications to Zero-Shot Dependency Parsing." arXiv.org: 1902.09492.
Schusterman, Ronald J., and Kathy Krieger. 1984. "California Sea Lions Are Capable of Semantic Comprehension." *Psychological Record* 34, no. 1: 3–23.
Schusterman, Ronald J., and Kathy Krieger. 1986. "Artificial Language Comprehension and Size Transposition by a California Sea Lion (*Zalophus californianus*)." *Journal of Comparative Psychology* 100, no. 4: 348.
Schwartz, Jessica A. 2019. "How the Sea Is Sounded: Remapping Indigenous Soundings in the Marshallese Diaspora." In *Remapping Sound Studies*, edited by Gavin Steingo and Jim Sykes, 77–106. Durham, NC: Duke University Press.
Searle, John R. 2002. *Consciousness and Language*. Cambridge, UK: Cambridge University Press. Seeger, Anthony. 2015. "Natural Species, Sounds, and Humans in Lowland South America: The Kĩsêdjê/Suyá, Their World, and the Nature of Their Musical Experience." In *Current Direc-tions in Ecomusicology*, edited by Aaron S. Allen and Kevin Dawe, 97–106. London: Routledge.
Seeley, Thomas D. 2009. *The Wisdom of the Hive: The Social Physiology of Honey Bee Colonies*. Cambridge, MA: Harvard University Press.
Seeley, Thomas D. 2010. *Honeybee Democracy*. Princeton, NJ: Princeton University Press. Seeley, Thomas D. 2021. "Remembrances of a Honey Bee Biologist." *Annual Review of Entomol-ogy* 67: 13–25.
Seeley, Thomas D., P. Kirk Visscher, and Kevin M. Passino. 2006. "Group Decision Making in Honey Bee Swarms: When 10,000 Bees Go House Hunting, How Do They Cooperatively Choose Their New Nesting Site?" *American Scientist* 94, no. 3: 220–29.
Seeley, Thomas D., P. Kirk Visscher, Thomas Schlegel, Patrick M. Hogan, Nigel R. Franks, and James A. R. Marshall. 2012. "Stop Signals Provide Cross Inhibition in Collective Decision- Making by Honeybee Swarms." *Science* 335, no. 6064: 108–11.
Segundo-Ortin, Miguel, and Paco Calvo. 2021. "Consciousness and Cognition in Plants." *Wiley Interdisciplinary Reviews: Cognitive Science* (September): e1578.
Selosse, Marc-Andre, Franck Richard, Xinhua He, and Suzanne W. Simard. 2006. "Mycorrhizal Networks: Des Liaisons Dangereuses?" *Trends in Ecology and Evolution* 21, no. 11: 621–28. https://doi.org/10.1016/j.tree.2006.07.003.
Semple, Stuart, Minna J. Hsu, and Govindasamy Agoramoorthy. 2010. "Efficiency of Coding in Macaque Vocal Communication." *Biology Letters* 6, no. 4: 469–71.

Geographical Review 98, no. 4: 456–75.

Sakakibara, Chie. 2009. "'No Whale, No Music': Inupiaq Drumming and Global Warming." *Polar Record* 45, no. 4: 289–303.

Sakakibara, Chie. 2010. "*Kiavallakkikput Agviq* (into the Whaling Cycle): Cetaceousness and Climate Change among the Inupiat of Arctic Alaska." *Annals of the Association of American Geographers* 100, no. 4: 1003–12.

Sakakibara, Chie. 2017. "People of the Whales: Climate Change and Cultural Resilience among Inupiat of Arctic Alaska." *Geographical Review* 107, no. 1: 159–84. https://doi.org/10.1017/S0032247408008164.

Salamon, Justin, and Juan P. Bello. 2017. "Deep Convolutional Neural Networks and Data Aug- mentation for Environmental Sound Slassification." *IEEE Signal Processing Letters* 24, no. 3: 279–83.

Salera, Junior G., Adriana Malvasio, and Odair Giraldin. 2006. "Relações Cordiais: Indios Karajá, Tartarugas e Tracajás Vivem em Harmonia no rio Araguaia." *Ciência Hoje* 39, no. 229: 61–63. Sales, Gillian D. 2010. "Ultrasonic Calls of Wild and Wild-Type Rodents." In *Handbook of Behavioral Neuroscience*, vol. 19, edited by Stefan M. Brudzynski, 77–88. Amsterdam:Elsevier.

Sales, Gillian D. 2012. *Ultrasonic Communication by Animals*. New York: Springer.

Salmón, Enrique. 2000. "Kincentric Ecology: Indigenous Perceptions of the Human-Nature Relationship." *Ecological Applications* 10, no. 5: 1327–32.

Sano, Motoaki, Yutaka Nakagawa, Tsuneyoshi Sugimoto, Takashi Shirakawa, Kaoru Yamagishi, Toshiaki Sugihara, Motoyoshi Ohaba, and Sakae Shibusawa. 2015. "Estimation of Water Stress of Plant by Vibration Measurement of Leaf Using Acoustic Radiation Force." *Acousti- cal Science and Technology* 36, no. 3: 248–53.

Sano, Motoaki, Tsuneyoshi Sugimoto, Hiroshi Hosoya, Motoyoshi Ohaba, and Sakae Shibus- awa. 2013. "Basic Study on Estimating Water Stress of a Plant Using Vibration Measurement of Leaf." *Japanese Journal of Applied Physics* 52, no. 7S: 07HC13.

Sapolsky, Robert. 2011. "Ethology." Lecture, Stanford University, Department of Biology, Febru- ary 1, 2011. https://www.youtube.com/watch?v=ISVaoLIW104 (accessed April 30, 2021).

Sarchet, Penny. 2016. "Wonder What Your Plants Are 'Saying'? Device Lets You Listen In." *New Scientist*, June 30, 2016. https://www.newscientist.com/article/2095620-wonder-what-your-plants-are-saying-device-lets-you-listen-in/.

Sarko, Diana, Lori Marino, and Diana Reiss. 2002. "A Bottlenose Dolphin's (*Tursiops truncatus*) Responses to Its Mirror Image: Further Analysis." *International Journal of Comparative Psy- chology* 15, no. 1.

Saunders, Frederick A., and Frederick V. Hunt. 1959. "George Washington Pierce." *Biographical Memoirs. National Academy of Sciences* 33: 351–80.

Savage-Rumbaugh, E. Sue, and William M. Fields. 2000. "Linguistic, Cultural and Cognitive Capacities of Bonobos (*Pan paniscus*)." *Culture & Psychology* 6, no. 2: 131–53.

Savoca, Matthew S., Max F. Czapanskiy, Shirel R. Kahane-Rapport, William T. Gough, James A. Fahlbusch, K. C. Bierlich, Paolo S. Segre, et al. 2021. "Baleen Whale Prey Consumption Based on High-Resolution Foraging Measurements." *Nature* 599, no. 7883: 85–90.

Saxon, Wolfgang. 1992. "Hallowell Davis, 96, an Explorer Who Charted the Inner Ear, Dies." *New York Times*, September 10, 1992.

Scales, Kylie L., Peter I. Miller, Lucy A. Hawkes, Simon N. Ingram, David W. Sims, and Ste- phen C. Votier. 2014. "On the Front Line: Frontal Zones as Priority at-Sea Conservation Areas for Mobile Marine Vertebrates." *Journal of Applied Ecology* 51, no. 6: 1575–83. https:// doi.org/10.1111/1365-2664.12330.

Schaefer, H. Martin, and Graeme D. Ruxton. 2011. *Plant-Animal Communication*. Oxford, UK: Oxford University Press.

Schaeffer, Felicity Amaya. 2018. "BioRobotics: Surveillance and the Automation of Biological Life." *Catalyst: Feminism, Theory, Technoscience* 4, no. 1: 1–12.

Schafer, R. Murray. 1993. *The Soundscape: Our Sonic Environment and the Tuning of the World*. New York: Simon & Schuster.

Scheinberg, Susan. 1979. "The Bee Maidens of the Homeric Hymn to Hermes." *Harvard Studies in Classical Philology* 83: 1–28.

Schell, Jennifer. 2015. "'But the Eskimos Knew Better': Representations of Arctic Whaling in Charles Brower's *Fifty*

Romano, Donato, Giovanni Benelli, Elisa Donati, Damiano Remorini, Angelo Canale, and Cesare Stefanini. 2017a. "Multiple Cues Produced by a Robotic Fish Modulate Aggressive Behaviour in Siamese Fighting Fishes." *Scientific Reports* 7, no. 1: 1–11. https://doi.org/10.1038/s41598-017-04840-0.

Romano, Donato, Giovanni Benelli, and Cesare Stefanini. 2017b. "Escape and Surveillance Asymmetries in Locusts Exposed to a Guinea Fowl–Mimicking Robot Predator." *Scientific Reports* 7, no. 1: 1–9.

Romano, Donato, Elisa Donati, Giovanni Benelli, and Cesare Stefanini. 2019. "A Review of Animal-Robot Interaction: From Bio-Hybrid Organisms to Mixed Societies." *Biological Cybernetics* 113, no. 3: 201–25.

Romano, W. Brad, John R. Skalski, Richard L. Townsend, Kevin W. Kinzie, Karyn D. Coppinger, and Myron F. Miller. 2019. "Evaluation of an Acoustic Deterrent to Reduce Bat Mortalities at an Illinois Wind Farm." *Wildlife Society Bulletin* 43, no. 4: 608–18. https://doi.org/10.1002/wsb.1025.

Rose, Andreas, Marco Tschapka, and Mirjam Knörnschild. 2020. "Visits at Artificial RFID Flowers Demonstrate That Juvenile Flower-Visiting Bats Perform Foraging Flights Apart from Their Mothers." *Mammalian Biology* 100, no. 5: 463–71.

Rosner, Sabine, Andrea Klein, Rupert Wimmer, and Bo Karlsson. 2006. "Extraction of Features from Ultrasound Acoustic Emissions: A Tool to Assess the Hydraulic Vulnerability of Nor- way Spruce Trunkwood." *New Phytologist* 171, no. 1: 105–16.

Roth, Harald H., and Iain Douglas-Hamilton. 1991. "Distribution and Status of Elephants in West Africa." *Mammalia* 55, no. 4: 489–527.

Rothenberg, David. 2008. *Thousand Mile Song: Whale Music in a Sea of Sound*. New York: Perseus.

Rountree, Rodney A., and Francis Juanes. 2018. "Sounds from the Amazon: Piranha and Prey." *Journal of the Acoustical Society of America* 144, no. 3: 1693.

Royal Geographical Society. 2018. *Indigenous Peoples' Atlas of Canada*. Ottawa: Canadian Geographic.

Royal Society. n.d. "Antonie van Leeuwenhoek." https://makingscience.royalsociety.org/s/rs/people/fst00039851.

Ruggieri, Melissa. 2012. "Marineland Has History and They Want You to Visit." *Florida Times- Union*, September 1, 2012. https://www.jacksonville.com /article /20120901/ENTERTAINMENT/801247935.

Rundus, Aaron S., Donald H. Owings, Sanjay S. Joshi, Erin Chinn, and Nicolas Giannini. 2007. "Ground Squirrels Use an Infrared Signal to Deter Rattlesnake Predation." *Proceedings of the National Academy of Sciences* 104, no. 36: 14372–76. https://doi.org/10.1073/pnas.0702599104.

Rundstrom, Robert A. 1991. "Mapping, Postmodernism, Indigenous People and the Changing Direction of North American Cartography." *Cartographica* 28, no. 2: 1–12.

Rundstrom, Robert A. 1995. "GIS, Indigenous Peoples, and Epistemological Diversity." *Cartog- raphy and Geographic Information Systems* 22, no. 1: 45–57.

Ruppé, Laëtitia, Gaël Clément, Anthony Herrel, Laurent Ballesta, Th rry Décamps, Loïc Kéver, and Eric Parmentier. 2015. "Environmental Constraints Drive the Partitioning of the Soundscape in Fishes." *Proceedings of the National Academy of Sciences* 112, no. 19: 6092–97.

Rusch, Neil. 2018a. "Honey Song." *Parabola* 43, no. 3: 90–99.

Rusch, Neil. 2018b. "Sound Artefacts: Recreating and Reconnecting the Sound of the!Goin!Goin with the Southern San Bushmen and Bees." *Hunter Gatherer Research* 3, no. 2: 187–226.

Rusli, Mohd Uzair, David T. Booth, and Juanita Joseph. 2016. "Synchronous Activity Lowers the Energetic Cost of Nest Escape for Sea Turtle Hatchlings." *Journal of Experimental Biology* 219, no. 10: 1505–13.

Russell, Andrew. 2018. "Can the Plant Speak? Giving Tobacco the Voice It Deserves." *Journal of Material Culture* 23, no. 4: 472–87.

Russell, Anthony P., and Aaron M. Bauer. 2020. "Vocalization by Extant Nonavian Reptiles: A Synthetic Overview of Phonation and the Vocal Apparatus." *Anatomical Record* 304, no. 7, 1478–1528.

Ryan, John P., John E. Joseph, Tetyana Margolina, Leila T. Hatch, Alyson Azzara, Alexis Reyes, Brandon L. Southall, et al. 2021. "Reduction of Low-Frequency Vessel Noise in Monterey Bay National Marine Sanctuary during the COVID-19 Pandemic." *Frontiers in Marine Science* 8, no. 587: 1–13.

Safina, Carl. (2015) *Beyond Words: What Animals Think and Feel*. New York: Henry Holt.

Sakakibara, Chie. 2008. "'Our Home Is Drowning': Climate Change and Iñupiat Storytelling in Point Hope, Alaska."

Martel, Paolo Dario, and Arianna Menciassi. 2017. "Biohybrid Actuators for Robotics: A Review of Devices Actuated by Living Cells." *Science Robotics* 2, no. 12: eaaq0495. https://doi.org/10.1126/scirobotics.aaq0495.

Riley, Julia L., Sean Hudson, Coral Frenette-Ling, and Christina M. Davy. 2020. "All Together Now! Hatching Synchrony in Freshwater Turtles." *Behavioral Ecology and Sociobiology* 74: 58. https://doi.org/10.1007/s00265-020-2800-y.

Rillig, Matthias C., Karine Bonneval, and Johannes Lehmann. 2019. "Sounds of Soil: A New World of Interactions under Our Feet?" *Soil Systems* 3, no. 3: 45. https://doi.org/10.3390/soilsystems3030045.

Ripperger, Simon, Linus Günther, Hanna Wieser, Niklas Duda, Martin Hierold, Björn Cassens, Rüdiger Kapitza, et al. 2019. "Proximity Sensors on Common Noctule Bats Reveal Evidence That Mothers Guide Juveniles to Roots But Not Food." *Biology Letters* 15: 20180884. https:// doi.org/10.1098/rsbl.2018.0884.

Ripperger, Simon, Darija Josic, Martin Hierold, Alexander Koelpin, Robert Weigel, Markus Hartmann, Rachel Page, and Frieder Mayer. 2016. "Automated Proximity Sensing in Small Vertebrates: Design of Miniaturized Sensor Nodes and First Field Tests in Bats." *Ecology and Evolution* 6, no. 7: 2179–89.

Ripperger, Simon, Sebastian Stockmaier, and Gerald G. Carter. 2020. "Tracking Sickness Effects on Social Encounters via Continuous Proximity Sensing in Wild Vampire Bats." *Behavioral Ecology* 31, no. 6: 1296–1302.

Ritts, Max, and Karen Bakker. 2021. "Conservation Acoustics: Animal Sounds, Audible Natures, Cheap Nature." *Geoforum* 124: 144–55.

Rivera, Moises, Matthew I. M, Louder, Sonia Kleindorfer, Wan-chun Liu, and Mark E. Hauber. 2018. "Avian Prenatal Auditory Stimulation: Progress and Perspectives." *Behavioral Ecology and Sociobiology* 72, no. 7: 1–14.

Robinson, David G., Andreas Draguhn, and Lincoln Taiz. 2020. "Plant 'Intelligence' Changes Nothing." *EMBO Reports* 21, no. 5: e50395. https://doi.org/10.15252/embr.202050395.

Robinson, Dylan. 2020. *Hungry Listening: Resonant Theory for Indigenous Sound Studies*. Min- neapolis: University of Minnesota Press.

Roca, Alfred L., Nicholas Georgiadis, Jill Pecon-Slattery, and Stephen J. O'Brien. 2001. "Genetic Evidence for Two Species of Elephant in Africa." *Science* 293, no. 5534: 1473–77.

Roca, Irene T., and Ilse Van Opzeeland. 2020. "Using Acoustic Metrics to Characterize Under- water Acoustic Biodiversity in the Southern Ocean." *Remote Sensing in Ecology and Conserva- tion* 6, no. 3: 262–73.

Rodenas-Cuadrado, Pedro M., Janine Mengede, Laura Baas, Paolo Devanna, Tobias A. Schmid, Michael Yartsev, Uwe Firzlaff, and Sonja C. Vernes. 2018. "Mapping the Distribution of Language Related Genes FoxP1, FOXP2, and CntnaP2 in the Brains of Vocal Learning Bat Species." *Journal of Comparative Neurology* 526, no. 8: 1235–66.

Rodrigo-Moreno, Ana, Nadia Bazihizina, Elisa Azzarello, Elisa Masi, Daniel Tran, François Bouteau, Frantisek Baluska, and Stefano Mancuso. 2017. "Root Phonotropism: Early Signal- ling Events Following Sound Perception in *Arabidopsis* Roots." *Plant Science* 264: 9–15.

Roe, Paul, Philip Eichinski, Richard A. Fuller, Paul G. McDonald, Lin Schwarzkopf, Michael Towsey, Anthony Truskinger, David Tucker, and David M. Watson. 2021. "The Australian Acoustic Observatory." *Methods in Ecology and Evolution* 12, no. 10: 1802–8.

Roeder, Kenneth D. 1966. "Auditory System of Noctuid Moths." *Science* 154, no. 3756: 1515–21. Roemer, Charlotte, Jean-François Julien, and Yves Bas. 2021. "An Automatic Classifier of Bat Sonotypes around the World." *Methods in Ecology and Evolution* 12, no. 12: 2432–44.

Rogers, Peter H., Arthur N. Popper, Mardi C. Hastings, and William M. Saidel. 1988. "Processing of Acoustic Signals in the Auditory System of Bony Fish." *Journal of the Acoustical Society of America* 83, no. 1: 338–49.

Rolfe, W. D. Ian. 2012. "William Edward Schevill: Palaeontologist, Librarian, Cetacean Biolo- gist." *Archives of Natural History* 39, no. 1: 162–64. https://doi.org/10.3366/anh.2012.0069.

Rolland, Rosalind M., Susan E. Parks, Kathleen E. Hunt, Manuel Castellote, Peter J. Corkeron, Douglas P. Nowacek, Samuel K. Wasser, and Scott D. Kraus. 2012. "Evidence That Ship Noise Increases Stress in Right Whales." *Proceedings of the Royal Society B: Biological Sciences* 279, no. 1737: 2363–68.

Roman, Joe, James A. Estes, Lyne Morissette, Craig Smith, Daniel Costa, James McCarthy, J. B. Nation, Stephen Nicol, Andrew Pershing, and Victor Smetacek. 2014. "Whales as Marine Ecosystem Engineers." *Frontiers in Ecology and the Environment* 12, no. 7: 377–85. https://doi.org/10.1890/130220.

Record, Nicholas R., Jeffrey A. Runge, Daniel E. Pendleton, William M. Balch, Kimberley T. A. Davies, Andrew J. Pershing, Catherine L. Johnson, et al. 2019. "Rapid Climate-Driven Cir- culation Changes Threaten Conservation of Endangered North Atlantic Right Whales." *Oceanography* 32, no. 2: 162–69.

Reid, Dana S., Connor M. Wood, Sheila A. Whitmore, William J. Berigan, John J. Keane, Sarah C. Sawyer, Paula A. Shaklee, et al. 2021. "Noisy Neighbors and Reticent Residents: Distinguishing Resident from Non-resident Individuals to Improve Passive Acoustic Moni- toring." *Global Ecology and Conservation* 28: e01710.

Reid, Nick, and Patrick D. Nunn. 2015. "Ancient Aboriginal Stories Preserve History of a Rise in Sea Level." *Conversation*, January 12, 2015. https://theconversation.com/ancient-aboriginal-stories-preserve-history-of-a-rise-in-sea-level-36010.

Reiner, Anton, David J. Perkel, Laura L. Bruce, Ann B. Butler, András Csillag, Wayne Kuenzel, Loreta Medina, et al. 2004. "Revised Nomenclature for Avian Telencephalon and Some Related Brainstem Nuclei." *Journal of Comparative Neurology* 473, no. 3: 377–414.

Reiss, Diana. 1988. "Can We Communicate with Other Species on This Planet?" In *Bioastronomy—the Next Steps*, edited by George Marx, 253–64. Dordrecht, Netherlands: Springer.

Reiss, Diana, Peter Gabriel, Neil Gershenfeld, and Vint Cerf. 2013. "The Interspecies Internet? An Idea in Progress." *TED: Ideas Worth Spreading*. https://www.ted.com/talks/diana_reiss_peter_gabriel_neil_gershenfeld_and_vint_cerf_the_interspecies_internet_an_idea_in_progress?language=en.

Reiss, Diana, and Lori Marino. 2001. "Mirror Self-Recognition in the Bott nose Dolphin: A Case of Cognitive Convergence." *Proceedings of the National Academy of Sciences* 98, no. 10: 5937–42.

Reiss, Diana, and Brenda McCowan. 1993. "Spontaneous Vocal Mimicry and Production by Bottlenose Dolphins (*Tursiops truncatus*): Evidence for Vocal Learning." *Journal of Compara- tive Psychology* 107, no. 3: 301.

Reiss, Diana, Brenda McCowan, and Lori MarinoL. 1997. "Communicative and Other Cogni- tive Characteristics of Bottlenose Dolphins." *Trends in Cognitive Sciences* 1, no. 4: 140–45.

Reno, Joshua. 2012. "Technically Speaking: On Equipping and Evaluating 'Unnatural' Language Learners." *American Anthropologist* 114, no. 3: 406–19.

Rhodin, Anders G. J., John B. Iverson, Peter P. van Dijk, Craig B. Stanford, Eric V. Goode, Kurt A. Buhlmann, and Russell A. Mittermeie, eds. 2017. "Turtles of the World: Annotated Checklist and Atlas of Taxonomy, Synonymy, Distribution, and Conservation Status." In *Conservation Biology of Freshwater Turtles and Tortoises: A Compilation Project of the IUCN/ SSC Tortoise and Freshwater Turtle Specialist Group*, 1–292. New York: Chelonian Research Foundation and Turtle Conservancy.

Rice, Aaron N., Melissa S. Soldevilla, and John A. Quinlan. 2017. "Nocturnal Patterns in Fish Chorusing off the Coasts of Georgia and Eastern Florida." *Bulletin of Marine Science* 93, no. 2: 455–74.

Richardson, Lauren A. 2017. "A Swarm of Bee Research." *PLoS Biology* 15, no. 1: e2001736. Richardson, W. John, Mark A. Fraker, Bernd Würsig, and Randall S. Wells. 1985. "Behaviour of Bowhead Whales, *Balaena mysticetus*, Summering in the Beaufort Sea: Reactions to Indus- trial Activities." *Biological Conservation* 32, no. 3: 195–230.

Richardson, W. John, and Charles R. Greene Jr. 1993. "Variability in Behavioral Reaction Thresh- olds of Bowhead Whales to Man-Made Underwater Sounds." *Journal of the Acoustical Society of America* 94, no. 3: 1848.

Richardson, W. John, Charles R. Greene Jr., Charles I. Malme, and Denis H. Tomson. 1995. *Marine Mammals and Noise*. New York: Academic Press.

Richardson, W. John, Gary W. Miller, and Charles R. Greene Jr. 1999. "Displacement of Migrat- ing Bowhead Whales by Sounds from Seismic Surveys in Shallow Waters of the Beaufort Sea." *Journal of the Acoustical Society of America* 106, no. 4: 2281.

Richardson, W. John, Bernd Würsig, and Charles R. Greene Jr. 1986. "Reactions of Bowhead Whales, *B alaenamysticetus*, to Seismic Exploration in the Canadian Beaufort Sea." *Journal of the Acoustical Society of America* 79, no. 4: 1117–28.

Richardson, W. John, Bernd Würsig, and Charles R. Greene Jr. 1990. "Reactions of Bowhead Whales, *Balaena mysticetus*, to Drilling and Dredging Noise in the Canadian Beaufort Sea." *Marine Environmental Research* 29, no. 2: 135–60.

Ricotti, Leonardo, Barry Trimmer, Adam W. Feinberg, Ritu Raman, Kevin K. Parker, Rashid Bashir, Metin Sitti, Sylvain

no. 9: e04991.

Proulx, Raphael, Jessica Waldinger, and Nicola Koper. 2019. "Anthropogenic Landscape Changes and Their Impacts on Terrestrial and Freshwater Soundscapes." *Current Landscape Ecology Reports* 4, no. 3: 41–50.

Pucci, Magda D. 2019. "Cantos da Floresta (Forest Songs): Exchanging and Sharing Indigenous Music in Brazil." PhD dissertation, Leiden University.

Pye, John D., and William R. Langbauer. 1998. "Ultrasound and Infrasound." In *Animal Acoustic Communication*, edited by S. L. Hopp, M. J. Owren, and C. S. Evans, 221–50. Berlin: Springer. Pyke, Graham H., Zong-Xin Ren, Judith Trunschke, Klaus Lunau, and Hong Wang. 2020. "Changes in Floral Nectar Are Unlikely Adaptive Responses to Pollinator Flight Sound." *Ecology Letters* 23, no. 9: 1421–22.

Quintanilla-Tornel, Marisol A. 2017. "Soil Acoustics." In *Ecoacoustics: The Ecological Role of Sounds*, edited by Almo Farina and Stuart H. Gage, 225–33. Hoboken, NJ: John Wiley & Sons.

Radford, Craig A., Jeffrey A. Stanley, Sean D. Simpson, and Andrew G. Jeffs. 2011. "Juvenile Coral Reef Fish Use Sound to Locate Habitats." *Coral Reefs* 30, no. 2: 295–305. https://doi.org/10.1007/s00338-010-0710-6.

Raguso, Robert A., Lawrence D. Harder, and Steven D. Johnson. 2020. "Does Acoustic Priming 'Sweeten the Pot' of Floral Nectar?" *Ecology Letters* 23, no. 10: 1550–52. https://doi.org/10.1111/ele.13490.

Raick, Xavier, Alessia Huby, Gregório Kurchevski, Alexandre Lima Godinho, and Éric Parmen- tier. 2020. "Use of Bioacoustics in Species Identification: Piranhas from Genus *Pygocentrus* (Teleostei: Serrasalmidae) as a Case Study." *PLos One* 15, no. 10: e0241316.

Ralls, Katherine, Patricia Fiorelli, and Sheri Gish. 1985. "Vocalizations and Vocal Mimicry in Captive Harbor Seals, *Phoca vitulina*." *Canadian Journal of Zoology* 63, no. 5: 1050–56.

Ramesh, Gowtham, Senthilkumar Mathi, Sini Raj Pulari, and Vidya Krishnamoorthy. 2017. "An Automated Vision-Based Method to Detect Elephants for Mitigation of Human-Elephant Conflicts." In *2017 International Conference on Advances in Computing, Communications and Informatics (ICACCI)*, 2284–88. New York: IEEE.

Ramey, Charles, Scott Gilliland, Daniel Kohlsdorf, and Thad Starner. 2018. "Wear-a-CUDA: A GPU Based Dolphin Whistle Recognizer for Underwater Wearable Computers." In *Proceed- ings of the 2018 ACM International Symposium on Wearable Computers*, 224–25.

Ramsey, Michael, Martin Bencsik, and Michael I. Newton. 2017. "Long-Term Trends in the Honeybee 'Whooping Signal' Revealed by Automated Detection." *PLoS One* 12, no. 2: e0171162.

Ramsey, Michael, Martin Bencsik, and Michael I. Newton. 2018. "Extensive Vibrational Char- acterisation and Long-Term Monitoring of Honeybee Dorso-ventral Abdominal Vibration Signals." *Scientific Reports* 8, no. 14571:1–17.

Ramsey, Michael, Martin Bencsik, Michael I. Newton, Maritza Reyes, Maryline Pioz, Didier Crauser, Noa Simon Delso, and Yves Le Conte. 2020. "The Prediction of Swarming in Hon- eybee Colonies Using Vibrational Spectra." *Scientific Reports* 10, no. 1: 1–17.

Ramsier, Marissa A., Andrew J. Cunningham, Gillian L. Moritz, James J. Finneran, Cathy V. Williams, Perry S. Ong, Sharon L. Gursky-Doyen, and Nathaniel J. Dominy. 2012. "Primate Communication in the Pure Ultrasound." *Biology Letters* 8, no. 4: 508–11.

Rangarajan, Swarnalatha. 2008. "Madhu-Vidya: The Holocoenotic Vision of the *Brihadaranyaka Upanishad*." *Trumpeter* 24, no. 2: 1–9.

Ransome, Hilda M. 2004. *The Sacred Bee in Ancient Times and Folklore*. Chelmsford, MA: Cou- rier Corporation.

Rappaport, Danielle I., and Douglas C. Morton. 2017. "Combining Airborne Lidar and Acoustic Remote Sensing to Characterize the Impacts of Amazon Forest Degradation." *Anais do Simpósio Brasileiro de Sensoriamento Remoto*: 4040–47.

Rappaport, Danielle I., Anshuman Swain, William F. Fagan, Ralph Dubayah, and Douglas C. Morton. 2021. "Animal Soundscapes Reveal Key Markers of Amazon Forest Degradation from Fire and Logging." bioRxiv.org: 430853.

Raven, John, Ken Caldeira, Harry Elderfield, Ove Hoegh-Guldberg, Peter Liss, Ulf Riebesell, John Shepherd, Carol Turley, and Andrew Watson. 2005. *Ocean Acidification Due to Increas- ing Atmospheric Carbon Dioxide*. London: Royal Society.

Ravignani, Andrea. 2018. "Darwin, Sexual Selection, and the Origins of Music." *Trends in Ecology & Evolution* 33, no. 10: 716–19.

Gillnets." In *148th Annual Meeting of the Ameri- can Fisheries Society*, 1–2.
Pinker, Steven, and Ray Jackendoff. 2005. "The Faculty of Language: What's Special about It?" *Cognition* 95, no. 2: 201–36.
Plaisance, Laetitia, M. Julian Caley, Russell E. Brainard, and Nancy Knowlton. 2011. "The Di- versity of Coral Reefs: What Are We Missing?" *PLoS One* 6, no. 10: 1–7. https://doi.org/10.1371/journal.pone.0025026.
Poepoe, Kelson K., Paul K. Bartram, Alan M. Friedlander, Nigel Haggan, Barbara Neis, and Ian G. Baird. 2007. "The Use of Traditional Knowledge in the Contemporary Management of a Hawaiian Community's Marine Resources." *Fishers' Knowledge in Fisheries Science and Management* 4: 119–43.
Pollan, Michael. 2013. "Th Intelligent Plant." *New Yorker*, December 23, 2013. https://www.newyorker.com/magazine/2013/12/23/the-intelligent-plant.
Poloczanska, Elvira. 2018. "Keeping Watch on the Ocean." *Science* 359, no. 6378: 864–65. https:// doi.org/10.1126/science.aar7613.
Pons, Patricia, and Javier Jaen. 2016. "Towards the Creation of Interspecies Digital Games: An Observational Study on Cats' Interest in Interactive Technologies." In *Proceedings of the 2016 CHI Conference Extended Abstracts on Human Factors in Computing Systems*, 1737–43.
Poole, Joyce H., and Cynthia J. Moss. 2008. "Elephant Sociality and Complexity: The Scientific Evidence." In *Elephants and Ethics: Toward a Morality of Coexistence*, edited by Christen M. Wemmer and Catherine A. Christen, 69–111. Baltimore, MD: Johns Hopkins University Press.
Poole, Joyce H., Katherine Payne, William R. Langbauer, and Cynthia J. Moss. 1988. "The Social Contexts of Some Very Low Frequency Calls of African Elephants." *Behavioral Ecology and Sociobiology* 22, no. 6: 385–92.
Poole, Joyce H., and Jorgen B. Thomsen. 1989. "Elephant Are Not Beetles: Implications of the Ivory Trade for the Survival of the African Elephant." *Oryx* 23, no. 4: 188–98. https://doi.org/10.1017/S0030605300023012.
Poole, Joyce H., Peter L. Tyack, Angela S. Stoeger-Horwath, and Stephanie Watwood. 2005. "Elephants Are Capable of Vocal Learning." *Nature* 434, no. 7032: 455–56.
Pope, Clifford H. 1955. *The Reptile World*. New York: A. Knopf.
Popper, Arthur N., Richard R. Fay, Christopher Platt, and Olav Sand. 2003. "Sound Detection Mechanisms and Capabilities of Teleost Fishes." In *Sensory Processing in Aquatic Environ- ments*, edited by Shaun P. Collin and N. Justin Marshall, 3–38. New York: Springer-Verlag.
Popper, Arthur N,. and Hastings, Mardi C. 2009. "The Effects on Fish of Human-Generated (Anthropogenic) Sound." *Integrative Zoology* 4: 43–52.
Poppick, Laura. 2017. "Let Us Now Praise the Invention of the Microscope." *Smithsonian Maga- zine*, https://www.smithsonianmag.com/science-nature/what-we-owe-to-the-invention-microscope-180962725/.
Posey, Darrell A. 1983. "Folk Apiculture of the Kayapo Indians of Brazil." *Biotropica* 15, no. 2: 154–58.
Pozueta-Romero, Javier, Alejandro M. Viale, and Toshiyuki Akazawa. 1991. "Comparative Analy- sis of Mitochondrial and Amyloplast Adenylate Translocators." *FEBS Letters* 287, no. 1–2: 62–66.
Prat, Yosef, and Yossi Yovel. 2020. "Decision Making in Foraging Bats." *Current Opinion in Neu- robiology* 60: 169–75.
Prat, Yosef, Mor Taub, and Yossi Yovel. 2016. "Everyday Bat Vocalizations Contain Information about Emitter, Addressee, Context, and Behavior." *Nature: Scientific Reports* 6, no. 1: 1–10.
Prat, Yosef, and Yossi Yovel. 2020. "Decision Making in Foraging Bats." *Current Opinion in Neu- robiology* 60: 169–75.
Premarathna, K. Sujani Prasadika, Kapila T. Rathnayaka, and John Charles. 2020. "An Elephant Detection System to Prevent Human-Elephant Conflict and Tracking of Elephants Using Deep Learning." In *2020 5th International Conference on Information Technology Research* (*ICITR*), 1–6. New York: IEEE.
Preston, Stephanie D., and Frans De Waal. 2002. "Empathy: Its Ultimate and Proximate Bases." *Behavioral and Brain Sciences* 25, no. 1: 1–20.
Preston, Elizabeth. 2021. "Using the Sound of the Sea to Help Rebuild Ocean Habitats." *Hakai Magazine*, November 29, 2021. https://hakaimagazine.com/news/using-the-sound-of-the-sea-to-help-rebuild-ocean-habitats/ (accessed February 11, 2022).
Prévost, Victor, Karine David, Pedro Ferrandiz, Olivier Gallet, and Mathilde Hindié. 2020. "Dif- fusions of Sound Frequencies Designed to Target Dehydrins Induce Hydric Stress Tolerance in *Pisum sativum* Seedlings." *Heliyon* 6,

Perks, Michael P., James Irvine, and John Grace. 2004. “Xylem Acoustic Signals from Mature *Pinus sylvestris* during an Extended Drought.” *Annals of Forest Science* 61, no. 1: 1–8.

Perlman, Marcus, and Nathaniel Clark. 2015. “Learned Vocal and Breathing Behavior in an En- culturated Gorilla.” *Animal Cognition* 18, no. 5: 1165–79.

Perry, Clint J., Luigi Baciadonna, and Lars Chittka. 2016. “Unexpected Rewards Induce Dopamine-Dependent Positive Emotion–Like State Changes in Bumblebees.” *Science* 353, no. 6307: 1529–31.

Pershing, Andrew J., Michael A. Alexander, Christina M. Hernandez, Lisa A. Kerr, Arnault Le Bris, Katherine E. Mills, Janet A. Nye, et al. 2015. “Slow Adaptation in the Face of Rapid Warming Leads to Collapse of the Gulf of Maine Cod Fishery.” *Science* 350, no. 6262: 809–12.

Pershing, Andrew J., Line B. Christensen, Nicholas R. Record, Graham D. Sherwood, and Peter B. Stetson. 2010. “The Impact of Whaling on the Ocean Carbon Cycle: Why Bigger Was Better.” *PloS One* 5, no. 8: e12444. https://doi.org/10.1371/journal.pone.0012444.

Pert, Petina L., Emilie J. Ens, John Locke, Philip A. Clarke, Joanne M. Packer, and Gerry Turpin. 2015. “An Online Spatial Database of Australian Indigenous Biocultural Knowledge for Con- temporary Natural and Cultural Resource Management.” *Science of the Total Environment* 534: 110–21. https://doi.org/10.1016/j.scitotenv.2015.01.073.

Peterson, Débora, Natalia Hanazaki, and Paulo César Simões-Lopes. 2008. “Natural Resource Appropriation in Cooperative Artisanal Fishing between Fishermen and Dolphins (*Tursiops truncatus*) in Laguna, Brazil.” *Ocean and Coastal Management* 51, no. 6: 469–75.

Petkov, Christopher I., and Erich Jarvis. 2012. “Birds, Primates, and Spoken Language Origins: Behavioral Phenotypes and Neurobiological Substrates.” *Frontiers in Evolutionary Neurosci- ence* 4: 12.

Pettman, Dominic. 2020. *Sonic Intimacy: Voice, Species, Technics* (*Or, How to Listen to the World*).

Stanford, CA: Stanford University Press.

Pezzuti, Juarez C. B., Jackson Pantoja Lima, Daniely Félix da Silva, and Alpina Begossi. 2010. “Uses and Taboos of Turtles and Tortoises along Rio Negro, Amazon Basin.” *Journal of Ethnobiology* 30, no. 1: 153–68.

Pfenning, Andreas R., Erina Hara, Osceola Whitney, Miriam V. Rivas, Rui Wang, Petra L. Roul- hac, Jason T. Howard, et al. 2014. “Convergent Transcriptional Specializations in the Brains of Humans and Song-Learning Birds.” *Science* 346, no. 6215: 1–15.

Pichersky, Eran, and Jonathan Gershenzon. 2002. “The Formation and Function of Plant Vola- tiles: Perfumes for Pollinator Attraction and Defense.” *Current Opinion in Plant Biology* 5, no. 3: 237–43.

Pierce, George W. 1943. “The Songs of Insects.” *Journal of the Franklin Institute* 236, no. 2: 141–46. Pierce, George W. 1948. *The Songs of Insects*. Cambridge, MA: Harvard University Press.

Pierce, George W., and Donald R. Griffin. 1938. “Experimental Determination of Supersonic Notes Emitted by Bats.” *Journal of Mammalogy* 19, no. 4: 454–55.

Piitulainen, Roosa, and Ilyena Hirskyj-Douglas. 2020. “Music for Monkeys: Building Methods to Design with White-Faced Sakis for Animal-Driven Audio Enrichment Devices.” *Animals* 10, no. 10: 1768. https://doi.org/10.3390/ani10101768.

Pika, Simone, Ray Wilkinson, Kobin H. Kendrick, and Sonja C. Vernes. 2018. “Taking Turns: Bridging the Gap between Human and Animal Communication.” *Proceedings of the Royal Society B: Biological Sciences* 285, no. 1880: 20180598. https://doi.org/10.1098/rspb.2018.0598.

Piniak, Wendy E. 2012. “Acoustic Ecology of Sea Turtles: Implications for Conservation.” PhD dissertation, Duke University.

Piniak, Wendy E., Scott A. Eckert, Craig A. Harms, and Elizabeth M. Stringer. 2012. “Underwa- ter Hearing Sensitivity of the Leatherback Sea Turtle (*Dermochelys coriacea*): Assessing the Potential Eff ct of Anthropogenic Noise.” US Department of the Interior. OCS Study, BOEM 2012-01156.

Piniak, Wendy E., David A. Mann, Craig A. Harms, Todd T. Jones, and Scott A. Eckert. 2016. “Hearing in the Juvenile Green Sea Turtle (*Chelonia mydas*): A Comparison of Underwater and Aerial Hearing Using Auditory Evoked Potentials.” *PLoS One* 11, no. 10: e0159711.

Piniak, Wendy E., John Wang, Emily Waddell, Joel Barkan, Shara Fisler, O. Jacob Isaac-Lowry, Antonio Cerecedo Figueroa, Sarah C. Alessi, and Yonat Swimmer. 2018. “Low-Frequency Acoustic Cues Reduce Sea Turtle Bycatch in

Partan, Sarah R., Christian P. Larco, and Max J. Owens. 2009. "Wild Tree Squirrels Respond with Multisensory Enhancement to Conspecific Robot Alarm Behaviour." *Animal Behaviour* 77, no. 5: 1127–35. https://doi.org/10.1016/j.anbehav.2008.12.029.

Passchier-Vermeer, Willy, and Wim F. Passchier. 2000. "Noise Exposure and Public Health." *Environmental Health Perspectives* 108, no. 1: 123–31.

Passino, Kevin M., and Thomas D. Seeley. 2006. "Modeling and Analysis of Nest-Site Selection by Honeybee Swarms: The Speed and Accuracy Trade-Off." *Behavioral Ecology and Sociobi- ology* 59, no. 3: 427–42.

Passino, Kevin M., Thomas D. Seeley, and P. Kirk Visscher. 2008. "Swarm Cognition in Honey Bees." *Behavioral Ecology and Sociobiology* 62, no. 3: 401–14.

Patenaude, Nathalie J., W. John Richardson, Mari A. Smultea, William R. Koski, Gary W. Miller, Bernd Würsig, and Charles R. Greene Jr. 2002. "Aircraft Sound and Disturbance to Bowhead and Beluga Whales during Spring Migration in the Alaskan Beaufort Sea." *Marine Mammal Science* 18, no. 2: 309–35.

Payne, Katharine. 1998. *Silent Thunder: In the Presence of Elephants*. New York: Simon & Schuster.

Payne, Katherine. 2000. "The Progressively Changing Songs of Humpback Whales: A Window on the Creative Process in a Wild Animal." In *The Origins of Music*, edited by Nils L. Wallin, Bjorn Merker, and Steven Brown, 135–50. Cambridge, MA: MIT Press.

Payne, Katharine. 2004. "Eavesdropping on Elephants." *Journal of the Acoustical Society of Amer- ica* 115, no. 5: 2553–54.

Payne, Katharine, William R. Langbauer, and Elizabeth M. Thomas. 1986. "Infrasonic Calls of the Asian Elephant (*Elephas maximus*)." *Behavioral Ecology and Sociobiology* 18, no. 4: 297–301.

Payne, Katharine, and Roger Payne. 1985. "Large Scale Changes over 19 Years in Songs of Hump- back Whales in Bermuda." *Zeitschrift für Tierpsychologie* 68, no. 2: 89–114.

Payne, Katharine, Mya Thompson, and Laura Kramer. 2003. "Elephant Calling Patterns as In- dicators of Group Size and Composition: The Basis for an Acoustic Monitoring System." *African Journal of Ecology* 41, no. 1: 99–107.

Payne, Roger. 2021. "The Night That Changed the Course of My Life." Ocean Alliance. https:// whale.org/the-rainy-night-that-changed-the-course-of-roger-paynes-life/.

Payne, Roger, and Scott McVay. 1971. "Songs of Humpback Whales." *Science* 173, no. 3997: 585–97. https://doi.org/10.1126/science.173.3997.585.

Payne, Roger, and Douglas Webb. 1971. "Orientation by Means of Long Range Acoustic Signal- ing in Baleen Whales." *Annals of the New York Academy of Sciences* 188, no. 1: 110–41.

Peacock, Thomas D., and Marlene Wisuri. 2009. "Ojibwe Waasa Inaabidaa." Minnesota Histori- cal Society.

Pearce, Margaret, and Renee Louis. 2008. "Mapping Indigenous Depth of Place." *American In- dian Culture and Research Journal* 32, no. 3: 107–26.

Pearson, Walter H., John R. Skalski, and Charles I. Malme. 1992. "Eff cts of Sounds from a Geophysical Survey Device on Behaviour of Captive Rockfish (*Sebastes* spp.)." *Canadian Journal of Fisheries and Aquatic Sciences* 49: 1343–56.

Pedersen, Janni. 2020. "Nonhuman Primates and Language: Primates Raised by Humans." In *International Encyclopedia of Linguistic Anthropology*, 1–9. Hoboken, NJ: Wiley-Blackwell.

Peng, Guangda, Xiao Shi, and Tatsuhiko Kadowaki. 2015. "Evolution of TRP Channels Inferred by Their Classification in Diverse Animals." *Molecular Phylogenetics and Evolution* 84: 145–57.

Pepperberg, Irene M. 1987. "Acquisition of the Same/Different Concept by an African Grey Parrot (*Psittacus erithacus*): Learning with Respect to Categories of Color, Shape, and Mate- rial." *Animal Learning & Behavior* 15, no. 4: 423–32.

Pepperberg, Irene M. 2006. "Grey Parrot Numerical Competence: A Review." *Animal Cognition*9, no. 4: 377–91.

Pepperberg, Irene M. 2009. *The Alex Studies: Cognitive and Communicative Abilities of Grey Par- rots*. Cambridge, MA: Harvard University Press.

Pereira, Andrigo Monroe, and José Chaud-Netto. 2005. "Africanized Honeybees: Biological Characteristics, Urban Nesting Behavior and Accidents Caused in Brazilian Cities (Hyme- noptera: Apidae)." *Sociobiology* 46, no. 3: 535–50.

Science, September 29, 2020. https://www.popsci.com/story/technology/whale-safe-project-california/.

Omeyer, Lucy, Philip D. Doherty, Sarah Dolman, Robert Enever, Allan Reese, Nicholas Tre- genza, Ruth Williams, and Brendan J. Godley. 2020. "Assessing the Effects of Banana Pingers as a Bycatch Mitigation Device for Harbour Porpoises (*Phocoena phocoena*)." *Frontiers in Marine Science* 7: 285. https://doi.org/10.3389/fmars.2020.00285.

One Zoom. 2021. "One Zoom Software Tools for Researchers and Developers." https://www.onezoom.org/developer.html.

O'Reilly Media. 2008. "Web 2.0 Expo NY: Tim O'Reilly (O'Reilly Media, Inc.), Enterprise Radar." September 19, 2008. https://www.youtube.com/watch?v=TGeVqpngTgA&feature=user.

OSbeehives. n.d. "BuzzBox Mini." https://www.osbeehives.com/products/buzzbox-mini.

Pace, Eric. 1996. "Christopher Bird, 68, a Best-Selling Author." *New York Times*, May 6, 1996. https://www.nytimes.com/1996/05/06/arts/christopher-bird-68-a-best-selling-author.html.

Páez, Vivian P., Alison Lipman, Brian C. Bock, and Selina S. Heppell. 2015. "A Plea to Redirect and Evaluate Conservation Programs for South America's Podocnemidid River Turtles." *Chelonian Conservation and Biology* 14, no. 2: 205–16.

Paik, Sang-Min, EonSeon Jin, Sang Jun Sim, and Noo Li Jeon. 2018. "Vibration-Induced Stress Priming during Seed Culture Increases Microalgal Biomass in High Shear Field-Cultivation." *Bioresource Technology* 254: 340–46.

Panksepp, Jaak. 2004. *Affective Neuroscience: The Foundations of Human and Animal Emotions*. Oxford, UK: Oxford University Press.

Pantoja-Lima, Jackson, Paulo H. R. Aride, Adriano T. de Oliveira, Daniely Félix-Silva, Juarez C. B. Pezzuti, and George H. Rebêlo. 2014. "Chain of Commercialization of *Podocne- mis* spp. Turtles (Testudines: Podocnemididae) in the Purus River, Amazon Basin, Brazil: Current Status and Perspectives." *Journal of Ethnobiology and Ethnomedicine* 10, no. 1: 1–11.

Papale, Elena, Shritika Prakash, Shubha Singh, Aisake Batibasaga, Giuseppa Buscaino, and Su- sanna Piovano. 2020. "Soundscape of Green Turtle Foraging Habitats in Fiji, South Pacific." *PLoS One* 15, no. 8: e0236628. https://doi.org/10.1371/journal.pone.0236628.

Papavero, Nelson, Nelson Sanjad, Abner Chiquieri, William Leslie Overal, and Riccardo Mug- nai. 2010. "Os Escritos de Giovanni Angelo Brunelli, Astrônomo da Comissão Demarcadora de Limites Portuguesa (1753–1761), Sobre a Amazônia Brasileira." *Ciências Humanas* 5, no. 2: 433–533.

Parent, Amy. 2018. "Research Tales with Txeemsim (Raven, the Trickster)." In *Indigenous Re- search: Theories, Practices, and Relationships*, edited by Deborah McGregor, Jean-Paul Re- stoule, and Rochelle Johnston, 46–64. Toronto: Canadian Scholars.

Parker, Ian S. C., and Alistair D. Graham. 1989. "Men, Elephants and Competition." In *Symposia of the Zoological Society of London* 61: 241–52.

Parks, Melissa, Austin Ahmasuk, Barry Compagnoni, Andrew Norris, and Roger Rufe. 2019. "Quantifying and Mitigating Three Major Vessel Waste Streams in the Northern Bering Sea." *Marine Policy* 106: 103530.

Parks, Susan E., Christopher W. Clark, and Peter L. Tyack. 2007. "Short- and Long-Term Changes in Right Whale Calling Behavior: The Potential Effects of Noise on Acoustic Com- munication." *Journal of the Acoustical Society of America* 122, no. 6: 3725–31. https://doi.org/10.1121/1.2799904.

Parks, Susan E., Amanda Searby, Aurélie Célérier, Matthew P. Johnson, Douglas. P. Nowacek, and Peter L. Tyack. 2011. "Sound Production Behavior of Individual North Atlantic Right Whales: Implications for Passive Acoustic Monitoring." *Endangered Species Research* 15, no. 1: 63–76.

Parmentier, Eric, Laetitia Berten, Pierre Rigo, Frédéric Aubrun, Sophie L. Nedelec, Steve D. Simpson, and David Lecchini. 2015. "Th Infl nce of Various Reef Sounds on Coral-Fish Lar- vae Behaviour." *Journal of Fish Biology* 86, no. 5: 1507–18. https://doi.org/10.1111/jfb.12651.

Parmesan, Camille, and Gary Yohe. 2003. "A Globally Coherent Fingerprint of Climate Change Impacts across Natural Systems." *Nature* 421, no. 6918: 37–42.

Partan, Sarah R., Andrew G. Fulmer, Maya A. M. Gounard, and Jake E. Redmond. 2010. "Mul- timodal Alarm Behavior in Urban and Rural Gray Squirrels Studied by Means of Observa- tion and a Mechanical Robot." *Current Zoology* 56, no. 3: 313–26. https://doi.org/10.1093/czoolo/56.3.313.

NOAA Infrasonics Program. 2020. https://psl.noaa.gov/programs/infrasound/ (accessed Feb- ruary 15, 2020).

Michael J. Noad, Douglas H. Cato, Michael M. Bryden, Micheline N. Jenner, and Curt S. Jenner. 2000. "Cultural Revolution in Whale Songs." *Nature* 408: 537.

Nobel Prize. 1973a. "Award Ceremony Speech: Karl von Frisch." https://www.nobelprize.org/prizes/medicine/1973/ceremony-speech/.

Nobel Prize. 1973b. "Karl von Frisch: Facts." https://www.nobelprize.org/prizes/medicine/1973/frisch/facts/.

Noda, Juan J., David Sánchez-Rodríguez, and Carlos M. Travieso-González. 2018. "A Methodol- ogy Based on Bioacoustic Information for Automatic Identification of Reptiles and An- urans." In *Reptiles and Amphibians*, edited by David Aguillón-Gutiérrez, 67–84.

Noda, Juan J., Carlos M. Travieso-González, and David Sánchez-Rodríguez. 2017. "Fusion of Linear and Mel Frequency Cepstral Coefficients for Automatic Classification of Reptiles." *Applied Sciences* 7, no. 2: 178.

Noirot, Eliane. 1966. "Ultra-sounds in Young Rodents. I. Changes with Age in Albino Mice." *Animal Behaviour* 14, no. 4: 459–62.

Nolasco, Inês, and Emmanouil Benetos. 2018. "To Bee or Not to Bee: Investigating Machine Learning Approaches for Beehive Sound Recognition." arXiv.org: 1811.06016.

Nolasco, Inês, Alessandro Terenzi, Stefania Cecchi, Simone Orcioni, Helen L. Bear, and Emmanouil Benetos. 2019. "Audio-Based Identifi tion of Beehive States." In *2019 IEEE International Conference on Acoustics, Speech and Signal Processing* (*ICASSP*), 8256–60. New York: IEEE.

Noongwook, George, Henry P. Huntington, and John C. George. 2007. "Traditional Knowledge of the Bowhead Whale (*Balaena mysticetus*) around St. Lawrence Island, Alaska." *Arctic* 60, no. 1: 47–54.

Nouvian, Morgane, Judith Reinhard, and Martin Giurfa. 2016. "The Defensive Response of the Honeybee *Apis mellifera*." *Journal of Experimental Biology* 219, no. 22: 3505–17. https://doi.org/10.1242/jeb.143016.

Nrwbuoys.org. 2020. "Dashboard." https://portal.nrwbuoys.org/ab/dash/ (accessed June 4, 2020).

Nuessly, Kathryn N., Kyle M. Becker, Heather Spence, and E.C.M. Parsons. 2021. "Auscultating the Oceans: Developing a Marine Stethoscope." *Marine Technology Society Journal* 55, no. 3: 138–39.

Nunn, Patrick D., and Nicholas J. Reid. 2016. "Aboriginal Memories of Inundation of the Aus- tralian Coast Dating from More Than 7000 Years Ago." *Australian Geographer* 47, no. 1: 11–47.

Nuwer, Rachel. 2014. "Baby Turtles Coordinate Hatching by Talking to One Another through Their Egg Shells." *Smithsonian Magazine*, July 17, 2014. https://www.smithsonianmag.com/smart-news/baby-turtles-coordinate-hatching-talking-one-another-through-their-egg-shells-180952070/.

NWMB. 2000. "Final Report of the Inuit Bowhead Knowledge Study." Nunavut Wildlife Man- agement Board.

Nyhus, Philip J., and Ronald Tilson Sumianto. 2000. "Crop-Raiding Elephants and Conserva- tion Implications at Way Kambas National Park, Sumatra, Indonesia." *Oryx* 34, no. 4: 262– 74. https://doi.org/10.1046/j.1365-3008.2000.00132.x.

Oakley, Clint A., and Simon K. Davy. 2018. "Cell Biology of Coral Bleaching." In *Coral Bleaching*, edited by Madeleine J. H. van Oppen, and Janice M. Lough, 189–211. Cham, Switzerland: Springer.

Ocean Alliance. 2019. *Songs of the Humpback Whale*. https://whale.org/humpback-song/. O'Connell-Rodwell, Caitlin E., Jason D. Wood, Colleen Kinzley, Timothy C. Rodwell, Joyce H.

Poole, and Sunil Puria. 2007. "Wild African Elephants (*Loxodonta africana*) Discriminate between Familiar and Unfamiliar Conspecific Seismic Alarm Calls." *Journal of the Acoustical Society of America* 122, no. 2: 823–30.

Oikarinen, Tuomas, Karthik Srinivasan, Olivia Meisner, Julia B. Hyman, Shivangi Parmar, Adrian Fanucci-Kiss, Robert Desimone, Rogier Landman, and Guoping Feng. 2019. "Deep Convolutional Network for Animal Sound Classification and Source Attribution Using Dual Audio Recordings." *Journal of the Acoustical Society of America* 145, no. 2: 654–62.

Oliver, Ruth Y., Daniel P. W. Ellis, Helen E. Chmura, Jesse S. Krause, Jonathan H. Pérez, Shan- nan K. Sweet, Laura Gough, John C. Wingfield, and Natalie T. Boelman. 2018. "Eavesdrop- ping on the Arctic: Automated Bioacoustics Reveal Dynamics in Songbird Breeding Phenol- ogy." *Science Advances* 4, no. 6: eaaq1084. https://doi.org/10.1126/sciadv.aaq1084.

Olson, Erik. 2020. "Whale 'Roadkill' Is on the Rise in California. A New Detection System Could Help." *Popular*

Neethirajan, Suresh. 2017. "Recent Advances in Wearable Sensors for Animal Health Manage- ment." *Sensing and Bio-Sensing Research* 12: 15–29. https://doi.org/10.1016/j.sbsr.2016.11.004.

Neff, Ellen P. 2019. "Animal Behavior on Auto." *Lab Animal* 48, no. 6: 157–61.

Negri, Gloria. 2004. "William Watkins; Brought Whales' Voices to World." *Boston Globe*, Octo- ber 6, 2004. http://archive.boston.com/news/globe/obituaries/articles/2004/10/06/william_watkins_brought_whales_voices_to_world/.

Neil, Thomas R., Zhiyuan Shen, Daniel Robert, Bruce W. Drinkwater, and Marc W. Holderied. 2020. "Moth Wings Are Acoustic Metamaterials." *Proceedings of the National Academy of Sciences* 117, no. 49: 31134–41.

Nelms, Sarah E., Wendy E. Piniak, Caroline R. Weir, and Brendan J. Godley. 2016. "Seismic Surveys and Marine Turtles: An Underestimated Global Threat?" *Biological Conservation* 193 (January): 49–65.

Neme, Laurel. 2010. "Amazing Reefs: How Corals 'Hear'—an Interview with Steve Simpson."

Mongabay, July 21, 2010. https://news.mongabay.com/2010/07/amazing-reefs-how-corals-hear-an-interview-with-steve-simpson/.

Neo, Yik Y., Elze Ufkes, Ronald A. Kastelein, Erwin Winter, Carel ten Cate, and Hans Slab- bekoorn. 2015. "Impulsive Sounds Change European Seabass Swimming Patterns: Influence of Pulse Repetition Interval." *Marine Pollution Bulletin* 97: 111–17.

New Bedford Whaling Museum. 2020a. "Aldrich Collection." https://www.whalingmuseum.org/explore/collections/photography/aldrich-collection.

New Bedford Whaling Museum. 2020b. "Whales and Hunting." https://www.whalingmuseum.org/learn/research-topics/overview-of-north-american-whaling/whales-hunting.

New York Times. 1989. "Marie Fish, 88, Dies: Navy Oceanographer." February 2, 1989. https:// www.nytimes.com/1989/02/02/obituaries/marie-fish-88-dies-navy-oceanographer.html.

New Zealand Supreme Court. 2021. Trans-Tasman Resources Limited v. Taranaki-Whanganui Conservation Board. NZSC 127. https://www.courtsofnz.govt.nz/assets/cases/2021/2021-NZSC-127.pdf (accessed December 8, 2021).

Ngama, Steeve, Lisa Korte, Jérôme Bindelle, Cédric Vermeulen, and John R. Poulsen. 2016. "How Bees Deter Elephants: Beehive Trials with Forest Elephants (*Loxodonta africana cy- clotis*) in Gabon." *PLoS One* 11, no. 5: e0155690. https://doi.org/10.1371/journal.pone.0155690.

Nicol, Stephen, Andrew Bowie, Simon Jarman, Delphine Lannuzel, Klaus M. Meiners, and Pier Van Der Merwe. 2010. "Southern Ocean Iron Fertilization by Baleen Whales and Antarctic Krill." *Fish and Fisheries* 11, no. 2: 203–9.

Nieh, James C. 1998. "The Honey Bee Shaking Signal: Function and Design of a Modulatory Communication Signal." *Behavioral Ecology and Sociobiology* 42, no. 1: 23–36.

Nieh, James C. 2010. "A Negative Feedback Signal That Is Triggered by Peril Curbs Honey Bee Recruitment." *Current Biology* 20, no. 4: 310–15.

Nielsen, Daniel A., Katherina Petrou, and Ruth D. Gates. 2018. "Coral Bleaching from a Single Cell Perspective." *ISME Journal* 12, no. 6: 1558–67.

Nishida, Kiwamu, Naoki Kobayashi, and Yoshio Fukao. 2000. "Resonant Oscillations between the Solid Earth and the Atmosphere." *Science* 287, no. 5461: 2244–46.

Nishimura, Clyde E. 1994. *Monitoring Whales and Earthquakes by Using SOSUS*. Washington, DC: Naval Research Laboratory.

Nishizawa, Hideaki, Yuichiro Hashimoto, Mohd Uzair Rusli, Kotaro Ichikawa, and Juanita Jo- seph. 2021. "Sensing Underground Activity: Diel Digging Activity Pattern during Nest Es- cape by Sea Turtle Hatchlings." *Animal Behaviour* 177: 1–8.

Niven, Jeremy E. 2012. "How Honeybees Break a Decision-Making Deadlock." *Science* 335, no. 6064: 43–44.

NOAA. 2021a. "What Are the Oldest Living Animals in the World?" National Ocean Service, May 18, 2021. https://oceanservice.noaa.gov/facts/oldest-living-animal.html.

NOAA. 2021b. "What Is Coral Spawning?" National Ocean Service, February 26, 2021. https:// oceanservice.noaa.gov/facts/coral-spawning.html.

NOAA Fisheries. 2020a. "North Atlantic Right Whale." https://www.fisheries.noaa.gov/species/north-atlantic-right-whale.

NOAA Fisheries. 2020b. "Sperm Whale." https://www.fisheries.noaa.gov/species/sperm-whale.

Journal of the History of Biology 38, no. 3: 535–70.

Munz, Tania. 2016. *The Dancing Bees: Karl von Frisch and the Discovery of the Honeybee Language*. Chicago: University of Chicago Press.

Murphy, Fiona Edwards, Emanuel Popovici, Padraig Whelan, and Michele Magno. 2015. "De- velopment of a Heterogeneous Wireless Sensor Network for Instrumentation and Analysis of Beehives." In *2015 IEEE International Instrumentation and Measurement Technology Confer- ence (I2MTC) Proceedings*, 346–51. New York: IEEE.

Murray, Nick. 2019. "Thermal Imaging Cameras Eye Salish Sea in Hopes of Better Detecting Whales." *Coast Mountain News*, August 22, 2019. https://www.coastmountainnews.com/news/thermal-imaging-cameras-eye-salish-sea-in-hopes-of-better-detecting-whales/.

Mustafa, Mohammed Kyari, Tony Allen, and Kofi Appiah. 2019. "A Comparative Review of Dynamic Neural Networks and Hidden Markov Model Methods for Mobile on Device Speech Recognition." *Neural Computing and Applications* 31, no. 2: 891–99.

Myers, Natasha. 2015. "Conversations on Plant Sensing: Notes from the Field." *Nature Culture*3: 35–66.

Nagel, Th mas. 1974. "What Is It Like to Be a Bat?" *Readings in Philosophy of Psychology* 1: 159–68.

Nagel, Thomas. 2012. *Mind and Cosmos: Why the Materialist Neo-Darwinian Conception of Nature Is Almost Certainly False*. Oxford, UK: Oxford University Press.

Nakrani, Sunil, and Craig Tovey. 2003. "On Honey Bees and Dynamic Allocation in an Internet Server Colony." In *Proceedings of 2nd International Workshop on the Mathematics and Algo- rithms of Social Insects*, 1–8.

Nakrani, Sunil, and Craig Tovey. 2004. "On Honey Bees and Dynamic Server Allocation in Internet Hosting Centers." *Adaptive Behavior* 12, no. 3–4: 223–40.

Napier, Kathleen, and Lior Shamir. 2018. "Quantitative Sentiment Analysis of Lyrics in Popular Music." *Journal of Popular Music Studies* 30, no. 4: 161–76.

Narins, Peter M., Daniela S. Grabul, Kiran K. Soma, Philippe Gaucher, and Walter Hödl. 2005. "Cross-Modal Integration in a Dart-Poison Frog." *Proceedings of the National Academy of Sciences* 102, no. 7: 2425–29. https://doi.org/10.1073/pnas.0406407102.

Narins, Peter M., and Sebastiaan W. F. Meenderink. 2014. "Climate Change and Frog Calls: Long-Term Correlations along a Tropical Altitudinal Gradient." *Proceedings of the Royal Society B: Biological Sciences* 281, no. 1783: 1–6.

Narins, Peter M., Angela S. Stoeger, and Caitlin O'Connell-Rodwell. 2016. "Infrasonic and Seis- mic Communication in the Vertebrates with Special Emphasis on the Afrotheria: An Update and Future Directions." In *Vertebrate Sound Production and Acoustic Communication*, edited by Roderick A. Suthers, W. Tecumseh Fitch, Richard R. Fay, and Arthur N. Popper, 191–227. Cham, Switzerland: Springer.

Nath, Naba K., Sushil K. Dutta, Jyoti P. Das, and Bibhuti P. Lahkar. 2015. "A Quantification of Damage and Assessment of Economic Loss Due to Crop Raiding by Asian Elephant, *Ele- phas maximus* (Mammalia: Proboscidea: Elephantidae): A Case Study of Manas National Park, Assam, India." *Journal of Threatened Taxa* 7, no. 2: 6853–63. http://dx.doi.org/10.11609/JoTT.o4037.6853-63.

Nath, Naba K., Bibhuti P. Lahkar, Namita Brahma, Santanu Dey, Jyoti P. Das, Pranjit K. Sarma, and Bibhab K. Talukdar. 2009. "An Assessment of Human-Elephant Conflict in Manas Na- tional Park, Assam, India." *Journal of Threatened Taxa* 1, no. 6: 309–16.

Nathan, Ran, Wayne M. Getz, Eloy Revilla, Marcel Holyoak, Ronen Kadmon, David Saltz, and Peter E. Smouse. 2008. "A Movement Ecology Paradigm for Unifying Organismal Move- ment Research." *Proceedings of the National Academy of Sciences* 105, no. 49: 19052–59.

National Geographic. 2020. "Right Whales." https://www.nationalgeographic.com/animals/mammals/group/right-whales/.

Naughton, Lisa, Robert Rose, and Adrian Treves. 1999. "The Social Dimensions of Human- Elephant Conflict in Africa: A Literature Review and Case Studies from Uganda and Cam- eroon." *Report to the African Elephant Specialist Group, Human-Elephant Conflict Task Force*. Glands, Switzerland: IUCN.

Nedelec, Sophie L., Andrew N. Radford, Stephen D. Simpson, Brendan Nedelec, David Lec- chini, and Suzanne C. Mills. 2014. "Anthropogenic Noise Playback Impairs Embryonic De- velopment and Increases Mortality in a Marine Invertebrate." *Scientific Reports* 4, no. 1: 1–4.

et al. 2016. "The Exposure of the Great Barrier Reef to Ocean Acidification." *Nature Communications* 7, no. 10732: 1–8. https://doi.org/10.1038/ncomms10732.

Monshausen, Gabriele B., and Simon Gilroy. 2009. "Feeling Green: Mechanosensing in Plants." *Trends in Cell Biology* 19, no. 5: 228–35.

Monteiro, Cibele C., Hayane M. A. Carmo, Armando J. B. Santos, Gilberto Corso, and Renata S. Sousa-Lima. 2019. "First Record of Bioacoustic Emission in Embryos and Hatchlings of Hawksbill Sea Turtles (*Eretmochelys imbricata*)." *Chelonian Conservation and Biology* 18, no. 2: 273–78. https://doi.org/10.2744/CCB-1382.1.

Mooney, T. Aran, Lucia Di Iorio, Marc Lammers, Tzu-Hao Lin, Sophie L. Nedelec, Miles Par- sons, Craig Radford, Ed Urban, and Jenni Stanley. 2020. "Listening Forward: Approaching Marine Biodiversity Assessments Using Acoustic Methods." *Royal Society Open Science* 7, no. 8: 1–27. https://doi.org/10.1098/rsos.201287.

Moore, Lisa Jean, and Mary Kosut. 2013. "Bees, Border and Bombs: A Social Account of Theo- rizing and Weaponizing Bees." In *Animals and War: Studies of Europe and North America*, edited by Ryan Hediger, 27–43. Leiden, Netherlands: Brill.

Moore, Roger, Serge Thill, and Ricard Marxer. 2017. "Vocal Interactivity in-and-between Humans, Animals and Robots (VIHAR): Dagstuhl Seminar 16442." *Dagstuhl Reports* 6, no. 10: 154–94.

Moore, Sue E., John C. George, Gay Sheffield, Joshua Bacon, and Carin J. Ashjian. 2010. "Bow- head Whale Distribution and Feeding near Barrow, Alaska, in Late Summer 2005–06." *Arctic* 63: 195–205.

Moore, Sue E., and Kristin L. Laidre. 2006. "Trends in Sea Ice Cover within Habitats Used by Bowhead Whales in the Western Arctic." *Ecological Applications* 16: 932–44.

Morell, Virginia. 2014. "When the Bat Sings." *Science* 344, no. 6190: 1334–37.

Moreno, Kelsey R., Maya Weinberg, Lee Harten, Valeria B. Salinas Ramos, L. Gerardo Herrera, Gábor Á. Czirják, and Yossi Yovel. 2021. "Sick Bats Stay Home Alone: Fruit Bats Practice Social Distancing When Faced with an Immunological Challenge." *Annals of the New York Academy of Sciences* 1505, no. 1: 178–90. https://doi.org/10.1111/nyas.14600.

Moritz, Robin, and Robin Crewe. 2018. *The Dark Side of the Hive: The Evolution of the Imperfect Honeybee*. Oxford, UK: Oxford University Press.

Morrison, Rachel, and Diana Reiss. 2018. "Precocious Development of Self-Awareness in Dol- phins." *PLoS One* 13, no. 1: e0189813.

Mortimer, Beth. 2017. "Biotremology: Do Physical Constraints Limit the Propagation of Vibra- tional Information?" *Animal Behaviour* 130: 165–74.

Moss, Cynthia J. 1983. "Oestrous Behaviour and Female Choice in the African Elephant." *Be- haviour* 86, no. 3–4: 167–95.

Moss, Cynthia. 2012. *Elephant Memories: Thirteen Years in the Life of an Elephant Family*. Chicago: University of Chicago Press.

Moss, Cynthia J., Harvey Croze, and Phyllis C. Lee, eds. 2011. *The Amboseli Elephants: A Long- Term Perspective on a Long-Lived Mammal*. Chicago: University of Chicago Press.

Mossbridge, Julia A., and Jannett A. Thomas. 1999. "An 'Acoustic Niche' for Antarctic Killer Whale and Leopard Seal Sounds 1." *Marine Mammal Science* 15, no. 4: 1351–57.

Mourlam, Mickaël J., and Maeva J. Orliac. 2017. "Infrasonic and Ultrasonic Hearing Evolved after the Emergence of Modern Whales." *Current Biology* 27, no. 12: 1776–81.

Mullet, Timothy C., Almo Farina, and Stuart H. Gage. 2017. "The Acoustic Habitat Hypothesis: An Ecoacoustics Perspective on Species Habitat Selection." *Biosemiotics* 10, no. 3: 319–36.

Mumby, Hannah S., and Joshua M. Plotnik. 2018. "Taking the Elephants' Perspective: Remem- bering Elephant Behavior, Cognition and Ecology in Human-Elephant Conflict Mitigation." *Frontiers in Ecology and Evolution* 6: 122.

Munk, Walter, and Deborah Day. 2008. "Glimpses of Oceanography in the Postwar Period: Dedicated to Captain Charles N. G. (Monk) Hendrix." *Oceanography* 21, no. 3: 14–21.

Munk, Walter, Peter Worcester, and Carl Wunsch. 1995. *Ocean Acoustic Tomography*. Cambridge, UK: Cambridge University Press.

Munz, Tania. 2005. "The Bee Battles: Karl von Frisch, Adrian Wenner and the Honeybee Dance Language Controversy."

Bra ić, Norbert Sachser, Sylvia Kaiser, and S. Helene Richter. 2021. "Individuality, as Well as Genetic Background, Affects Syntactical Features of Courtship Songs in Male Mice." *Animal Behaviour* 180: 179–96.

Melville, Herman. 2010. *Moby Dick*. Edited by Edward W. Said and G. Thomas Tanselle. New York: Library of America.

Menzel, Randolf, Rodrigo J. De Marco, and Uwe Greggers. 2006. "Spatial Memory, Navigation and Dance Behaviour in *Apis mellifera*." *Journal of Comparative Physiology A* 192, no. 9: 889–903.

Meyer, Julien, Marcelo O. Magnasco, and Diana Reiss. 2021. "The Relevance of Human Whis- tled Languages for the Analysis and Decoding of Dolphin Communication." *Frontiers in Psychology* 12: 3648.

Meyer-Gutbrod, Erin L., and Charles H. Greene. 2018. "Uncertain Recovery of the North At- lantic Right Whale in a Changing Ocean." *Global Change Biology* 24, no. 1: 455–64.

Meyer-Gutbrod, Erin L., Charles H. Greene, and Kimberley T. A. Davies. 2018. "Marine Species Range Shifts Necessitate Advanced Policy Planning: The Case of the North Atlantic Right Whale." *Oceanography* 31, no. 2: 19–23.

Michael, S.C.J., Heidi M. Appel, and Reginald B. Cocroft. 2019. "Methods for Replicating Leaf Vibrations Induced by Insect Herbivores." In *Methods in Molecular Biology: Plant Innate Immunity*, edited by Walter Gassmann, 141–57. New York: Springer, Humana. https://doi.org/10.1007/978-1-4939-9458-8_15.

Michelsen, Axel. 1993. "Th Transfer of Information in the Dance Language of Honeybees: Progress and Problems." *Journal of Comparative Physiology A* 173, no. 2: 135–41.

Michelsen, Axel, Bent B. Andersen, Wolfgang H. Kirchner, and Martin Lindauer. 1989. "Hon- eybees Can Be Recruited by a Mechanical Model of a Dancing Bee." *Naturwissenschaften* 76, no. 6: 277–80.

Michelsen, Axel, Bent B. Andersen, Wolfgang H. Kirchner, and Martin Lindauer. 1990. "Transfer of Information during Honeybee Dances, Studied by Means of a Mechanical Model." In *Sensory Systems and Communication in Arthropods*, edited by Felix G. Gribakin, Konrad Wiese, and Anatoliy V. Popov, 294–300. Basel, Switzerland: Birkhäuser.

Michelsen, Axel, Bent B. Andersen, Jesper Storm, Wolfgang H. Kirchner, and Martin Lindauer. 1992. "How Honeybees Perceive Communication Dances, Studied by Means of a Mechani- cal Model." *Behavioral Ecology and Sociobiology* 30, no. 3: 143–50.

Michelsen, Axel, Flemming Fink, Matija Gogala, and Dieter Traue. 1982. "Plants as Transmis- sion Channels for Insect Vibrational Songs." *Behavioral Ecology and Sociobiology* 11, no. 4: 269–81.

Michelsen, Axel, Wolfgang H. Kirchner, and Martin Lindauer. 1986. "Sound and Vibrational Signals in the Dance Language of the Honeybee, *Apis mellifera*." *Behavioral Ecology and Sociobiology* 18, no. 3: 207–12.

Microsoft. 2020a. "Fusing Art & Science." https://innovation.microsoft.com/en-us/fusing-art-and-science?ocid=FY20_soc_omc_br_tw_Florence_Reheat_1.

Microsoft. 2020b. "Project Florence." https://www.microsoft.com/en-us/research/video/project-florence-video/.

Microsoft. 2020c. "Twitter Post." February 13, 2020, 5:30 p.m. https://twitter.com/Microsoft/status/1228114232547381248.

Mikolov, Tomas, Kai Chen, Greg Corrado, and Jeffrey Dean. 2013. "Efficient Estimation of Word Representations in Vector Space." arXiv.org: 1301.3781.

Miller, Patrick J. O., Nicoletta Biassoni, Amy Samuels, and Peter L. Tyack. 2000. "Whale Songs Lengthen in Response to Sonar." *Nature* 405, no. 6789: 903. https://doi.org/10.1038/35016148. Mishra, Ratnesh Chandra, and Hanhong Bae. 2019. "Plant Cognition: Ability to Perceive 'Touch' and 'Sound.'" In *Sensory Biology of Plants*, edited by Sudhir Sopory, 137–62. Singa-pore: Springer.

Mishra, Ratnesh Chandra, Ritesh Ghosh, and Hanhong Bae. 2016. "Plant Acoustics: In Search of a Sound Mechanism for Sound Signaling in Plants." *Journal of Experimental Botany* 67, no. 15: 4483–94.

Mission Blue. 2020. "Hope Spots." Sylvia Earle Alliance. https://mission-blue.org/hope-spots/. Mittermeier, Russell A. 1975. "A Turtle in Every Pot: A Valuable South American Resource Going to Waste." *Animal Kingdom* 78, no. 2: 9–14.

Mohawk, John C. 1994. "A View from Turtle Island: Chapters in Iroquois Mythology, History and Culture." PhD dissertation, State University of New York.

Mongin, Mathieu, Mark E. Baird, Bronte Tilbrook, Richard J. Matear, Andrew Lenton, Mike Herzfeld, Karen Wild-Allen,

Social Knowledge in African Elephants." *Science* 292, no. 5516: 491–94.

McComb, Karen, Cynthia Moss, Soila Sayialel, and Lucy Baker. 2000. "Unusually Extensive Networks of Vocal Recognition in African Elephants." *Animal Behaviour*, 59, no. 6: 1103–9. McComb, Karen, David Reby, Lucy Baker, Cynthia Moss, and Soila Sayialel. 2003. "Long- Distance Communication of Acoustic Cues to Social Identity in African Elephants." *Animal Behaviour* 65, no. 2: 317–29.

McComb, Karen, Graeme Shannon, Katito N. Sayialel, and Cynthia Moss. 2014. "Elephants Can Determine Ethnicity, Gender, and Age from Acoustic Cues in Human Voices." *Proceed- ings of the National Academy of Sciences* 111, no. 14: 5433–38.

McCowan, Brenda, Laurance R. Doyle, Jon M. Jenkins, and Sean F. Hanser. 2005. "The Ap- propriate Use of Zipf 's Law in Animal Communication Studies." *Animal Behaviour* 69, no. 1: F1–F7.

McCowan, Brenda, and Diana Reiss. 1995. "Quantitative Comparison of Whistle Repertoires from Captive Adult Bottlenose Dolphins (Delphinidae, *Tursiops truncatus*): A Re-evaluation of the Signature Whistle Hypothesis." *Ethology* 100, no. 3: 194–209.

McCowan, Brenda, and Diana Reiss. 1997. "Vocal Learning in Captive Bottlenose Dolphins: A Comparison with Humans and Nonhuman Animals." In *Social Influences on Vocal Develop- ment*, edited by Charles T. Snowdon and Marine Hausberger, 178–207. Cambridge, UK: Cambridge University Press.

McGregor, Deborah. 2009. "Honouring Our Relations: An Anishnaabe Perspective." In *Speak- ing for Ourselves: Environmental Justice in Canada*, edited by Julian Agyeman, Peter Cole, Randolph Haluza-DeLay, and Pat O'Riley, 27–41. Vancouver: UBC Press.

McGregor, Peter K., Andrew G. Horn, Marty L. Leonard, and Frank Thomsen. 2013. "Anthro- pogenic Noise and Conservation." In *Animal Communication and Noise*, edited by Henrik Brumm, 409–44. Berlin: Springer. https://doi.org/10.1007/978-3-642-41494-7_14.

McIntyre, Geoff. 2018. "The Artificial Plant Emotion Expressor (APEX)." Arduino Project Hub, May 10, 2018. https://create.arduino.cc/projecthub/Macgeoffrey/the-artificial-plant-emotion-expressor-apex-ee52c4.

McKay, Susan. 2020. "The Marvel of Language: Knowns, Unknowns, and Maybes." *Rocky Moun- tain Review of Language and Literature* 74, no. 1: 49–69.

McKelvey, Eleanor G. Z., James P. Gyles, Kyle Michie, Violeta Barquín Pancorbo, Louisa Sober, Laura E. Kruszewski, Alice Chan, and Caroline C. G. Fabre. 2021. "*Drosophila* Females Re- ceive Male Substrate-Borne Signals through Specific Leg Neurons during Courtship." *Cur- rent Biology* 31, no. 17: 3894–904.

McKenna, Lindsay N., Frank V. Paladino, Pilar Santidrián Tomillo, and Nathan J. Robinson. 2019. "Do Sea Turtles Vocalize to Synchronize Hatching or Nest Emergence?" *Copeia* 107, no. 1: 120–23. https://doi.org/10.1643/CE-18-069.

McLuhan, Marshall. 1962. *The Gutenberg Galaxy*. New York: Signet.

McNeil, M.E.A. 2010. "Swarm Intelligence: How Tom Seeley Discovered Ways That Bee Colo- nies Make Decisions—Part I." *American Bee Journal* 150, no. 12: 1133.

McQuate, Sarah. 2018. "Researchers Create First Sensor Package That Can Ride Aboard Bees." University of Washington. https://www.washington.edu/news/2018/12/11/sensor-bees/.

McQuay, Bill, and Christopher Joyce. 2015. "It Took a Musician's Ear to Decode the Complex Song in Whale Calls." NPR, August 6, 2015. https://www.npr.org/2015/08/06/427851306/it-took-a-musicians-ear-to-decode-the-complex-song-in-whale-calls.

McWhinnie, Lauren H., William D. Halliday, Stephen J. Insley, Casey Hilliard, and Rosaline R. Canessa. 2018. "Vessel Traffic in the Canadian Arctic: Management Solutions for Minimiz- ing Impacts on Whales in a Changing Northern Region." *Ocean & Coastal Management* 160: 1–17.

Mehta, Darshit, Ege Altan, Rishabh Chandak, Baranidharan Raman, and Shantanu Chakrab- artty. 2017. "Behaving Cyborg Locusts for Standoff Chemical Sensing." In *2017 IEEE Inter- national Symposium on Circuits and Systems (ISCAS*), 1–4. New York: IEEE.

Mellinger, David K., and Christopher W. Clark. 2003. "Blue Whale (*Balaenoptera musculus*) Sounds from the North Atlantic." *Journal of the Acoustical Society of America* 114, no. 2: 1108–19.

Melotti, Luca, Sophie Siestrup, Maja Peng, Valerio Vitali, Daniel Dowling, Vanessa Tabea von Kortzfleisch, Marko

New York: Vintage Books.
Marder, Michael. 2013. *Plant-Thinking: A Philosophy of Vegetal Life*. New York: Columbia Uni- versity Press.
Mariette, Mylene M., David F. Clayton, and Katherine L. Buchanan. 2021. "Acoustic Develop- mental Programming: A Mechanistic and Evolutionary Framework." *Trends in Ecology & Evolution* 36, no. 8: 722–36. https://doi.org/10.1016/j.tree.2021.04.007.
Marino, Lori, Richard C. Connor, R. Ewan Fordyce, Louis M. Herman, Patrick R. Hof, Louis Lefebvre, David Lusseau, et al. 2007. "Cetaceans Have Complex Brains for Complex Cogni- tion." *PLoS Biology* 5, no. 5: e139.
Marino, Lori, Diana Reiss, and G. G. Gallup Jr. 1993. "Self-Recognition in the Bottlenose Dol- phin: A Methodological Test Case for the Study of Extraterrestrial Intelligence." In *Third Decennial US-USSR Conference on SETI* 47: 393.
Marino, Lori, Diana Reiss, and G. G. Gallup Jr. 1994. "Mirror Self-Recognition in Bottlenose Dolphins: Implications for Comparative Investigations of Highly Dissimilar Species." In *Self-Awareness in Animals and Humans: Developmental Perspectives*, edited by S. T. Parker, R. W. Mitchell, and M. L. Boccia, 380–91. Cambridge, UK: Cambridge University Press.
Marino, Lori, Chet C. Sherwood, Bradley N. Delman, Cheuk Y. Tang, Thomas P. Naidich, and Patrick R. Hof. 2004. "Neuroanatomy of the Killer Whale (*Orcinus orca*) from Magnetic Resonance Images." *Anatomical Record Part A: Discoveries in Molecular, Cellular, and Evolu- tionary Biology* 281, no. 2: 1256–63.
Marler, Peter. 1974. "Animal Communication." In *Nonverbal Communication*, edited by Lester Krames, Patricia Pliner, and Thomas Alloway, 25–50. New York: Springer.
Marlowe, Frank W., J. Colette Berbesque, Brian Wood, Alyssa Crittenden, Claire Porter, and Audax Mabulla. 2014. "Honey, Hadza, Hunter-Gatherers, and Human Evolution." *Journal of Human Evolution* 71: 119–28.
Mars. n.d. "Taking Responsibility to Rebuild Coral Reefs." https://www.mars.com/news-and-stories/articles/coral-reef-rehabilitation.
Mars Coral Reef Restoration. 2021. "Mars Assisted Reef Restoration System." https:// buildingcoral.com/.
Mars, Frank, Simpson, Steve, and Joanie Kleypas. 2020. "An Interdisciplinary Approach to Coral Reef Restoration." *Nature Portfolio*. https://www.nature.com/articles/d42473-019-00337-8.
Martin, Rowan B. 1978. "Aspects of Elephant Social Organization." *Rhodesia Science News* 12, no. 8: 184–87.
Mason, Matthew J., and Peter M. Narins. 2002. "Seismic Sensitivity in the Desert Golden Mole (*Eremitalpa granti*): A Review." *Journal of Comparative Psychology* 116, no. 2: 158.
Masterton, Bruce, Henry Heffner, and Richard Ravizza. 1969. "The Evolution of Human Hear- ing." *Journal of the Acoustical Society of America* 45, no. 4: 966–85.
Matthews, Cory J. D., Greg A. Breed, Bernard LeBlanc, and Steven H. Ferguson. 2020. "Killer Whale Presence Drives Bowhead Whale Selection for Sea Ice in Arctic Seascapes of Fear." *Proceedings of the National Academy of Sciences* 117, no. 12: 6590–98.
Matzinger, Theresa, and W. Tecumseh Fitch. 2021. "Voice Modulatory Cues to Structure across Languages and Species." *Philosophical Transactions of the Royal Society B* 376, no. 1840: 20200393.
MAV Lab. 2020. "DelFly Nimble." http://www.delfly.nl.
McCauley, Robert D., and Douglas H. Cato. 2000. "Patterns of Fish Calling in a Nearshore Environment in the Great Barrier Reef." *Philosophical Transactions of the Royal Society B* 355, no. 1401: 1289–93.
McCauley, Robert D., Ryan D. Day, Kerrie M. Swadling, Quinn P. Fitzgibbon, Reg A. Watson, and Jayson M. Semmens. 2017. "Widely Used Marine Seismic Survey Air Gun Operations Negatively Impact Zooplankton." *Nature Ecology & Evolution* 1, no. 7: 1–8.
McCauley, Robert D., Jane Fewtrell, and Arthur N. Popper. 2003. "High Intensity Anthropo- genic Sound Damages Fish Ears." *Journal of the Acoustical Society of America* 113, no. 1: 638–42.
McClure, Christopher J. W., Heidi E. Ware, Jay D. Carlisle, and Jesse R. Barber. 2017. "Noise from a Phantom Road Experiment Alters the Age Structure of a Community of Migrating Birds." *Animal Conservation* 20, no. 2: 164–72.
McClure, Christopher J. W., Heidi E. Ware, Jay Carlisle, Gregory Kaltenecker, and Jesse R. Barber. 2013. "An Experimental Investigation into the Effects of Traffic Noise on Distribu- tions of Birds: Avoiding the Phantom Road." *Proceedings of the Royal Society B: Biological Sciences* 280, no. 1773: 20132290.
McComb, Karen, Cynthia Moss, Sarah M. Durant, Lucy Baker, and Soila Sayialel. 2001. "Ma- triarchs as Repositories of

and Soundscape Characteristics of Patch Reefs in a Tropical, Back-Reef System." *Marine Ecology Progress Series* 609: 33–48.

Mac Aodha, Oisin, Rory Gibb, Kate E. Barlow, Ella Browning, Michael Firman, Robin Freeman, Briana Harder et al. 2018. "Bat Detective—Deep Learning Tools for Bat Acoustic Signal Detection." *PLoS Computational Biology* 14, no. 3: e1005995.

MacKenzie, Brian R., Mark R. Payne, Jesper Boje, Jacob L. Høyer, and Helle Siegstad. 2014. "A Cascade of Warming Impacts Brings Bluefin Tuna to Greenland Waters." *Global Change Biol- ogy* 20, no. 8: 2484–91. https://doi.org/10.1111/gcb.12597.

Madl, Pierre, and Guenther Witzany. 2014. "How Corals Coordinate and Organize: An Ecosys- temic Analysis Based on Biocommunication and Fractal Properties." In *Biocommunication of Animals*, edited by Guenther Witzany, 351–82. Dordrecht, Netherlands: Springer.

Madshobye. n.d. "Singing Plant. Make Your Plant Sing with Arduino, Touche and a Gamedu- ino." *Instructables Circuits*. https://www.instructables.com/id/Singing-plant-Make-your-plant-sing-with-Arduino-/.

Maeder, Marcus, Martin M. Gossner, Armin Keller, and Martin Neukom. 2019. "Sounding Soil: An Acoustic, Ecological & Artistic Investigation of Soil Life." *Soundscape Journal* 18, no. 1: 5–14.

Mager, Manuel, Arturo Oncevay, Abteen Ebrahimi, John Ortega, Annette Rios Gonzales, An- gela Fan, Ximena Gutierrez-Vasques, et al. 2021. "Findings of the Americas: NLP 2021 Shared Task on Open Machine Translation for Indigenous Languages of the Americas." In *Proceed- ings of the First Workshop on Natural Language Processing for Indigenous Languages of the Americas*, 202–17.

Maher, Chauncey. 2017. *Plant Minds: A Philosophical Defense*. New York: Routledge.

Maher, Chauncey. 2020. "Experiment Rather Than Define." *Trends in Plant Science* 25, no. 3: 213–14. https://doi.org/10.1016/j.tplants.2019.12.014.

Maisels, Fiona, Samantha Strindberg, Stephen Blake, George Wittemyer, John Hart, Eliza- beth A. Williamson, Rostand Aba'a, et al. 2013. "Devastating Decline of Forest Elephants in Central Africa." *PLoS One* 8, no. 3: e59469.

Mallatt, Jon, Lincoln Taiz, Andreas Draguhn, Michael R. Blatt, and David G. Robinson. 2021. "Integrated Information Theory Does Not Make Plant Consciousness More Convincing." *Biochemical and Biophysical Research Communications* 564: 166–69.

Mancini, Clara. 2011. "Animal-Computer Interaction: A Manifesto." *Interactions* 18, no. 4: 69–73. https://doi.org/10.1145/1978822.1978836.

Mancini, Clara. 2016. "Towards an Animal-Centered Ethics for Animal-Computer Interaction." In *Participatory Research in More-Than-Human Worlds*, edited by Michelle Bastian, Owain Jones, Niamh Moore, and Emma Roe, 68–79. Abingdon, UK: Routledge. https://oro.open.ac.uk/48462/1/ACI-Manifesto-EthicsExtracts.pdf.

Mancuso, Stefano, and Alessandra Viola. 2015. *Brilliant Green: The Surprising History and Science of Plant Intelligence*. Washington, DC: Island Press.

Mangai, N. M. Siva, P. Karthigaikumar, Shilu Tresa Vinod, and D. Abraham Chandy. 2018. "FPGA Implementation of Elephant Recognition in Infrared Images to Reduce the Com- putational Time." *Journal of Ambient Intelligence and Humanized Computing*: 1–16.

Mankin, Richard W., Daniel Stanaland, Muhammad Haseeb, Barukh Rohde, Octavio Menocal, and Daniel Carrillo. 2018. "Assessment of Plant Structural Characteristics, Health, and Ecology Using Bioacoustic Tools." In *Proceedings of Meetings on Acoustics* 33, no. 1: 010003. Acoustical Society of America.

Mann, Dan C., W. Tecumseh Fitch, Hsiao-Wei Tu, and Marisa Hoeschele. 2021. "Universal Principles Underlying Segmental Structures in Parrot Song and Human Speech." *Scientific Reports* 11, no. 1: 1–13.

March, David, Kristian Metcalfe, Joaquin Tintoré, and Brendan J. Godley. 2021. "Tracking the Global Reduction of Marine Traffic during the COVID-19 Pandemic." *Nature Communica- tions* 12, no. 1 (April): 2415. https://doi.org/10.1038/s41467-021-22423-6.

Marconi, Maria Adelaide, Doris Nicolakis, Reyhaneh Abbasi, Dustin J. Penn, and Sarah M. Zala. 2020. "Ultrasonic Courtship Vocalizations of Male House Mice Contain Distinct Individual Signatures." *Animal Behaviour* 169: 169–97.

Marcus, Gary, and Ernest Davis. 2019. *Rebooting AI: Building Artificial Intelligence We Can Trust*.

Liu, Shaobao. 2021. "Ensembles of the Leaf Trichomes of *Arabidopsis thaliana* Selectively Vibrate in the Frequency Range of Its Primary Insect Herbivore." *Extreme Mechanics Letters* 48: 1–9. Liu, Shaobao, Jiaojiao Jiao, Tian Jian Lu, Feng Xu, Barbara G. Pickard, and Guy M. Genin. 2017.

"*Arabidopsis* Leaf Trichomes as Acoustic Antennae." *Biophysical Journal* 113, no. 9: 2068–76. Liu, Yu-Xiang, Christina M. Davy, Hai-Tao Shi, and Robert W. Murphy. 2013. "Sex in the Half-Shell: A Review of the Functions and Evolution of Courtship Behavior in Freshwater Tur- tles." *Chelonian Conservation and Biology* 12, no. 1: 84–100. https://doi.org/10.2744/CCB-1037.1.

Ljungblad, Donald K., Stephen Leatherwood, and Marilyn E. Dahlheim. 1980. "Sounds Re- corded in the Presence of an Adult and Calf Bowhead Whale." *Marine Fisheries Review* 42, no. 9–10: 86–87.

Ljungblad, Donald K., Paul O. Thompson, and Sue E. Moore. 1982. "Underwater Sounds Re- corded from Migrating Bowhead Whales, *Balaena mysticetus*, in 1979." *Journal of the Acousti- cal Society of America* 71, no. 2: 477–82.

Ljungblad, Donald K., Bernd Würsig, Steven L. Swartz, and James M. Keene. 1988. "Observa- tions on the Behavioral Responses of Bowhead Whales (*Balaena mysticetus*) to Active Geo- physical Vessels in the Alaskan Beaufort Sea." *Arctic* 41, no. 3: 183–94.

Lockwood, Jeffrey A. 2008. *Six-Legged Soldiers: Using Insects as Weapons of War*. Oxford, UK: Oxford University Press.

Loeb, Edwin M. 1926. *Pomo Folkways*. Vol. 19. University of California Publications in American Archaeology and Ethnology. Berkeley: University of California Press.

López-Ribera, Ignacio, and Carlos M. Vicient. 2017a. "Drought Tolerance Induced by Sound in *Arabidopsis* Plants." *Plant Signaling & Behavior* 12, no. 10: e1368938.

López-Ribera, Ignacio, and Carlos M. Vicient. 2017b. "Use of Ultrasonication to Increase Ger- mination Rates of *Arabidopsis* Seeds." *Plant Methods* 13, no. 1: 1–6.

Lorimer, Jamie. 2010. "Elephants as Companion Species: The Lively Biogeographies of Asian Elephant Conservation in Sri Lanka." *Transactions of the Institute of British Geographers* 35, no. 4: 491–506.

Lostanlen, Vincent, Antoine Bernabeu, Jean-Luc Béchennec, Mikaël Briday, Sébastien Faucou, and Mathieu Lagrange. 2021. "Energy Efficiency Is Not Enough: Towards a Batteryless In- ternet of Sounds." In *Audio Mostly 2021*, 147–55.

Louis, Renee Pualani, Jay T. Johnson, and Albertus H. Pramono. 2012. "Introduction: Indige- nous Cartographies and Counter-Mapping." *Cartographica* 47, no. 2: 77–79. https://doi.org/10.3138/carto.47.2.77.

Lovett, Raymond, Vanessa Lee, Tahu Kukutai, Donna Cormack, Stephanie Carroll Rainie, and Jennifer Walker. 2019. "Good Data Practices for Indigenous Data Sovereignty and Gover- nance." In *Good Data*, edited by Angela Daly, S. Kate Devitt, and Monique Mann, 26–36. Amsterdam: Institute of Network Cultures.

Low, Mary-Ruth, Wong Zhi Hoong, Zhiyuan Shen, Baheerathan Murugavel, Nikki Mariner, Lisa M. Paguntalan, Krizler Tanalgo, et al. 2021. "Bane or Blessing? Reviewing Cultural Val- ues of Bats across the Asia-Pacific Region." *Journal of Ethnobiology* 41, no. 1: 18–34.

Low, Philip, Jaak Panksepp, Diana Reiss, David Edelman, Bruno Van Swinderen, and Christof Koch. 2012. "The Cambridge Declaration on Consciousness." In *Francis Crick Memorial Conference*, 1–2.

Lu, Zengquan, Bo Zhang, Lei Sun, Long Fan, and Jiaxin Zhou. 2020. "Whale-Call Classification Based on Transfer Learning and Ensemble Method." In *2020 IEEE 20th International Confer- ence on Communication Technology (ICCT)*, 1494–97. New York: IEEE.

Lubofsky, Evan. 2019. "Can Th rmal Cameras Prevent Ship Strikes?" Woods Hole Oceano- graphic Institution, June 13, 2019. https://www.whoi.edu/news-insights/content/can-thermal-cameras-prevent-ship-strikes/.

Lucas, Tim C. D., Elizabeth A. Moorcroft, Robin Freeman, J. Marcus Rowcliffe, and Kate E. Jones. 2015. "A Generalised Random Encounter Model for Estimating Animal Density with Remote Sensor Data." *Methods in Ecology and Evolution* 6, no. 5: 500–509.

Lyon, Pamela, Fred Keijzer, Detlev Arendt, and Michael Levin. 2021. "Reframing Cognition: Getting Down to Biological Basics." *Philosophical Transactions. Biological Sciences* 376, no. 1820: 20190750.

Lyon, R. Patrick, David B. Eggleston, DelWayne R. Bohnenstiehl, Craig A. Layman, Shan- non W. Ricci, and Jacob E. Allgeier. 2019. "Fish Community Structure, Habitat Complexity,

Leis, Jeffrey M., Hugh P. A. Sweatman, and Sally E. Reader. 1996. "What the Pelagic States of Coral Reef Fishes Are Doing Out in Blue Water: Daytime Field Observations of Larval Behaviour Capabilities." *Marine and Freshwater Research* 47: 401–11.

Levin, Michael, Fred Keijzer, Pamela Lyon, and Detlev Arendt. 2021. "Uncovering Cognitive Similarities and Differences, Conservation and Innovation." *Philosophical Transactions of the Royal Society B* 376, no. 1821: 20200458.

LGL/Greeneridge Sciences. 1995. "Acoustic Effects of Oil Production Activities on Bowhead and White Whales Visible during Spring Migration near Pt. Barrow, Alaska—1991 and 1994 Phases: Sound Propagation and Whale Responses to Playbacks of Icebreaker Noise." Report no. 95-0051, US Minerals Management Service.

Liang, Youjian, Jieliang Zhao, Shaoze Yan, Xin Cai, Yibo Xing, and Alexander Schmidt. 2019. "Kinematics of Stewart Platform Explains Three-Dimensional Movement of Honeybee's Abdominal Structure." *Journal of Insect Science* 19, no. 3: 4.

Lillis, Ashlee, DelWayne Bohnenstiehl, Jason W. Peters, and David Eggleston. 2016. "Variation in Habitat Soundscape Characteristics Influences Settlement of a Reef-Building Coral." *PeerJ* 4: e2557.

Lillis, Ashlee, David Eggleston, and DelWayne Bohnenstiehl. 2013. "Oyster Larvae Settle in Response to Habitat-Associated Underwater Sounds." *PLoS One* 8, no. 10: 1–10.

Lima, Tânia Stolze. 1996. "O Dois e seu Múltiplo: Reflexões Sobre o Perspectivismo em uma Cosmologia Tupi." *Mana* 2: 21–47.

Lima, Tânia Stolze. 2005. *Um Peixe Olhou para Mim: O Povo Yudjá e a Perspectiva* [The Fish Looked at Me: The Yudjá People and Perspective]. Rio de Janeiro: EDUSP, Instituto Socio- ambiental, NuTI.

Lin, Tzu-Hao, Tomonari Akamatsu, Frederic Sinniger, and Saki Harii. 2021. "Exploring Coral Reef Biodiversity via Underwater Soundscapes." *Biological Conservation* 253: 108901.

Lin, Tzu-Hao, Chong Chen, Hiromi K. Watanabe, Shinsuke Kawagucci, Hiroyuki Yamamoto, and Tomonari Akamatsu. 2019. "Using Soundscapes to Assess Deep-Sea Benthic

Ecosystems." *Trends in Ecology & Evolution* 34, no. 12: 1066–69. https://doi.org/10.1016/j.tree.2019.09.006.

Lindauer, Martin. 1977. "Recent Advances in the Orientation and Learning of Honeybees." In*Proceedings XV International Congress of Entomology*, 450–60.

Lindsay, Jay. 2012. "Unplanned 9/11 Analysis Links Noise, Whale Stress." *Washington Post*, Feb- ruary 20, 2012. https://www.washingtonpost.com/national/health-science/unplanned-911-analysis-links-noise-whale-stress/2012/02/14/gIQAmQnlPR_story.html.

Lindseth, Adelaide V., and Phillip S. Lobel. 2018. "Underwater Soundscape Monitoring and Fish Bioacoustics: A Review." *Fishes* 3, no. 3: 1–15.

Linke, Simon, Toby Gifford, Camille Desjonquères, Diego Tonolla, Thierry Aubin, Leah Bar- clay, Chris Karaconstantis, Mark J. Kennard, Fanny Rybak, and Jérôme Sueur. 2018. "Fresh- water Ecoacoustics as a Tool for Continuous Ecosystem Monitoring." *Frontiers in Ecology and the Environment* 16, no. 4: 231–38.

Linson, Adam, and Paco Calvo. 2020. "Zoocentrism in the Weeds? Cultivating Plant Models for Cognitive Yield." *Biology & Philosophy* 35, no. 5: 1–27.

Linzen, Tal, and Marco Baroni. 2021. "Syntactic Structure from Deep Learning." *Annual Review of Linguistics* 7: 195–212.

Liu, Gang, William J. Skirving, Erick F. Geiger, Jacqueline L. De La Cour, Ben L. Marsh, Scott F. Heron, Kyle V. Tirak, Alan E. Strong, and C. Mark Eakin. 2017. "NOAA Coral Reef Watch's 5km Satellite Coral Bleaching Heat Stress Monitoring Product Suite Version 3 and Four- Month Outlook Version 4." *Reef Encounter* 32, no. 1: 39–45. https://data.nodc.noaa.gov/coris/library/NOAA/CRCP/NESDIS/STAR/Project/915/Liu2017_CRW_5km_Heat_Stress.pdf.

Liu, Haitao, Keke Zhang, Nadia Imtiaz, Qian Song, and Ying Zhang. 2021. "Relating Far-Field Coseismic Ionospheric Disturbances to Geological Structures." *Journal of Geophysical Re- search: Space Physics* 126, no. 7: e2021JA029209.

Liu, Jann-Yenq, Chia-Hung Chen, Chien-Hung Lin, Ho-Fang Tsai, Chieh-Hung Chen, and Masashi Kamogawa. 2011. "Ionospheric Disturbances Triggered by the 11 March 2011 M9.0 Tohoku Earthquake." *Journal of Geophysical Research: Space Physics* 116, no. A6: 1–5.

Landgraf, Tim, David Bierbach, Andreas Kirbach, Rachel Cusing, Michael Oertel, Konstantin Lehmann, Uwe Greggers, et al. 2018. "Dancing Honey Bee Robot Elicits Dance-Following and Recruits Foragers." arXiv.org: 1803.07126.

Landgraf, Tim, Michael Oertel, Andreas Kirbach, Randolf Menzel, and Raúl Rojas. 2012. "Imita- tion of the Honeybee Dance Communication System by Means of a Biomimetic Robot." In *Conference on Biomimetic and Biohybrid Systems*, 132–43. Berlin: Springer.

Landgraf, Tim, Raúl Rojas, Hai Nguyen, Fabian Kriegel, and Katja Stettin. 2011. "Analysis of the Waggle Dance Motion of Honeybees for the Design of a Biomimetic Honeybee Robot." *PLoS One* 6, no. 8: 1–25.

Landi, Antonio G.. 2002. "O Códice: Descrizione di Varie Piante, Frutti, Animali, Passeri, Pesci, Biscie, Rasine, e Altre Simili Cose che si Ritrovano in Questa Cappitania del Gran Parà [ca. 1772]." In *Landi: Fauna e Flora da Amazônia Brasileira*, edited by Nelson Papavero, Dante M. Teixeira, Paulo B. Calvacante, and Horácio Higuchi. Belém, Brazil: Museu Paraense Emílio Goeldi; Ministério da Ciência e Tecnologia.

Langbauer, William R., Katharine B. Payne, Russell A. Charif, Lisa Rapaport, and Ferrel Os- born. 1991. "African Elephants Respond to Distant Playbacks of Low-Frequency Conspecific Calls." *Journal of Experimental Biology* 157, no. 1: 35–46.

Langdon, Alison, ed. 2018. *Animal Languages in the Middle Ages: Representations of Interspecies Communication*. New York: Springer.

Lantis, Margaret. 1938. "The Alaskan Whale Cult and Its Affinities." *American Anthropologist* 40, no. 3: 438–64.

Larom, David, Michael Garstang, Katharine Payne, Richard Raspet, and Malan Lindeque. 1997. "The Influence of Surface Atmospheric Conditions on the Range and Area Reached by Animal Vocalizations." *Journal of Experimental Biology* 200, no. 3: 421–31.

Laschimke, Ralf, Maria Burger, and Hartmut Vallen. 2006. "Acoustic Emission Analysis and Experiments with Physical Model Systems Reveal a Peculiar Nature of the Xylem Tension." *Journal of Plant Physiology* 163, no. 10: 996–1007.

Lattenkamp, Ella Z., Sonja C. Vernes, and Lutz Wiegrebe. 2018. "Volitional Control of Social Vocalisations and Vocal Usage Learning in Bats." *Journal of Experimental Biology* 221, 1–8.

Lavery, Trish J., Ben Roudnew, Peter Gill, Justin Seymour, Laurent Seuront, Genevieve John- son, James G. Mitchell, and Victor Smetacek. 2010. "Iron Defecation by Sperm Whales Stimulates Carbon Export in the Southern Ocean." *Proceedings of the Royal Society B: Biologi- cal Sciences* 277, no. 1699: 3527–31. https://doi.org/10.1098/rspb.2010.0863.

Lawler, Lillian B. 1954. "Bee Dances and the 'Sacred Bees.'" *Classical Weekly* 47, no. 7: 103–6.

Lecocq, Thomas, Stephen P. Hicks, Koen Van Noten, Kasper Van Wijk, Paula Koelemeijer, Raphael S. M. De Plaen, Frédérick Massin, et al. 2020. "Global Quieting of High-Frequency Seismic Noise due to COVID-19 Pandemic Lockdown Measures." *Science* 369, no. 6509: 1338–43.

Lecchini, David, Frédéric Bertucci, Camille Gache, Adam Khalife, Marc Besson, Natacha Roux, Cecile Berthe, et al. 2018. "Boat Noise Prevents Soundscape-Based Habitat Selection by Coral Planulae." *Scientific Reports* 8, no. 1: 1–9.

Lee, Kyungwon, Jaewoo Jung, and Seung Ah Lee. 2020. "MicroAquarium: An Immersive and Interactive Installation with Living Microorganisms." In *Extended Abstracts of the 2020 CHI Conference on Human Factors in Computing Systems*, 1–4. https://doi.org/10.1145/3334480.3383164.

Lee, Phyllis C., and Cynthia J. Moss. 1986. "Early Maternal Investment in Male and Female African Elephant Calves." *Behavioral Ecology and Sociobiology* 18: 353–61.

Leek, F. Filce. 1975. "Some Evidence of Bees and Honey in Ancient Egypt." *Bee World* 56, no. 4: 141–63.

Leighty, Katherine A., Joseph Soltis, Christina M. Wesolek, and Anne Savage. 2008. "Rumble Vocalizations Mediate Interpartner Distance in African Elephants, *Loxodonta africana*." *Ani- mal Behaviour* 76, no. 5: 1601–8.

Leis, Jeffrey M. 2006. "Are Larvae of Demersal Fishes Plankton or Nekton?" *Advances in Marine Biology* 51: 57–141.

Leis, Jeffrey M., and Carson-Ewart, Brooke M. 2000. "Behaviour of Pelagic Larvae of Four Coral-Reef Fish Species in the Ocean and an Atoll Lagoon." *Coral Reefs* 19: 247–57.

Leis, Jeffrey M., Ulrike Siebeck, and Danielle L. Dixson. 2011. "How Nemo Finds Home: The Neuroecology of Dispersal and of Population Connectivity in Larvae of Marine Fishes." *Integrative and Comparative Biology* 51, no. 5: 826–43.

Krause, Bernie, and Almo Farina. 2016. “Using Ecoacoustic Methods to Survey the Impacts of Climate Change on Biodiversity.” *Biological Conservation* 195: 245–54. https://doi.org/10.1016/j.biocon.2016.01.013.

Krause-Jensen, Dorte, Carlos M. Duarte, Kaj Sand-Jensen, and Jacob Carstensen. 2021. “Century-Long Records Reveal Shifting Challenges to Seagrass Recovery.” *Global Change Biology* 27, no. 3: 563–75.

Kreisberg, Jennifer C. 1995. “A Globe, Clothing Itself with a Brain.” *Wired* 6. https://www.wired.com/1995/06/teilhard/.

Kremers, Dorothee, Alban Lemasson, Javier Almunia, and Ralf Wanker. 2012. “Vocal Sharing and Individual Acoustic Distinctiveness within a Group of Captive Orcas (*Orcinus orca*).” *Journal of Comparative Psychology* 126, no. 4: 433.

Krishnan, M. 1972. “An Ecological Survey of the Larger Mammals of Peninsular India: The In- dian Elephant.” *Journal of the Bombay Natural History Society* 69: 297–321.

Kruse, John A., Judith Kleinfeld, and Robert Travis. 1982. “Energy Development on Alaska’s North Slope: Effects on the Inupiat Population.” *Human Organization* 41, no. 2: 97–106.

Kukutai, Tahu, and John Taylor. 2016. *Indigenous Data Sovereignty: Toward an Agenda*. Canberra, Australia: ANU Press.

Kulick, Don. 2017. “Human-Animal Communication.” *Annual Review of Anthropology* 46: 357–78.

Kulyukin, Vladimir, Sarbajit Mukherjee, and Prakhar Amlathe. 2018. “Toward Audio Beehive Monitoring: Deep Learning vs. Standard Machine Learning in Classifying Beehive Audio Samples.” *Applied Sciences* 8, no. 9: 1573.

Kuminski, Evan, Joe George, John Wallin, and Lior Shamir. 2014. “Combining Human and Machine Learning for Morphological Analysis of Galaxy Images.” *Publications of the Astro- nomical Society of the Pacific* 126, no. 944: 1–18.

Kuo, John. 1978. “Morphology, Anatomy and Histochemistry of the Australian Seagrasses of the Genus *Posidonia könig* (Posidoniaceae). I. Leaf Blade and Leaf Sheath of *Posidonia aus- tralis* Hook F.” *Aquatic Botany* 5: 171–90.

Kwaymullina, Ambelin. 2018. “You Are on Indigenous Land: Ecofeminism, Indigenous Peoples and Land Justice.” In *Feminist Ecologies*, edited by Lara Stevens, Pete Tait, and Denise Varney, 193–208. London: Palgrave Macmillan.

Kwon, Diana. 2019. “Watcher of Whales: A Profile of Roger Payne.” *Scientist*, November 1, 2019. https://www.the-scientist.com/profile/watcher-of-whales--a-profile-of-roger-payne-66610.

Kyem, Peter A. K. 2000. “Embedding GIS Applications into Resource Management and Plan- ning Activities of Local and Indigenous Communities: A Desirable Innovation or a Desta- bilizing Enterprise?” *Journal of Planning Education and Research* 20, no. 2: 176–86. https://doi.org/10.1177/0739456X0002000204.

Lacoste, Marine, Siul Ruiz, and Dani Or. 2018. “Listening to Earthworms Burrowing and Roots Growing—Acoustic Signatures of Soil Biological Activity.” *Scientific Reports* 8, no. 1: 1–9.

Lackenbauer, P. Whitney, Matthew J. Farish, and Jennifer Arthur-Lackenbauer. 2005. “The Dis- tant Early Warning (DEW) Line.” Arctic Institute of North America. http://pubs.aina.ucalgary.ca/aina/DEWLineBib.pdf.

Ladd, Mark C., Deron E. Burkepile, and Andrew A. Shantz. 2019. “Near-Term Impacts of Coral Restoration on Target Species, Coral Reef Community Structure, and Ecological Processes.” *Restoration Ecology* 27, no. 5: 1166–76.

Ladich, Friedrich. 2018. “Acoustic Communication in Fishes: Temperature Plays a Role.” *Fish and Fisheries* 19, no. 4: 598–612.

Lai, Cecilia S. L., Simon E. Fisher, Jane A. Hurst, Faraneh Vargha-Khadem, and Anthony P. Monaco. 2001. “A Forkhead-Domain Gene Is Mutated in a Severe Speech and Language Disorder.” *Nature* 413, no. 6855: 519–23.

Laiolo, Paola, Matthias Vögeli, David Serrano, and José L. Tella. 2008. “Song Diversity Predicts the Viability of Fragmented Bird Populations.” *PLoS One* 3, no. 3: e1822.

Lamb, Joleah B., Jeroen Van De Water, David G. Bourne, Craig Altier, Margaux Y. Hein, Evan A. Fiorenza, Nur Abu, Jamaluddin Jompa, and C. Drew Harvell. 2017. “Seagrass Ecosystems Reduce Exposure to Bacterial Pathogens of Humans, Fishes, and Invertebrates.” *Science* 355, no. 6326: 731–33.

Lambrides, Ariana B. J., Ian J. McNiven, Samantha J. Aird, Kelsey A. Lowe, Patrick Moss, Cas- sandra Rowe, Clair Harris, et al. 2020. “Changing Use of Lizard Island over the Past 4000 Years and Implications for Understanding Indigenous Offshore Island Use on the Great Barrier Reef.” *Queensland Archaeological Research* 23: 43–109.

Lamont, Timothy A. C., Ben Williams, Lucille Chapuis, Mochyudho E. Prasetya, Marie J. Sera- phim, Harry R. Harding, Eleanor B. May, et al. 2021. “The Sound of Recovery: Coral Reef Restoration Success Is Detectable in the Soundscape.” *Journal of Applied Ecology* (Decem- ber): 1–15. https://doi.org/10.1111/1365-2664.14089.

Knörnschild, Mirjam, Oliver Behr, and Otto von Helversen. 2006. "Babbling Behavior in the Sac-Winged Bat (*Saccopteryx bilineata*)." *Naturwissenschaften* 93: 451–54.

Knörnschild, Mirjam, Simone Blüml, Patrick Steidl, Maria Eckenweber, and Martina Nagy. 2017. "Bat Songs as Acoustic Beacons—Male Territorial Songs Attract Dispersing Females." *Sci- entific Reports* 7, no. 1: 1–11.

Knörnschild, Mirjam, and Ahana A. Fernandez. 2020. "Do Bats Have the Necessary Prerequi- sites for Symbolic Communication?" *Frontiers in Psychology* 11: 3002.

Knörnschild, Mirjam, Ahana A. Fernandez, and Martina Nagy. 2020. "Vocal Information and the Navigation of Social Decisions in Bats: Is Social Complexity Linked to Vocal Complex- ity?" *Functional Ecology* 34, no. 2: 322–31.

Knörnschild, Mirjam, Martina Nagy, Markus Metz, Frieder Mayer, and Otto von Helversen. 2012. "Learned Vocal Group Signatures in the Polygynous Bat, *Saccopteryx bilineata*." *Animal Behaviour* 84: 761–69.

Ko, Daijin, Judith E. Zeh, Christopher W. Clark, William T. Ellison, Bruce D. Krogman, and Ronald Sonntag. 1986. "Utilization of Acoustic Location Data in Determining a Minimum Number of Spring-Migrating Bowhead Whales Unaccounted for by the Ice-Based Visual Census." *Report of the International Whaling Commission* 36: 325–38.

Koelsch, Stefan. 2009. "A Neuroscientifi Perspective on Music Th rapy." *Proceedings of the National Academy of Sciences* 1169: 374–84.

Koenig, Phoebe A., Michael L. Smith, Logan H. Horowitz, Daniel M. Palmer, and Kirstin H. Petersen. 2020. "Artificial Shaking Signals in Honey Bee Colonies Elicit Natural Responses." *Nature: Scientific Reports* 10, no. 1: 1–8.

Kohlsdorf, Daniel, Scott Gilliland, Peter Presti, Thad Starner, and Denise L. Herzing. 2013. "An Underwater Wearable Computer for Two Way Human-Dolphin Communication Experi- mentation." In *Proceedings of the 2013 International Symposium on Wearable Computers*, 147– 48). New York: Association for Computing Machinery.

Kohlsdorf, Daniel, Denise L. Herzing, and Thad Starner. 2016a. "Feature Learning and Au- tomatic Segmentation for Dolphin Communication Analysis." In *INTERSPEECH*, 2621–25.

Kohlsdorf, Daniel, Denise L. Herzing, and Thad Starner. 2016b. "Method for Discovering Mod- els of Behavior: A Case Study with Wild Atlantic Spotted Dolphins." *Animal Behavior and Cognition* 3, no. 4: 265–87.

Kohlsdorf, Daniel, Celeste Mason, Denise L. Herzing, and Thad Starner. 2014. "Probabilistic Extraction and Discovery of Fundamental Units in Dolphin Whistles." In *2014 IEEE Inter- national Conference on Acoustics, Speech and Signal Processing* (*ICASSP*), 8242–46. New York: IEEE.

Kohn, Eduardo. 2013. *How Forests Think*. Berkeley: University of California Press.

Kollasch, Alexis M., Abdul-Rahman Abdul-Kafi, Mélanie J. A. Body, Carlos F. Pinto, Heidi M. Appel, and Reginald B. Cocroft. 2020. "Leaf Vibrations Produced by Chewing Provide a Consistent Acoustic Target for Plant Recognition of Herbivores." *Oecologia* 194, no. 1: 1–13.

Kollist, Hannes, Sara I. Zandalinas, Soham Sengupta, Maris Nuhkat, Jaakko Kangasjärvi, and Ron Mittler. 2019. "Rapid Responses to Abiotic Stress: Priming the Landscape for the Signal Transduction Network." *Trends in Plant Science* 24, no. 1: 25–37.

Kosek, Jake. 2010. "Ecologies of Empire: On the New Uses of the Honeybee." *Cultural Anthro- pology* 25, no. 4: 650–78.

Koski, William R., and Simon R. Johnson. 1987. "Behavioral Studies and Aerial Photogram- metry." In *Responses of Bowhead Whales to an Offshore Drilling Operation in the Alaskan Beau- fort Sea, Autumn 1986*. Report from LGL Ltd. and Greeneridge Sciences Inc.

Kostyuchenko, L. P. 1971. "Effects of Elastic Waves Generated in Marine Seismic Prospecting on Fish Eggs in the Black Sea." *Hydrobiological Journal* 9: 45–48.

Koubrak, Olga, David L. VanderZwaag, and Boris Worm. 2021. "Saving the North Atlantic Right Whale in a Changing Ocean: Gauging Scientific and Law and Policy Responses." *Ocean & Coastal Management* 200: 105109.

Krause, Bernie. 1987. "The Niche Hypothesis: How Animals Taught Us to Dance and Sing." *Whole Earth Review* 57, no. 57: 14–16.

Krause, Bernie. 1993. "The Niche Hypothesis: A Virtual Symphony of Animal Sounds, the Ori- gins of Musical Expression and the Health of Habitats." *Soundscape Newsletter* 6: 6–10.

Krause, Bernie. 2013. *The Great Animal Orchestra: Finding the Origins of Music in the World's Wild Places*. Boston: Little, Brown.

Visual Stimuli Differing in Numerosity." *Animal Learning & Behavior* 31, no. 2: 133–42.

Kim, Joo Yeol, Soo In Lee, Jin A. Kim, Muthusamy Muthusamy, and Mi-Jeong Jeong. 2021. "Specific Audible Sound Waves Improve Flavonoid Contents and Antioxidative Properties of Sprouts." *Scientia Horticulturae* 276: 109746.

Kimmerer, Robin Wall. 2002. "Weaving Traditional Ecological Knowledge into Biological Edu- cation: A Call to Action." *BioScience* 52, no. 5: 432–38.

Kimmerer, Robin Wall. 2013. *Braiding Sweetgrass: Indigenous Wisdom, Scientific Knowledge and the Teachings of Plants*. Minneapolis, MN: Milkweed Editions.

Kimmerer, Robin Wall. 2015. "Honor the Treaties Protect the Earth." *Earth Island Journal* 30, no. 3: 22–25.

Kimmerer, Robin Wall. 2017. "Learning the Grammar of Animacy." *Anthropology of Conscious- ness* 28, no. 2: 128–34. https://doi.org/10.1111/anoc.12081.

King, Lucy E. 2010. "The Interaction between the African Elephant (*Loxodonta africana afri- cana*) and the African Honey Bee (*Apis mellifera scutellata*) and Its Potential Application as an Elephant Deterrent." PhD dissertation, University of Oxford.

King, Lucy E. 2019. "Elephants and Bees: Using Beehive Fences to Increase Human-Elephant Coexistence for Small-Scale Farmers in Kenya." In *Human-Wildlife Interactions: Turning Conflict into Coexistence*, edited by Beatrice Frank, Jenny Glikman, and Silvio Marchini, 216–41. Cambridge, UK: Cambridge University Press.

King, Lucy E., Iain Douglas-Hamilton, and Fritz Vollrath. 2007. "African Elephants Run from the Sound of Disturbed Bees." *Current Biology* 17, no. 19: R832–R833. https://doi.org/10.1016/j.cub.2007.07.038.

King, Lucy E., Iain Douglas-Hamilton, and Fritz Vollrath. 2011. "Beehive Fences as Effective Deterrents for Crop-Raiding Elephants: Field Trials in Northern Kenya." *African Journal of Ecology* 49, no. 4: 431–39. https://doi.org/10.1111/j.1365-2028.2011.01275.x.

King, Lucy E., Fredrick Lala, Hesron Nzumu, Emmanuel Mwambingu, and Iain Douglas- Hamilton. 2017. "Beehive Fences as a Multidimensional Conflict-Mitigation Tool for Farm- ers Coexisting with Elephants." *Conservation Biology* 31, no. 4: 743–52. https://doi.org/10.1111/cobi.12898.

King, Lucy E., Anna Lawrence, Iain Douglas-Hamilton, and Fritz Vollrath. 2009. "Beehive Fence Deters Crop-Raiding Elephants." *African Journal of Ecology* 47, no. 2: 131–37. https://doi.org/10.1111/j.1365-2028.2009.01114.x.

King, Lucy E., Michael Pardo, Sameera Weerathunga, T. V. Kumara, Nilmini Jayasena, Joseph Soltis, and Shermin de Silva. 2018. "Wild Sri Lankan Elephants Retreat from the Sound of Disturbed Asian Honeybees." *Current Biology* 28, no. 2: R64–R65. https://doi.org/10.1016/j.cub.2017.12.018.

King, Lucy E., Joseph Soltis, Iain Douglas-Hamilton, Anne Savage, and Fritz Vollrath. 2010. "Bee Threat Elicits Alarm Call in African Elephants." *PLoS One* 5, no. 4: e10346. https://doi.org/10.1371/journal.pone.0010346.

King, Stephanie L., and Vincent M. Janik. 2013. "Bottlenose Dolphins Can Use Learned Vocal Labels to Address Each Other." *Proceedings of the National Academy of Sciences* 110, no. 32: 13216–21.

King, Stephanie L., Laela S. Sayigh, Randall S. Wells, Wendi Fellner, and Vincent M. Janik. 2013. "Vocal Copying of Individually Distinctive Signature Whistles in Bottlenose Dolphins." *Proceedings of the Royal Society B: Biological Sciences* 280, no. 1757: 20130053.

Kirchner, W. H. 1993. "Acoustical Communication in Honeybees." *Apidologie* 24, no. 3: 297–307. Kirksey, Eben, ed. 2014. *The Multispecies Salon*. Durham, NC: Duke University Press.

Kivy, Peter. 1959. "Charles Darwin on Music." *Journal of the American Musicological Society* 12, no. 1: 42–48.

Klemens, Michael W., and John B. Thorbjarnarson. 1995. "Reptiles as a Food Resource." *Biodi- versity and Conservation* 4: 281–98.

Klenova, Anna V., Ilya A. Volodin, Olga G. Ilchenko, and Elena V. Volodina. 2021. "Discomfort- Related Changes of Call Rate and Acoustic Variables of Ultrasonic Vocalizations in Adult Yellow Steppe Lemmings, *Eolagurus luteus*." *Scientific Reports* 11, no. 1: 1–9.

Klingbeil, Brian T., and Michael R. Willig. 2015. "Bird Biodiversity Assessments in Temperate Forest: The Value of Point Count versus Acoustic Monitoring Protocols." *PeerJ* 3: e973.

Knörnschild, Mirjam. 2014. "Vocal Production Learning in Bats." *Current Opinion in Neurobiol- ogy* 28: 80–85.

Knörnschild, Mirjam. 2017. "Bats in Translation." *Scientia* 113, February 18, 2017. http://mirjam-knoernschild.org/wp-content/uploads/2013/09/Bats-in-Translation.pdf (accessed April 30, 2021).

frontalis): Bitonal and Burst-Pulse Whistles." *Bioacoustics,* 27, no. 2: 145–64.

Kaplun, Dmitry, Alexander Voznesensky, Sergei Romanov, Valery Andreev, and Denis Butusov. 2020. "Classification of Hydroacoustic Signals Based on Harmonic Wavelets and a Deep Learning Artificial Intelligence System." *Applied Sciences* 10, no. 9: 3097.

Karageorghis, Costas I., and David-Lee Priest. 2012. "Music in the Exercise Domain: A Review and Synthesis (Part I)." *International Review of Sport and Exercise Psychology* 5, no. 1: 44–66.

Katzschmann, Robert K., Joseph DelPreto, Robert MacCurdy, and Daniela Rus. 2018. "Explora- tion of Underwater Life with an Acoustically Controlled Soft Robotic Fish." *Science Robotics* 3, no. 16: eaar3449.

Kaufman, Rachel. 2011. "Bats Drawn to Plant via 'Echo Beacon.'" *National Geographic*, July 30, 2011. https://www.nationalgeographic.com/science/article/110728-plants-bats-sonar-pollination-animals-environment.

Kavanagh, Ailbhe S., Milaja Nykänen, William Hunt, Nikole Richardson, and Mark J. Jessopp. 2019. "Seismic Surveys Reduce Cetacean Sightings across a Large Marine Ecosystem." *Sci- entific Reports* 9, no. 1: 1–10.

Kawakami, Daichi, Takanobu Yoshida, Yutaro Kanemaru, Medali H. H. Zaquinaula, Tomo- michi Mizukami, Michiko Arimoto, Takahiro Shibata, et al. 2019. "Induction of Resistance to Diseases in Plants by Aerial Ultrasound Irradiation." *Journal of Pesticide Science* 44, no. 1: 41–47.

Keen, Sara C., Yu Shiu, Peter H. Wrege, and Elizabeth D. Rowland. 2017. "Automated Detection of Low-Frequency Rumbles of Forest Elephants: A Critical Tool for Th Conservation." *Jour- nal of the Acoustical Society of America* 141, no. 4: 2715–26. https://doi.org/10.1121/1.4979476.

Kellogg, Winthrop N., Robert Kohler, and H. N. Morris. 1953. "Porpoise Sounds as Sonar Sig- nals." *Science* 117, no. 3036: 239–43.

Kelly, Kevin. 1994. *Out of Control: The Rise of Neo-biological Civilization*. Reading, MA: Addison-Wesley.

Kelman, Ari Y. 2010. "Rethinking the Soundscape: A Critical Genealogy of a Key Term in Sound Studies." *Senses and Society* 5, no. 2: 212–34. https://doi.org/10.2752/174589210X12668381452845.

Kershenbaum, Arik, Daniel T. Blumstein, Marie A. Roch, Çağlar Akçay, Gregory Backus, Mark A. Bee, Kirsten Bohn, et al. 2016. "Acoustic Sequences in Non-human Animals: A Tutorial Review and Prospectus." *Biological Reviews* 91, no. 1: 13–52.

Kershenbaum, Arik, Vlad Demartsev, David E. Gammon, Eli Geff n, Morgan L. Gustison, Amiyaal Ilany, and Adriano R. Lameira. 2021. "Shannon Entropy as a Robust Estimator of Zipf 's Law in Animal Vocal Communication Repertoires." *Methods in Ecology and Evolution* 12, no. 3: 553–64.

Kerth, Gerald. 2008. "Causes and Consequences of Sociality in Bats." *Bioscience* 58, no. 8: 737–46.

Ketten, Darlene R. 1997. "Structure and Function in Whale Ears." *Bioacoustics* 8, no. 1–2: 103–35.

Khait, Itzhak, Ohad Lewin-Epstein, Raz Sharon, Karen Saban, Ran Perelman, Arjan Boonman, Yossi Yovel, and Lilach Hadany. 2019. "Plants Emit Informative Airborne Sounds under Stress." bioRxiv.org: 507590.

Khait, Itzhak, Uri Obolski, Yossi Yovel, and Lilach Hadany. 2019. "Sound Perception in Plants." In *Seminars in Cell & Developmental Biology* 92: 134–38. https://doi.org/10.1016/j.semcdb.2019.03.006.

Khait, Itzhak, Raz Sharon, Ran Perelman, Arjan Boonman, Yossi Yovel, and Lilach Hadany. 2019. "Plants Emit Remotely Detectable Ultrasounds That Can Reveal Plant Stress." bioRxiv.org: 507590. https://doi.org/10.1101/507590.

Kholghi, Mahnoosh, Yvonne Phillips, Michael Towsey, Laurianne Sitbon, and Paul Roe. 2018. "Active Learning for Classifying Long-Duration Audio Recordings of the Environment." *Methods in Ecology and Evolution* 9, no. 9: 1948–58.

Kight, Caitlin R., and John P. Swaddle. 2011. "How and Why Environmental Noise Impacts Animals: An Integrative, Mechanistic Review: Environmental Noise and Animals." *Ecology Letters* 14, no. 10 (October): 1052–61. https://doi.org/10.1111/j.1461-0248.2011.01664.x.

Kikuta, Silvia B., Maria A. Lo Gullo, Andrea Nardini, Hanno Richter, and Sebastiano Salleo. 1997. "Ultrasound Acoustic Emissions from Dehydrating Leaves of Deciduous and Ever- green Trees." *Plant, Cell & Environment* 20, no. 11: 1381–90.

Kikuta, Silvia B., and Hanno Richter. 2003. "Ultrasound Acoustic Emissions from Freezing Xylem." *Plant, Cell and Environment* 26, no. 3: 383–88. https://doi.org/10.1046/j.1365-3040.2003.00969.x.

Kilian, Annette, Sevgi Yaman, Lorenzo von Fersen, and Onur Güntürkün. 2003. "A Bottlenose Dolphin Discriminates

Johannes, Robert E., and Nepheronia J. Ogburn. 1999. "Collecting Grouper Seed for Aquacul- ture in the Philippines." *SPC Live Reef Fish Information Bulletin* 6: 35–48.

Johns, Andrew D. 1987. "Continuing Problems for Amazon River Turtles." *Oryx* 21, no. 1: 25–28.

Johnson, Hansen D., Daniel Morrison, and Christopher Taggart. 2021. "WhaleMap: A Tool to Collate and Display Whale Survey Results in Near Real-Time." *Journal of Open Source Soft- ware* 6, no. 62: 3094–99.

Johnson, Hansen D., Kathleen M. Stafford, J. Craig George, William G. Ambrose Jr., and Chris- topher W. Clark. 2015. "Song Sharing and Diversity in the Bering-Chukchi-Beaufort Popula- tion of Bowhead Whales (*Balaena mysticetus*), Spring 2011." *Marine Mammal Science* 31, no. 3: 902–22.

Johnson, Mark P., and Peter L. Tyack. 2003. "A Digital Acoustic Recording Tag for Measuring the Response of Wild Marine Mammals to Sound." *IEEE Journal of Oceanic Engineering* 28, no. 1: 3–12. https://doi.org/10.1109/JOE.2002.808212.

Johnston, Basil. 1990. *Ojibway Ceremonies.* Lincoln: University of Nebraska Press.

Johnston-Barnes, Owain. 2013. "Bermudian's Landmark Whale Recording Featured on *60 Min- utes*." *Royal Gazette*, October 22, 2013. https://www.royalgazette.com/other/news/article/20131022/bermudians-landmark-whale-recording-featured-on-60-minutes/.

Jones, Gareth. 2005. "Echolocation." *Current Biology* 15, no. 13: R484–R488.

Jones, Gareth, and Roger D. Ransome. 1993. "Echolocation Calls of Bats Are Infl nced by Maternal Effects and Change over a Lifetime." *Proceedings of the Royal Society of London* 252: 125–28.

Jones, Geoffrey P., Glenn R. Almany, Garry R. Russ, Peter F. Sale, Robert S. Steneck, Made- leine J. H. van Oppen, and Bette L. Willis. 2009. "Larval Retention and Connectivity among Populations of Corals and Reef Fishes: History, Advances and Challenges." *Coral Reefs* 28, no. 2: 307–25.

Jones, Geoffrey P., Maria J. Milicich, Michael J. Emslie, and Christian Lunow. 1999. "Self- Recruitment in a Coral Reef Fish Population." *Nature* 402, no. 6763: 802–4.

Jones, Ian T., Jenni A. Stanley, and T. Aran Mooney. 2020. "Impulsive Pile Driving Noise Elicits Alarm Responses in Squid (*Doryteuthis pealeii*)." *Marine Pollution Bulletin* 150: 110792.

Jones, Janis Searles, Andrew Hartsig, and Becca Robbins Gisclair. 2020. "Advancing a Network of Safety Measures in the Bering Strait Region: Now Is the Time." *Ocean & Coastal Law Journal* 25: 64.

Jones, Ryan T. 2015. *Empire of Extinction: Russians and the North Pacific's Strange Beasts of the Sea, 1741–1867.* Oxford, UK: Oxford University Press.

Jordà, Gabriel, Núria Marbà, and Carlos M. Duarte. 2012. "Mediterranean Seagrass Vulnerable to Regional Climate Warming." *Nature Climate Change* 2, no. 11: 821–24.

Joshi, Neeraj, Pankaj Nautiyal, Gaurav Papnai, Varun Supyal, and Kailash Singh. 2019. "Render a Sound Dose: Effects of Implementing Acoustic Frequencies on Plants' Physiology, Bio- chemistry and Genetic Make-Up." *International Journal of Canadian Studies* 7, no. 5: 2668–78.

Joyce, Christopher, and Bill McQuay. 2015. "Listening to Whale Migration Reveals a Sea of Noise Pollution, Too." NPR, August 13, 2015. https://www.npr.org/2015/08/13/429496320/listening-to-whale-migration-reveals-a-sea-of-noise-pollution-too.

Jung, Jihye, Seon-Kyu Kim, Sung-Hee Jung, Mi-Jeong Jeong, and Choong-Min Ryu. 2020. "Sound Vibration-Triggered Epigenetic Modulation Induces Plant Root Immunity against *Ralstonia solanacearum*." *Frontiers in Microbiology* 11: 1978.

Jung, Jihye, Seon-Kyu Kim, Joo Y. Kim, Mi-Jeong Jeong, and Choong-Min Ryu. 2018. "Beyond Chemical Triggers: Evidence for Sound-Evoked Physiological Reactions in Plants." *Frontiers in Plant Science* 9: 25.

Kahl, Stefan, Connor M. Wood, Maximilian Eibl, and Holger Klinck. 2021. "BirdNET: A Deep Learning Solution for Avian Diversity Monitoring." *Ecological Informatics* 61: 101236.

Kaifu, Kenzo, Susumu Segawa, and Kotaro Tsuchiya. 2007. "Behavioral Responses to Under- water Sound in the Small Benthic *Octopus ocellatus*." *Journal of the Marine Acoustics Society of Japan* 34, no. 4: 266–73.

Kamminga, Jacob, Eyuel Ayele, Nirvana Meratnia, and Paul Havinga. 2018. "Poaching Detection Technologies—a Survey." *Sensors* 18, no. 5: 1474.

Kaplan, J. Daisy, Kelly Melillo-Sweeting, and Diana Reiss. 2018. "Biphonal Calls in Atlantic Spotted Dolphins (*Stenella*

mysticetus): *Biology and Human Interactions*, edited by J. C. George and J.G.M. Thewissen, 501–17. London: Academic Press.

Hurn, Samantha 2020. "Communication: Animal." In *International Encyclopedia of Linguistic Anthropology*, 1–11. Hoboken, NJ: John Wiley & Sons.

Hutter, Carl R., and Juan M. Guayasamin. 2015. "Cryptic Diversity Concealed in the Andean Cloud Forests: Two New Species of Rainfrogs (*Pristimantis*) Uncovered by Molecular and Bioacoustic Data." *Neotropical Biodiversity* 1, no. 1: 36–59.

Ibanez, Camila, and James Hawker. 2021. "Ultrasonic Planimals! Identifying Genes Associated with Coral Bioacoustics." *FASEB Journal* 35, no. S1.

Ikuta, Hiroko. 2021. "Political Strategies for the Historical Victory in Aboriginal Subsistence Whaling in the Alaskan Arctic: The International Whaling Commission Meeting in Brazil, 2018." *Senri Ethnological Studies* 104: 209–23.

International Chamber of Shipping. 2020. "Shipping and World Trade: Driving Prosperity." https://www.ics-shipping.org/shipping-fact/shipping-and-world-trade-driving-prosperity/.

IoBee. 2018. "Fighting Honey-Bee Colony Mortality through IoT." http://io-bee.eu.

IPCC. 2019. "Summary for Policymakers." In *IPCC Special Report on the Ocean and Cryosphere in a Changing Climate*, edited by Hans-O. Pörtner, Debra C. Roberts, Valerie Masson- Delmotte, Panmao Zhai, Melinda Tignor, Elvira Poloczanska, Katja Mintenbeck, et al., 3–39. Geneva, Switzerland: IPCC.

Iribarren, Maddie. 2019. "Google Assistant Introduces Google Tulip Allowing Users to Talk to Plants." *Voicebot.ai*, April 1, 2019. https://voicebot.ai/2019/04/01/google-assistant-introduces-google-tulip-allowing-users-to-talk-to-plants/.

Isaac, Nick J. B., Arco J. van Strien, Tom A. August, Marnix P. de Zeeuw, and David B. Roy. 2014. "Statistics for Citizen Science: Extracting Signals of Change from Noisy Ecological Data." *Methods in Ecology and Evolution* 5, no. 10: 1052–60.

Isack, Hussein A., and Heinz-Ulrich Reyer. 1989. "Honeyguides and Honey Gatherers: Inter- specific Communication in a Symbiotic Relationship." *Science* 243, no. 4896: 1343–46.

Ivanenko, A., Paul Watkins, Marcel A. J. van Gerven, K. Hammerschmidt, and Bernhard Englitz. 2020. "Classifying Sex and Strain from Mouse Ultrasonic Vocalizations Using Deep Learn- ing." *PLoS Computational Biology* 16, no. 6: e1007918.

Ivkovich, Tatiana, Olga A. Filatova, Alexandr M. Burdin, Hal Sato, and Erich Hoyt. 2010. "The Social Organization of Resident-Type Killer Whales (*Orcinus orca*) in Avacha Gulf, North- west Pacific, as Revealed through Association Patterns and Acoustic Similarity." *Mammalian Biology* 75, no. 3: 198–210. https://doi.org/10.1016/j.mambio.2009.03.006.

IWC. 1982. "Aboriginal/Subsistence Whaling (with Special Reference to the Alaska and Green- land Fisheries)." *International Whaling Commission*, special issue 4: 1–92. https://arctichealth.org/media/pubs/295212/RS464_SI04-AboriginalSub-1982.pdf.

Jacoby, David M. P., Yannis P. Papastamatiou, and Robin Freeman. 2016. "Inferring Animal Social Networks and Leadership: Applications for Passive Monitoring Arrays." *Journal of the Royal Society Interface* 13, no. 124: 20160676.

Jadhav, Sushrut, and Maan Barua. 2012. "The Elephant Vanishes: Impact of Human-Elephant Conflict on People's Wellbeing." *Health & Place* 18, no. 6: 1356–65.

Jain-Schlaepfer, Sofia, Eric Fakan, Jodie L. Rummer, Stephen D. Simpson, and Mark I. McCor- mick. 2018. "Impact of Motorboats on Fish Embryos Depends on Engine Type." *Conserva- tion Physiology* 6, no. 1: 1–9.

Janik, Vincent M. 2014. "Cetacean Vocal Learning and Communication." *Current Opinion in Neurobiology* 28: 60–65.

Jariwala, Hiral J., Huma S. Syed, Minarva J. Pandya, and Yogesh M. Gajera. 2017. "Noise Pollu- tion & Human Health: A Review." *National Conference on Noise and Air Pollution 2017*, 1–4. Jeffrey-Wilensky, Jaclyn. 2019. "High-Tech Thermal Cameras Could Protect Whales from Deadly Collisions with Ships." NBC News, July 5, 2019. https://www.nbcnews.com/mach/science/high-tech-thermal-cameras-could-protect-whales-deadly-collisions-ships-ncna1026746.

Johannes, Robert E. 1981. *Words of the Lagoon: Fishing and Marine Lore in the Palau District of Micronesia*. Berkeley: University of California Press.

Hoare, Richard. 2015. “Lessons from 20 Years of Human-Elephant Conflict Mitigation in Africa.” *Human Dimensions of Wildlife* 20, no. 4: 289–95. https://doi.org/10.1080/10871209.2015.1005855.

Hoegh-Guldberg, Ove, Peter J. Mumby, Anthony J. Hooten, Robert S. Steneck, Paul Greenfield, Edgardo Gomez, C. Drew Harvell, et al. 2007. “Coral Reefs under Rapid Climate Change and Ocean Acidification.” *Science* 318, no. 5857: 1737–42.

Hoegh-Guldberg, Ove, Elvira S. Poloczanska, William Skirving, and Sophie Dove. 2017. “Coral Reef Ecosystems under Climate Change and Ocean Acidification.” *Frontiers in Marine Sci- ence* 4: 158.

Hoffmann, Frauke, Kerstin Musolf, and Dustin J. Penn. 2012. “Spectrographic Analyses Reveal Signals of Individuality and Kinship in the Ultrasonic Courtship Vocalizations of Wild House Mice.” *Physiology & Behavior* 105, no. 3: 766–71.

Hofstadler, Daniel Nicolas, Mostafa Wahby, Mary Katherine Heinrich, Heiko Hamann, Payam Zahadat, Phil Ayres, and Thomas Schmickl. 2017. “Evolved Control of Natural Plants: Cross- ing the Reality Gap for User-Defined Steering of Growth and Motion.” *ACM Transactions on Autonomous and Adaptive Systems* (*TAAS*) 12, no. 3: 1–24.

Holdrege, Craig. 2013. *Thinking Like a Plant: A Living Science for Life*. Hudson, NY: SteinerBooks.

Hollmann, Jeremy C., ed. 2004. *Customs and Beliefs of the/Xam Bushmen.* Johannesburg: Wits University Press.

Holm-Hansen, Osmund, and Mark Huntley. 1984. “Feeding Requirements of Krill in Relation to Food Sources.” *Journal of Crustacean Biology* 4, no. 5: 156–73.

Holt, Marla M., M. Bradley Hanson, Candice K. Emmons, David K. Haas, Deborah A. Giles, and Jeffrey T. Hogan. 2019. “Sounds Associated with Foraging and Prey Capture in Indi- vidual Fish-Eating Killer Whales, *Orcinus orca*.” *Journal of the Acoustical Society of America* 146, no. 5: 3475–86.

Holtz, Bethany, Kelly R. Stewart, and Wendy E. D. Piniak. 2021. “Influence of Environmental and Anthropogenic Acoustic Cues in Sea-Finding of Hatchling Leatherback (*Dermochelys coriacea*) Sea Turtles.” *PLoS One* 16, no. 7: e0253770.

Hooper, Stacie, Diana Reiss, Melissa Carter, and Brenda McCowan. 2006. Importance of Con- textual Saliency on Vocal Imitation by Bottlenose Dolphins. *International Journal of Com- parative Psychology* 19, no. 1: 116–28.

Hörmann, David, Marco Tschapka, Andreas Rose, and Mirjam Knörnschild. 2020. “Distress Calls of Nectarivorous Bats (*Glossophaga soricina*) Encode Individual and Species Iden- tity.” *Bioacoustics* 30, no. 3: 1–19.

Hrncir, Michael, Camila Maia-Silva, Sofia I. McCabe, and Walter M. Farina. 2011. “Th Re- cruiter’s Excitement—Features of Thoracic Vibrations during the Honey Bee’s Waggle Dance Related to Food Source Profi ability.” *Journal of Experimental Biology* 214, no. 23: 4055–64.

Huang, Hsin-Ping, Krishna C. Puvvada, Ming Sun, and Chao Wang. 2021. “Unsupervised and Semi-Supervised Few-Shot Acoustic Event Classification.” In *2021 IEEE International Confer- ence on Acoustics, Speech and Signal Processing* (*ICASSP*), 331–35. New York: IEEE.

Hughes, J. Donald. 1983. “How the Ancients Viewed Deforestation.” *Journal of Field Archaeology*10, no. 4: 435–45. https://doi.org/10.2307/529466.

Hughes, Terry P., James T. Kerry, Mariana Álvarez-Noriega, Jorge G. Álvarez-Romero, Kris- ten D. Anderson, Andrew H. Baird, Russell C. Babcock, et al. 2017. “Global Warming and Recurrent Mass Bleaching of Corals.” *Nature* 543, no. 7645: 373–77.

Hunt, James H., and Freddie-Jeanne Richard. 2013. “Intracolony Vibroacoustic Communication in Social Insects.” *Insectes Sociaux* 60: 275–91.

Hughes, Terry P., James T. Kerry, and Tristan Simpson. 2018. “Large-Scale Bleaching of Corals on the Great Barrier Reef.” *Ecology* 99, no. 2: 501. https://doi.org/10.1002/ecy.2092.

Huntington, Henry P., Harry Brower, and David W. Norton. 2001. “The Barrow Symposium on Sea Ice, 2000: Evaluation of One Means of Exchanging Information between Subsistence Whalers and Scientists.” *Arctic* 54, no. 2: 201–4.

Huntington, Henry P., Shari Gearheard, Lene Kielsen Holm, George Noongwook, Margaret Opie, and Joelie Sanguya. 2017. “Sea Ice Is Our Beautiful Garden: Indigenous Perspectives on Sea Ice in the Arctic.” In *Sea Ice*, edited by David Thomas, 583–99. Hoboken, NJ: Wiley Blackwell.

Huntington, Henry. P., Chie Sakakibara, George Noongwook, Nicole Kanayurak, Valerii Skhauge, Eduard Zdor, Sandra Inutiq, and Bjarne Lyberth. 2021. “Whale Hunting in Indig- enous Arctic Cultures.” In *The Bowhead Whale* (*Balaena*

Vocalizations." *Science* 337, no. 6094: 595–99.
Herman, Louis M., Palmer Morrel-Samuels, and Adam A. Pack. 1990. "Bottlenosed Dolphin and Human Recognition of Veridical and Degraded Video Displays of an Artificial Gestural Language." *Journal of Experimental Psychology* 119, no. 2: 215.
Herman, Louis M., Douglas G. Richards, and James P. Wolz. 1984. "Comprehension of Sen- tences by Bottlenosed Dolphins." *Cognition* 16, no. 2: 129–219.
Hertz, Stav, Benjamin Weiner, Nisim Perets, and Michael London. 2020. "Temporal Structure of Mouse Courtship Vocalizations Facilitates Syllable Labeling." *Communications Biology* 3, no. 1: 1–13.
Herz, Nat. 2019. "No Bowhead Sightings Yet For Alaskan Whalers. Some Blame Climate Change." NPR, October 29, 2019. https://www.npr.org/2019/10/29/774177054/no-bowhead-sightings-yet-for-alaskan-whalers-some-blame-climate-change.
Herzing, Denise L. 2010. "SETI Meets a Social Intelligence: Dolphins as a Model for Real-Time Interaction and Communication with a Sentient Species." *Acta Astronautica* 67, no. 11–12: 1451–54.
Herzing, Denise L. 2014. "Clicks, Whistles and Pulses: Passive and Active Signal Use in Dolphin Communication." *Acta Astronautica* 105, no. 2: 534–37.
Herzing, Denise L. 2015. "Making Sense of It All: Multimodal Dolphin Communication." In *Dolphin Communication and Cognition: Past, Present, and Future*, edited by Denis L. Johnson and Christine M. Johnson, 139. Cambridge, MA: MIT Press.
Herzing, Denise L. 2016. "Interfaces and Keyboards for Human-Dolphin Communication: What Have We Learned." *Animal Behavior and Cognition* 3, no. 4: 243–54.
Herzing, Denise L., Kathryn Denning, and John Elliott. 2018. "Beyond Initial Signal Categoriza- tion and Syntactic Assignment: The Role of Metadata in Decoding and Interpreting Nonhu- man Signals." In *42nd COSPAR Scientific Assembly* 42: 15–18.
Herzing, Denise L., and Christine M. Johnson, eds. 2015. *Dolphin Communication and Cognition: Past, Present, and Future*. Cambridge, MA: MIT Press.
Hess, Bill. 2003. *Gift of the Whale: The Inupiat Bowhead Hunt, a Sacred Tradition*. Seattle, WA: Sasquatch Books.
Heston, Jonathan B., and Stephanie A. White. 2015. "Behavior-Linked FOXP2 Regulation En- ables Zebra Finch Vocal Learning." *Journal of Neuroscience* 35, no. 7: 2885–94.
Hill, Andrew P., Peter Prince, Evelyn Piña Covarrubias, C. Patrick Doncaster, Jake L. Snaddon, and Alex Rogers. 2018. "AudioMoth: Evaluation of a Smart Open Acoustic Device for Moni- toring Biodiversity and the Environment." *Methods in Ecology and Evolution* 9, no. 5: 1199–1211.
Hill, Don. 2008. "Listening to Stones: Learning in Leroy Little Bear's Laboratory: Dialogue in the World Outside." *Alberta Views*, September 1, 2008. https://albertaviews.ca/listening-to-stones/.
Hill, Peggy S. M. 2008. *Vibrational Communication in Animals*. Cambridge, MA: Harvard Uni- versity Press.
Hill, Peggy S. M, Reinhard Lakes-Harlan, Valerio Mazzoni, Peter M. Narins, Meta Virant- Doberlet, and Andreas Wessel, eds. 2019. *Biotremology: Studying Vibrational Behavior*.
Hill, Peggy S. M., and Andreas Wessel. 2016. "Biotremology." *Current Biology* 26, no. 5: R187–R191.
Hill, Peggy S. M., and Andreas Wessel. 2021. "Biotremology: Have a Look and Find Something Wonderful!" *Current Biology* 31, no. 17: R1053–R1055.
Hinchliff, Cody E., Stephen A. Smith, James F. Allman, J. Gordon Burleigh, Ruchi Chaudhary, Lyndon M. Coghill, Keith A. Crandall, et al. 2015. "Synthesis of Phylogeny and Taxonomy into a Comprehensive Tree of Life." *Proceedings of the National Academy of Sciences* 112, no. 41: 12764–69.
Hirskyj-Douglas, Ilyena, Patricia Pons, Janet C. Read, and Javier Jaen. 2018. "Seven Years after the Manifesto: Literature Review and Research Directions for Technologies in Animal Computer Interaction." *Multimodal Technologies and Interaction* 2, no. 2: 30. https://doi.org/10.3390/mti2020030.
Hiryu, Shizuko, Koji Katsura, Tsuyoshi Nagato, Hideo Yamazaki, Lin Liang-Kong, Yoshiaki Watanabe, and Hiroshi Riquimaroux. 2006. "Intra-Individual Variation in the Vocalized Frequency of the Taiwanese Leaf-Nosed Bat, *Hipposideros terasensis*, Influenced by Conspe- cific Colony Members." *Journal of Comparative Physiology A* 192: 807–15.

Journal of Botany 100, no. 1: 91–100.
Haskell, David George. 2013. *The Forest Unseen: A Year's Watch in Nature*. New York: Penguin Group.
Hassanien, Reda HE, Tian-zhen Hou, Yu-feng Li, and Bao-ming Li. 2014. "Advances in Effects of Sound Waves on Plants." *Journal of Integrative Agriculture* 13, no. 2: 335–48.
Hastie, Gordon D., Gi-Mick Wu, Simon Moss, Pauline Jepp, Jamie MacAulay, Arthur Lee, Carol E. Sparling, Clair Evers, and Douglas Gillespie. 2019. "Automated Detection and Tracking of Marine Mammals: A Novel Sonar Tool for Monitoring Effects of Marine Indus- try." *Aquatic Conservation: Marine and Freshwater Ecosystems* 29: 119–30.
Hauser, Donna D. W., Kristin L. Laidre, and Harry L. Stern. 2018. "Vulnerability of Arctic Ma- rine Mammals to Vessel Traffic in the Increasingly Ice-Free Northwest Passage and Northern Sea Route." *Proceedings of the National Academy of Sciences* 115, no. 29: 7617–22.
Hauser, Marc D., Noam Chomsky, and W. Tecumseh Fitch. 2002. "The Faculty of Language: What Is It, Who Has It, and How Did It Evolve?" *Science* 298, no. 5598: 1569–79.
Haver, Samara M., Jason Gedamke, Leila T. Hatch, Robert P. Dziak, Sofie Van Parijs, Megan F. McKenna, Jay Barlow, et al. 2018. "Monitoring Long-Term Soundscape Trends in US Waters: The NOAA/NPS Ocean Noise Reference Station Network." *Marine Policy* 90: 6–13.
Hawkins, Anthony D. 1981. "The Hearing Abilities of Fish." In *Hearing and Sound Communication in Fishes*, edited by William N. Tavolga, Arthur N. Popper, and Richard R. Fay, 109–37. New York: Springer Verlag.
Hawkins, Anthony D., Ann E. Pembroke, and Arthur N. Popper. 2015. "Information Gaps in Understanding the Effects of Noise on Fishes and Invertebrates." *Reviews in Fish Biology Fisheries* 25: 39–64.
Hawkins, Henry S., and Runett H. Cook. 1908. "Whaling at Eden with Some 'Killer' Yarns. *Lone Hand* 1, no. 3 (July): 265–73
Hays, Graeme C., Luciana C. Ferreira, Ana M. M. Sequeira, Mark G. Meekan, Carlos M. Duarte, Helen Bailey, Fred Bailleul, et al. 2016. "Key Questions in Marine Megafauna Movement Ecology." *Trends in Ecology & Evolution* 31, no. 6: 463–75.
Hedges, Simon, and Donny Gunaryadi. 2010. "Reducing Human-Elephant Conflict: Do Chillies Help Deter Elephants from Entering Crop Fields?" *Oryx* 44, no. 1: 139–46.
Hedwig, Daniela, Maya DeBellis, and Peter Howard Wrege. 2018. "Not So Far: Attenuation of Low-Frequency Vocalizations in a Rainforest Environment Suggests Limited Acoustic Mediation of Social Interaction in African Forest Elephants." *Behavioral Ecology and Socio- biology* 72, no. 3: 1–11.
Heesen, Raphaela, Catherine Hobaiter, Ramon Ferrer-i-Cancho, and Stuart Semple. 2019. "Lin- guistic Laws in Chimpanzee Gestural Communication." *Proceedings of the Royal Society B* 286, no. 1896: 20182900.
Heim, Olga, Dennis M. Heim, Lara Marggraf, Christian C. Voigt, Xin Zhang, Yaming Luo, and Jeffrey Zheng. 2019. "Variant Maps for Bat Echolocation Call Identification Algorithms." *Bioacoustics* 29, no. 5: 1–15. https://doi.org/10.1080/09524622.2019.1621776.
Heinsohn, Robert, Christina N. Zdenek, Ross B. Cunningham, John A. Endler, and Naomi E. Langmore. 2017. "Tool-Assisted Rhythmic Drumming in Palm Cockatoos Shares Key Ele- ments of Human Instrumental Music." *Science Advances* 3, no. 6: e1602399. https://doi.org/10.1126/sciadv.1602399.
Heki, Kosuke. 2011. "Ionospheric Electron Enhancement Preceding the 2011 Tohoku-Oki Earth- quake." *Geophysical Research Letters* 38, no. 17: 1–5.
Heller, Nathan. 2020. "Is Venture Capital Worth the Risk?" *New Yorker*, January 20, 2020. https://www.newyorker.com/magazine/2020/01/27/is-venture-capital-worth-the-risk.
Helmreich, Stefan. 2016. "Underwater Music." In *The Routledge Companion to Biology in Art and Architecture*, edited by Charissa N. Terranova and Meredith Tromble, 501–31. London: Routledge.
Hemminga, Marten A., and Carlos M. Duarte. 2000. *Seagrass Ecology*. Cambridge, UK: Cam- bridge University Press.
Hempton, Gordon, and John Grossmann. 2009. *One Square Inch of Silence: One Man's Search for Natural Silence in a Noisy World*. New York: Simon & Schuster.
Herbst, Christian T., Angela S. Stoeger, Roland Frey, Jörg Lohscheller, Ingo R. Titze, Michaela Gumpenberger, and W. Tecumseh Fitch. 2012. "How Low Can You Go? Physical Production Mechanism of Elephant Infrasonic

153–63.
Gursky, Sharon. 2019. "Echolocation in a Nocturnal Primate?" *Folia Primatologica* 90, no. 5: 379–91.
Gustison, Morgan L., and Thore J. Bergman. 2017. "Divergent Acoustic Properties of Gelada and Baboon Vocalizations and Th Implications for the Evolution of Human Speech." *Journal of Language Evolution* 2, no. 1: 20–36.
Gustison, Morgan L., Stuart Semple, Ramon Ferrer-i-Cancho, and Thore J. Bergman. 2016. "Gelada Vocal Sequences Follow Menzerath's Linguistic Law." *Proceedings of the National Academy of Sciences* 113, no. 19: E2750–E2758.
Guynup, Sharon, Chris R. Shepherd, and Loretta Shepherd. 2020. "The True Costs of Wildlife Trafficking." *Georgetown Journal of International Affairs* 21: 28–37. https://doi.org/10.1353/gia.2020.0023.
Hadagali, Manjunatha D., and Chua L. Suan. 2017. "Advancement of Sensitive Sniffer Bee Tech- nology." *Trends in Analytical Chemistry* 97: 153–58.
Haesler, Sebastian, Christelle Rochefort, Benjamin Georgi, Pawel Licznerski, Pavel Osten, and Constance Scharff. 2007. "Incomplete and Inaccurate Vocal Imitation after Knockdown of FOXP2 in Songbird Basal Ganglia Nucleus Area X." *PLoS Biology* 5, no. 12: e321.
Haggan, Nigel, Barbara Neis, and Ian G. Baird. 2007. *Fishers' Knowledge in Fisheries Science and Management*. Paris: UNESCO.
Hagood, Mark. 2018. "Here: Active Listening System Sound Technologies and the Personaliza- tion of Listening." In *Appified: Culture in the Age of Apps*, edited by Jeremy W. Morris and Sarah Murray, 276–85. Ann Arbor: University of Michigan Press.
Hahn, Nathan, Angela Mwakatobe, Jonathan Konuche, Nadia de Souza, Julius Keyyu, Marc Goss, Alex Chang'a, Suzanne Palminteri, Eric Dinerstein, and David Olson. 2017. "Un- manned Aerial Vehicles Mitigate Human-Elephant Conflict on the Borders of Tanzanian Parks: A Case Study." *Oryx* 51, no. 3: 513–16.
Hahn, Walter Louis. 1908. "Some Habits and Sensory Adaptations of Cave-Inhabiting Bats."
Biological Bulletin 15, no. 3: 135–64.
Hair, Cathy A., Peter J. Doherty, Johann D. Bell, and Michelle Lam. 2002. "Capture and Culture of Presettlement Coral Reef Fishes in the Solomon Islands." In *Proceedings of the 9th Inter- national Coral Reef Symposium*, 819–29.
Haladjian, Juan, Ayca Ermis, Zardosht Hodaie, and Bernd Brügge. 2017. "iPig: Towards Tracking the Behavior of Free-Roaming Pigs." In *Proceedings of the Fourth International Conference on Animal-Computer Interaction*, 1–5. New York: Association for Computing Machinery. https://doi.org/10.1145/3152130.3152145.
Haladjian, Juan, Zardosht Hodaie, Stefan Nüske, and Bernd Brügge. 2017. "Gait Anomaly Detec- tion in Dairy Catt ." In *Proceedings of the Fourth International Conference on Animal-Computer Interaction*, 1–8. New York: Association for Computing Machinery. https://doi.org/10.1145/3152130.3152135.
Haldane, John B. S., and Helen Spurway. 1954. "A Statistical Analysis of Communication in "*Apis mellifera*" and a Comparison with Communication in Other Animals." *Insectes Sociaux* 1: 247–83. https://doi.org/10.1007/BF02222949.
Halfwerk, Wouter. 2020. "The Quiet Spring of 2020." *Science* 370, no. 6516: 523–24.
Hall, Matthew. 2011. *Plants as Persons: A Philosophical Botany*. Albany, NY: SUNY Press. Halloy, José, Grégory Sempo, Gilles Caprari, Colette Rivault, Masoud Asadpour, Fabien Tâche, Imen Saïd, et al. 2007. "Social Integration of Robots into Groups of Cockroaches to Control Self-Organized Choices." *Science* 318, no. 5853: 1155–58.
Hammill, Roxie, and Mike Hendricks. 2013. "Gadgets to Help Tend a Garden." *New York Times*, April 24, 2013. https://www.nytimes.com/2013/04/25/technology/personaltech/calling-on-gadgetry-to-keep-the-garden-growing.html.
Harries-Jones, Peter. 2009. "Honeybees, Communicative Order, and the Collapse of Ecosys- tems." *Biosemiotics* 2, no. 2: 193–204.
Harten, Lee, Yosef Prat, Shachar Ben Cohen, Roi Dor, and Yossi Yovel. 2019. "Food for Sex in Bats Revealed as Producer Males Reproduce with Scrounging Females." *Current Biology* 29, no. 11: 1895–1900.
Hartsig, Andrew, Ivy Frederickson, Carmen Yeung, and Stan Senner. 2012. "Arctic Bottle- neck: Protecting the Bering Strait Region from Increased Vessel Traffic." *Ocean & Coastal* 18: 35.
Hase, Albrecht. 1923. "Ein Zwergwels, der kommt, wenn man ihm pfeift." *Naturwissenschaften*11: 967. https://doi.org/10.1007/BF01551444.
Hashiguchi, Yasuko, Masao Tasaka, and Miyo T. Morita. 2013. "Mechanism of Higher Plant Gravity Sensing." *American*

Acoustical Society of America 116, no. 2: 799–813.
Green, David M., Harry A. DeFerrari, Dennis McFadden, John S. Pearse, Arthur N. Popper, W. John Richardson, Sam H. Ridgway, and Peter L. Tyack. 1994. *Low-Frequency Sound and Marine Mam- mals: Current Knowledge and Research Needs*. Washington, DC: National Academies Press.
Greenhalgh, Jack A., Martin J. Genner, Gareth Jones, and Camille Desjonquères. 2020. "The Role of Freshwater Bioacoustics in Ecological Research." *Wiley Interdisciplinary Reviews: Water* 7, no. 3: e1416.
Greenhalgh, Jack A., Harold J. R. Stone, Tom Fisher, and Carl D. Sayer. 2021. "Ecoacoustics as a Novel Tool for Assessing Pond Restoration Success: Results of a Pilot Study." *Aquatic Conservation: Marine and Freshwater Ecosystems* 31, no. 12: 1–12.
Gribovskiy, Alexey, Francesco Mondada, Jean-Louis Deneubourg, Leo Cazenille, Nicolas Bredèche, and José Halloy. 2015. "Automated Analysis of Behavioural Variability and Filial Imprinting of Chicks (*G. gallus*), Using Autonomous Robots." arXiv.org: 1509.01957.
Grieve, Brian D., Jon A. Hare, and Vincent S. Saba. 2017. "Projecting the Eff cts of Climate Change on *Calanus finmarchicus* Distribution within the US Northeast Continental Shelf." *Nature: Scientific Reports* 7, no. 1: 1–12.
Griffin, Donald R. 1946. "Supersonic Cries of Bats." *Nature* 158, no. 4002: 46–48.
Griffin, Donald R. 1958. *Listening in the Dark: The Acoustic Orientation of Bats and Men*. New Haven, CT: Yale University Press.
Griffin, Donald R. 1976. *The Question of Animal Awareness: Evolutionary Continuity of Mental Experience*. New York: Rockefeller University Press.
Griffin, Donald R. 1980. "The Early History of Research on Echolocation." In *Animal Sonar Systems*, edited by René-Guy Busnel and James F. Fish, 1–8. Boston: Springer.
Griffin, Donald R. 1989. "Reflections of an Experimental Naturalist." In *Studying Animal Behav- ior: Autobiographies of the Founders*, edited by Donald A. Dewsbury,121–42. Chicago: Uni- versity of Chicago Press.
Griffin, Donald R. 2001. "Return to the Magic Well: Echolocation Behavior of Bats and Re- sponses of Insect Prey." *BioScience* 51, no. 7: 555–56.
Griffin, Donald R., and Robert Galambos. 1941. "The Sensory Basis of Obstacle Avoidance by Flying Bats." *Journal of Experimental Zoology* 86, no. 3: 481–506.
Griffin, Donald R., and Gayle B. Speck. 2004. "New Evidence of Animal Consciousness." *Ani- mal Cognition* 7, no. 1: 5–18.
Griffin, Donald R., Frederic A. Webster, and Charles R. Michael. 1960. "The Echolocation of Flying Insects by Bats." *Animal Behaviour* 8, no. 3–4: 141–54.
Grillaert, Katherine, and Samuel Camenzind. 2016. "Unleashed Enthusiasm: Ethical Reflections on Harms, Benefits, and Animal-Centered Aims of ACI." In *Proceedings of the Third Interna- tional Conference on Animal-Computer Interaction*, 1–5. https://doi.org/10.1145/2995257.2995382.
Grinnell, Alan D., and Donald R. Griffin. 1958. "The Sensitivity of Echolocation in Bats." *Biologi- cal Bulletin* 114, no. 1: 10–22.
Griparić, Karlo, Tomislav Haus, Damjan Miklić, Marsela Polić, and Stjepan Bogdan. 2017. "A Robotic System for Researching Social Integration in Honeybees." *PLoS One* 12, no. 8: 1–17.
Gruber, Martin. 2018. "Hunters and Guides: Multispecies Encounters between Humans, Hon- eyguide Birds and Honeybees." *African Study Monographs* 39, no. 4: 169–87.
Guinee, Linda N., and Katharine B. Payne. 1988. "Rhyme-Like Repetitions in Songs of Hump- back Whales." *Ethology* 79, no. 4: 295–306.
Guo, Weifu, Rohit Bokade, Anne L. Cohen, Nathaniel R. Mollica, Muriel Leung, and Russell E. Brainard. 2020. "Ocean Acidifi tion Has Impacted Coral Growth on the Great Barrier Reef." *Geophysical Research Letters* 47, no. 19: e2019GL086761. https://doi.org/10.1029/2019GL086761.
Gupta, Gaurav, Meghana Kshirsagar, Ming Zhong, Shahrzad Gholami, and Juan Lavista Ferres. 2021. "Comparing Recurrent Convolutional Neural Networks for Large Scale Bird Species Classification." *Nature: Scientific Reports* 11, no. 1: 1–12.
Gursky, Sharon. 2015. "Ultrasonic Vocalizations by the Spectral Tarsier, *Tarsius spectrum*." *Folia Primatologica* 86, no. 3:

America 141, no. 5: 3705.

Gogala, Matija. 2014. "Sound or Vibration, an Old Question of Insect Communication." In *Studying Vibrational Communication*, edited by Reginald B. Cocroft, Matija Gogala, Peggy S. M. Hill, and Andreas Wessel, 31–46. Berlin: Springer.

Goldshtein, Aya, Marine Veits, Itzhak Khait, Kfir Saban, Yuval Sapir, Yossi Yovel, and Lilach Hadany. 2020. "Plants' Ability to Sense and Respond to Airborne Sound Is Likely to Be Adaptive: Reply to Comment by Pyke et al." *Ecology Letters* 23, no. 9: 1423–25. https://doi.org/10.1111/ele.13514.

Gomes, Dylan G. E., Clinton D. Francis, and Jesse R. Barber. 2021. "Using the Past to Under- stand the Present: Coping with Natural and Anthropogenic Noise." *BioScience* 71, no. 3: 223–34.

Goodale, Eben, and James C. Nieh. 2012. "Public Use of Olfactory Information Associated with Predation in Two Species of Social Bees." *Animal Behaviour* 84, no. 4: 919–24.

Goodwin, George Gilbert, and Arthur Merwin Greenhall. 1961. "A Review of the Bats of Trinidad and Tobago: Descriptions, Rabies Infection, and Ecology." *Bulletin of the AMNH* 122, article 3. Gordon, Timothy A. C. 2020. "The Changing Song of the Sea: Soundscapes as Indicators and Drivers of Ecosystem Transition on Tropical Coral Reefs." PhD dissertation, University of Exeter.

Gordon, Timothy A. C., Harry R. Harding, Kathryn E. Wong, Nathan D. Merchant, Mark G. Meekan, Mark I. McCormick, Andrew N. Radford, and Stephen D. Simpson. 2018. "Habitat Degradation Negatively Affects Auditory Settlement Behavior of Coral Reef Fishes." *Pro- ceedings of the National Academy of Sciences* 115, no. 20: 5193–98. https://doi.org/10.1073/pnas.1719291115.

Gordon, Timothy A. C., Andrew N. Radford, Isla K. Davidson, Kasey Barnes, Kieran McClo- skey, Sophie L. Nedelec, Mark G. Meekan, Mark I. McCormick, and Stephen D. Simpson. 2019. "Acoustic Enrichment Can Enhance Fish Community Development on Degraded Coral Reef Habitat." *Nature Communications* 10, no. 1: 1–7. https://doi.org/10.1038/s41467-019-13186-2.

Görres, Carolyn-Monika, and David Chesmore. 2019. "Active Sound Production of Scarab Beetle Larvae Opens Up New Possibilities for Species-Specific Pest Monitoring in Soils." *Scientific Reports* 9, no. 1: 1–9.

Gould, James L. 1974. "Honey Bee Communication." *Nature* 252, no. 5481: 300–301.

Gould, James L. 1975. "Honey Bee Recruitment: The Dance-Language Controversy." *Science* 189, no. 4204: 685–93.

Gould, James L. 1976. "The Dance-Language Controversy." *Quarterly Review of Biology* 51, no. 2: 211–44.

Gould, James L. 1982. "Why Do Honey Bees Have Dialects?" *Behavioral Ecology and Sociobiol- ogy* 10, no. 1: 53–56.

Gould, James L., Michael Henerey, and Michael C. MacLeod. 1970. "Communication of Direc- tion by the Honey Bee: Review of Previous Work Leads to Experiments Limiting Olfactory Cues to Test the Dance Language Hypothesis." *Science* 169, no. 3945: 544–54.

Government of Canada. 2021a. "2021 Fishery Management Measures." https://www.dfo-mpo.gc.ca/fisheries-peches/commercial-commerciale/atl-arc/narw-bnan/management-gestion-eng.html.

Government of Canada. 2021b. "Protecting North Atlantic Right Whales from Collisions with Vessels in the Gulf of St. Lawrence." https://tc.canada.ca/en/marine-transportation/navigation-marine-conditions/protecting-north-atlantic-right-whales-collisions-vessels-gulf-st-lawrence.

Great Barrier Reef Foundation. 2020. "Saving Our Reef and Its Marine Life for Future Genera- tions." *Year in Review, 2019–2020*. https://www.barrierreef.org/uploads/FY20192020-GBRF-Annual-Review.pdf

Grebmeier, Jacqueline M., Lee W. Cooper, Howard M. Feder, and Boris I. Sirenko. 2006. "Eco- system Dynamics of the Pacific-Influenced Northern Bering and Chukchi Seas in the Am- erasian Arctic." *Progress in Oceanography* 71: 331–61.

Green, Alix E., Richard K. F. Unsworth, Michael A. Chadwick, and Peter J. S. Jones. 2021. "His- torical Analysis Exposes Catastrophic Seagrass Loss for the United Kingdom." *Frontiers in Plant Science* 12: 261.

Greene, Charles R., Jr. 1987. "Characteristics of Oil Industry Dredge and Drilling Dounds in the Beaufort Sea." *Journal of the Acoustical Society of America* 82, no. 4: 1315–24.

Greene, Charles R., Jr., Miles W. McLennan, Robert G. Norman, Trent L. McDonald, Ray S. Jakubczak, and W. John Richardson. 2004. "Directional Frequency and Recording (DIFAR)

Sensors in Seafloor Recorders to Locate Calling Bowhead Whales during Their Fall Migra- tion." *Journal of the* and Ice Navigation Behavior of Migrating Bowhead Whales (*Balaena mysticetus*) near Point Barrow, Alaska, Spring 1985." *Arctic* 42, no. 1: 24–30.

George, John C., and J.G.M. Thewissen, eds. 2020. *The Bowhead Whale* (*Balaena mysticetus*): *Biology and Human Interactions*. London: Academic Press.

Gera, Deborah Levine. 2003. *Ancient Greek Ideas on Speech, Language, and Civilization*. Oxford, UK: Oxford University Press.

Gertz, Emily. 2016. "Hear the First Recording of a Whale and Thousands of Other Marine Mam- mals." *TakePart*, June 26, 2016. http://www.takepart.com/article/2016/06/26/hear-first-recording-whale-marine-mammal-sounds.

Gervaise, Cédric, Yvan Simard, Florian Aulanier, and Nathalie Roy. 2021. "Optimizing Passive Acoustic Systems for Marine Mammal Detection and Localization: Application to Real-Time Monitoring North Atlantic Right Whales in Gulf of St. Lawrence." *Applied Acoustics* 178: 107949.

Ghosh, Ritesh, Bosung Choi, Young Sang Kwon, Tufail Bashir, Dong-Won Bae, and Hanhong Bae. 2019. "Proteomic Changes in the Sound Vibration-Treated *Arabidopsis thaliana* Facilitates Defense Response during *Botrytis cinerea* Infection." *Plant Pathology Journal* 35, no. 6: 609.

Ghosh, Ritesh, Ratnesh Chandra Mishra, Bosung Choi, Young Sang Kwon, Dong Won Bae, Soo-Chul Park, Mi-Jeong Jeong, and Hanhong Bae. 2016. "Exposure to Sound Vibrations Lead to Transcriptomic, Proteomic and Hormonal Changes in *Arabidopsis*." *Nature: Scien- tific Reports* 6, no. 1: 1–17.

Gibb, Rory, Ella Browning, Paul Glover-Kapfer, and Kate E. Jones. 2019. "Emerging Opportuni- ties and Challenges for Passive Acoustics in Ecological Assessment and Monitoring." *Meth- ods in Ecology and Evolution* 10, no. 2: 169–85.

Gibbs, James P., and Alvin R. Breisch. 2001. "Climate Warming and Calling Phenology of Frogs near Ithaca, New York, 1900–1999." *Conservation Biology* 15, no. 4: 1175–78.

Giles, Jacqueline C. 2005. "The Underwater Acoustic Repertoire of the Long-Necked, Fresh- water Turtle, *Chelodina oblonga*." PhD dissertation, Murdoch University.

Giles, Jacqueline C., Jenny A. Davis, Robert D. McCauley, and Gerald Kuchling. 2009. "Voice of the Turtle: The Underwater Acoustic Repertoire of the Long-Necked Freshwater Turtle, *Chelodina oblonga*." *Journal of the Acoustical Society of America* 126, no. 1: 434–43. https://doi.org/10.1121/1.3148209.

Gillaspy, James A., Jr., Jennifer L. Brinegar, and Robert E. Bailey. 2014. "Operant Psychology Makes a Splash—in Marine Mammal Training (1955–1965)." *Journal of the History of the Behavioral Sciences* 50, no. 3: 231–48.

Gillespie, Douglas, Laura Palmer, Jamie Macaulay, Carol Sparling, and Gordon Hastie. 2020. "Passive Acoustic Methods for Tracking the 3D Movements of Small Cetaceans around Marine Structures." *PLoS One* 15, no. 5: e0229058.

Gilmore, Raymond M. 1986. "Fauna e Etnozoologia da América do Sul Tropical." In *Suma Et- nológica Brasileira, Up to Date Edition of Handbook of South American Indians,* edited by Berta G. Ribeiro and Darcy Ribeiro, 189–233. Rio de Janeiro: Copper Square Publishers.

Gilmurray, Jonathan. 2017. "Ecological Sound Art: Steps towards a New Field." *Organised Sound* 22, no. 1: 32–41.

Gimbutas, Marija. 1974. *The Gods and Goddesses of Old Europe: 7000 to 3500 BC Myths, Legends and Cult Images*. Vol. 4. Berkeley: University of California Press.

Girard, Benoit, and Camilla Bellone. 2020. "Revealing Animal Emotions." *Science* 368, no. 6486: 33–34.

Gisiner, Robert, and Ronald J. Schusterman.1992. "Sequence, Syntax, and Semantics: Responses of a Language-Trained Sea Lion (*Zalophus californianus*) to Novel Sign Combinations." *Journal of Comparative Psychology* 106, no. 1: 78.

Global Indigenous Data Alliance. 2020. "GIDA: Global Indigenous Data Alliance." https://www .gida-global.org/; http://www.indigenous-ai.net/.

Glowacki, Oskar, Grant B. Deane, Mateusz Moskalik, Philippe Blondel, Jaroslaw Tegowski, and Malgorzata Blaszczyk. 2015. "Underwater Acoustic Signatures of Glacier Calving." *Geophysi- cal Research Letters* 42, no. 3: 804–12.

Gobush, Kathleen S., Charles T. T. Edwards, Fiona Maisels, George Wittemyer, Dave Balfour, and Russel D. Taylor. 2021. *Loxodonta cyclotis*. IUCN Red List of Threatened Species. https://dx.doi.org/10.2305/IUCN.UK.2021-1.RLTS.T181007989A181019888.en (ac-cessed April 16, 2021).

Godin, Oleg A. 2017. "Sonar Science and Technology in Russia in the 20th Century." *Journal of the Acoustical Society of*

Coherent Hydro- phone Array." *Remote Sensing* 12, no. 2: 326.

Gardner, R. Allen, and Beatrice T. Gardner. 1969. "Teaching Sign Language to a Chimpanzee." *Science* 165, no. 3894: 664–72.

Gardner, R. Allen, Beatrix T. Gardner, and Thomas E. Van Cantfort, eds. 1989. *Teaching Sign Language to Chimpanzees*. Albany, NY: SUNY Press.

Garland, Ellen C., Anne W. Goldizen, Melinda L. Rekdahl, Rochelle Constantine, Claire Gar- rigue, Nan Daeschler Hauser, M. Michael Poole, Jooke Robbins, and Michael J. Noad. 2011. "Dynamic Horizontal Cultural Transmission of Humpback Whale Song at the Ocean Basin Scale." *Current Biology* 21, no. 8: 687–91.

Garland, Ellen C., Michael J. Noad, Anne W. Goldizen, Matthew S. Lilley, Melinda L. Rekdahl, Claire Garrigue, Rochelle Constantine, Nan Daeschler Hauser, M. Michael Poole, and Jooke Robbins. 2013. "Quantifying Humpback Whale Song Sequences to Understand the Dynam- ics of Song Exchange at the Ocean Basin Scale." *Journal of the Acoustical Society of America* 133, no. 1: 560–69.

Garland, Ellen C., Luke Rendell, Luca Lamoni, M. Michael Poole, and Michael J. Noad. 2017. "Song Hybridization Events during Revolutionary Song Change Provide Insights into Cul- tural Transmission in Humpback Whales." *Proceedings of the National Academy of Sciences* 114, no. 30: 7822–29. https://doi.org/10.1073/pnas.1621072114.

Garrick, Leslie D., and Jeffrey W. Lang. 1977. "Social Signals and Behaviors of Adult Alligators and Crocodiles." *American Zoologist* 17, no. 1: 225–39.

Gattuso, Jean-Pierre, and Lina Hansson, eds. 2011. *Ocean Acidification*. Oxford, UK: Oxford University Press.

Gavrilchuk, Katherine, Véronique Lesage, Sarah M. E. Fortune, Andrew W. Trites, and Stéphane Plourde. 2021. "Foraging Habitat of North Atlantic Right Whales Has Declined in the Gulf of St. Lawrence, Canada, and May Be Insufficient for Successful Reproduction." *Endangered Species Research* 44: 113–36.

Gazo, Manel, Joan Gonzalvo, and Alex Aguilar. 2008. "Pingers as Deterrents of Bottlenose Dol- phins Interacting with Trammel Nets." *Fisheries Research* 92, no. 1: 70–75. https://doi.org/10.1016/j.fishres.2007.12.016.

Gearheard, Shari, Gary Aipellee, and Kyle O'Keefe. 2010. "The Igliniit Project: Combining Inuit Knowledge and Geomatics Engineering to Develop a New Observation Tool for Hunters." In *SIKU: Knowing Our Ice*, edited by Igor Krupnik, Claudio Aporta, Shari Gearheard, Gita J. Laidler, and Lene Kielsen Holm, 181–202. Dordrecht, Netherlands: Springer.

Gearheard, Shari, Lene Kielsen Holm, Henry P. Huntington, Joe M. Leavitt, Andrew R. Ma- honey, Margaret Opie, Toku Oshima, and Joelie Sanguya, eds. 2013. *The Meaning of Ice: People and Sea Ice in Three Arctic Communities*. Hanover, NH: International Polar Institute.

Gearheard, Shari, Warren Matumeak, Iikoo Angutikjuaq, James Maslanik, Henry P. Hunting- ton, Joe M. Leavitt, Darlene M. Kagak, Geela Tigullaraq, and Roger G. Barry. 2006. "'It's Not That Simple': A Comparison of Sea Ice Environments, Uses of Sea Ice, and Vulnerability to Change in Barrow, Alaska, USA, and Clyde River, Nunavut, Canada." *Ambio* 35: 203–11.

Geerah, Daniel R., Robert P. O'Hagan, Wirdateti Wirdateti, and K. Anne Isola Nekaris. 2019. "The Use of Ultrasonic Communication to Maintain Social Cohesion in the Javan Slow Loris (*Nycticebus javanicus*)." *Folia Primatologica* 90, no. 5: 392–403.

George, J. Craig, David Rugh, and R. Suydam. 2018. "Bowhead Whale: *Balaena mysticetus*." In *Encyclopedia of Marine Mammals*, 133–35. Cambridge, MA: Academic Press.

George, J. Craig, Gay Sheffield, Daniel J. Reed, Barbara Tudor, Raphaela Stimmelmayr, Brian T. Person, Todd Sformo, and Robert Suydam. 2017. "Frequency of Injuries from Line Entangle- ments, Killer Whales, and Ship Strikes on Bering-Chukchi-Beaufort Seas Bowhead Whales." *Arctic* 70, no. 1: 37–46.

George, John C., Judith Zeh, Robert Suydam, and Christopher W. Clark. 2004. "Abundance and Population Trend (1978–2001) of Western Arctic Bowhead Whales Surveyed near Bar- row, Alaska." *Marine Mammal Science* 20, no. 4: 755–73.

George, John C., Jeffrey Bada, Judith Zeh, Laura Scott, Stephen E. Brown, Todd O'Hara, and Robert Suydam. 1999. "Age and Growth Estimates of Bowhead Whales (*Balaena mysticetus*) via Aspartic Acid Racemization." *Canadian Journal of Zoology* 77, no. 4: 571–80.

George, John C., Christopher Clark, Geoff M. Carroll, and William T. Ellison. 1989. "Observa- tions on the Ice-Breaking

Petrelli, et al. 2017. "Acoustic Environments Matter: Synergistic Benefits to Humans and Ecological Communities." *Journal of Environmental Management* 203: 245–54. https://doi.org/10.1016/j.jenvman.2017.07.041.

Fraser, Kevin C., Kimberley T. A. Davies, Christina M. Davy, Adam T. Ford, D. T. Flockhart, and Eduardo G. Martins. 2018. "Tracking the Conservation Promise of Movement Ecology." *Frontiers in Ecology and Evolution* 6: 150.

Freeberg, Todd M., Robin I. M. Dunbar, and Terry J. Ord. 2012. "Social Complexity as a Proxi- mate and Ultimate Factor in Communicative Complexity." *Philosophical Transactions of the Royal Society B* 367, no. 1597: 1785–1801.

Freeberg, Todd M., and Jeffrey R. Lucas. 2012. "Information Theoretical Approaches to Chick- a-dee Calls of Carolina Chickadees (*Poecile carolinensis*)." *Journal of Comparative Psychology* 126, no. 1: 68.

Freeman, Angela R. 2012. "Infrasonic and Audible Signals in Male Peafowl (*Pavo cristatus*) Mat- ing Displays." Master's thesis, University of Manitoba. http://hdl.handle.net/1993/8903.

Freeman, Angela R., and James F. Hare. 2015. "Infrasound in Mating Displays: A Peacock's Tale."
Animal Behaviour 102: 241–50.

French, Christopher C., Usman Haque, Rosie Bunton-Stasyshyn, and Rob Davis. 2009. "The 'Haunt' Project: An Attempt to Build a 'Haunted' Room by Manipulating Complex Elec- tromagnetic Fields and Infrasound." *Cortex* 45, no. 5: 619–29.

French, Fiona, Clara Mancini, and Helen Sharp. 2020. "More Than Human Aesthetics: Interac- tive Enrichment for Elephants." In *Proceedings of the 2020 ACM Designing Interactive Systems Conference*, 1661–72.

Frisch, Karl von. 1914. "Der Farbensinn und Formensinn der Biene." *Zoologische Jahrbucher Physiologie* 37: 1–238.

Frisch, Karl von. 1950. *Bees: Their Vision, Chemical Senses, and Language*. Ithaca, NY: Cornell University Press.

Frisch, Karl von. 1967. *Dance Language and Orientation of Bees*. Cambridge, MA: Belknap Press. Frommolt, Karl-Heinz, and Klaus-Henry Tauchert. 2014. "Applying Bioacoustic Methods for Long-Term Monitoring of a Nocturnal Wetland Bird." *Ecological Informatics* 21: 4–12.
https://doi.org/10.1016/j.ecoinf.2013.12.009.

Frongia, Francesca, Luca Forti, and Laura Arru. 2020. "Sound Perception and Its Eff cts in Plants and Algae." *Plant Signaling & Behavior* 15, no. 12: 1–8. https://doi.org/10.1080/15592324.2020.1828674.

Gabrys, Jennifer. 2016a. "Practicing, Materialising and Contesting Environmental Data." *Big Data and Society* 3, no. 2: 1–7. https://doi.org/10.1177/2053951716673391.

Gabrys, Jennifer. 2016b. *Program Earth: Environmental Sensing Technology and the Making of a Computational Planet*. Vol. 49. Minneapolis: University of Minnesota Press.

Gagliano, Monica. 2013a. "Th Flowering of Plant Bioacoustics: How and Why." *Behavioral Ecology* 24, no. 4: 800–801.

Gagliano, Monica. 2013b. "Green Symphonies: A Call for Studies on Acoustic Communication in Plants." *Behavioral Ecology* 24, no. 4: 789–96. https://doi.org/10.1093/beheco/ars206.

Gagliano, Monica, Michael Renton, Martial Depczynski, and Stefano Mancuso. 2014. "Experi- ence Teaches Plants to Learn Faster and Forget Slower in Environments Where It Matters." *Oecologia* 175, no. 1: 63–72. https://doi.org/10.1007/s00442-013-2873-7.

Gagliano, Monica. 2017. "The Mind of Plants: Thinking the Unthinkable." *Communicative & Integrative Biology* 10, no. 2: 38427.

Gagliano, Monica. 2018. *Thus Spoke the Plant: A Remarkable Journey of Groundbreaking Scientific Discoveries and Personal Encounters with Plants*. Berkeley, CA: North Atlantic Books.

Gagliano, Monica, Mavra Grimonprez, Martial Depczynski, and Michael Renton. 2017. "Tuned In: Plant Roots Use Sound to Locate Water." *Oecologia* 184, no. 1: 151–60. https://doi.org/10.1007/s00442-017-3862-z.

Gagliano, Monica, Stefano Mancuso, and Daniel Robert. 2012. "Towards Understanding Plant Bioacoustics." *Trends in Plant Science* 17, no. 6: 323–25. https://doi.org/10.1016/j.tplants.2012.03.002.

Gagliano, Monica, Michael Renton, Nili Duvdevani, Matthew Timmins, and Stefano Mancuso. 2012. "Acoustic and Magnetic Communication in Plants: Is It Possible?" *Plant Signaling and Behavior* 7, no. 10: 1346–48. https://doi.org/10.4161/psb.21517.

Gallup, Gordon G. 1970. "Chimpanzees: Self-Recognition." *Science* 167, no. 3914: 86–87. Garcia, Heriberto A., Trenton Couture, Amit Galor, Jessica M. Topple, Wei Huang, Devesh Tiwari, and Purnima Ratilal. 2020. "Comparing Performances of Five Distinct Automatic Classifiers for Fin Whale Vocalizations in Beamformed Spectrograms of

Filatova, Olga A., Mikhail A. Guzeev, Ivan D. Fedutin, Alexander M. Burdin, and Erich Hoyt. 2013. "Dependence of Killer Whale (*Orcinus orca*) Acoustic Signals on the Type of Activity and Social Context." *Biology Bulletin* 40, no. 9: 790–96.

Firdhous, M.F.M. 2020. "IoT-Enhanced Smart Laser Fence for Reducing Human Elephant Con- flicts." In *2020 5th International Conference on Information Technology Research* (*ICITR*), 1–5. New York: IEEE.

Fischer, Henry G. 1966. "Egyptian Turtles." *Metropolitan Museum of Art Bulletin* 24, no. 6: 193–200.

Fish, Marie Poland. 1954. "The Character and Significance of Sound Production among Fishes of the Western North Atlantic." *Bulletin of the Bingham Oceanographic Collection* 14, no. 3: 1–109. Fish, Marie Poland, Alton Stuart Kelsey, and William H. Mowbray. 1952. "Studies on the Production of Underwater Sound by North Atlantic Coastal Fishes." *Journal of Marine Research* 11: 180–93.

FitBark. 2020. "Dog GPS & Health Trackers." https://www.fitbark.com/.

Fitch, W. Tecumseh. 2005. "The Evolution of Language: A Comparative Review." *Biology and Philosophy* 20, no. 2–3: 193–203.

Fitch, W. Tecumseh. 2010. *The Evolution of Language*. Cambridge, UK: Cambridge University Press. Fitch, W. Tecumseh, Marc D. Hauser, and Noam Chomsky. 2005. "The Evolution of the Lan-guage Faculty: Clarifications and Implications." *Cognition* 97, no. 2: 179–210.

Fitzpatrick, Alison, Ian J. McNiven, Jim Specht, and Sean Ulm. 2018. "Stylistic Analysis of Stone Arrangements Supports Regional Cultural Interactions along the Northern Great Barrier Reef, Queensland." *Australian Archaeology* 84, no. 2: 129–44.

FitzPatrick Institute of African Ornithology. 2020. "The Evolution, Ecology and Conservation of Honeyguide-Human Mutualism." University of Cape Town. http://www.fitzpatrick.uct.ac.za/fitz/research/programmes/understanding/honeyguide-human_mutualism.

Fleissner, Peter, and Wolfgang Hofkirchner. 1998. "Th Making of the Information Society: Driving Forces, 'Leitbilder' and the Imperative for Survival." *BioSystems* 46, no. 1–2: 201–7. Fonseca, Antonio H. O., Gustavo M. Santana, Gabriela M. Bosque Ortiz, Sérgio Bampi, and Marcelo O. Dietrich. 2021. "Analysis of Ultrasonic Vocalizations from Mice Using Computer Vision and Machine Learning." *Elife* 10: e59161.

Foote, Andrew D., Rachael M. Griffi David Howitt, Lisa Larsson, Patrick J. O. Miller, and A. Rus Hoelzel. 2006. "Killer Whales Are Capable of Vocal Learning." *Biology Letters* 2, no. 4: 509–12.

Ford, Brian J. 2001. "The Royal Society and the Microscope." *Notes and Records of the Royal Society of London* 55, no. 1: 29–49. https://doi.org/10.1098/rsnr.2001.0124.

Forero-Medina, German, Camila R. Ferrara, Richard C. Vogt, Camila K. Fagundes, Rafael An- tônio M. Balestra, Paulo C. M. Andrade, Roberto Lacava, et al. 2019. "On the Future of the Giant South American River Turtle *Podocnemis expansa*." *Oryx* 55, no. 1: 1–8.

Fouts, Roger S., Deborah H. Fouts, and Donna Schoenfeld. 1984. "Sign Language Conversa- tional Interaction between Chimpanzees." *Sign Language Studies* 42: 1–12.

Fox, Alex. 2020. "Innovative New Whale Detection System Aims to Prevent Ships from Striking Animals." *Smithsonian Magazine*, September 17, 2020. https://www.smithsonianmag.com/science-nature/innovative-new-whale-detection-system-aims-prevent-ships-striking-animals-180975839/.

Fox, Christopher G., Haruyoshi Matsumoto, and Tai-Kwan Andy Lau. 2001. "Monitoring Pacific Ocean Seismicity from an Autonomous Hydrophone Array." *Journal of Geophysical Research: Solid Earth* 106, no. B3: 4183–4206.

Fox, Douglas. 2004. "The Elephant Listening Project." *Conservation in Practice* 5: 30–37. França, F.O.S., L. A. Benvenuti, H. W. Fan, D. R. Dos Santos, S. H. Hain, F. R. Picchi-Martins,

J.L.C. Cardoso, A. S. Kamiguti, R.D.G. Theakston, and D. A. Warrell. 1994. "Severe and Fatal Mass Attacks by 'Killer' Bees (Africanized honey bees—*Apis mellifera scutellata*) in Brazil: Clinicopathological Studies with Measurement of Serum Venom Concentrations." *QJM: An International Journal of Medicine* 87, no. 5: 269–82.

Francis, Clinton D., and Jesse R. Barber. 2013. "A Framework for Understanding Noise Impacts on Wildlife: An Urgent Conservation Priority." *Frontiers in Ecology and the Environment* 11, no. 6: 305–13. http://www.jstor.org/stable/23470482.

Francis, Clinton D., Peter Newman, B. Derrick Taff, Crow White, Christopher A. Monz, Mitch- ell Levenhagen, Alissa R.

Fernandez, Ahana Aurora, and Mirjam Knörnschild. 2020. "Pup Directed Vocalizations of Adult Females and Males in a Vocal Learning Bat." *Frontiers in Ecology and Evolution* 8: 265.

Fernández-Llamazares, Álvaro, Adrià López-Baucells, Paúl M. Velazco, Arun Gyawali, Ricardo Rocha, Julien Terraube, and Mar Cabeza. 2021. "The Importance of Indigenous Territories for Conserving Bat Diversity across the Amazon Biome." *Perspectives in Ecology and Conser- vation* 19, no. 1: 10–20.

Fernandez-Jaramillo, Arturo Alfonso, Carlos Duarte-Galvan, Lina Garcia-Mier, Sandra Neli Jimenez-Garcia, and Luis Miguel Contreras-Medina. 2018. "Effects of Acoustic Waves on Plants: An Agricultural, Ecological, Molecular and Biochemical Perspective." *Scientia Hor- ticulturae* 235: 340–48.

Fernando, Prithiviraj, Eric Wikramanayake, Devaka Weerakoon, L.K.A. Jayasinghe, Manori Gunawardene, and H. K. Janaka. 2005. "Perceptions and Patterns of Human-Elephant Con- flict in Old and New Settlements in Sri Lanka: Insights for Mitigation and Management." *Biodiversity & Conservation* 14, no. 10: 2465–81.

Ferrara, Camila R., Richard C. Vogt, Carla C. Eisemberg, and J. Sean Doody. 2017. "First Evi- dence of the Pig-Nosed Turtle (*Carettochelys insculpta*) Vocalizing Underwater." *Copeia* 105, no. 1: 29–32. https://doi.org/10.1643/CE-16-407.

Ferrara, Camila R., Richard C. Vogt, Martha R. Harfush, Renata S. Sousa-Lima, Ernesto Albavera, and Alejandro Tavera. 2014a. "First Evidence of Leatherback Turtle (*Dermochelys coriacea*) Em- bryos and Hatchlings Emitting Sounds." *Chelonian Conservation and Biology* 13, no. 1: 110–14.

Ferrara, Camila R., Richard C. Vogt, Renata S. Sousa-Lima, Bruno M. R. Tardio, and Virginia C. D. Bernardes. 2014b. "Sound Communication and Social Behavior in an Ama- zonian River Turtle (*Podocnemis expansa*)." *Herpetologica* 70, no. 2: 149–56. https://doi.org/10.1655/HERPETOLOGICA-D-13-00050R2.

Ferrara, Camila R., Richard C. Vogt, Jacqueline C. Giles, and Gerald Kuchling. 2014c. "Chelo- nian vocal communication." In G. Witzany (ed). *Biocommunication of Animals*, Springer, Dordrecht, p. 266.

Ferrara, Camila R., Richard C. Vogt, and Renata S. Sousa-Lima. 2013. "Turtle Vocalizations as the First Evidence of Posthatching Parental Care in Chelonians." *Journal of Comparative Psychology* 127, no. 1: 24–32. https://psycnet.apa.org/buy/2012-28205-001.

Ferrara, Camila R., Richard C. Vogt, Renata S. Sousa-Lima, Anna Lenz, and Jorge E. Morales- Mávil. 2019. "Sound Communication in Embryos and Hatchlings of *Lepidochelys kempii*." *Chelonian Conservation and Biology* 18, no. 2: 279–83. https://doi.org/10.2744/CCB-1386.1. Ferreira, Alexandre R. 1972a. "Memória sobre as tartarugas." In *Viagem filosófica pelas capitanias do Grão-Pará, Rio Negro, Mato Grosso e Cuiabá: Memórias zoologia e botânica*, 25–31. Rio de Janeiro: Conselho Federal de Cultura.

Ferreira, Alexandre R. 1972b. "Memória sobre as variedades de tartarugas que há no Estado do Grão-Pará e do uso que lhe dão." In *Viagem filosófica pelas capitanias do Grão-Pará, Rio Negro, Mato Grosso e Cuiabá: memórias zoologia e botânica*, 33–35. Rio de Janeiro: Conselho Federal de Cultura.

Ferrer-i-Cancho, Ramon. 2005. "Zipf 's Law from a Communicative Phase Transition." *European Physical Journal B* 47: 449–57. https://doi.org/10.1140/epjb/e2005-00340-y.

Ferrer-i-Cancho, Ramon, and Brenda McCowan. 2009. "A Law of Word Meaning in Dolphin Whistle Types." *Entropy* 11, no. 4: 688–701.

Ferrer-i-Cancho, Ramon, and Solé, Ricard V. 2003. "Least Effort and the Origins of Scaling in Human Language." *Proceedings of the National Academy of Sciences* 100: 788–91. https://doi.org/10.1073/pnas.0335980100

Ferrier-Pagès, Christine, Miguel C. Leal, Ricardo Calado, Dominik W. Schmid, Frédéric Ber- tucci, David Lecchini, and Denis Allemand. 2021. "Noise Pollution on Coral Reefs? A Yet Underestimated Threat to Coral Reef Communities." *Marine Pollution Bulletin* 165: 1–11.

Fewtrell, Jane L., and Robert D. McCauley. 2012. "Impact of Airgun Noise on the Behaviour of Marine Fish and Squid." *Marine Pollution Bulletin* 64: 984–93.

Field, Angela. 2020. "What Mechanisms Underlie Synchronous Hatching in Loggerhead Turtle Nests?" PhD dissertation, Florida Atlantic University.

Filatova, Olga A., Volker B. Deecke, John K. B. Ford, Craig O. Matkin, Lance G. Barrett-Lennard, Mikhail A. Guzeev, Alexandr M. Burdin, and Erich Hoyt. 2012. "Call Diversity in the North Pacific Killer Whale Populations: Implications for Dialect Evolution and Population His- tory." *Animal Behaviour* 83, no. 3: 595–603.

scutellata Lepeletier (Insecta: Hymenoptera: Apidae)." *EDIS* 429, no. 2: 1–7.

Ellison, William T., Christopher W. Clark, and Garner C. Bishop. 1987. "Potential Use of Surface Reverberation by Bowhead Whales, *Balaena mysticetus*, in Under-ice Navigation: Prelimi- nary Considerations." *Report of the International Whaling Commission* 37: 329–32.

Engesser, Sabrina, and Simon W. Townsend. 2019. "Combinatoriality in the Vocal Systems of Nonhuman Animals." *Wiley Interdisciplinary Reviews: Cognitive Science* 10, no. 4: e1493. https://doi.org/10.1002/wcs.1493.

Erbe, Christine. 2002. "Hearing Abilities of Baleen Whales." *Report CR* 65, Defense Research and Development Canada. https://cradpdf.drdc-rddc.gc.ca/PDFS/unc09/p519661.pdf (accessed April 25, 2021).

Erbe, Christine, Sarah A. Marley, Renée P. Schoeman, Joshua N. Smith, Leah E. Trigg, and Clare Beth Embling. 2019. "The Effects of Ship Noise on Marine Mammals—a Review." *Frontiers in Marine Science* 6: 606.

Erbe, Christine, Rob Williams, Miles Parsons, Sylvia K. Parsons, I. Gede Hendrawan, and I. Made Iwan Dewantama. 2018. "Underwater Noise from Airplanes: An Overlooked Source of Ocean Noise." *Marine Pollution Bulletin* 137: 656–61.

Erbs, Florence, Mihaela van der Schaar, Jürgen Weissenberger, Serge Zaugg, and Michel André. 2021. "Contribution to Unravel Variability in Bowhead Whale Songs and Better Understand Its Ecological Significance." *Scientific Reports* 11, no. 1: 1–14.

Erisman, Brad E., and Timothy J. Rowell. 2017. "A Sound Worth Saving: Acoustic Characteris- tics of a Massive Fish Spawning Aggregation." *Biology Letters* 13, no. 12. 1–5.

Erskine, Fred Tudor. 2013. *A History of the Acoustics Division of the Naval Research Laboratory: The First Eight Decades, 1923–2008*. Washington, DC: Naval Research Laboratory.

Ethayarajh, Kawin. 2019. "How Contextual Are Contextualized Word Representations? Com- paring the Geometry of BERT, ELMo, and GPT-2 Embeddings." arXiv.org: 1909.00512.

Ethayarajh, Kawin, David Duvenaud, and Graeme Hirst. 2018. "Towards Understanding Linear Word Analogies." arXiv.org: 1810.04882.

Evans, Kirk. 1994. "The Nation's Fixed Undersea Surveillance Assets—a National Resource for the Future." *Journal of the Acoustical Society of America* 95, no. 5: 2852.

Fabre, Caroline C. G., Berthold Hedwig, Graham Conduit, Peter A. Lawrence, Stephen F. Goodwin, and José Casal. 2012. "Substrate-Borne Vibratory Communication during Court- ship in *Drosophila melanogaster*." *Current Biology* 22, no. 22: 2180–85.

Fairbrass, Alison J., Michael Firman, Carol Williams, Gabriel J. Brostow, Helena Titheridge, and Kate E. Jones. 2019. "CityNet—Deep Learning Tools for Urban Ecoacoustic Assessment." *Methods in Ecology and Evolution* 10, no. 2: 186–97.

Fakan, E. P., and M. I. McCormick. 2019. "Boat Noise Affects the Early Life History of Two Damselfishes." *Marine Pollution Bulletin* 141: 493–500.

Farina, Almo. 2013. *Soundscape Ecology: Principles, Patterns, Methods and Applications*. Berlin: Springer Science & Business Media.

Farina, Almo. 2018. "Perspectives in Ecoacoustics: A Contribution to Defining a Discipline."

Journal of Ecoacoustics 2, no. 2: 1–19.

Farina, Almo, and Stuart H. Gage, eds. 2017. *Ecoacoustics: The Ecological Role of Sounds*. Hobo- ken, NJ: John Wiley & Sons.

Farina, Almo, Emanuele Lattanzi, Rachele Malavasi, Nadia Pieretti, and Luigi Piccioli. 2011. "Avian Soundscapes and Cognitive Landscapes: Theory, Application and Ecological Per- spectives." *Landscape Ecology* 26, no. 9: 1257–67.

Farley, Scott S., Andria Dawson, Simon J. Goring, and John W. Williams. 2018. "Situating Ecol- ogy as a Big-Data Science: Current Advances, Challenges, and Solutions." *BioScience* 68, no. 8: 563–76.

Feder, Toni. 2018. "Passive Infrasound Monitoring Is an Active Area of Study." *Physics Today* 71, no. 8: 22–24.

Fedurek, Pawel, Klaus Zuberbühler, and Christoph D. Dahl. 2016. "Sequential Information in a Great Ape Utterance." *Scientific Reports* 6: 38226. https://doi.org/10.1038/srep38226.

Ferguson, Steven H., Jeff W. Higdon, and Kristin H. Westdal. 2012. "Prey Items and Predation Behavior of Killer Whales (*Orcinus orca*) in Nunavut, Canada, Based on Inuit Hunter Inter- views." *Aquatic Biosystems* 8, no. 1: 1–16.

Thailand." *Mammalian Biology* 100, no. 4: 355–63.

Druckenmiller, Matthew L., John J. Citta, Megan C. Ferguson, Janet T. Clarke, John Craighead George, and Lori Quakenbush. 2018. "Trends in Sea-Ice Cover within Bowhead Whale Habitats in the Pacific Arctic." *Deep Sea Research Part II: Topical Studies in Oceanography* 152: 95–107.

D'Spain, Gerald L., William S. Hodgkiss, and G. L. Edmonds. 1991. "Energetics of the Deep Ocean's Infrasonic Sound Field." *Journal of the Acoustical Society of America* 89, no. 3: 1134–58.

Duarte, Carlos M., Lucille Chapuis, Shaun P. Collin, Daniel P. Costa, Reny P. Devassy, Victor M. Eguiluz, Christine Erbe, et al. 2021. "The Soundscape of the Anthropocene Ocean." *Science* 371, no. 6529: 1–12.

Dugas-Ford, Jennifer, Joanna J. Rowell, and Clifton W. Ragsdale. 2012. "Cell-Type Homologies and the Origins of the Neocortex." *Proceedings of the National Academy of Sciences* 109, no. 42: 16974–79.

Duquette, Cameron Albert, Scott R. Loss, and Torre J. Hovick. 2021. "A Meta-analysis of the Influence of Anthropogenic Noise on Terrestrial Wildlife Communication Strategies." *Jour- nal of Applied Ecology* 58, 1112–21.

Durette-Morin, Delphine, Kimberley T. A, Davies, Hansen D. Johnson, Moira W. Brown, Hilary Moors-Murphy, Bruce Martin, and Christopher T. Taggart. 2019. "Passive Acoustic Moni- toring Predicts Daily Variation in North Atlantic Right Whale Presence and Relative Abun- dance in Roseway Basin, Canada." *Marine Mammal Science* 35, no. 4: 1280–1303.

Dutheil, Frédéric, Julien S. Baker, and Valentin Navel. 2020. "COVID-19 and Cardiovascular Risk: Flying toward a Silent World?" *Journal of Clinical Hypertension* 22, no. 10: 1945–46.

Dutour, Mylène, Sarah L. Walsh, Elizabeth M. Speechley, and Amanda R. Ridley. 2021. "Female Western Australian Magpies Discriminate between Familiar and Unfamiliar Human Voices." *Ethology* 127, no. 11: 979–85.

Dwyer, Guy, and Tristan Orgill. 2020. "Do the Conventions on the Law of the Sea and Biological Diversity Adequately Protect Marine Biota from Anthropogenic Underwater Noise Pollu- tion?" *Asia Pacific Journal of Environmental Law* 23, no. 1: 6–38.

Dyer, Adrian G., Christa Neumeyer, and Lars Chittka. "Honeybee (*Apis mellifera*) Vision Can Discriminate between and Recognise Images of Human Faces." 2005. *Journal of Experimental Biology* 208: 4709–14.

Dyer, Fred C., and Thomas D. Seeley. 1991. "Dance Dialects and Foraging Range in Three Asian Honey Bee Species." *Behavioral Ecology and Sociobiology* 28, no. 4: 227–33.

Eaton, Randall L. 1979. "A Beluga Whale Imitates Human Speech." *Carnivore* 2, no. 3: 22.

Eber, Dorothy Harley. 1996. *When the Whalers Were Up North: Inuit Memories from the Eastern Arctic*. Montreal: McGill-Queen's Press.

Ebert, Adam. 2017. "The Tears of Re: Beekeeping in Ancient Egypt." *Agricultural History* 91, no. 1: 124.

Edwards, Alasdair J. 2021. "Impact of Climatic Change on Coral Reefs, Mangroves, and Tropical Seagrass Ecosystems." In *Climate Change*, edited by Doeke Eisma, 209–34. Boca Raton, FL: CRC Press.

Egelkamp, Crystal L., and Stephen R. Ross. 2019. "A Review of Zoo-Based Cognitive Research Using Touchscreen Interfaces." *Zoo Biology* 38, no. 2: 220–35.

Egerton, Frank N. 2012. "History of Ecological Sciences, Part 41: Victorian Naturalists in Amazonia—Wallace, Bates, Spruce." *Bulletin of the Ecological Society of America* 93, no. 1: 35–59.

Eisner, Wendy R., Kenneth M. Hinkel, Chris J. Cuomo, and Richard A. Beck. 2013. "Environ- mental, Cultural, and Social Change in Arctic Alaska as Observed by Iñupiat Elders over Their Lifetimes: A GIS Synthesis." *Polar Geography* 36, no. 3: 221–31.

Eldridge, Alice. 2021. "Listening to Ecosystems as Complex Adaptive Systems: Toward Acoustic Early Warning Signals." In *ALIFE 2021: The 2021 Conference on Artificial Life*, 1–8. Cambridge, MA: MIT Press.

Eldridge, Alice, and Chris Kiefer. 2018. "Toward a Synthetic Acoustic Ecology: Sonically Situ- ated, Evolutionary Agent Based Models of the Acoustic Niche Hypothesis." In *Artificial Life Conference Proceedings*, 296–303. Cambridge, MA: MIT Press.

Elise, Simon, Isabel Urbina-Barreto, Romain Pinel, Vincent Mahamadaly, Sophie Bureau, Lucie Penin, Mehdi Adjeroud, Michel Kulbicki, and J. Henrich Bruggemann. 2019. "Assessing Key Ecosystem Functions through Soundscapes: A New Perspective from Coral Reefs." *Ecologi- cal Indicators* 107, 1–12.

Ellis, James D., and Amanda Ellis. 2009. "African Honey Bee, Africanized Honey Bee, Killer Bee, *Apis mellifera*

Nature Reviews Neuroscience 18, no. 8: 498–509.

Dhanaraj, Jerline Sheebha Anni, and Arun Kumar Sangiah. 2017. “A Wireless Sensor Network Based on Unmanned Boundary Sensing Technique for Minimizing Human Elephant Con- flicts.” *Studies in Informatics and Control* 26, no. 4: 459–68.

Di Franco, Eugene, Patricia Pierson, Lucia Di Iorio, Antonio Calò, Jean-Michel Cottalorda, Benoit Derijard, AntonioDi Franco, et al. 2020. “Effects of Marine Noise Pollution on Medi- terranean Fishes and Invertebrates: A Review.” *Marine Pollution Bulletin* 159: 111450.

Dijkgraaf, Sven. 1960. “Spallanzani’s Unpublished Experiments on the Sensory Basis of Object Perception in Bats.” *Isis* 51, no. 1: 9–20.

Dillon, Matthew P. J. 1997. “The Ecology of the Greek Sanctuary.” *Zeitschrift für Papyrologie und Epigraphik* 118: 113–27.

Dimoff, Sean A., William D. Halliday, Matthew K. Pine, Kristina L. Tietjen, Francis Juanes, and Julia K. Baum. 2021. “The Utility of Different Acoustic Indicators to Describe Biological Sounds of a Coral Reef Soundscape.” *Ecological Indicators* 124: 107435.

Dodgin, Sarah R., Carrie L. Hall, and Daniel R. Howard. 2020. “Eavesdropping on the Dead: Heterogeneity of Tallgrass Prairie Soundscapes and Their Relationship with Invertebrate Necrophilous Communities.” *Biodiversity* 21, no. 1: 28–40.

Dolensek, Nejc, Daniel A. Gehrlach, Alexandra S. Klein, and Nadine Gogolla. 2020. “Facial Expressions of Emotion States and Their Neuronal Correlates in Mice.” *Science* 368, no. 6486: 89–94.

Do Nascimento, Leandro A., Marconi Campos-Cerqueira, and Karen H. Beard. 2020. “Acoustic Metrics Predict Habitat Type and Vegetation Structure in the Amazon.” *Ecological Indicators* 117: 106679.

Doney, Scott C., Victoria J. Fabry, Richard A. Feely, and Joan A. Kleypas. 2009. “Ocean Acidi- fication: The Other CO2 Problem.” *Annual Review of Marine Science* 1: 169–92. https://doi.org/10.1146/annurev.marine.010908.163834.

Dong, Shihao, Ken Tan, Qi Zhang, and James C. Nieh. 2019. “Playbacks of Asian Honey Bee Stop Signals Demonstrate Referential Inhibitory Communication.” *Animal Behaviour* 148: 29–37.

Doody, J. Sean, Bret Stewart, Chris Camacho, and Keith Christian. 2012. “Good Vibrations?

Sibling Embryos Expedite Hatching in a Turtle.” *Animal Behaviour* 83, no. 3: 645–51.

dos Santos, Christian F. M., and Marlon M. Fiori. 2020. “Turtles, Indians and Settlers: *Podocne- mis expansa* Exploitation and the Portuguese Settlement in Eighteenth-Century Amazonia.” *Topoi* (Rio de Janeiro) 21, no. 44: 350–73.

Douglas-Hamilton, Iain. 1987. “African Elephants: Population Trends and Their Causes.” 1987.

Oryx 21, no. 1: 11–24. https://doi.org/10.1017/S0030605300020433.

Douglas-Hamilton, Iain. 2009. “The Current Elephant Poaching Trend.” *Pachyderm* 45: 154–57.

Douglas-Hamilton, Iain, and Anne Burrill. 1991. “Using Elephant Carcass Ratios to Determine Population Trends.” *African Wildlife: Research and Management*: 98–105.

Dounias, Edmond. 2018. “Cooperating with the Wild: Past and Present Auxiliary Animals As- sisting Humans in Th Foraging Activities.” In *Hybrid Communities*, edited by Charles Stépanoff and Jean-Denis Vigne, 197–220. New York: Routledge.

Dowie, Mark. 2009. *Conservation Refugees: The Hundred-Year Conflict between Global Conserva- tion and Native Peoples*. Cambridge, MA: MIT Press.

Doyle, Laurance R., Brenda McCowan, Sean F. Hanser, Christopher Chyba, Taylor Bucci, and J. Ellen Blue. 2008. “Applicability of Information Theory to the Quantification of Responses to Anthropogenic Noise by Southeast Alaskan Humpback Whales.” *Entropy* 10, no. 2: 33–46.

Dreller, C., and W. H. Kirchner. 1993. “Hearing in Honeybees: Localization of the Auditory Sense Organ.” *Journal of Comparative Physiology A* 173, no. 3: 275–79.

Dressler, Falko, Simon Ripperger, Martin Hierold, Thorsten Nowak, Christopher Eibel, Bjorn Cassens, Frieder Mayer, Klaus Meyer-Wegener, and Alexander Kolpin. 2016. “From Radio Telemetry to Ultra-low-power Sensor Networks: Tracking Bats in the Wild.” *IEEE Com- munications Magazine* 54, no. 1: 129–35.

Dror, Shany, Franziska Harich, Orawan Duangphakdee, Tommaso Savini, Ákos Pogány, John Roberts, Jessica Geheran, and Anna C. Treydte. 2020. “Are Asian Elephants Afraid of Hon- eybees? Experimental Studies in Northern

513–18.
Deecke, Volker B., John K. B. Ford, and Paul Spong. 2000. "Dialect Change in Resident Killer Whales (*Orcinus orca*): Implications for Vocal Learning and Cultural Transmission." *Animal Behaviour* 60: 629–38.
Delarue, Julien, Marjo Laurinolli, and Bruce Martin. 2009. "Bowhead Whale (*Balaena mystice- tus*) Songs in the Chukchi Sea between October 2007 and May 2008." *Journal of the Acousti- cal Society of America* 126, no. 6: 3319–28.
Delarue, Julien, Sean K. Todd, Sofie M. Van Parijs, and Lucia Di Iorio. 2009. "Geographic Varia- tion in Northwest Atlantic Fin Whale (*Balaenoptera physalus*) Song: Implications for Stock StructureAassessment." *Journal of the Acoustical Society of America* 125, no. 3: 1774–82.
Deloria, Vine, Jr. 1986. "American Indian Metaphysics." *Winds of Change* (June: 49–67. Deloria, Vine, Jr. 1999. *Spirit & Reason: The Vine Deloria, Jr., Reader*. Golden, CO: Fulcrum Publishing.
De Luca, Paul A., and Mario Vallejo-Marin. 2013. "What's the 'Buzz' About? The Ecology and Evolutionary Significance of Buzz-Pollination." *Current Opinion in Plant Biology* 16, no. 4: 429–35.
De Marco, Rodrigo J., and Randolf Menzel. 2008. "Learning and Memory in Communication and Navigation in Insects." In *Learning and Memory: A Comprehensive Reference, Vol. 1, Learn- ing Theory and Behavior*, edited by Randolf Menzel, 477–98. Cambridge, MA: Academic Press. https://doi.org/10.1016/B978-012370509-9.00085-1.
de Menezes Bastos, Rafael Jose. 1999. "Apùap World Hearing: On the Kamayurá Phono- auditory System and the Anthropological Concept of Culture." *World of Music* 41, no. 1: 85–96.
de Menezes Bastos, Rafael Jose. 2013. "Apùap World Hearing Revisited: Talking with 'Animals,' 'Spirits' and Other Beings, and Listening to the Apparently Inaudible." *Ethnomusicology Forum* 22, no. 3: 287–305.
Demuth, Bathsheba. 2017. "Men, Ice, and Failure: New Histories of Arctic Exploration." *Reviews in American History* 45, no. 4: 539–44.
Demuth, Bathsheba. 2019a. *Floating Coast: An Environmental History of the Bering Strait*. New York: W. W. Norton.
Demuth, Bathsheba. 2019b. "The Walrus and the Bureaucrat: Energy, Ecology, and Making the State in the Russian and American Arctic, 1870–1950." *American Historical Review* 124, no. 2: 483–510.
Demuth, Bathsheba. 2019c. "What Is a Whale? Cetacean Value at the Bering Strait, 1848–1900."
RCC Perspectives 5: 73–80.
den Hartog, Cornelis 1970. *The Sea-Grasses of the World*. Amsterdam: North Holland Publishing.
Dennett, Daniel C. 1995. "Animal Consciousness: What Matters and Why." *Social Research* 62, no. 3: 691–710.
Dennett, Daniel C. 2001. "Are We Explaining Consciousness Yet?" *Cognition* 79, no. 1–2: 221–37.
Denolle, Marine A., and Tarje Nissen-Meyer. 2020. "Quiet Anthropocene, Quiet Earth." *Science*
369, no. 6509: 1299–1300.
Department of Fisheries and Oceans. 2017. "Science Advice on the Timing of the Mandatory Slow-Down Zone for Shipping Traffi in the Gulf of St. Lawrence to Protect the North Atlantic Right Whale." DFO Canadian Science Advisory Secretariat Science Response. 2017/042, 1–16. https://waves-vagues.dfo-mpo.gc.ca/Library/40659793.pdf.
Derrida, Jacques. 2008. *The Animal That Therefore I Am*. New York: Fordham University Press. Derryberry, Elizabeth P., Jennifer N. Phillips, Graham E. Derryberry, Michael J. Blum, and David Luther. 2020. "Singing in a Silent Spring: Birds Respond to a Half-Century Sound-scape Reversion during the COVID-19 Shutdown." *Science* 370, no. 6516: 575–79.
de Silva, Shermin, Ashoka D. G. Ranjeewa, and Sergey Kryazhimskiy. 2011. "The Dynamics of Social Networks among Female Asian Elephants." *BMC Ecology* 11, no. 1: 1–16.
de Silva, Shermin, and George Wittemyer. 2012. "A Comparison of Social Organization in Asian Elephants and African Savannah Elephants." *International Journal of Primatology* 33, no. 5: 1125–41.
De Soto, Aguilar, Natali Delorme, John Atkins, Sunkita Howard, James Williams, and Mark Johnson. 2013. "Anthropogenic Noise Causes Body Malformations and Delays Development in Marine Larvae." *Scientific Reports* 3, no. 2831: 1–5.
De Waal, Frans. 2016. *Are We Smart Enough to Know How Smart Animals Are?* New York: W. W. Norton.
De Waal, Frans, and Stephanie D. Preston. 2017. "Mammalian Empathy: Behavioural Manifesta- tions and Neural Basis."

Catarina Alves, Fleur Visser, Petter H. Kvadsheim, and Patrick J. O. Miller. 2013. "Responses of Male Sperm Whales (*Physeter macrocephalus*) to Killer Whale Sounds: Implications for Anti-predator Strategies." *Scientific Reports* 3, no. 1:1–7. https://doi.org/10.1038/srep01579.

Čurović, Luka, Sonja Jeram, Jure Murovec, Tadej Novaković, Klara Rupnik, and Jurij Prezelj. 2021. "Impact of COVID-19 on Environmental Noise Emitted from the Port." *Science of the Total Environment* 756: 144–47.

Currier, Robert, Barbara Kirkpatrick, Chris Simoniello, Sue Lowerre-Barbieri, and Joel Bick- ford. 2015. "iTAG: Developing a Cloud Based, Collaborative Animal Tracking Network in the Gulf of Mexico." In *OCEANS 2015-MTS/IEEE Washington*, 1–3. New York: IEEE.

Dabre, Raj, Chenhui Chu, and Anoop Kunchukuttan. 2020. "A Survey of Multilingual Neural Machine Translation." *ACM Computing Surveys* (*CSUR*) 53, no. 5: 1–38.

Dakin, Roslyn, Owen McCrossan, James F. Hare, Robert Montgomerie, and Suzanne Amador Kane. 2016. "Biomechanics of the Peacock's Display: How Feather Structure and Resonance Influence Multimodal Signaling." *PLoS One* 11, no. 4: e0152759.

Daly, Lewis, and Glenn Shepard Jr. 2019. "Magic Darts and Messenger Molecules: Toward a Phytoethnography of Indigenous Amazonia." *Anthropology Today* 35, no. 2: 13–17.

Daoust, Pierre-Yves, Émilie Couture, Tonya Wimmer, and Laura Bourque. 2017. "North Atlantic Right Whale Mortality Event in the Gulf of St. Lawrence." *Fisheries and Oceans Canada*. https://publications.gc.ca/site/eng/9.850838/publication.html.

Darling, James D., Jo Marie V. Acebes, and Manami Yamaguchi. 2014. "Similarity Yet a Range of Differences between Humpback Whale Songs Recorded in the Philippines, Japan and Hawaii in 2006." *Aquatic Biology* 21, no. 2: 93–107.

Darras, Kevin, Péter Batáry, Brett J. Furnas, Ingo Grass, Yeni A. Mulyani, and Teja Tscharntke. 2019. "Autonomous Sound Recording Outperforms Human Observation for Sampling Birds: A Systematic Map and User Guide." *Ecological Applications* 29, no. 6: e01954. https:// doi.org/10.1002/eap.1954.

Darwin, Charles. 1999. *The Correspondence of Charles Darwin*. Vol. 11, 1863. Cambridge, UK: Cambridge University Press.

Darwin, Francis. 1917. *Rustic Sounds, and Other Studies in Literature and Natural History*. London: John Murray. https://www.gutenberg.org/files/34006/34006-h/34006-h.htm#page36 (accessed April 30, 2021).

Da Silva, Maria Luisa, Jose Roberto C. Piqueira, and Jacques M. E. Vielliard. 2000. "Using Shan- non Entropy on Measuring the Individual Variability in the Rufous-Bellied Thrush *Turdus rufiventris* Vocal Communication." *Journal of Theoretical Biology* 207, no. 1: 57–64.

Davies, Kimberley T. A., and Sean W. Brillant. 2019. "Mass Human-Caused Mortality Spurs Federal Action to Protect Endangered North Atlantic Right Whales in Canada." 2019. *Ma- rine Policy* 104: 157–62.

Davies, Ross. 2019. "Q&A: How a New Marine Tracking System Could Help Reduce Whale Collisions." *Ship Technology*, October 31, 2019. https://www.ship-technology.com/features/qa-how-a-new-marine-tracking-system-could-help-reduce-whale-collisions/.

Davies, Tammy E., Scott Wilson, Nandita Hazarika, Joydeep Chakrabarty, Dhruba Das, Dave J. Hodgson, and Alexandra Zimmermann. 2011. "Effectiveness of Intervention Methods against Crop-Raiding Elephants." *Conservation Letters* 4, no. 5: 346–54. https://doi.org/10.1111/j.1755-263X.2011.00182.x.

Davis, Genevieve E., Mark F. Baumgartner, Julianne M. Bonnell, Joel Bell, Catherine Berchok, Jacqueline Bort Thornton, Solange Brault, et al. 2017. "Long-Term Passive Acoustic Record- ings Track the Changing Distribution of North Atlantic Right Whales (*Eubalaena glacialis*) from 2004 to 2014." *Scientific Reports* 7, no. 1: 1–12.

Davis, Genevieve E., Mark F. Baumgartner, Peter J. Corkeron, Joel Bell, Catherine Berchok, Julianne M. Bonnell, Jacqueline Bort Thornton, et al. 2020. "Exploring Movement Patterns and Changing Distributions of Baleen Whales in the Western North Atlantic Using a De- cade of Passive Acoustic Data." *Global Change Biology* 26, no. 9: 4812–40.

De Chardin, Pierre Teilhard. 1964. *La Vision du Passé*. Paris: Seuil.

Deecke, Volker B., Lance G. Barrett-Lennard, Paul Spong, and John K. B. Ford. 2010. "Th Structure of Stereotyped Calls Reflects Kinship and Social Affiliation in Resident Killer Whales (*Orcinus orca*)." *Naturwissenschaften* 97, no. 5:

www.beeculture.com/a-closer-look-sound-generation-and-hearing/.

Colonna, Juan G., José Reginaldo H. Carvalho, and Osvaldo A. Rosso. 2020. "Th Amazon Rainforest Soundscape Characterized through Information Theory Quantifiers." bioRxiv.org: 940916.

Comiso, Josefino C., Claire L. Parkinson, Robert Gersten, and Larry Stock. 2008. "Accelerated Decline in the Arctic Sea Ice Cover." *Geophysical Research Letters* 35, no. 1:1–6.

Conneau, Alexis, Guillaume Lample, Marc'Aurelio Ranzato, Ludovic Denoyer, and Hervé Jégou. 2017. "Word Translation without Parallel Data." arXiv.org: 1710.04087.

Cook, Arthur B. 1894. "Animal Worship in the Mycenaean Age." *Journal of Hellenic Studies* 14: 81–169.

Cooke, Steven J., Sara J. Iverson, Michael J. W. Stokesbury, Scott G. Hinch, Aaron T. Fisk, David L. VanderZwaag, Richard Apostle, and Fred Whoriskey. 2011. "Ocean Tracking Net- work Canada: A Network Approach to Addressing Critical Issues in Fisheries and Resource Management with Implications for Ocean Governance." *Fisheries* 36, no. 12: 583–92.

Cooke, Steven J., Vivian M. Nguyen, Steven T. Kessel, Nigel E. Hussey, Nathan Young, and Adam T. Ford. 2017. "Troubling Issues at the Frontier of Animal Tracking for Conservation and Management." *Conservation Biology* 31, no. 5: 1205–7.

Cooke, Steven J., William M. Twardek, Abigail J. Lynch, Ian G. Cowx, Julian D. Olden, Simon Funge-Smith, Kai Lorenzen, et al. 2021. "A Global Perspective on the Influence of the COVID-19 Pandemic on Freshwater Fish Biodiversity." *Biological Conservation* 253: 108932. Corbley, McKinley. 2017. "App Translates Human Speech into Elephant Language So You Can Help Save Species." *Good News Network*, August 14, 2017. https://www.goodnewsnetwork.org/app-translates-human-speech-elephant-language-can-help-save-species/.

Corcoran, Aaron J., Jesse R. Barber, and William E. Conner. 2009. "Tiger Moth Jams Bat Sonar."*Science* 325, no. 5938: 325–27.

Cornell Lab. 2021. "At the Core-ARUs." Elephant Listening Project. https:// elephantlisteningproject.org/arus/.

Coutinho, Silva J. M. 1868. "Sur les Tortues de L'Amazone." *Bulletin de la Société Zoologique d'Aclimatation* 2, no. V.

Couvillon, Margaret J., and Francis L. W. Ratnieks. 2015. "Environmental Consultancy: Dancing Bee Bioindicators to Evaluate Landscape 'Health.'" *Frontiers in Ecology and Evolution* 3, no. 44: 1–8. https://www.frontiersin.org/articles/10.3389/fevo.2015.00044/full.

Cowley, Paul D., Rhett H. Bennett, Amber-Robyn Childs, and Taryn S. Murray. 2017. "Reflec- tion on the First Five Years of South Africa's Acoustic Tracking Array Platform (ATAP): Status, Challenges and Opportunities." *African Journal of Marine Science* 39, no. 4: 363–72.

Crane, Eva. 1999. *The World History of Beekeeping and Honey Hunting*. London: Routledge. Crane, Eva, and Alexander John Graham. 1985. "Bee Hives of the Ancient World. 1." *Bee World* 66, no. 1: 23–41.

Crane, Susan. 2013. *Animal Encounters: Contacts and Concepts in Medieval Britain*. Philadelphia: University of Pennsylvania Press.

Cressey, Daniel. 2016. "Coral Crisis: Great Barrier Reef Bleaching Is 'the Worst We've Ever Seen.'" *Nature News*, April 13, 2016. https://doi.org/10.1038/nature.2016.19747.

Crockford, Catherine, Roman M. Wittig, and Klaus Zuberbühler. 2017. "Vocalizing in Chim- panzees Is Influenced by Social-Cognitive Processes." *Science Advances* 3, no. 11: e1701742. https://doi.org/10.1126/sciadv.1701742.

Cruikshank, Julie. 2012. "Are Glaciers 'Good to Think With'? Recognising Indigenous Environ- mental Knowledge." *Anthropological Forum* 22, no. 3: 239–50. https://doi.org/10.1080/00664677.2012.707972.

Cruikshank, Julie. 2014. *Do Glaciers Listen? Local Knowledge, Colonial Encounters, and Social Imagination*. Vancouver: UBC Press.

Culik, Boris, Matt as Conrad, and Jérôme Chladek. 2017. "Acoustic Protection for Marine Mammals: New Warning Device PAL." *DAGA Proceedings, Kiel*, 387–90. http://lifeplatform.eu/wp-content/uploads/2017/05/Flensburg_ENG.pdf.

Cummings, William C., and L. A. Philippi. 1970. *Whale Phonations in Repetitive Stanzas*. Vol. 196.

Newport, RI: Naval Undersea Research and Development Center.

Cummings, William C., and D. Van Holliday. 1987. "Sounds and Source Levels from Bowhead Whales off Pt. Barrow, Alaska." *Journal of the Acoustical Society of America* 82, no. 3: 814–21. Curé, Charlotte, Ricardo Antunes, Ana

Right Whales, *Eubalaena glacialis,* in Cape Cod Bay, Massachusetts, 2001–2005: Management Implications." *Marine Mammal Science* 26, no. 4: 837–54.

Clark, Christopher W., Russ Charif, Steven Mitchell, and Jennifer Colby. 1996. "Distribution and Behavior of the Bowhead Whale, *Balaena mysticetus*, Based on Analysis of Acoustic Data Collected during the 1993 Spring Migration off Point Barrow, Alaska." *Report of the Interna- tional Whaling Commission* 46: 541–54.

Clark, Christopher W., and Jane M. Clark. 1980. "Sound Playback Experiments with Southern Right Whales (*Eubalaena australis*)." *Science* 207, no. 4431: 663–65.

Clark, Christopher W., and William T. Ellison. 1989. "Numbers and Distributions of Bowhead Whales, *Balaena mysticetus*, based on the 1986 Acoustic Study off Point Barrow, Alaska." *Report of the International Whaling Commission* 39: 297–303.

Clark, Christopher W., William T. Ellison, and Kim Beeman. 1986. "Acoustic Tracking of Migrat- ing Bowhead Whales." In *OCEANS'86*, 341–46. New York: IEEE.

Clark, Christopher W., William T. Ellison, Brandon L. Southall, Leila Hatch, Sofie M. Van Parijs, Adam Frankel, and Dimitri Ponirakis. 2009. "Acoustic Masking in Marine Ecosystems: In- tuitions, Analysis, and Implication." *Marine Ecology Progress Series* 395: 201–22.

Clark, Christopher W., and James H. Johnson. 1984. "Th Sounds of the Bowhead Whale, *Balaena mysticetus*, during the Spring Migrations of 1979 and 1980." *Canadian Journal of Zool- ogy* 62, no. 7: 1436–41.

Clark, J. Alan, Alison Haseley, Garry Van Genderen, Mark Hofling, and Nancy J. Clum. 2012. "Increasing Breeding Behaviors in a Captive Colony of Northern Bald Ibis through Con- specific Acoustic Enrichment." *Zoo Biology* 31, no. 1: 71–81. https://doi.org/10.1002/zoo.20414.

Clarke, Dominic, Heather Whitney, Gregory Sutton, and Daniel Robert. 2013. "Detection and Learning of Floral Electric Fields by Bumblebees." *Science* 340, no. 6128: 66–69.

Clarke, Janet T., Megan C. Ferguson, Amy L. Willoughby, and Amelia A. Brower. 2018. "Bow- head and Beluga Whale Distributions, Sighting Rates, and Habitat Associations in the West- ern Beaufort Sea in Summer and Fall 2009–16, with Comparison to 1982–91." *Arctic* 71, no. 2: 115–38.

Clay, Thomas A., Joanna Alfaro-Shigueto, Brendan J. Godley, Nick Tregenza, and Jeffrey C. Mangel. 2019. "Pingers Reduce the Activity of Burmeister's Porpoise around Small-Scale Gillnet Vessels." *Marine Ecology Progress Series* 626: 197–208. https://doi.org/10.3354/meps13063.

Cleary, David. 2001. "Towards an Environmental History of the Amazon: From Prehistory to the Nineteenth-Century." *Latin American Research Review* 36, no. 2: 64–96.

Clode, Danielle. 2002. *Killers in Eden: The True Story of Killer Whales and Their Remarkable Partnership with the Whalers of Twofold Bay*. Crows Nest, NSW, Australia: Allen & Unwin. Clutesi, George. 1967. *Son of Raven, Son of Deer: Fables of the Tse-Shaht People*. Sidney, BC, Canada: Gray's Publishing.

Coates, Peter A. 2005. "The Strange Stillness of the Past: Toward an Environmental History of Sound and Noise." *Environmental History* 10, no. 4: 636–65.

Cocroft, Reginald B., and Heidi M. Appel. 2013. "Comments on 'Green Symphonies.'" *Behav- ioral Ecology* 24, no. 4: 800.

Cocroft, Reginald B., Matija Gogala, Peggy S. M. Hill, and Andreas Wessel, eds. 2014. *Studying Vibrational Communication*. Vol. 3. Berlin: Springer.

Cocroft, Reginald B., and Rafael L. Rodríguez. 2005. "The Behavioral Ecology of Insect Vibra- tional Communication." *Bioscience* 55, no. 4: 323–34.

Coffey, Kevin R., Russell G. Marx, and John F. Neumaier. 2019. "DeepSqueak: A Deep Learning–Based System for Detection and Analysis of Ultrasonic Vocalizations." *Neuropsy- chopharmacology* 44, no. 5: 859–68.

Coghlan, Andy. 2015. "Leeuwenhoek's 'Animalcules,' Just as He Saw Them 340 Years Ago." *New Scientist*, May 20, 2015. https://www.newscientist.com/article/dn27563-leeuwenhoeks-animalcules-just-as-he-saw-them-340-years-ago/.

Coll, Marta. 2020. "Environmental Effects of the COVID-19 Pandemic from a (Marine) Eco- logical Perspective." *Ethics in Science and Environmental Politics* 20: 41–55.

Collison, Clarence. 2016. "A Closer Look: Sound Generation and Hearing." *Bee Culture*, Febru- ary 22, 2016. https://

Farrar, Straus & Giroux.
Chang, Chun-Gin, Chia-Hsuan Hsu, and Keryea Soong. 2021. "Navigation in Darkness: How the Marine Midge (*Pontomyia oceana*) Locates Hard Substrates above the Water Level to Lay Eggs." *PLoS One* 16, no. 1: e0246060.
Channel Islands National Marine Sanctuary. n.d. "Management." https://channelislands.noaa.gov/management/resource/ship_strikes.html.
Charif, Russell A., Ashakur Rahaman, Charles A. Muirhead, Michael S. Pitzrick, Ann M. Warde, James Hall, Cynthia Pyć, and Christopher W. Clark. 2013. "Bowhead Whale Acoustic Activ- ity in the Southeast Beaufort Sea during Late Summer 2008–2010." *Journal of the Acoustical Society of America* 134, no. 6: 4323–34.
Charifi, Mohcine, Mohamedou Sow, Pierre Ciret, Soumaya Benomar, and Jean-Charles Mass- abuau. 2017. "The Sense of Hearing in the Pacific Oyster, *Magallana gigas*." *PLoS One* 12, no. 10: e0185353.
Chase, Michael J., Scott Schlossberg, Curtice R. Griffin, Philippe J. C. Bouché, Sintayehu W. Djene, Paul W. Elkan, Sam Ferreira, et al. 2016. "Continent-Wide Survey Reveals Massive Decline in African Savannah Elephants." *PeerJ* 4: e2354.
Chaverri, Gloriana, Leonardo Ancillotto, and Danilo Russo. 2018. "Social Communication in Bats." *Biological Reviews* 93, no. 4: 1938–54.
Cheeseman, James F., Craig D. Millar, Uwe Greggers, Konstantin Lehmann, Matthew D. M. Pawley, and Charles R. Gallistel. 2014. "Way-Finding in Displaced Clock-Shifted Bees Proves Bees Use a Cognitive Map." *Proceedings of the National Academy of Sciences* 111, no. 24: 8949–54.
Chen, I-Ching, Jane K. Hill, Ralf Ohlemüller, David B. Roy, and Chris D. Thomas. 2011. "Rapid Range Shift of Species Associated with High Levels of Climate Warming." *Science* 333, no. 6045: 1024–26.
Cheney, Dorothy L., and Robert M. Seyfarth. 1981. "Selective Forces Affecting the Predator Alarm Calls of Vervet Monkeys." *Behaviour* 76, no. 1–2: 25–60.
Cheng, Lijing, John Abraham, Jiang Zhu, Kevin E. Trenberth, John Fasullo, Tim Boyer, Ricardo Locarnini, et al. 2020. "Record-Setting Ocean Warmth Continued in 2019." *Advances in the Atmospheric Sciences* 37: 137–42. https://doi.org/10.1007/s00376-020-9283-7.
Choi, Bosung, Ritesh Ghosh, Mayank Anand Gururani, Gnanendra Shanmugam, Junhyun Jeon, Jonggeun Kim, Soo-Chul Park, et al. 2017. "Positive Regulatory Role of Sound Vibra- tion Treatment in *Arabidopsis thaliana* against *Botrytis cinerea* Infection." *Scientific Reports* 7, no. 1: 1–14.
Chou, Emily, Brandon L. Southall, Martin Robards, and Howard C. Rosenbaum. 2021. "Inter- national Policy, Recommendations, Actions and Mitigation Efforts of Anthropogenic Un- derwater Noise." *Ocean & Coastal Management* 202: 105427.
Chung, Yu-An, Wei-Hung Weng, Schrasing Tong, and James Glass. 2018. "Unsupervised Cross- Modal Alignment of Speech and Text Embedding Spaces." arXiv.org: 1805.07467.
Cianelli, Shannon N., and Roger S. Fouts. 1998. "Chimpanzee to Chimpanzee American Sign Language." *Human Evolution* 13, no. 3–4: 147–59.
Cinto Mejia, Elizeth, Christopher J. W. McClure, and Jesse R. Barber. 2019. "Large-Scale Ma- nipulation of the Acoustic Environment Can Alter the Abundance of Breeding Birds: Evi- dence from a Phantom Natural Gas Field." *Journal of Applied Ecology* 56, no. 8: 2091–2101.
Citta, John J., Lori T. Quakenbaush, Stephen R. Okkonen, Matthew L. Druckenmiller, Wieslaw Maslowski, Jaclyn Clement-Kinney, John C. George, et al. 2015. "Ecological Characteristics of Core-Use Areas Used by Bering-Chukchi-Beaufort (BCB) Bowhead Whales, 2006–2012." *Progress in Oceanography* 136: 201–22.
Clark, Christopher W. 1995. "Application of US Navy underwater Hydrophone Arrays for Sci- entific Research on Whales." *Report of the International Whaling Commission* 45: 210–12.
Clark, Christopher W. 1998. "Whale Voices from the Deep: Temporal Patterns and Signal Struc- tures as Adaptations for Living in an Acoustic Medium." *Acoustical Society of America* 103: 2957.
Clark, Christopher W., Catherine L. Berchok, Susanna B. Blackwell, David E. Hannay, Josh Jones, Dimitri Ponirakis, and Kathleen M. Stafford. 2015. "A Year in the Acoustic World of Bowhead Whales in the Bering, Chukchi and Beaufort Seas." *Progress in Oceanography* 136: 223–40.
Clark, Christopher W., Moira W. Brown, and Peter Corkeron. 2010. "Visual and Acoustic Sur- veys for North Atlantic

Best?" *Forto*, March 20, 2018. https://forto.com/en/blog/modes-transportation-explained-best/.

Carpio, Francisco, Admela Jukan, Ana Isabel Martín Sanchez, Nina Amla, and Nicole Kemper. 2017. "Beyond Production Indicators: A Novel Smart Farming Application and System for Animal Welfare." In *Proceedings of the Fourth International Conference on Animal-Computer Interaction*, 1–11.

Carriço, Rita, Mónica A. Silva, Manuel Vieira, Pedro Afonso, Gui M. Menezes, Paulo J. Fonseca, and Maria Clara P. Amorim. 2020. "The Use of Soundscapes to Monitor Fish Communities: Meaningful Graphical Representations Diff r with Acoustic Environment." *Acoustics* 2, no. 2: 382–98.

Carroll, Stephanie R., Desi Rodriguez-Lonebear, and Andrew Martinez. 2019. "Indigenous Data Governance: Strategies from United States Native Nations." *Data Science Journal* 18, no. 1:31. https://datascience.codata.org/articles/10.5334/dsj-2019-031/.

Carruthers-Jones, Jonathan, Alice Eldridge, Patrice Guyot, Christopher Hassall, and George Holmes. 2019. "The Call of the Wild: Investigating the Potential for Ecoacoustic Methods in Mapping Wilderness Areas." *Science of the Total Environment* 695: 133797.

Carter, Gerald G., and Gerald S. Wilkinson. 2013. "Food Sharing in Vampire Bats: Reciprocal Help Predicts Donations More Than Relatedness or Harassment." *Proceedings of the Royal Society B: Biological Sciences* 280, no. 1753: 20122573. https://doi.org/10.1098/rspb.2012.2573.

Carter, Gerald G., and Gerald S. Wilkinson. 2015. "Social Benefits of Non-kin Food Sharing by Female Vampire Bats." *Proceedings of the Royal Society B: Biological Sciences* 282, no. 1819: 20152524. https://doi.org/10.1098/rspb.2015.2524.

Carter, Gerald G., and Gerald S. Wilkinson. 2016. "Common Vampire Bat Contact Calls Attract Past Food-Sharing Partners." *Animal Behaviour* 116: 45–51.

Castello, Leandro, David G. McGrath, Laura L. Hess, Michael T. Coe, Paul A. Lefebvre, Paulo Petry, Marcia N. Macedo, et al. 2013. "The Vulnerability of Amazon Freshwater Ecosystems." *Conservation Letters* 6, no. 4: 217–29.

Cazenille, Leo, Yohann Chemtob, Frank Bonnet, Alexey Gribovskiy, Francesco Mondada, and Nicolas Bredeche. 2018. "How to Blend a Robot within a Group of Zebrafish: Achieving Social Acceptance through Real-Time Calibration of a Multi-level Behavioral Model." In *Conference on Biomimetic and Biohybrid Systems*, 73–84. Cham, Switzerland: Springer.

CBC News. 2019. "BC Ferries Installs Thermal Imaging Cameras to Monitor Threatened Whales." August 21, 2019. https://www.cbc.ca/news/canada/british-columbia/bc-ferries-installs-thermal-imaging-cameras-1.5255059.

CBC News. 2020. "Underwater Glider Helps Save North Atlantic Right Whales from Ship Strikes." August 30, 2020. https://www.cbc.ca/news/canada/new-brunswick/nb-north-atlantic-right-whales-underwater-glider-1.5701984.

CBS Interactive Inc. 2014. "Whale Song: A Grandfather's Legacy." *60 Minutes Overtime*, Au- gust 24, 2014. https://www.cbsnews.com/news/whale-song-a-grandfathers-legacy/Cecchi, Stefania, Alessandro Terenzi, Simone Orcioni, Paola Riolo, Sara Ruschioni, and Nunzio Isidoro. 2018. "A Preliminary Study of Sounds Emitted by Honey Bees in a Beehive." Paper presented at the Audio Engineering Society Convention 144, May 2018.

Cejrowski, Tymoteusz, Julian Szymański, Higinio Mora, and David Gil. 2018. "Detection of the Bee Queen Presence Using Sound Analysis." In *Asian Conference on Intelligent Information and Database Systems*, 297–306. Cham, Switzerland: Springer.

Cerchio, Salvatore, Andrew Willson, Emmanuelle C. Leroy, Charles Muirhead, Suaad Al Harthi, Robert Baldwin, Danielle Cholewiak, et al. 2020. "A New Blue Whale Song-Type Described for the Arabian Sea and Western Indian Ocean." *Endangered Species Research* 43: 495–515.

Chalmers, Carl, Paul Fergus, Serge Wich, and Aday Curbelo Montanez. 2019. "Conservation AI: Live Stream Analysis for the Detection of Endangered Species Using Convolutional Neural Networks and Drone Technology." arXiv.org: 1910.07360.

Chalmers, Carl, Paul Fergus, Serge Wich, and S. N. Longmore. 2021. "Modelling Animal Biodi- versity Using Acoustic Monitoring and Deep Learning." arXiv.org: 2103.07276.

Chami, Ralph, Th as Cosimano, Connel Fullenkamp, and Sena Oztosun. 2019. "Nature's Solution to Climate Change." *Finance and Development Magazine* 56, no. 4: 34–38.

Chamovitz, Daniel. 2020. *What a Plant Knows: A Field Guide to the Senses*. Updated and ex- panded ed. New York:

Burnett, D. Graham. 2012. *The Sounding of the Whale: Science and Cetaceans in the Twentieth Century*. Chicago: University of Chicago Press.

Burns, J. J., J. J. Montague, and C. J. Cowles, eds. 1993. *The Bowhead Whale*. Spec. pub. 2. Law- rence, KS: Society for Marine Mammalogy.

Buscaino, Giuseppa, Maria Ceraulo, Domenica E. Canale, Elena Papale, and Federico Marrone. 2021. "First Evidence of Underwater Sounds Emitted by the Living Fossils *Lepidurus lubbocki* and *Triops cancriformis* (*Branchiopoda: Notostraca*)." *Aquatic Biology* 30: 101–12.

Buxton, Rachel T., Emma Brown, Lewis Sharman, Christine M. Gabriele, and Megan F. McK- enna. 2016. "Using Bioacoustics to Examine Shift in Songbird Phenology." *Ecology and Evolution* 6, no. 14: 4697–4710.

Buxton, Rachel T., Megan F. McKenna, Daniel Mennitt, Kurt Fristrup, Kevin Crooks, Lisa Angeloni, and George Wittemyer. 2017. "Noise Pollution Is Pervasive in US Protected Areas." *Science* 356, no. 6337: 531–33.

Byrne, Ceara, Larry Freil, Thad Starner, and Melody Moore Jackson. 2017. "A Method to Evalu- ate Haptic Interfaces for Working Dogs." *International Journal of Human-Computer Studies* 98: 196–207.

Byrne, Richard, Phyllis C. Lee, Norah Njiraini, Joyce H. Poole, Katito Sayialel, Soila Sayialel,

L. A. Bates, and Cynthia J. Moss. 2008. "Do Elephants Show Empathy?" *Journal of Conscious- ness Studies* 15, no. 10–11: 204–25.

Byrne, Richard, and Andrew Whiten. 1994. *Machiavellian Intelligence*. Oxford, UK: Oxford Uni- versity Press.

Calabrese, Ana, Justin M. Calabrese, Melissa Songer, Martin Wegmann, Simon Hedges, Robert Rose, and Peter Leimgruber. 2017. "Conservation Status of Asian Elephants: The Influence of Habitat and Governance." *Biodiversity and Conservation* 26, no. 9: 2067–81. https://doi.org/10.1007/s10531-017-1345-5.

Calabrese, Ana, and Sarah M. N. Woolley. 2015. "Coding Principles of the Canonical Cortical Microcircuit in the Avian Brain." *Proceedings of the National Academy of Sciences* 112, no. 11: 3517–22.

Callicott, Christina. 2013. "Interspecies Communication in the Western Amazon: Music as a Form of Conversation between Plants and People." *European Journal of Ecopsychology* 4, no. 1: 32–43.

Calvo, Paco, František Baluška, and Anthony Trewavas. 2020. "Integrated Information as a Pos- sible Basis for Plant Consciousness." *Biochemical and Biophysical Research Communications* 564: 158–65.

Calvo, Paco, and Anthony Trewavas. 2020a. "Cognition and Intelligence of Green Plants: Infor- mation for Animal Scientists." *Biochemical and Biophysical Research Communications* 21. https://doi.org/10.1016/j.bbrc.2020.07.139.

Calvo, Paco, and Anthony Trewavas. 2020b. "Physiology and the (Neuro)biology of Plant Be- havior: A Farewell to Arms." *Trends in Plant Science* 25, no. 3: 214–16. https://doi.org/10.1016/j.tplants.2019.12.016.

Camazine, Scott, Jean-Louis Deneubourg, Nigel R. Franks, James Sneyd, Eric Bonabeau, and Guy Theraula. 2003. *Self-Organization in Biological Systems*. Vol. 7. Princeton, NJ: Princeton University Press.

Campbell, Howard W., and William E. Evans. 1972. "Observations on the Vocal Behavior of Chelonians." *Herpetologica* 28, no. 3: 277–80.

Cantarelli, Vitor Hugo, Adriana Malvasio, and Luciano M. Verdade. 2014. "Brazil's *Podocnemis expansa* Conservation Program: Retrospective and Future Directions." *Chelonian Conserva- tion and Biology* 13, no. 1: 124–28.

Cantuaria, Manuella L., Frans B. Waldorff, Lene Wermuth, Ellen R. Pedersen, Aslak H. Poulsen, Jesse D. Thacher, Ole Raaschou-Nielsen, et al. 2021. "Residential Exposure to Transporta- tion Noise in Denmark and Incidence of Dementia: National Cohort Study." *BMJ* 374: n1954.

Capó, Xavier, Silvia Tejada, Pere Ferriol, Samuel Pinya, Guillem Mateu-Vicens, Irene Montero- González, Antoni Box, and Antoni Sureda. 2020. "Hypersaline Water from Desalinization Plants Causes Oxidative Damage in *Posidonia oceanica* Meadows." *Science of the Total Envi- ronment* 736: 139601.

Capranica, Robert R., and Anne J. M. Moffat. 1983. "Neurobehavioral Correlates of Sound Com- munication in Anurans." In *Advances in Vertebrate Neuroethology*, edited by Jorg-Peter Ewert, Robert R. Capranica, and David J. Ingle, 701–30. Boston: Springer.

Capshaw, Grace, Katie L. Willis, Dawei Han, and Hilary S. Bierman. 2021. "Reptile Sound Pro- duction and Perception." In *Neuroendocrine Regulation of Animal Vocalization*, edited by Cheryl S. Rosenfeld and Frauke Hoffmann, 101–18. Cambridge, MA: Academic Press.

Carnarius, Joseph. 2018. "Modes of Transportation Explained: Which Type of Cargo and Freight Transportation Is the

Microphones—but Sound Pollution Threatens." *Cornell Chronicle*, February 19, 2005. https://news.cornell.edu/stories/2005/02/secrets-whales-long-distance-songs-are-unveiled.

Brattain, Laura J., Rogier Landman, Kerry A. Johnson, Patrick Chwalek, Julia Hyman, Jitendra Sharma, Charles Jennings, Robert Desimone, Guoping Feng, and Thomas F. Quatieri. 2016. "A Multimodal Sensor System for Automated Marmoset Behavioral Analysis." In *2016 IEEE 13th International Conference on Wearable and Implantable Body Sensor Networks* (*BSN*), 254–59. New York: IEEE.

Braulik, Gill, Anja Wittich, Jamie Macaulay, Magreth Kasuga, Jonathan Gordon, Tim R. B. Dav- enport, and Douglas Gillespie. 2017. "Acoustic Monitoring to Document the Spatial Distri- bution and Hotspots of Blast Fishing in Tanzania." *Marine Pollution Bulletin* 125, no. 1–2: 360–66.

Brenner, Eric D., Rainer Stahlberg, Stefano Mancuso, František Baluška, and Elizabeth Van Volkenburgh. 2007. "Response to Alpi et al.: Plant Neurobiology: The Gain Is More Than the Name." *Trends in Plant Science* 12, no. 7: 285–86.

Brenner, Eric D., Rainer Stahlberg, Stefano Mancuso, Jorge Vivanco, František Baluška, and Elizabeth Van Volkenburgh. 2006. "Plant Neurobiology: An Integrated View of Plant Signal- ing." *Trends in Plant Science* 11, no. 8: 413–19.

Brewster, Karen. 1997. "Native Contributions to Arctic Science at Barrow, Alaska." *Arctic* 50, no. 3 (September): 277–88.

Brewster, Karen, ed. 2004. *The Whales, They Give Themselves: Conversations with Harry Brower, Sr.* Fairbanks: University of Alaska Press.

Briones, Maria J. I. 2018. "The Serendipitous Value of Soil Fauna in Ecosystem Functioning: The Unexplained Explained." *Frontiers in Environmental Science* 149: 1–11.

Britton, Adam R. C. 2001. "Review and Classification of Call Types of Juvenile Crocodilians and Factors Affecting Distress Calls." *Crocodilian Biology and Evolution* 18, no. 12: 364–77.

Brody, Jane E. 1993. "Scientists at Work: Katy Payne; Picking up Mammals' Deep Notes." *New York Times*, November 9, 1993. https://www.nytimes.com/1993/11/09/science/scientist-at-work-katy-payne-picking-up-mammals-deep-notes.html.

BroodMinder. 2020. "Hive Monitoring for Everyone." https://broodminder.com.

Brower, Charles D. 1942. *Fifty Years below Zero—A Lifetime of Adventure in the Far North*. Fair- banks: Read Books Ltd.

Brown, Jen Corrinne. 2019. "Jason M. Colby. Orca: How We Came to Know and Love the Ocean's Greatest Predator." *American Historical Review* 124, no. 5: 1917–18. https://doi.org/10.1093/ahr/rhz1045.

Brown, Nicholas A. W., William D. Halliday, Sigal Balshine, and Francis Juanes. 2021. "Low- Amplitude Noise Elicits the Lombard Effect in Plainfin Midshipman Mating Vocalizations in the Wild." *Animal Behaviour* 181: 29–39.

Brunelli, Giovanni Angelo. 2011. "De Flumine Amazonum." In *Os escritos de Giovanni Angelo Brunelli (1722–1804), astrônomo da Comissão Demarcadora de Limites, sobre a Amazônia brasileira*, edited by Nelson Papavero, Abner Chiquieri, William Overal, Nelson Sanjad, and Riccardo Mugnai,122–63. Belém, Brazil: Fórum Landi.

Bruyninckx, Joeri. 2018. *Listening in the Field: Recording and the Science of Birdsong*. Cambridge, MA: MIT Press.

Bruyninckx, Joeri. 2019. "For Science, Broadcasting, and Conservation: Wildlife Recording, the BBC, and the Consolidation of a British Library of Wildlife Sounds." *Technology and Culture* 60, no. 2: S188–S215. https://doi.org/10.1353/tech.2019.0068.

Budelmann, Bernd-Ulrich. 1989. "Hydrodynamic Receptor Systems in Invertebrates." In *The Mechanosensory Lateral Line*, edited by Sheryl Coombs, Peter Görner, and Heinrich Münz, 607–31. New York: Springer-Verlag.

Buehler, Jake. 2019. "Human Noise May Be Scrambling the Eggs of Baby Fish." *Science* 29 (March). https://www.science.org/content/article/human-noise-may-be-scrambling-eggs-baby-fish. Burdon-Sanderson, John Scott. 1873. "I. Note on the Electrical Phenomena Which Accompany Irritation of the Leaf of *Dionœa muscipula*." *Proceedings of the Royal Society of London* 21, no. 139–147: 495–96. https://doi.org/10.1098/rspl.1872.0092.

Burivalova, Zuzana, Edward T. Game, and Rhett A. Butler. 2019. "The Sound of a Tropical For- est." Science 363, no. 6422: 28–29.

Burke, Lauretta, Katie Reytar, Mark Spalding, and Allison Perry. 2012. *Reefs at Risk Revisited in the Coral Triangle*. Washington, DC: World Resources Institute.

"Tracking All Members of a Honey Bee Colony over Their Lifetime Using Learned Models of Correspondence." *Frontiers in Robotics and AI* 5, 1–10.

Bohnenstiehl, DelWayne R., Patrick Lyon, Olivia Caretti, Shannon Ricci, and David B. Egg- leston. 2018. "Investigating the Utility of Ecoacoustic Metrics in Marine Soundscapes." *Jour- nal of Ecoacoustics* 2: 1–18.

Bonebrake, Timothy C., Christopher J. Brown, Johann D. Bell, Julia L. Blanchard, Alienor Chauvenet, Curtis Champion, I-Ching Chen, et al. 2018. "Managing Consequences of Climate-Driven Species Redistribution Requires Integration of Ecology, Conservation and Social Science." *Biological Reviews* 93, no. 1: 284–305. https://doi.org/10.1111/brv.12344.

Bonnet, Frank, Alexey Gribovskiy, José Halloy, and Francesco Mondada. 2018. "Closed-Loop Interactions between a Shoal of Zebrafish and a Group of Robotic Fish in a Circular Cor- ridor." *Swarm Intelligence* 12, no. 3: 227–44.

Bonnet, Frank, Rob Mills, Martina Szopek, Sarah Schönwetter-Fuchs, José Halloy, Stjepan Bogdan, Luís Correia, Francesco Mondada, and Thomas Schmickl. 2019. "Robots Mediating Interactions between Animals for Interspecies Collective Behaviors." *Science Robotics* 4, no. 28: eaau7897. https://doi.org/10.1126/scirobotics.aau7897.

Bonnet, Frank, and Francesco Mondada. 2019. *Shoaling with Fish: Using Miniature Robotic Agents to Close the Interaction Loop with Groups of Zebrafish Danio rerio*. Vol. 131. New York: Springer. Borrows, John. 2022 (forthcoming). "Beyond Experience? Objectivity, Indigeneity, and Free- dom of Religion." In *Indigenous Spirituality and Religious Freedom*, edited by Richard Moon and Jeff Hewitt. Toronto: University of Toronto Press.

Bose, Jagadis Chunder. 1926. *Nervous Mechanism of Plants*. London: Longmans, Green.

Boucher, Marina, and Stanley S. Schneider. 2009. "Communication Signals Used in Worker–Drone Interactions in the Honeybee, *Apis mellifera*." *Animal Behaviour* 78, no. 2: 247–54.

Boudouresque, Charles F., Guillaume Bernard, Gérard Pergent, Abdessalem Shili, and Marc Verlaque. 2009. "Regression of Mediterranean Seagrasses Caused by Natural Processes and Anthropogenic Disturbances and Stress: A Critical Review." *Botanica Marina* 52, no. 5: 395–418.

Boudouresque, Charles F., Nicolas Mayot, and Gérard Pergent. 2006. "The Outstanding Traits of the Functioning of the *Posidonia oceanica* Seagrass Ecosystem." *Biologia Marina Mediter- ranea* 13, no. 4: 109–13.

Boudouresque, Charles F., Gérard Pergent, Christine Pergent-Martini, Sandrine Ruitton, Thi- erry Thibaut, and Marc Verlaque. 2016. "The Necromass of the *Posidonia oceanica* Seagrass Meadow: Fate, Role, Ecosystem Services and Vulnerability." *Hydrobiologia* 781, no. 1: 25–42.

Bouwmeester, Harro, Robert C. Schuurink, Petra M. Bleeker, and Florian Schiestl. 2019. "The Role of Volatiles in Plant Communication." *Plant Journal* 100, no. 5: 892–907.

Boyd, Ian L., George Frisk, Ed Urban, Peter Tyack, Jesse Ausubel, Sophie Seeyave, Doug Cato, et al. 2011. "An International Quiet Ocean Experiment." *Oceanography* 24, no. 2: 174–81.

Boysen, Sarah T., and Gary G. Berntson. 1989. "Numerical Competence in a Chimpanzee (*Pan troglodytes*)." *Journal of Comparative Psychology* 103, no. 1: 23.

Bozkurt, Alper, David L. Roberts, Barbara L. Sherman, Rita Brugarolas, Sean Mealin, John Majikes, Pu Yang, and Robert Loftin. 2014. "Toward Cyber-Enhanced Working Dogs for Search and Rescue." *IEEE Intelligent Systems* 29, no. 6: 32–39.

Brabec de Mori, Bernd. 2015. "Sonic Substances and Silent Sounds: An Auditory Anthropology of Ritual Songs." *Tipití: Journal of the Society for the Anthropology of Lowland South America* 13, no. 2: 25–43.

Brabec de Mori, Bernd, and Anthony Seeger. 2013. "Introduction: Considering Music, Humans, and Non-humans." *Ethnomusicology Forum* 22, no. 3: 269–86.

Brady, James E., and Jeremy D. Coltman. 2016. "Bats and the Camazotz: Correcting a Century of Mistaken Identity." *Latin American Antiquity* 27, no. 2: 227–37.

Brainard, Michael S., and W. Tecumseh Fitch. 2014. "Editorial Overview: Communication and Language: Animal Communication and Human Language." *Current Opinion in Neurobiology* 28: v–viii.

Branco, Paola S., Jerod A. Merkle, Robert M. Pringle, Lucy King, Tosca Tindall, Marc Stalmans, and Ryan A. Long. 2020. "An Experimental Test of Community-Based Strategies for Mitigat- ing Human–Wildlife Conflict around Protected Areas." *Conservation Letters* 13, no. 1: e12679. https://doi.org/10.1111/conl.12679.

Brand, David. 2005. "Secrets of Whales' Long-Distance Songs Are Being Unveiled by U.S. Navy's Undersea

Bateson, Melissa, Suzanne Desire, Sarah E. Gartside, and Geraldine A. Wright. 2011. "Agitated Honeybees Exhibit Pessimistic Cognitive Biases." *Current Biology* 21, no. 12: 1070–73.

Baumgartner, Mark F., Julianne Bonnell, Sofie M. Van Parijs, Peter J. Corkeron, Cara Hotchkin, Keenan Ball, Léo-Paul Pelletier, et al. 2019. "Persistent Near Real-Time Passive Acoustic Monitoring for Baleen Whales from a Moored Buoy: System Description and Evaluation." *Methods in Ecology and Evolution* 10, no. 9: 1476–89.

Bedard, Alfred, Jr., and Thomas M. George. 2000. "Atmospheric Infrasound." *Physics Today* 53, no. 3 (March): 32–37. https://psl.noaa.gov/programs/infrasound/atmospheric_infrasound.pdf.

Beecher, Michael D. 2017. "Birdsong Learning as a Social Process." *Animal Behaviour* 124: 233–46.

Bekoff, Marc. 2002. "Awareness: Animal Reflections." *Nature* 419, no. 6904: 255.

Bekoff, Marc, Colin Allen, and Gordon M. Burghardt, eds. 2002. *The Cognitive Animal: Empirical and Theoretical Perspectives on Animal Cognition*. Cambridge, MA: MIT Press.

Bekoff, Marc, and Paul W. Sherman. 2004. "Reflections on Animal Selves." *Trends in Ecology & Evolution* 19, no. 4: 176–80.

Benson, Etienne. 2010. *Wired Wilderness: Technologies of Tracking and the Making of Modern Wildlife*. Baltimore, MD: JHU Press.

Benton-Banai, Edward. 1988. *The Mishomis Book: The Voice of the Ojibway*. St. Paul, MN: Red School House Publishing.

Bergler, Christian, Manuel Schmitt, Andreas Maier, Helena Symonds, Paul Spong, Steven R. Ness, George Tzanetakis, and Elmar Nöth. 2021. "ORCA-SLANG: An Automatic Multi-stage Semi-supervised Deep Learning Framework for Large-Scale Killer Whale Call Type Identification." In *Proceedings of Interspeech 2021*, 2396–2400.

Berkes, Fikret. 2018. *Sacred Ecology*. New York: Routledge.

Berkman, Paul A., Alexander N. Vylegzhanin, and Oran R. Young. 2016. "Governing the Bering Strait Region: Current Status, Emerging Issues, and Future Options." *Ocean Development & International Law* 47, no. 2: 186–217.

Bermant, Peter C., Michael M. Bronstein, Robert J. Wood, Shane Gero, and David F. Gruber. 2019. "Deep Machine Learning Techniques for the Detection and Classification of Sperm Whale Bioacoustics." *Scientific Reports* 9, no. 1: 1–10.

Bevan, Elinor. 1988. "Ancient Deities and Tortoise-Representations in Sanctuaries." *Annual of the British School at Athens*, 1–6.

Bianchi, Frederick, and V. J. Manzo, eds. 2016. *Environmental Sound Artists: In Their Own Words*.

New York: Oxford University Press.

Bijsterveld, Karin. 2019. "Sonic Signs: Turning to, Talking about, and Transcribing Sound." In

Sonic Skills, edited by Holly Tyler, 29–59. London: Palgrave Macmillan.

Bilal, Muhammad, Songzuo Liu, Gang Qiao, Lei Wan, and Yan Tao. 2020. "Bionic Morse Coding Mimicking Humpback Whale Song for Covert Underwater Communication." *Applied Sci- ences* 10, no. 1:186.

Bjorck, Johan, Brendan H. Rappazzo, Di Chen, Richard Bernstein, Peter H. Wrege, and Carla P. Gomes. 2019. "Automatic Detection and Compression for Passive Acoustic Monitoring of the African Forest Elephant." In *Proceedings of the AAAI Conference on Artificial Intelligence* 33, no. 1: 476–84.

Blackman, Margaret B. 1992. *Sadie Brower Neakok: An Inupiaq Woman*. Seattle: University of Washington Press.

Blackwell, Susanna B., Christopher S. Nations, Trent L. McDonald, Charles R. Greene Jr., Aaron M. Th , Melania Guerra, and A. Michael Macrander. 2013. "Eff cts of Airgun Sounds on Bowhead Whale Calling Rates in the Alaskan Beaufort Sea." *Marine Mammal Science* 29, no. 4: E342–E365.

Bockstoce, John R. 1986. *Whales, Ice, and Men: The History of Whaling in the Western Arctic*. Se- attle: University of Washington Press/New Bedford Whaling Museum.

Bodenhorn, Barbara. 1990. "'I'm Not the Great Hunter, My Wife Is': Iñupiat and Anthropologi- cal Models of Gender." *Études/Inuit/Studies* 12, no. ½: 55–74.

Body, Mélanie J. A., William C. Neer, Caitlin Vore, Chung-Ho Lin, Danh C. Vu, Jack C. Schultz, Reginald B. Cocroft, and Heidi M. Appel. 2019. "Caterpillar Chewing Vibrations cause Changes in Plant Hormones and Volatile Emissions in *Arabidopsis thaliana*." *Frontiers in Plant Science* 10: 810.

Boenisch, Franziska, Benjamin Rosemann, Benjamin Wild, David Dormagen, Fernando Wario, and Tim Landgraf. 2018.

Organisms." *Trends in Ecology & Evolution* 25, no. 3: 180–89.

Barber, Jesse R., David Plotkin, Juliette J. Rubin, Nicholas T. Homziak, Brian C. Leavell, Peter Houlihan, Krystie A. Miner, et al. 2021. "Anti-bat Ultrasound Production in Moths Is Glob- ally and Phylogenetically Widespread." bioRxiv.org: 460855. https://doi.org/10.1101/2021.09.20.460855.

Barbieri, Marcello, ed. 2007. *Introduction to Biosemiotics: The New Biological Synthesis*. Dordrect, Netherlands: Springer.

Barchiesi, Daniele, Dimitrios Giannoulis, Dan Stowell, and Mark D. Plumbley. 2015. "Acoustic Scene Classification: Classifying Environments from the Sounds They Produce." *IEEE Sig- nal Processing Magazine* 32, no. 3: 16–34.

Barlow, Dawn R., Kim S. Bernard, Pablo Escobar-Flores, Daniel M. Palacios, and Leigh G. Tor- res. 2020. "Links in the Trophic Chain: Modeling Functional Relationships between in situ Oceanography, Krill, and Blue Whale Distribution under Different Oceanographic Re- gimes." *Marine Ecology Progress Series* 642: 207–25.

Barlow, Dawn R., Michelle Fournet, and Fred Sharpe. 2019. "Incorporating Tides into the Acoustic Ecology of Humpback Whales." *Marine Mammal Science* 35, no. 1. 234–51.

Barlow, Dawn R., Holger Klinck, Dimitri Ponirakis, Christina Garvey,and Leigh G. Torres. 2021. "Temporal and Spatial Lags between Wind, Coastal Upwelling, and Blue Whale Occur- rence." *Scientific Reports* 11: 6915.

Barlow, Dawn R., and Leigh G. Torres. 2021. "Planning Ahead: Dynamic Models Forecast Blue Whale Distribution with Applications for Spatial Management." *Journal of Applied Ecology* 58: 2493–2504.

Barlow, Dawn R., Leigh G. Torres, Kristin B. Hodge, Debbie Steel, C. Scott Baker, Todd E. Chandler, Nadine Bott, et al. 2018. "Documentation of a New Zealand Blue Whale Popula- tion Based on Multiple Lines of Evidence." *Endangered Species Research* 36: 27–40.

Barlow, Kate E., and Gareth Jones. 1997. "Function of Pipistrelle Social Calls: Field Data and a Playback Experiment." *Animal Behaviour* 53, no. 5: 991–99.

Barr, Bradley W. 2020. "Why Are We Going to the Arctic?" 2020. National Oceanic and Atmo- spheric Administration (NOAA). https://oceanexplorer.noaa .gov/explorations/15lostwhalingfleets/background/why/why.html.

Barr, Bradley W., James P. Delgado, Matthew S. Lawrence, and Hans K. Van Tilburg. 2017. "The Search for the 1871 Whaling Fleet of the Western Arctic: Writing the Final Chapter." *Inter- national Journal of Nautical Archaeology* 46, no. 1: 149–63. https://doi.org/10.1111/1095-9270.12205.

Barreiros, Carla, Eduardo Veas, and Viktoria Pammer. 2018. "Bringing Nature into Our Lives." In *International Conference on Human-Computer Interaction*, edited by Masaaki Kurosu, 99–109. New York: Springer.

Barua, Maan, Shonil A. Bhagwat, and Sushrut Jadhav. 2013. "The Hidden Dimensions of Human–Wildlife Conflict: Health Impacts, Opportunity and Transaction Costs." *Biological Conservation* 157: 309–16. https://doi.org/10.1016/j.biocon.2012.07.014.

Barzegar, Marzieh, Fatemeh Sadat Sajjadi, Sayyed Alireza Talaei, Gholamali Hamidi, and Mah- moud Salami. 2015. "Prenatal Exposure to Noise Stress: Anxiety, Impaired Spatial Memory, and Deteriorated Hippocampal Plasticity in Postnatal Life." *Hippocampus* 25, no. 2: 187–96.

Basan, Fritjof, Jens-Georg Fischer, and Dennis Kühnel. 2021. "Soundscapes in the German Bal- tic Sea before and during the COVID-19 Pandemic." *Frontiers in Marine Science* 8: 828.

Baskin, Sofya, and Anna Zamansky. 2015. "The Player Is Chewing the Tablet! Towards a Sys- tematic Analysis of User Behavior in Animal-Computer Interaction." In *CHI PLAY '15: Pro- ceedings of the 2015 Annual Symposium on Computer-Human Interaction in Play*, 463–68. New York: Association for Computing Machinery. https://doi.org/10.1145/2793107.2810315.

Basner, Mathias, Charlotte Clark, Anna Hansell, James I. Hileman, Sabine Janssen, Kevin Shep- herd, and Victor Sparrow. 2017. "Aviation Noise Impacts: State of the Science." *Noise & Health* 19, no. 87: 41.

Bates, Amanda E., Richard B. Primack, Paula Moraga, and Carlos M. Duarte. 2020. "COVID-19 Pandemic and Associated Lockdown as a 'Global Human Confi ment Experiment' to Investigate Biodiversity Conservation." *Biological Conservation* 248: 108665.

Bates, Henry Walter. 1864. *The Naturalist on the River Amazon: A Record of Adventures, Habits of Animals, Sketches of Brazilian and Indian Life, and Aspects of Nature under the Equator, during Eleven Years of Travel*. London: John Murray.

arXiv.org: 1710.11041.
Asensio, César, Pierre Aumond, Arnaud Can, Luis Gascó, Peter Lercher, Jean-Marc Wunderli, Catherine Lavandier, et al. 2020. “A Taxonomy Proposal for the Assessment of the Changes in Soundscape Resulting from the COVID-19 Lockdown.” *International Journal of Environ- mental Research and Public Health* 17, no. 12: 4205.
Asensio, César, Ignacio Pavón, and Guillermo De Arcas. 2020. “Changes in Noise Levels in the City of Madrid during COVID-19 Lockdown in 2020.” *Journal of the Acoustical Society of America* 148, no. 3: 1748–55.
Ashjian, Carin J., Stephen R. Braund, Robert G. Campbell, Craig George, Jack Kruse, Wieslaw Maslowski, Sue E. Moore, et al. 2010. “Climate Variability, Oceanography, Bowhead Whale Distribution, and Iñupiat Subsistence Whaling near Barrow, Alaska.” *Arctic* 63, no. 2: 179–94. Aspling, Fredrik. 2015. “Animals, Plants, People and Digital Technology: Exploring and Under- standing Multispecies Computer Interaction.” In *Proceedings of the 12th International Confer- ence on Advances in Computer Entertainment Technology*, 1–4. https://doi.org/10.1145/2832932.2837010.
Aspling, Fredrik, and Oskar Juhlin. 2017. “Theorizing Animal–Computer Interaction as Machi- nations.” *International Journal of Human-Computer Studies* 98: 135–49. https://doi.org/10.1016/j.ijhcs.2016.05.005.
Aspling, Fredrik, Oskar Juhlin, and Heli Väätäjä. 2018. “Understanding Animals: A Critical Challenge in ACI.” In *Proceedings of the 10th Nordic Conference on Human-Computer Interac- tion*, 148–60. https://doi.org/10.1145/3240167.3240226.
Aspling, Fredrik, Jinyi Wang, and Oskar Juhlin. 2016. “Plant-Computer Interaction, Beauty and Dissemination.” In *Proceedings of the Third International Conference on Animal-Computer Interaction*, 1–10. https://doi.org/10.1145/2995257.2995393.
Ausband, David E., Lindsey N. Rich, Elizabeth M. Glenn, Michael S. Mitchell, Pete Zager, David A. W. Miller, Lisette P. Waits, Bruce B. Ackerman, and Curt M. Mack. 2014. “Monitor- ing Gray Wolf Populations Using Multiple Survey Methods.” *Journal of Wildlife Management* 78, no. 2: 335–46. https://doi.org/10.1002/jwmg.654.
Bailey, Nathan W., Kasey D. Fowler-Finn, Darren Rebar, and Rafael L. Rodríguez. 2013. “Green Symphonies or Wind in the Willows? Testing Acoustic Communication in Plants.” *Behav- ioral Ecology* 24, no. 4: 797–98.
Baker, Ed, and Sarah Vincent. 2019. “A Deafening Silence: A Lack of Data and Reproducibility in Published Bioacoustics Research?” *Biodiversity Data Journal* 7: e36783.
Bakker, Jaco, Tessa J. Van Nijnatten, Annet L. Louwerse, Guus Baarends, Saskia S. Arndt, and Jan A. M. Langermans. 2014. “Evaluation of Ultrasonic Vocalizations in Common Marmo- sets (*Callithrix jacchus*) as a Potential Indicator of Welfare.” *Lab Animal* 43, no. 9: 313–20.
Balcombe, Jonathan P. 1990. “Vocal Recognition of Pups by Mother Mexican Free-Tailed Bats.”
Tadarida Brasiliensis Mexicana Animal Behaviour 39: 960–66.
Baluška, František, and Michael Levin. 2016. “On Having No Head: Cognition throughout Bio- logical Systems.” *Frontiers in Psychology* 7: 902.
Baluška, František, Simcha Lev-Yadun, and Stefano Mancuso. 2010. “Swarm Intelligence in Plant Roots.” *Trends in Ecology & Evolution* 25, no. 12: 682–83.
Baluška, František, and Stefano Mancuso. 2013. “Microorganism and Filamentous Fungi Drive Evolution of Plant Synapses.” *Frontiers in Cellular and Infection Microbiology* 3: 44. https:// doi.org/10.3389/fcimb.2013.00044.
Baluška, František, and Stefano Mancuso. 2018. “Plant Cognition and Behavior: From Environ- mental Awareness to Synaptic Circuits Navigating Root Apices.” In *Memory and Learning in Plants*, edited by František Baluška, Monica Gagliano, and Guenther Witzany, 51–77. Cham, Switzerland: Springer.
Baluška, František, and Stefano Mancuso. 2020. “Plants Are Alive: With All Behavioural and Cognitive Consequences.” *EMBO Reports* 21, no. 5: e50495. https://doi.org/10.15252/embr.202050495.
Baluška, František, and Stefano Mancuso. 2021. “Individuality, Self and Sociality of Vascular Plants.” *Philosophical Transactions of the Royal Society B* 376, no. 1821: 20190760.
Barber, Jesse R., Chris L. Burdett, Sarah E. Reed, Katy A. Warner, Charlotte Formichella, Kevin R. Crooks, Dave M. Theobald, and Kurt M. Fristrup. 2011. “Anthropogenic Noise Exposure in Protected Natural Areas: Estimating the Scale of Ecological Consequences.” *Landscape Ecology* 26, no. 9: 1281–95.
Barber, Jesse R., Kevin R. Crooks, and Kurt M. Fristrup. 2010. “The Costs of Chronic Noise Exposure for Terrestrial

Complexity in the Songs of Humpback Whales." *Proceedings of the Royal Society B* 285, no. 1891: 20182088. https://doi.org/10.1098/rspb.2018.2088.

Allen, Jenny A., Ellen C. Garland, Rebecca A. Dunlop, and Michael J. Noad. 2019. "Network Analysis Reveals Underlying Syntactic Features in a Vocally Learnt Mammalian Display, Humpback Whale Song." *Proceedings of the Royal Society B* 286, no. 1917: 20192014.

Allen, Jenny A., Anita Murray, Michael J. Noad, Rebecca A. Dunlop, and Ellen C. Garland. 2017. "Using Self-Organizing Maps to Classify Humpback Whale Song Units and Quantify Their Similarity." *Journal of the Acoustical Society of America* 142, no. 4: 1943–52. https://doi.org/10.1121/1.4982040.

Almén, Anna-Karin, Anu Vehmaa, Andreas Brutemark, and Jonna Engström-Öst. 2014. "Coping with Climate Change? Copepods Experience Drastic Variations in Their Physicochemical Environment on a Diurnal Basis." *Journal of Experimental Marine Biology and Ecology* 460: 120–28.

Alpi, Amedeo, Nikolaus Amrhein, Adam Bertl, Michael R. Blatt, Eduardo Blumwald, Felice Cervone, Jack Dainty, et al. 2007. "Plant Neurobiology: No Brain, No Gain?" *Trends in Plant Science* 4, no. 12: 135–36.

Alves, Rômulo R. N., and Ierecê L. Rosa. 2007a. "Zootherapeutic Practices among Fishing Communities in North and Northeast Brazil: A Comparison." *Journal of Ethnopharmacology* 111, no. 1: 82–103.

Alves, Rômulo R. N., and Ierecê L. Rosa. 2007b. "Zootherapy Goes to Town: The Use of Animal-Based Remedies in Urban Areas of NE and N Brazil." *Journal of Ethnopharmacology* 113, no. 3: 541–55.

Alves, Rômulo R. N., and Gindomar G. Santana. 2008. "Use and Commercialization of *Podocne- mis expansa* (Schweiger 1812) (*Testudines*: *Podocnemididae*) for Medicinal Purposes in Two Communities in North of Brazil." *Journal of Ethnobiology and Ethnomedicine* 4, no. 1: 1–6.

Amundin, Mats, Josefin Starkhammar, Mikael Evander, Monica Almqvist, Kjell Lindström, and Hans W. Persson. 2008. "An Echolocation Visualization and Interface System for Dolphin Research." *Journal of the Acoustical Society of America* 123, no. 2: 1188–94.

André, Michel, Marta Solé, Marc Lenoir, Mercè Durfort, Carme Quero, Alex Mas, Antoni Lom- barte, et al. 2011. "Low-Frequency Sounds Induce Acoustic Trauma in Cephalopods." *Fron- tiers in Ecology and the Environment* 9, no. 9: 489–93.

Andreas, Jacob, Gašper Beguš, Michael M. Bronstein, Roee Diamant, Denley Delaney, Shane Gero, Shafi Goldwasser, et al. 2021. "Cetacean Translation Initiative: A Roadmap to Deci- phering the Communication of Sperm Whales." arXiv.org: 2104.08614.

Andrews, Kristin, and Jacob Beck, eds. 2018. *The Routledge Handbook of Philosophy of Animal Minds*. London: Routledge.

Ansell, Shaun, and Jennifer Koenig. 2011. "CyberTracker: An Integral Management Tool Used by Rangers in the Djelk Indigenous Protected Area, Central Arnhem Land, Australia." *Eco- logical Management and Restoration* 12, no. 1: 13–25. https://doi.org/10.1111/j.1442-8903.2011.00575.x.

Appel, Heidi M., and Reginald B. Cocroft. 2014. "Plants Respond to Leaf Vibrations Caused by Insect Herbivore Chewing." *Oecologia* 175, no. 4: 1257–66. https://doi.org/10.1007/s00442-014-2995-6.

Arch, Victoria S., and Peter M. Narins. 2008. "'Silent' Signals: Selective Forces Acting on Ultra- sonic Communication Systems in Terrestrial Vertebrates." *Animal Behaviour* 76, no. 4: 1423. Archibald, Jo-Ann. 2008. *Indigenous Storywork: Educating the Heart, Mind, Body, and Spirit*. Van-couver: UBC Press.

Arnason, Byron T., Lynette A. Hart, and Caitlin E. O'Connell-Rodwell. 2002. "The Properties of Geophysical Fields and Their Effects on Elephants and Other Animals." *Journal of Com- parative Psychology* 116, no. 2: 123.

Arnaud-Haond, Sophie, Carlos M. Duarte, Elena Diaz-Almela, Núria Marbà, T. Sintes, and Ester A. Serrão. 2012. "Implications of Extreme Life Span in Clonal Organisms: Millenary Clones in Meadows of the Th eatened Seagrass *Posidonia oceanica*." *PLoS One* 7, no. 2: e30454. https://doi.org/10.1371/journal.pone.0030454.

Arnaujaq, Leah, and Aksaajuug Etuangat. 1986. *Recollections of Inuit Elders: In the Days of the Whalers and Other Stories*. Inuit Autobiography Series No. 2. Eskimo Point, NWT (Canada): Inuit Cultural Institute.

Arner, Nick. 2017. "Talking to Plants: Touché Experiments." *Medium*, August 4, 2017. https:// medium.com/@narner/talking-to-plants-touch%C3%A9-experiments-1087e1f04eb1.

Artetxe, Mikel, Gorka Labaka, Eneko Agirre, and Kyunghyun Cho. 2017. "Unsupervised Neural Machine Translation."

參考書目

Abbasi, Reyhaneh, Peter Balazs, Maria A. Marconi, Doris Nicolakis, Sarah M. Zala, and Dustin J. Penn. 2021. “Capturing the Songs of Mice with an Improved Detection and Classification Method for Ultrasonic Vocalizations (BootSnap).” bioRxiv.org: 444981. https://doi.org/10.1101/2021.05.20.444981.

Abecasis, David, Andre Steckenreuter, Jan Reubens, Kim Aarestrup, Josep Alós, Fabio Badala- menti, Lenore Bajona, et al. 2018. “A Review of Acoustic Telemetry in Europe and the Need for a Regional Aquatic Telemetry Network.” *Animal Biotelemetry* 6, no. 1: 1–7.

Abrahams, Carlos, Camille Desjonquères, and Jack Greenhalgh. 2021. “Pond Acoustic Sampling Scheme: A Draft Protocol for Rapid Acoustic Data Collection in Small Waterbodies.” *Ecol- ogy and Evolution* 11, no. 12: 7532–43.

Abrahms, Briana, Heather Welch, Stephanie Brodie, Michael G. Jacox, Elizabeth A. Becker, Steven J. Bograd, Ladd M. Irvine, Daniel M. Palacios, Bruce R. Mate, and Elliott L. Hazen. 2019. “Dynamic Ensemble Models to Predict Distributions and Anthropogenic Risk Expo- sure for Highly Mobile Species.” *Diversity and Distributions* 25, no. 8: 1182–93.

Abramson, Charles I., Christopher W. Dinges, and Harrington Wells. 2016. “Operant Condi- tioning in Honeybees (*Apis mellifera L.*): The Cap Pushing Response.” *PLoS One* 11, no. 9: e0162347.

Acconcjaioco, Michelangelo, and Stavros Ntalampiras. 2021. “One-Shot Learning for Acoustic Identification of Bird Species in Non-stationary Environments.” In *2020 25th International Conference on Pattern Recognition* (*ICPR*), 755–62. New York: IEEE.

Adams, Jacob. 1979. “The IWC and Bowhead Whaling: An Eskimo Perspective.” *Orca* 1, no. 1: 11–12.

Aguzzi, Jacopo, Damianos Chatzievangelou, Simone Marini, Emanuela Fanelli, Roberto Dan- ovaro, Sascha Flögel, Nadine Lebris, et al. 2019. “New High-Tech Flexible Networks for the Monitoring of Deep-Sea Ecosystems.” *Environmental Science & Technology* 53, no. 12: 6616–31.

Aksaarjuk, Ittuangat. 1987. “Whaling Days: My Life with a Whaling Crew.” *Isumasi* 1, no. 2 (Oc- tober): 21–29.

Alaica, Aleksa K. 2020. “Inverted Worlds, Nocturnal States and Flying Mammals: Bats and Their Symbolic Meaning in Moche Iconography.” *Arts* 9, no. 4, 107–30.

Albert, Thomas F. 1992. “Impacts by Science and Scientists on People of Alaska’s North Slope.” In *Arctic Uumaruq 1990—Arctic Alive*, edited by D. W. Norton, 24–25. Barrow, AK: Arctic Sivunmun Ilisagvik College, North Slope Borough Board of Higher Education.

Albert, Thomas F. 2001. “The Influence of Harry Brower Sr., an Iñupiaq Eskimo Hunter, on the Bowhead Whale Research Program Conducted at the UIC-NARL Facility by the North Slope Borough.” In *Fifty More Years Below Zero*, edited by D. W. Norton, 265 78. Anchorage: Alaska Institute of North America.

Alcampo, Jo SiMalaya. 2019. “Singing Plants Reconstruct Memory: Artist Statement.” http:// www.josimalaya.com/singing-plants.html.

Aldrich, Herbert Lincoln. 1889. *Arctic Alaska and Siberia, or, Eight Months with the Arctic Whale- men*. Chicago: Rand, McNally.

Alem, Sylvain, Clint J. Perry, Xingfu Zhu, Olli J. Loukola, Thomas Ingraham, Eirik. Søvik, and Lars Chittka. 2016. “Associative Mechanisms Allow for Social Learning and Cultural Trans- mission of String Pulling in an Insect.” *PLoS Biology* 14, no. 10: e1002564.

Allan, Sarah. 1991. *The Shape of the Turtle: Myth, Art, and Cosmos in Early China*. Albany, NY: SUNY Press.

Allchin, Douglas. 2015. “Listening to Whales.” *American Biology Teacher* 77, no. 3: 220–22. Allen, Colin. 2017. “On (Not) Defining Cognition.” *Synthese* 194, no. 11: 4233–49.

Allen, Colin, and Marc Bekoff. 1999. *Species of Mind: The Philosophy and Biology of Cognitive Ethology*. Cambridge, MA: MIT Press.

Allen, Jenny A., Ellen C. Garland, Rebecca A. Dunlop, and Michael J. Noad. 2018. “Cultural Revolutions Reduce

國家圖書館出版品預行編目（CIP）資料

聽見生命之聲：用數位科技打開我們的耳朵與心，深度聆聽自然，重啟與大地的連結／凱倫・巴克（Karen Bakker）著；楊詠翔譯. -- 初版. -- 臺北市：日出出版：大雁文化事業股份有限公司發行，2023.08
面； 公分
譯自：The sounds of life : how digital technology is bringing us closer to the worlds of animals and plants.
ISBN 978-626-7261-70-5（平裝）
1.CST: 聲音 2.CST: 聲學 3.CST: 生物聲學

334　　112011086

聽見生命之聲

用數位科技打開我們的耳朵與心，深度聆聽自然，重啟與大地的連結

The Sounds of Life: How Digital Technology Is Bringing Us Closer to the Worlds of Animals and Plants

作　　者　凱倫・巴克 Karen Bakker
譯　　者　楊詠翔
責任編輯　李明瑾
封面設計　張　巖
發 行 人　蘇拾平
總 編 輯　蘇拾平
副總編輯　王辰元
資深主編　夏于翔
主　　編　李明瑾
業　　務　王綬晨、邱紹溢
行　　銷　廖倚萱
出　　版　日出出版
　　　　　地址：台北市復興北路333號11樓之4
　　　　　電話（02）27182001　傳真：（02）27181258
發　　行　大雁文化事業股份有限公司
　　　　　地址：台北市復興北路333號11樓之4
　　　　　電話（02）27182001　傳真：（02）27181258
　　　　　讀者服務信箱 andbooks@andbooks.com.tw
　　　　　劃撥帳號：19983379 戶名：大雁文化事業股份有限公司
初版一刷　2023年8月
定　　價　700元

I S B N　978-626-7261-70-5